Charles T. Porter.

Lebenserinnerungen eines Ingenieurs.

Gesammelte Beiträge
zu „Power“ und „American Machinist“.

Von

Charles T. Porter

Ehrenmitglied des Amerikanischen Maschineningenieur-Vereins,
Verfasser der „Abhandlung über den Dampfmaschinen-Indikator von Richards und über die Entstehung und Verwendung der Kraft in der Dampfmaschine“, 1874; „Technik und Ethik“, 1885.

Übersetzt von

Dipl.-Ing. F. und Frau E. zur Nedden.

Berlin.
Verlag von Julius Springer.
1912.

ISBN-13:978-3-642-89249-3 e-ISBN-13:978-3-642-91105-7
DOI: 10.1007/978-3-642-91105-7

Softcover reprint of the hardcover 1st edition 1912

Dies Buch ist dem Andenken
an meinen Vater und meine Mutter
gewidmet.

Vorwort des Verfassers.

Ein Wort der Aufklärung glaube ich dem Leser schuldig zu sein — und auch mir selbst.

Der Gedanke, diese Erinnerungen niederzuschreiben, war nicht mein eigener. Ich wurde von Mr. F. R. Low, dem Herausgeber des Power, dazu aufgefordert. Doch lehnte ich diese Aufforderung mit der Begründung ab, daß es mir widerstrebe, eine Geschichte zu schreiben, in der ich die Hauptperson sein müßte. Mr. Low entgegnete mir, daß ich dies als eine Pflicht gegen meinen Beruf betrachten sollte. Die technische Welt hätte ein Anrecht darauf, den Ursprung und die erste Entwickelung des Baues schnellaufender Dampfmaschinen kennen zu lernen. Ich wäre die einzige Persönlichkeit, die diesen Wunsch erfüllen könnte, niemand anderes vermöge so aus der Quelle zu schöpfen.

Ich glaubte, mich dieser Ansicht beugen zu sollen, und möchte meine Leser nur bitten sich vorzustellen, daß ich von einer dritten Person berichte.

Montclair im Staate New York, Dezember 1907.

C. T. P.

Vorwort der Übersetzer.

Unter den Namen, an die sich die Entwicklung des amerikanischen Dampfmaschinenbaues knüpft, ist Corliss uns in Deutschland sicherlich der vertrauteste. Ob aber die Welt — nicht bloß die Vereinigten Staaten — Porter in Wahrheit nicht ebensoviel oder mehr verdankt, als Corliss, ist fraglich.

Porters Bedeutung geht über die des Erfinders des ersten pseudoastatischen Regulators und mannigfacher konstruktiver Verbesserungen der Dampfmaschine weit hinaus und ist auch mit seinem Ruhm als Begründer des Schnellbetriebes in der Dampfmaschinentechnik nicht erschöpft. Porter hat von vornherein erkannt, daß

Präzisionsarbeit die Voraussetzung des Schnellbetriebes ist, und man erstaunt immer wieder, mit welcher Klarheit dieser bedeutende Mann schon in den 1860er Jahren die Grundsätze erfaßt hat, die Allgemeingut des „modernen" Maschinenbaues erst im Anfange des zwanzigsten Jahrhunderts wurden.

Darin, daß Porter seiner Zeit so weit voraus war, lag gewissermaßen ein tragisches Motiv für sein Berufsleben, das wir in diesem Buch sich vor uns abspielen sehen. Die zweite innere Ursache für den im Grunde unbefriedigenden Abschluß seiner Ingenieurlaufbahn lag in dem tiefgründigenden Gegensatz zwischen Ingenieur und Kaufmann. In dieser Berufstragik liegt so viel allgemein Menschliches, daß das Buch auch den Nicht-Fachmann fesseln dürfte.

In einem gewissen Gegensatz zu dem, was Porter in seiner kurzen Vorrede ausspricht, erscheint uns sein Buch in erster Linie deshalb lesenswert, weil es eine große und starke Persönlichkeit widerspiegelt. Wir haben uns auch deshalb irgendwelcher Überarbeitung für den deutschen Leser enthalten und versucht, den schlichten, oft trocken-komischen Stil des Buchs so wiederzugeben, wie er etwa auf den englischen Leser wirkt.

Ebensowenig haben wir uns bei den zahlreichen Erwähnungen bekannter und unbekannter Persönlichkeiten zur Sichtung befugt geglaubt. Eine ganze industrielle Generation spricht und handelt in dem Buch, und manchem, der Beziehungen zu den Vereinigten Staaten und England hat, mögen alte Bekannte darin begegnen.

Man könnte noch vieles über die interessanten Gegensätze sagen, die Porter in sich vereinte: — ein idealistischer Amerikaner, der nach mehrjähriger erfolgreicher Rechtsanwaltstätigkeit sich plötzlich als geborener Ingenieur entpuppt —, doch glauben wir darin anderen nicht vorgreifen zu sollen.

London, November 1911.

F. und E. zur Nedden.

Inhalt.

Erstes Kapitel.

Geburt, Herkunft, Erziehung. Erfahrungen aus meiner Rechtsanwaltspraxis. Erste Bekanntschaft mit der Zentrifugalkraft. Erfindung und Betrieb einer Steinbehaumaschine.

Ich bin am 18. Januar 1826 in Auburn im Staate New York geboren. Meine Eltern stammten beide aus den Neu-England-Staaten. Mein Vater, John Porter, ist in Hadley, Massachusetts, geboren. Sein Vater, William Porter, war der Sohn von Eleazer Porter und dessen Frau Susannah, eine der Töchter Jonathan Edwards. Die Mutter meines Vaters war Lois Eastman. Meine Mutter ist in Middletown, Connecticut, geboren, ihr Mädchenname war Abigail Phillips. Ihre Abstammung mütterlicherseits läßt sich auf die Gouverneure Saltonstall, Dudley und die beiden Winthrops zurückführen.

Ich erwarb 1845 einen akademischen Grad auf dem Hamilton-College in New York, erhielt eine juristische Ausbildung in meines Vaters Bureau, und wurde Ende des Jahres 1847 in die Rechtsanwaltschaft aufgenommen. Ich übte meinen Beruf sechs oder sieben Jahre lang aus, zuerst in Rochester, New York, später in der Stadt New York.

Meine Kenntnis der Mechanik kann etwa durch eine Geschichte veranschaulicht werden, die ich mal in England gehört habe. Ein Mann, der verklagt worden war, weil er verfälschten Tabak verkauft hätte, kam frei, da er beweisen konnte, daß in seiner Ware überhaupt kein Tabak enthalten sei. — Immerhin hinkt dieser Vergleich. Ich besaß einige mechanische Begriffe, aber sie waren vollkommen falsch; z. B. sah ich keine Schwierigkeiten im perpetuum mobile. Ich glaubte, man brauche nur Wasser herauf zu pumpen, das dann durch seinen Sturz die zum Antrieb der Pumpe nötige Kraft erzeugte. Indessen war diese Idee nicht törichter, als zwei Erfindungen, die während meines Aufenthaltes in England bekannt wurden. Die eine bestand darin, daß man die Oberfläche des Kolbens wellte, um den Dampf auf eine größere Fläche wirken zu lassen. Die andere war eine Vorrichtung zur Nutzbarmachung derjenigen Hälfte der Dampfkraft, die den Druck gegen den Zylinderdeckel ausübt. Beide Erfindungen wurden mit lobenden Bemerkungen im ,,Mechanic's Magazine" veröffentlicht. Die zweite Erfindung war übrigens, wenn ich mich recht erinnere, die Grundidee, aus der sich später die Wells'sche Balanciermaschine entwickelte. Mein Irrtum bestand darin, daß ich der Reibung keine Rechnung trug, die überwunden werden muß, ehe Bewegung überhaupt stattfindet. Wir werden bald sehen, daß selbst Männer, die es besser hätten wissen sollen, diese Reibungsverluste außer acht gelassen haben.

Meine damalige völlige Unwissenheit auf dem Gebiet der Technik läßt sich sogar beweisen. Ich ging geradeswegs auf den Leim eines der Gimpelfänger, die es in jenen Tagen gab und wurde gerupft als das grüne Kücken, das ich in technischer Hinsicht damals war.

Ich hatte einen Klienten, einen Mr. Searle, der „auf dem letzten Loch pfiff". Er schuldete mir ungefähr 100 Dollar, die ich nicht eintreiben konnte. Schließlich besuchte er mich, um mir offen mitzuteilen, daß er mir keinen roten Heller bezahlen könne, da er kein Geld besitze; aber er könne mir den Weg zeigen, ein Vermögen zu machen! Es läge ihm sehr daran, sich seiner großen Verpflichtung gegen mich wenigstens in dieser Weise zu entledigen. Eine neue Erfindung wäre gemacht worden, „die statische Kraftmaschine von Gwynne und Sawyer", welche dazu bestimmt schien, alle bisherigen Kraftanwendungsmethoden über den Haufen zu werfen. Er erzählte mir, sie zöge in Ingenieurkreisen große Aufmerksamkeit auf sich. Eine heiße Diskussion über ihre theoretischen Grundlagen habe sich entsponnen, doch ihre Verteidiger hätten alle Gegner erfolgreich bekämpft, und nun stände die Erfindung auf einer vollkommen gesunden wissenschaftlichen Grundlage. Falls ich ihm für das schuldige Geld eine Generalquittung ausstellen und noch weitere 100 Dollar in das Unternehmen stecken wolle, wäre er in der Lage, mir mehrere Anteile zur Ausnutzung der Maschine zu sichern. Er bot mir freundlichst an, mich mit Mr. Sawyer bekannt zu machen. Mr. Gwynne befände sich leider zurzeit auf Reisen. (Später erfuhr ich, daß er im Gefängnis war.) Mr. Sawyer nahm mich sehr liebenswürdig auf. Mr. Searle hatte ihm sicher berichtet, wieviel Honig er mir um den Mund schmieren könnte; aber er muß sich noch weit über seine Anweisungen hinausgewagt haben. Er betonte, wie erfreut er sei, meine Bekanntschaft zu machen. Durch unsern gemeinsamen Freund, Mr. Searle, hätte er häufig von mir gehört, meine Erfolge bei Gericht hätten ihn mit Bewunderung erfüllt; er sei stolz, mir seine Erfindung zeigen zu können, einem Kopf, der wirklich fähig sei, ihren Wert zu würdigen. Er fuhr fort, daß seine Erfindung in einer praktischen Methode bestände, die wunderbarste aller Kräfte — die Zentrifugalkraft — auszunutzen. Diese Kraft stände in jeder Stärke und Menge zur Verfügung. Es sei ja die Kraft, die das Universum in Bewegung hielte. Da die Ingenieure nicht fähig gewesen wären, sie praktisch zu verwenden, hätte sie bisher unbenutzt geruht. Doch heute sei durch seine Erfindung alle Schwierigkeit beseitigt, und diese wundervolle Kraft solle nun der Menschheit dienstbar gemacht werden. Fast feierlich klangen seine Worte: „Wir wirken den Naturkräften nicht entgegen, wir nützen sie und verwenden sie zu wohltätigen Zwecken, daraus folgt, daß die ganze Natur mit uns arbeitet" usw. in dem gleichen Stil. Er wäre in der Lage, mir ein arbeitendes Modell seiner großen Erfindung vorführen zu können; aber leider könnte er es gerade an diesem Tage nicht für mich in Gang setzen, da es zufällig ein wenig defekt geworden sei, doch würde ich seine Arbeitsweise klar erkennen. Ich fühlte mich so geschmeichelt, daß ich glaubte, die Arbeitsweise zu erkennen. Daraus folgte, daß Mr. Sawyer das Geld erhielt, und weiter folgte, daß ich von meinem Kapital und Zinsen nie wieder etwas hörte oder sah. Auch Mr. Searle, unser gemeinsamer Freund, verschwand.

So endete mein erster technischer Unterricht, den mir ein Meister seiner Kunst erteilt hatte. Dennoch ist diese Belehrung vielleicht die Kleinigkeit, die sie mich kostete, reichlich wert gewesen.

Hätte mir damals jemand erklären wollen, daß der Ausdruck „Zentrifugalkraft" vollständig irreleitend ist, daß es in Wirklichkeit keine solche Kraft gibt, daß das, was man mit diesem Namen bezeichnet, überhaupt keine Kraft, sondern ein Widerstand ist, — der Widerstand nämlich, den ein Körper der Ablenkung von der Geraden entgegensetzt, wenn er um einen außerhalb liegenden Punkt kreist, und der in dem Moment aufhört, wo die ablenkende Kraft versiegt, worauf der Körper einfach tangential weiterfliegt; daß sich bei Körpern, die sich um ihre eigenen Achsen oder Schwerpunkte drehen, derselbe Widerstand im Gefüge ihrer Moleküle findet, — er würde wahrscheinlich denselben Erfolg gehabt haben, den ich selbst viel später bei einigen technisch gebildeten Bekannten hatte.

Man kann sich heute nur schwer die Verwirrung vorstellen, die damals über diesen Gegenstand herrschte. Die Lehrbücher schwankten zwischen Extremen.

Es ist ein interessantes Zusammentreffen, daß ich meine erste so lächerliche Erfahrung in der Technik mit derselben Kraft machen mußte, die später eine so hervorragende Rolle in den schnellaufenden Regulatoren und Dampfmaschinen spielen sollte.

Seit einiger Zeit fühlte ich eine wachsende Abneigung gegen meinen Beruf. Der Gegensatz zwischen dem wissenschaftlichen Ideal der Menschenrechte und seiner praktischen Anwendung zwang sich mir immer mehr auf. Nur zu gut verstand ich Bryants Protest, in dem er u. a. sagte: „er sei gezwungen, geistlose Arbeit für den Abschaum der Menschheit zu verrichten". Ich gehörte zu den regelmäßigen Lesern der „Evening Post". Hier erschien eines Tages ein beifälliger Artikel von John Bigelow, dem damaligen Herausgeber der „Post", über einen Richter, der sich nach Ablauf seiner Amtsperiode endgültig von seinem Beruf zurückgezogen hatte. Mr. Bigelow beglückwünschte ihn herzlich zu diesem Schritt. Unter einer Anzahl beißender Ausdrücke fand ich einen besonders treffend: „Rechtsanwälte haben es zumeist mit Schurken oder Narren zu tun". Die Wahrheit dieses Ausspruchs konnte ich nur aus eigener Erfahrung bestätigen. Einige tatsächliche Erfolge, die mir endlose Arbeit gemacht hatten und nicht frei von Enttäuschung waren, boten nur einen schwachen Ausgleich für den Umgang, zu dem ich gezwungen war. Ich ersann einen Plan zur Einrichtung eines Versöhnungsbureaus, wo Streitigkeiten auf freundschaftlichem Wege beglichen werden sollten, fand aber alle Welt bereit, nur dann einen Vergleich einzugehen, wenn ihre eigenen Ansprüche voll berücksichtigt würden. Da gab ich es auf.

Ein anderer meiner Klienten, ein Mr. Hastings, hatte eine Steinbehaumaschine erfunden. Er ließ sie patentieren und suchte nun das Patent unterzubringen. Er besaß ein gangbares Modell seiner Maschine, das Besuchern in der Werkstatt vorgeführt wurde. Er forderte mich auf, es mir auch anzusehen, und ich fand, daß es wirklich ganz ausgezeichnet arbeitete. Später erinnerte ich mich, daß der Stein recht vorsichtig in die Maschine eingelegt wurde. Ich war von der Maschine begeistert und ein paar Freunde, die ich das nächste Mal mitbrachte, waren es auch. Der Erfolg war: wir kauften das Patent. Doch um sicher zu gehen, besuchte ich zuvor mit Mr. Hastings dessen Patentanwalt, Mr. Munn, der eine sehr gute Meinung darüber äußerte.

Ich wandte mich von meinem Beruf mehr und mehr ab, um mich der Ausbeutung der Erfindung zu widmen. Alles Geld, was ich besaß und borgen konnte, steckte ich hinein. Nach einiger Zeit war eine betriebsfähige Ausführung der Erfindung fertiggestellt. Die Zeichnungen hatte ich von einem deutschen Konstrukteur machen lassen, der Bau geschah unter meiner Leitung in der Fabrik von Mott & Ayers, fast am Ende der Westlichen 26. Straße. Als die Maschine vollendet war, versammelten sich alle daran interessierten Parteien, um den Versuchen beizuwohnen.

Ein Versuch genügte. Ich hatte einen gut 300 mm starken Stein in die Maschine gelegt, der an zwei Punkten unterstützt war. Bei dem ersten quer gegen den Stein ausgeführten Schlag brach er mitten durch. Ich stand, um die Worte des Präsidenten Cleveland zu zitieren, „nicht vor Theorien, sondern vor Tatsachen“. Die Maschine war sinnlos, das Patent ohne Wert, das Unternehmen ein Reinfall, das Geld fortgeworfen. Niemand konnte uns retten, als nur ich. Und ich verstand nichts von der Technik und vom Zeichnen und Konstruieren einer Maschine, außer den Brocken, die ich bei Mott & Ayers während der Ausführung dieser Maschine aufgeschnappt hatte. Immerhin hatte mir der erste Konstrukteur der Fabrik einige Anweisungen für technisches Zeichnen gegeben; wenigstens wußte ich, welche Instrumente des Reißzeugs und welche Tusche man nehmen mußte.

Ich erinnere mich nicht, daß ich auch nur im geringsten niedergeschlagen oder entmutigt gewesen wäre; ich weiß heute nicht mehr, woher mir meine Zuversicht kam. Die Grundgedanken der Maschine hielt ich für richtig. Steine sollten durch schräg gerichtete Hammerschläge behauen werden; und der Hammer sollte durch einen Nocken gehoben, durch eine Feder niedergeschnellt werden. Je mehr ich darüber nachdachte, desto überzeugter wurde ich, daß eine betriebsfähige Steinbehaumaschine nur auf dieser Grundlage gebaut werden könnte; und ich fühlte mich auch von der fast törichten Idee durchdrungen, daß ich sie bauen könnte.

Die Maschine, die den Stein zerbrochen hatte, besaß einen breiten Hammer: eine schmiedeeiserne Platte, an deren Ende eine lange Stahlschneide angeschraubt war. Die Platte wurde durch seitliche Knaggen in den Nuten eines Rahmens geführt. Meine erste Idee war, den einen breiten Hammer in mehrere Hämmer zu unterteilen, die nebeneinander und abwechselnd ihre Schläge führen sollten; die zweite, die Hämmer von den Werkzeughaltern zu trennen; die dritte, dieselben Werkzeuge zu benutzen wie die Steinmetzen, nämlich den Spitzmeißel, den gezahnten Meißel und den Schlichtmeißel, und den Schlag dem des Arbeiters möglichst genau nachzubilden; schließlich die vierte Idee, auf die Werkzeuge nur so starke Schläge auszuüben, wie für ihr Arbeiten unumgänglich nötig.

Mein Unternehmungsgeist steckte meine Gefährten derartig an, daß sie sich bereit erklärten, Geld an dieses Experiment zu wagen. Das gehört auch zu den Dingen, über die ich mich heute wundere.

Das einflußreichste Mitglied dieser treuen Schar war George T. Hope, der Vorsitzende der Continental Fire Insurance Co. Ich werde noch oft Gelegenheit haben, diesen Herrn zu erwähnen, der bis zu seinem Tode — bald nachdem ich meine Ingenieurlaufbahn vollendet hatte — mein unerschütterlicher Freund blieb.

Ich begann mein Werk nun folgendermaßen. Mein Haus an der Südseite der 22. Straße, westlich der Siebenten Avenue, war schon beim Bau so eingeteilt worden, daß die rückwärtige Verlängerung des Wohnzimmers als Speisezimmer benutzt werden konnte. Also blieb mir der vordere Teil des Erdgeschosses verfügbar. In diesem richtete ich ein Zeichenbureau ein, begann mich

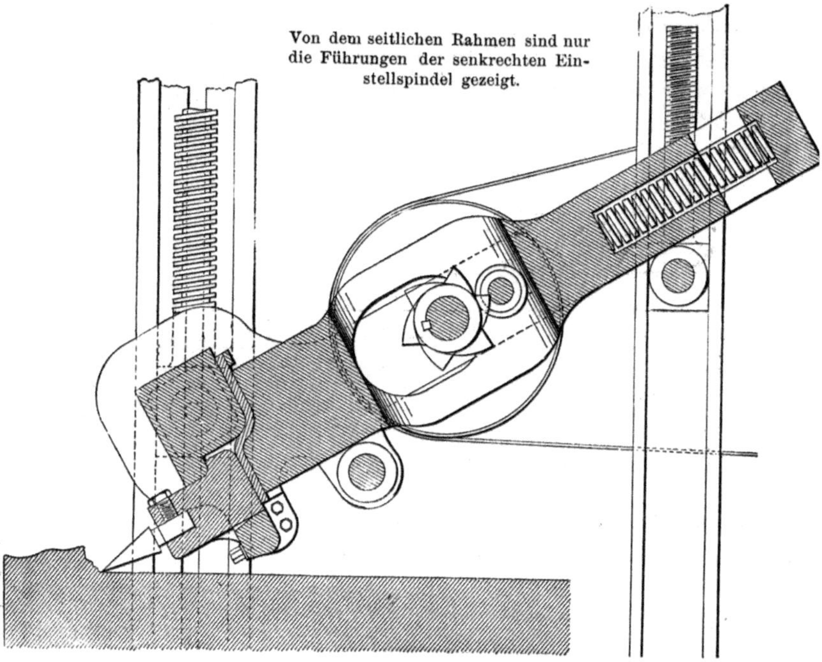

Meine erste Maschinenzeichnung.
Längsschnitt meiner Steinbehau-Maschine.

im technischen Zeichnen zu üben und gleichzeitig die Maschine zu entwerfen. Ich kaufte ein schottisches Lehrbuch und einen Bogen „Antiqua“-Zeichenpapier. Früher wurde zum Zeichnen nur weißes Leinenpapier verwendet, und diese Bogen waren fast die größten, die überhaupt fabriziert wurden. Der Preis betrug 3 Mark das Stück. Mein Hauptwerkzeug war der Radiergummi. Während sich die Gedanken in meinem Kopf entwickelten, mußte ich die vorhergehenden Skizzen immer wieder wegwischen. Einen erheblichen Teil meiner Zeit verbrachte ich mit Besuchen der großen Maschinenfabriken am East-River, den Allaire-, den Morgan- und den Novelty-

Werken, wo ich Werkzeuge, Maschinen und die Grundlagen und Methoden des Maschinenbaus studierte. Ich versuchte mein Gehirn mit technischem Wissen vollzupfropfen. Schließlich gelang mir die Zeichnung, deren vertikalen Schnitt ich hier nach fünfzig Jahren aus dem Gedächtnis skizziert habe.

Man sieht, daß die Maschine gedrängt konstruiert war. Dies war auch nötig bei der hohen Umdrehungszahl — 300 Umdrehungen pro Minute — zu der ich mich für sie entschlossen hatte. Es war meine erste Anwendung des Schnellbetriebs.

Das ursprüngliche Modell machte 60 Touren, bei der Maschine, die den Stein zerbrach, hatte ich die Tourenzahl bereits auf 100 erhöht. Beim Entwurf der erfolgreichen Maschine wagte ich den großen Sprung auf 300 Umdrehungen der Nockenwelle pro Minute, doch erst, nachdem ich die praktischen Erfordernisse eingehend geprüft hatte. Ich beobachtete sorgfältig die Geschwindigkeiten von Hobelmaschinen, ferner hatte ich Gelegenheit, die erste Holz-Kehlmaschine arbeiten zu sehen und wurde besonders durch die Geschwindigkeit der rotierenden Messer und durch die Schnelligkeit gefesselt, mit der die Arbeit fortschritt. Ich mußte eine Weiterbewegung der Steinplatte um 1 m in der Minute erreichen, wenn die Leistung meiner Maschine befriedigen sollte. 300 Umdrehungen konnten diesen Vorschub ermöglichen, d. h. auf jeden Schlag entfielen dann $3^1/_3$ mm Vorrücken.

Die Maschine enthielt sechs Hämmer von je 150 mm Breite und ungefähr 90 kg Gewicht, die in einem hängenden Rahmen geführt waren. Das vorderste Querstück dieses Rahmens bestand aus einem schmiedeeisernen Vierkant von 150 mm im Quadrat der an der unteren Seite einen Vorsprung hatte, wie in der Skizze zu sehen. An seinen Enden war dieser Vierkant zunächst auf 125 mm im Quadrat verjüngt, die Kanten mit 25 mm Radius abgerundet und in schmiedeeiserne Seitenträger von 100 mm Dicke eingezapft, die unser Schnitt in Ansicht zeigt. Jenseits dieser Seitenträger war der Querbalken auf Zapfen von 85 mm Dmr. abgedreht, die sich in den Vierkantköpfen großer Schraubspindeln drehten, von denen eine abgebildet ist. Jenseits dieser Zapfen war der Querbalken nochmals auf 50 mm verjüngt und die Enden mit Gewinde versehen. Diese Verlängerungen waren durch Schlitze in dem Maschinengestell geführt, und Muttern an der Außenseite, die mit langen Griffen versehen waren, ermöglichten Fixierung des Ganzen nach Ausprobierung der richtigen Stellung.

Die Hämmer hatten zweistufige Schlagflächen; die oberen Stufen schlugen gegen den erwähnten 150 mm Vierkant, die unteren schlugen gegen die Rückseiten der schweren Werkzeughalter. Diese

Werkzeughalter wurden in der richtigen Stellung gehalten, wie die Skizze zeigt. Sie bewegten sich in ihrer Längsachse auf und nieder, das äußerste hintere Ende gegen einen schweren Querträger gestützt. Vorne prallten sie gegen den erwähnten 150er Vierkant. An ihrem hinteren Ende war eine kräftige Nase angebracht, die ihren Hub gegen den Vorsprung an der unteren Seite jenes Vierkants begrenzte. Eine gekrümmte Feder drückte sie aufwärts gegen den Querträger, solange das Gewicht des Hammers nicht auf ihnen ruhte. Zwischen den 150er Querbalken und die Werkzeughalter einerseits und die Hammerbahnen andererseits legte ich eine Lage starkes Gurtleder, um die Kraft des Schlages zu dämpfen. Ein Steinmetz braucht ja auch einen Holzhammer für seine gezahnten Meißel und Punktierstößel, weil der Schlag von Eisen auf Eisen eine zersplitternde Wirkung auf den Stein ausübt. Er leitet eine Erschütterung im Gefüge des Steines bis in eine Tiefe von etwa 3 mm ein, und wie glatt auch die Oberfläche des Steines aussehen mag, wenn sie fertig bearbeitet ist: nach einiger Zeit schuppt doch die Oberfläche bis zu der Tiefe ab, auf die sich jene Erschütterungen erstreckt haben. Mein Lederpuffer erfüllte den Zweck des Holzhammers und vermied die erwähnte Schwierigkeit vollkommen. Zugleich konnte man es infolge dieses Mittels überhaupt erst in dem Raume aushalten, denn der Prall wurde dadurch in einen dumpfen Schlag verwandelt. Wenn man bedenkt, daß die sechs Hämmer 1800 Schläge pro Minute ausführten, war diese Schalldämpfung ein recht wesentlicher Vorteil.

Die großen Schraubspindeln an beiden Vorderseiten der Maschine waren oben mit langen Muttern versehen, die auf einem Querträger ruhten und mit Schneckenrädern im Eingriff standen. Eine Spindel, die die beiden Schnecken trug, die mit diesen Rädern im Eingriff waren, durchsetzte den ganzen oberen Teil der Maschine, so daß die Muttern gleiche Drehung vollführten und das Vorderende des Hängerahmens je nach der Dicke des Steines oder der abzuschlichtenden Schicht gehoben oder gesenkt werden konnte. Die Maschine konnte Steine von der dünnsten Fliese bis beinah 1 m Dicke bearbeiten. Die Hämmer glitten auf Walzen, wie gezeigt. Hinten waren Rahmen und Hämmer auf ähnlichen Walzen geführt, die auf derselben Welle saßen. Die Enden dieser Welle waren ebenfalls in Vierkantköpfen von Schraubspindeln drehbar und durch ein ähnliches Getriebe, wie oben beschrieben, konnte auch das hintere Ende des Hängerahmens auf beliebige Höhe gehoben oder gesenkt und dieser somit in jedem beliebigen Winkel eingestellt werden.

Die sechs Stahlhalter wurden auf folgende Weise hergestellt: Ich ließ von England einen Vierkantstahl kommen, der in der

Länge für alle reichte. Dieser wurde in der Form, wie im Schnitt gezeigt, gehobelt, so daß also die Nuten, die die Schäfte der Werkzeuge aufzunehmen hatten, alle gleich tief bearbeitet und vollkommen ausgerichtet waren. Dann erst wurde der bearbeitete Vierkant zerschnitten und die Seitenflächen jedes Halters einzeln in der Stoßmaschine bearbeitet.

Die Hammerschläge waren sehr wirksam. Die Nocken hatten einen Hub von 30 mm, aber sie schleuderten die Hämmer noch weitere 30 mm rückwärts gegen die Spiralfedern, so daß sie 60 mm weit vorgeschleudert wurden. Ich wies das dadurch nach, daß ich ein Stück dünnes Kartonpapier hochkant zwischen das obere Ende des Hammers und den Querbalken hinten hielt, worauf der Hammer es bis zu dieser Höhe zerquetschte.

Wir brauchten den Stein mit den Spitzmeißeln nie mehr als einmal zu bearbeiten. Die Steinsplitter spritzten nur so vor den Meißeln weg. Die Schlichtmeißel stäubten schließlich nur noch die von den gezahnten Meißeln noch stehen gelassenen Unebenheiten fort. Alle überschüssige Schlagkraft wurde von dem 150er Querbalken abgefangen. Die Werkzeuge standen im allgemeinen bewegungslos und nur durch die Unebenheiten des Steins wurden sie so weit zurückgeschoben, daß der Schlag, der sie wieder in ihre normale Stellung vortrieb, gerade die richtige Stärke hatte.

Der Vorschub wurde in kräftiger Weise durch eine Schnecke bewirkt, die in ein 600-mm-Schneckenrad eingriff, während der Rückgang beschleunigt stattfand (etwa 30 m pro Minute).

Die Flanken der stählernen Werkzeughalter, die aneinander rieben, waren nach einiger Zeit bös verschlissen. Ich mußte sie abhobeln und dünne Streifen von gehärtetem Stahl mit Schwalbenschwanz in sie einlassen. Hierdurch wurde jede weitere Schwierigkeit vermieden. Auffallend war, daß sich die Flanken der beiden äußersten Stahlhalter, die gegen die gußeisernen Seitenträger rieben, ohne merkliche Abnutzung glatt polierten.

Das war eine sehr wichtige Beobachtung. Diese Oberflächen rieben alle trocken aufeinander. Die Kraft, die sie dabei zusammenpreßte, war nur ein eigentlich zu vernachlässigender Seitenschub. Unter diesen Bedingungen „verhakten" sich die Moleküle gleicher benachbarter Materialien, während diejenigen verschiedener Materialien es nicht taten. Diese beiden Eisensorten hier waren allerdings von äußerst verschiedenem Gefüge. Vielleicht einen besseren Beweis dafür, daß nur bestimmte verschiedene Materialien von diesem „Verhaken der Moleküle" frei waren, bildeten die Befestigungsschrauben, bei denen die Verschiedenheit des molekularen Gefüges nicht in demselben Maße vorhanden war. Sie bestanden aus „Ulstereisen“, einer guten Qualität amerikanischen Eisens, die damals in New York für Schrauben gern gewählt wurde. Es waren $^5/_8$-Zoll-Schrauben, und sie konnten ebenfalls nicht geschmiert werden, da kein Öl über den Steinen zur Verwendung kommen durfte. Jeder Werkzeughalter enthielt drei solcher Befestigungsschrauben. Die beiden äußeren wurden täglich 60 mal angezogen und gelöst. Die mittleren, die nur für die Spitzmeißel in Anwendung kamen, wurden täglich nur 20 mal angezogen und gelöst und steckten sonst lose in ihren Gewinden. Da die Stahlhalter sehr schwer waren und die Hammerschläge zudem auf das Lederkissen trafen, war von einer Erschütterung keine Rede. Am Ende der zweijährigen Betriebszeit gingen die äußeren Schrauben noch alle genau passend. Die mittleren waren locker im Gewinde, wenn sie auch die Werkzeuge noch immer vollkommen festspannten.

Die Walzen, auf denen die Hämmer liefen, waren gehärtet und drehten sich auf gehärteten Spindeln. Die Hämmer selbst hatten abgeschreckte Bahnen, und wo ihre Oberflächen auf den Walzen liefen, waren sie ebenfalls durch Abschrecken gehärtet. Die Oberflächen der Werkzeughalter und der Führung, auf denen diese hin und her glitten, waren, soweit sie miteinander in Berührung kamen, mit gehärteten Streifen versehen. Die Nocken und Walzen und ihre Zapfen waren gleichfalls gehärtet.

Es zeigte sich, daß die fertige Maschine nur einer Änderung bedurfte. Ich hatte die Knaggen mit der Welle verschweißt, und der Schmied hatte mir versichert, daß die Schweißungen fehlerfrei seien. Als die Welle fertiggestellt war, konnte man von außen nicht die mindeste kranke Stelle wahrnehmen, aber nach ein bis zwei Wochen lockerten sich die Knaggen. Auch hieraus konnte ich eine nützliche Lehre ziehen. Ich mußte aus England neue Stahlblöcke schicken lassen, die ich diesmal bohren und dann bearbeiten ließ und schließlich auf die Welle aufkeilte, wie die Skizze zeigt. Die arbeitenden Flächen der Knaggen wurden gehärtet. Dies erforderte wiederum die Einsetzung neuer Hämmer, da die Knaggen sich nicht durch die alten durchfädeln ließen. Die Naben der Knaggen waren 150 mm lang und schlossen die Welle völlig ein.

Da unsere Gesellschaft aus den Zeichnungen mit Befriedigung sah, daß die Maschine ein Erfolg sein würde, mietete sie von Mr. Astor ein großes Grundstück auf der Südseite der 14. Straße, westlich der Neunten Avenue, das bis zur 13. Straße durchging. Hier wurde ein Haus gebaut und eingerichtet und eine Steinmetzwerkstatt gegründet, wo die Maschine erfolgreich zwei Halbjahre hindurch arbeitete. Hauptsächlich glättete sie „Verblender“, wie die flachen Steine an der Außenwand der Häuser genannt werden. Mit Leichtigkeit bewältigte die Maschine 56 qm Oberfläche am Tag, d. h. sie leistete die Arbeit von 30 Mann und zerbrach niemals auch nur den dünnsten Stein.

Zur Bearbeitung mit der Maschine wurden die Steine auf Arbeitsleisten von 50 mm Dicke und 100 mm Höhe gelegt, die mit der Platte der Gleittische aus einem Stück gegossen waren. Es waren Längs- und Querleisten, die alle 75 mm weit von $^3/_4$-Zoll-Löchern durchbohrt waren. Wir hatten zwei solcher Tische, von denen jeder 5 m lang war.

Auf jeden Tisch wurden mehrere Steine gelegt und durch Frösche und Keile auf den Arbeitsleisten befestigt. Geübte Arbeiter konnten sie mit Leichtigkeit so aufkeilen, daß sie alle die gleiche Höhe hatten. An jedem Ende der Gleitbahnen, auf denen die Tische vorrückten, war ein Drehkran mit doppelter und einfacher Übersetzung aufgestellt, so daß mit deren Hilfe jeder Stein, den die Maschine bearbeiten konnte, von zwei Leuten bewältigt wurde. Während die Steine auf dem einen Tisch bearbeitet wurden, schaffte man die fertigen von dem andern Tisch fort und spannte neue auf. Diese Arbeitsvorgänge griffen so ineinander, daß die Arbeit nur unterbrochen zu werden brauchte, um Werkzeuge und Tische auszutauschen. Letzteres geschah folgendermaßen: Wenn die Arbeit auf einem Tisch fertig war, so wurde dieser schnell vor- oder rückwärts geschoben und der andre Tisch an ihn angehängt. Mit diesem wurde er durch ein paar Haken verbunden, und nach Umsteuerung des Antriebs zog er den zweiten Tisch unter die Werkzeuge und gelangte dabei selbst unter den Kran, so daß das Abladen der bearbeiteten und das Einsetzen der rohen Steine ununterbrochen weiterging, bald auf dem einen und bald auf dem anderen Ende der Gleitbahn.

Außer der Maschine entwarf ich das Gebäude und die ganze Anlage und den Arbeitsplan, der wie ein Uhrwerk klappte. Jede Zeichnung machte ich eigenhändig. Die Kräne wurden in Rochester, New York, nach dem Muster von Kränen gebaut, wie sie die Fabrik für Eisenbahnen zum Heben schwerer Frachtstücke lieferte.

Von einer bankerotten Steinzurichte-Gesellschaft kaufte ich eine Poliermaschine, Typ „Jenny Lind“, die ihren Namen deshalb trug, weil sie gerade in dem Jahre auf den Markt kam, wo diese Sängerin durch Mr. Barnum in den Vereinigten Staaten eingeführt wurde. Damit hatte ich einen guten Griff getan. Von einer vertikalen Spindel in der Mitte ging ein aus drei je etwa 3,6 m langen Gliedern bestehender Gelenkarm aus. Der Querschnitt dieses Arms hatte eine sehr große Höhenerstreckung, so daß das Ende nicht durchhing. Hier saß die durch Riemen angetriebene Polierscheibe, die also von Stein zu Stein in einem Kreis von etwa 12 m Radius bewegt werden konnte. Die Hälfte des Kreises genügte für unsere Zwecke.

Nur eine Änderung nahm ich an der Maschine vor. Die Scheiben — zwei Paar an jedem Gelenk, ein Paar oben und eins unten — die etwa 610 mm Durchmesser und 75 mm Breite hatten, waren natürlich horizontal. Da die Fabrikanten fürchteten, die Riemen könnten abfallen, so hatten sie zwei Nuten mit viereckigem Querschnitt (12 mm tief, 6 mm breit) in den Umfang eingedreht und entsprechende Lederstreifen an die Riemen genäht, die in diesen Rillen liefen. Ich verwarf das alles und benutzte gewöhnliche, etwas ballig gedrehte Scheiben. Niemals verursachten sie die geringsten Schwierigkeiten. Tatsächlich arbeiteten diese Scheiben besser als ich erwartet hatte. Ich hatte vermutet, daß die Riemen von Zeit zu Zeit verkürzt werden müßten, weil sie sich strecken würden, was aber nicht der Fall war. Wären sie stärker beansprucht worden, hätten sie sich vielleicht gereckt. Diese Poliermaschine hatte mit der Behaumaschine folgendes gemein: in jeder Hinsicht waren beide auf ununterbrochene Arbeit und höchstmögliche Ausnutzung eingerichtet.

Das Geschäft stand in der ersten Saison unter der Leitung von Mr. John McClave, einem Steinmetzmeister, und in der zweiten unter der Direktion der Steinmetzfirma Brown & Young. Mr. Hugh Young aus dieser Firma ist seitdem ständig in dem Steinzurichtegeschäft in New York tätig gewesen.

Es stellte sich heraus, daß die Maschine einen bemerkenswerten Vorzug vor der Handarbeit hatte. Die Steinmetzen sagten oft scherzend: „Die Sonne bringt es an den Tag,“ denn wenn ihre Strahlen unter einem kleinen Winkel auf eine mit der Hand bearbeitete Fläche fielen, zeigte sie ziemlich beträchtliche Unebenheiten. Die gleiche Probe zeigte bei Maschinenarbeit wirklich ebene Flächen. Bald gewann die Maschine einen bedeutenden Ruf. Viele Steinmetzen wollten ihre Ware nur durch unsere Maschine bearbeiten lassen und wir erhielten mehr Aufträge, als wir ausführen konnten.

Folgendes Ereignis zeigt den günstigen Eindruck, den die Maschine auf jeden machte, der ihr Arbeiten mit ansah.

Auf einer Konferenz der Direktoren der Gesellschaft, der ich beiwohnte, verspätete sich Mr. Daniel S. Miller, ein in den Finanzkreisen New Yorks ziemlich hervorragender Herr. Er entschuldigte sich mit den Worten: „Ich dachte, ich wollte vor unserm Zusammentreffen die Werkstatt besuchen, um zu sehen, wie die Arbeit vorwärts ginge. Ich habe mich länger aufgehalten als ich beabsichtigt hatte, und ich möchte mich mit weiteren 5000 $ an der Gesellschaft beteiligen.“

Der Erfolg machte uns etwas übermütig, und wir schmiedeten Pläne zur Vergrößerung des Geschäfts. Ich vollendete die Zeichnungen für eine zweite Maschine, für die Platz im Grundriß des Gebäudes vorgesehen war, und die groß genug werden sollte, um Plattformsteine zu bearbeiten. Die einzige Änderung, die nach unserer zweijährigen Erfahrung nötig schien, war die Verwendung von Luftkissen, anstatt der Stahlfedern, hinter den Hämmern.

Aber die klügsten Luftschlösser „von Mann und Maus", sagt der Dichter,

„Stürzen oft ein;
Und hinterlassen nichts als Kummer und Schmerz
Statt der verheißenen Freude." (R. Burns.)

Unsere Pläne wurden plötzlich zu Wasser. Eine neue Methode, Fliesen zu schleifen, war eingeführt worden, und kam bald allgemein in Aufnahme. Anstatt sie mit der Hand zu glätten, begann man die Steine aus großen Blöcken herauszusägen. Nun wunderte ich mich, warum man das nicht schon immer so gemacht habe. Marmorblöcke hatte man schon wer weiß wie lange mit Laufsägen in Steintafeln zerteilt, und alles, was zu geschehen hatte, war, dieses System auch auf Bausteine anzuwenden. Es kostete nicht mehr, Bausteine aus dem Steinbruch herauszusägen, als es gekostet hatte, sie herauszuhauen. Die Kosten für das nachträgliche Bearbeiten und viel Stein wurden gespart. Unsere Steinzurichtemaschine wurde überflüssig und ich mußte erfahren, daß auch in dem gewissenhaft betriebenen Beruf Enttäuschungen nicht ausgeschlossen waren.

Die Schnelligkeit von 300 Umdrehungen pro Minute hatte sich als außerordentlich passend für die Maschine erwiesen. Die Vertrautheit mit dieser Geschwindigkeit bei der Steinbehaumaschine ehrte mich den Wert der hohen Tourenzahlen in allen Fällen erkennen, wo sie sich anwenden ließen.

Wenn ich jetzt auf jene Zeit zurückblicke, sehe ich, daß der Erfolg der Steinbehaumaschine auf folgenden Tatsachen beruhte:

Erstens ging ich an die Aufgabe, Stein mit der Maschine zu bearbeiten, auf dem einfachsten und natürlichsten Wege heran.

Zweitens war die Maschine überaus stark und solide in allen Teilen.

Drittens war sie eine Präzisionsmaschine.

Viertens war die Tourenzahl überlegen.

Fünftens war der Schlag eigenartig. Bei der Hastingsschen Maschine wurde das Schneidewerkzeug in den Stein hineingetrieben. Bei der meinigen ruhte es auf dem Stein und wurde durch die Vorschubbewegung horizontal zurückgeschoben. Dies veränderte die

Winkelstellung des Werkzeughalters etwas, so daß dieser den Schlag mit der unteren Kante seiner Rückseite aufnahm. Dies setzte das Werkzeug in eine vor- und aufwärtsgerichtete Bewegung, so daß die vertikale Wirkung auf den Stein gering blieb. Dies war die wesentliche Eigenschaft meiner Verbesserung, und zwar in doppeltem Sinn: denn nur dadurch, daß ich meine Teilhaber vorher davon zu überzeugen wußte, daß eine auf diese Art und Weise arbeitende Maschine den Stein unmöglich zerbrechen konnte, gelang es mir, ihre finanzielle Unterstützung zu erlangen.

Sechstens schützte der zweistufige Hammer den Stein vor überflüssiger Wucht des Schlages.

Der letzte Grund des Erfolges schließlich lag in dem Zwei-Tisch-System. Die beiden Vorgänge, das Herrichten und das Schneiden, dauerten beide fast gleich lange, und 20 Tische von durchschnittlich 3,25 qm Oberfläche der aufgespannten Platten wurden leicht in einem zehnstündigen Arbeitstag bewältigt.

Die Beschreibung einiger von mir angewandter konstruktiver Methoden wird vielleicht interessieren:

In dem stählernen Vierkant, der in sechs einzelne Werkzeughalter zu teilen war, mußten 18 Bohrungen von je 1″ Durchmesser und Tiefe vorgesehen werden, in die die Schäfte der Werkzeuge griffen, durch die sie in der rechten Lage gehalten wurden. Die Verzapfungen mußten genau in einer Geraden liegen und von gleicher Tiefe sein. Dies wurde auf folgende Weise erreicht: Ein gußeisernes Winkeleisen mit gehobelten Flächen wurde zuerst auf dem Tisch der Bohrmaschine befestigt, und beim Bohren der Löcher wurde der Vierkant an das Winkeleisen angelegt. Die einheitliche Tiefe wurde gesichert durch Verwendung eines Zentrumbohrers, dessen Schaft mit einem Anschlagring versehen war. Die Bohrung war tief genug, wenn dieser Ring auf dem Vierkant schleifte.

Diese Arbeit ließ ich von Mr. Joseph Banks ausführen, dessen Werkstatt in einem großen Gebäude an der Ecke der Zweiten Avenue und 22. Straße lag. Mr. A. S. Cameron, der spätere Erfinder und Fabrikant der berühmten Cameron-Dampfpumpen, war damals Lehrling in jener Werkstatt. Mr. Banks war ein ausgezeichneter Mechaniker und ich hatte allen Grund, ihm für die Genauigkeit der Arbeit zu danken, die er für mich ausführte. Er konstruierte einen Hinterdrehbohrer, mit dem man rings um den Grund dieser Bohrungen eine Nute eindrehte, so daß die Spähne, die beim Viereckigschneiden der Löcher durch die Stanzmaschine erzeugt wurden, frei abfallen konnten. Den Stanzstahl für die letzte Bearbeitung konstruierte ich selbst. Ich hatte wahrgenommen, daß bei allen Stoßmaschinen, die ich damals vor Augen bekam, der

Stahl beim Aufsetzen etwas zurückwich, so daß man die Kante nie ganz rechtwinklig bekam. Um diesen Mangel zu beseitigen und zudem die Vierkantlöcher genau gleichgroß auszustanzen, ließ ich den Stoßstahl an zwei gegenüberliegenden Seiten zugleich schneiden. Die Schneidkanten waren jede ungefähr 3 mm lang und hatten abgerundete Ecken. Der Vierkant, aus dem die Stahlhalter herausgeschnitten wurden, mußte wegen seiner Länge dreimal eingespannt werden, und zwar wieder angelehnt an dasselbe Winkeleisen, das an die Platte parallel mit der Querzugspindel angeschraubt war. Mit meinem Doppelstahl wurden so in einem Sitze die oberen und unteren Flächen aller Vierkantlöcher leicht in völlig gleicher Höhe und mit reckteckigen Kanten gestanzt. Hierauf wurde das Werkzeug um 90^0 gegen seine erste Stellung verdreht, zu welchem Zweck sein Schaft quadratischen Querschnitt erhalten hatte, und bearbeitete dann die Seitenflächen der Vierkantlöcher. Diese waren genau übereinstimmend und die Werkzeuge waren beliebig austauschbar.

Die Sprungfedern hinter den Hämmern wurden sehr sorgfältig angefertigt. Ich ließ starke Stangen aus Federstahl unter einem Stabhammer auf 10×10 mm Querschnitt strecken. Diese wurden mit nur 6 mm Windungsabstand gewunden, so daß eine Feder, die im Innern des Hammers zerbrach, nicht aus ihrer Lage konnte. Die Federn waren außerordentlich dauerhaft. Wir nahmen gelegentlich, etwa alle Monate, den hinteren Querbalken ab, um nachzusehen, ob Federn gebrochen waren, und bisweilen fanden wir auch eine zerbrochene; wir ersetzten sie durch eine neue, weil wir annahmen, daß sie schlaff wäre, aber die Hämmer arbeiteten genau so gut mit gebrochenen Federn, wie mit ganzen. Da die Federn eine erhebliche Vorspannung besaßen, so wurden sie auch durch einen Bruch nicht entspannt.

Es scheint mir recht und billig, wenn ich hinzufüge, daß ich außer der Hilfe von Mr. Banks keinen Beistand hatte, weder beim Zeichnen der Maschine, noch bei der Organisation der Arbeit, und keine Anregung von irgendwelcher Seite. —

Mit dieser genauen Beschreibung sage ich Dir endlich Lebewohl, mein alter Lehrmeister! Du hast einen warmen Platz in meinem Herzen. Du gabst mir den ersten Unterricht im Konstruieren. Dein Leben war kurz. Es war dir nicht vergönnt, tiefe Spuren in der Welt zu hinterlassen. Aber Du warst treu. Immer tatest Du Deine Pflicht und immer tatest Du sie gut.

Zweites Kapitel.

Ausbildung und Fabrikation des Gegengewichts-Regulators. Erste Erwähnung Mr. Richards'.

Als die Steinbehaumaschine in Betrieb genommen war, zeigte sich eine Schwierigkeit. Der Regulator der Antriebsmaschine tanzte ständig, so daß er unruhigen Gang der Maschine verursachte: sie lief abwechselnd zu schnell oder zu langsam. Soweit ich beobachten konnte, schien kein Grund für diese Schwankung vorhanden zu sein. Die Belastung der Maschine war gleichmäßig. Wenn auch die auf die Steine verwandte Arbeit geschwankt haben mag: die Arbeitsleistung der Maschine bestand im Heben der Hämmer, und da diese einer nach dem andern gehoben wurden, ergab sich stets der gleiche Widerstand. Die Schwankungen waren nicht sehr stark, — so viel ich mich erinnern kann, betragen sie etwa 12% der Tourenzahl. Dies bedeutete für jeden Hammer eine Schwankung um 36 Schläge pro Minute. Dennoch wurde dadurch die Oberfläche des Steins wellig. Je schneller der Schlag, desto stärker wurde er und desto tiefer wurde der Schnitt. Die Unebenheiten waren gering, nur etwa $^1/_2$ mm tief, dennoch war es für unsere Poliermaschine nicht möglich, sie ohne erheblichen Zeitverlust fortzuschleifen. Darum mußten wir 3 bis 4 Steinmetzen einstellen, um diese etwa 100 mm voneinander entfernten Buckel fortzumeißeln.

Es war klar, daß diese Schwankungen beseitigt werden mußten. Ich versuchte sie durch Änderung des Dampfdruckes abzustellen, und dann durch andere Riemscheiben, so daß die Maschine schneller laufen konnte, während selbstverständlich die Tourenzahl des Regulators selbst unveränderlich bleiben mußte. Aber diese Bemühungen waren ohne Erfolg. Nachdem ich meinen eigenen Vorrat an Unwissenheit erschöpft hatte, wandte ich mich an Berufssachverständige, die dann den ihren dazugaben. Drei Leute, von denen ich annahm, daß sie etwas verstünden, und die auch wahrscheinlich alles wußten, was damals über diesen Gegenstand bekannt war, gaben mir alle denselben Rat: Ich sollte eine größere Maschine nehmen und ein viel größeres Schwungrad. Dieser Rat schien mir ziemlich unvernünftig zu sein. Ich wußte, daß die Maschine groß genug sei, weil, wenn der Regulator in seiner tiefsten Stellung war, in der er die Drosselung auf keinen Fall ganz öffnen konnte, die Maschine noch zu schnell lief. Dann rieten sie mir, auf jeden Fall ein schwereres Schwungrad zu wählen, und erklärten mir, daß das Schwungrad zwei Aufgaben erfüllte: die eine bestände darin, daß es die Kurbelwelle mit annähernd gleichförmiger Geschwindigkeit über den Totpunkt schleppte, und die andere „darin, daß es dem Regulator Zeit zum Einwirken verschaffte." Ich erwiderte, daß ja schon jetzt die Maschine mit völlig gleichförmigem Gang über ihre Totpunkte wegkäme, soweit ich wenigstens sehen könnte und soweit die Steinoberfläche zeigte. Für den vorliegenden Zweck mußte folglich das vorhandene Schwungrad ausreichen. Die Schwankungen wären ganz regelmäßig, erstreckten sich über etwa 30 Umdrehungen der Maschine, oder 6 Sekunden und ständen in keinem Zusammenhang mit den Totpunkten; ich sähe im übrigen nicht ein, warum der Regulator Zeit brauche, um zu wirken. Sie erzählten mir: alle Regulatoren brauchten Zeit zum einwirken, das wäre doch ganz selbstverständlich.

Hierauf musterte ich den Regulator um so kritischer und kam auf die Vermutung, daß sein Gang durch Reibung in den Gelenkzapfen am höchsten Punkt der Spindel hindernd beeinflußt würde. Diese Gelenke waren an gegenüberliegenden Seiten der Spindel mit ungefähr 100 mm Abstand angebracht. Nach der Art, in der die Kraft, welche die Kugeln herumdrehte, durch sie übertragen wurde, mußte ein eckendes Moment zwischen den Augen des Gelenks gebildet werden. Der Regulator konnte erst spielen, wenn sich durch Veränderung seiner Geschwindigkeit eine Kraft ausgebildet hatte, die groß genug war, dieses Klemmen zu überwinden, worauf er dann wieder zu weit ausschlug. Wiederum wandte ich mich an meine Gewährsleute um Rat, wie ich diese Reibung loswerden könnte. Die meinten, das wäre einfach genug. Ich müßte lediglich ein Joch auf die Regulatorspindel stecken, durch das die Regulatorarme gefädelt würden, so daß der Antriebsdruck ganz nahe an den Kugeln angriffe. So folgte ich denn zum erstenmal ihrem Rat und fädelte ein Joch über die Regulatorspindel. Ich konnte jedoch nicht finden, daß dadurch irgendeine Verbesserung erzielt wurde; wenigstens war die Veränderung zum besseren zu unerheblich, um stark in die Erscheinung zu treten. Ich sah auch ganz klar ein, warum. Der Druck war hier zwar kleiner als der, den die Gelenke aufwenden mußten, aber er griff auch in einer entsprechend größeren Entfernung von der Achse an, so daß die hemmende Wirkung auf den Regulator im großen und ganzen die gleiche blieb.

Ich sah: wenn ich Abhilfe finden wollte, so würde ich den Weg dazu schon selber finden müssen. Ich fing also an, das Thema „Regulator" zu studieren. Meine Ingenieurbibliothek bestand damals aus Haswells Handbuch des Maschinenbauers. Das bischen angelesenes Wissen über Mechanik, das ich hatte, stammte aus dem Haswell. So wandte ich mich auch diesmal wieder zum Haswell und las, was er über Regulatoren zu sagen hatte. Ich erfuhr, daß sie konische Pendel wären, und daß sie sich halb so viel Mal in der Minute drehten, als ein Pendel schwänge, dessen Länge gleich der Höhe desjenigen Kegels wäre, dessen Grundfläche die Ebene, in der der Schwingungsmittelpunkt der Kugeln und Arme kreist, und dessen Spitze der Schnittpunkt der aufwärts verlängerten geometrischen Achsen der Arme ist, und daß ihre Umdrehungszahlen sich im umgekehrten Verhältnis der Quadratwurzeln aus der Höhe dieses Kegels änderten. Ich fand nicht, daß mich dies im geringsten aus meiner Verlegenheit brachte.

Hierauf schlug ich unter „Zentrifugalkraft" nach, mit der ich ja schon früher einige Bekanntschaft gemacht hatte, und las den folgenden, ungewöhnlich geschickt irreführenden Satz:

„Jeder Körper, der sich um einen Mittel- oder Fixpunkt bewegt, hat das Bestreben, gradlinig abzufliegen. Dies nennt man Zentrifugalkraft." Das half mir auch nicht weiter, noch interessierte es mich damals besonders.

Ich las jedoch weiter, daß die Zentrifugalkraft eines Körpers beim Kreisen mit einem gegebenen Radius mit dem Quadrat der Geschwindigkeit veränderlich ist. „Z. B. wird ein Körper bei 10 Touren pro Minute viermal so viel Zentrifugalkraft ausüben, als durch denselben Körper bei 5 Touren ausgeübt wird." Der Regulator an meiner Maschine drehte sich mit 50 Touren. Wie ich nun über die Sache nachdachte, fiel mir ein, daß, wenn der Regulator ebenso schnell wie meine Maschine, nämlich mit 300 Touren kreisen würde, die Zentrifugalkraft eines Pfundes so groß sein würde, wie die von 36 Pfund bei 50 Touren. Ich rief: „Heureka! ich hab's gefunden." 1 Pfund schwere Kugeln an Stelle von 36pfündigen würden mit Leichtigkeit herumgedreht werden können. Ich erzählte meinen Ratgebern von meiner großen Entdeckung, und sie lachten mich aus. Sie erzählten mir, ich müßte wissen, daß das Trägheitsmoment der Kugeln in derselben Potenz wüchse, wie ihre Zentrifugalkraft; MV^2 sei ein beiden Kräften gemeinsamer Faktor; es wäre also ein Kreislauf: wäre die Zentrifugalkraft bei 300 Touren

36mal so groß, wie bei 50 Touren, so würde es andererseits auch einer 36mal so großen Kraft bedürfen, um die Kugeln herumzudrehen; ich würde daher durch die Abänderung, die ich vorschlug, nichts gewinnen. Statt dessen müßte ich jedoch das Gewicht, was ich zum Niederhalten der kleinen Kugeln brauchte, mit rotieren lassen. Der letztere Fall wäre schlimmer als der erste. Das gab mir zu denken und ich grübelte eine Zeit lang, was zu tun.

Ein Bekannter von mir, ein Mr. Thompson, der nahe bei der 14. Straße westlich der Siebenten Avenue wohnte, war Mathematiker und Verfasser einer Reihe mathematischer Bücher, die damals viel studiert wurden. Ich machte ihm also einen Besuch, erzählte ihm von meinen Schwierigkeiten und bat um seinen Rat. Er gab mir folgende durchgeistigte Antwort: „Sie scheinen ein sehr beharrlicher junger Mensch zu sein; nur so weiter: Sie werden die Schwierigkeit schon allmählich überwinden.“

In aller meiner Verzweiflung schwebte mir nur immer der eine Gedanke vor: die Reibung muß beseitigt werden, koste es, was es wolle. Nach einiger Zeit kam ich auf den Gedanken, daß, wenn ich oben einen langen Bolzen genau durch den Drehungsmittelpunkt des Gegengewichts legte, so daß der Druck zum Antrieb der Kugeln und des Gegengewichts in einiger Entfernung von der Spindelachse angriffe und deshalb in viel geringerer Stärke und obendrein normal zur Oberfläche des Gelenkbolzens wirkte, anstatt ein Klemmmoment zwischen den beiden Oberflächen hervorzurufen, daß dann die Schwierigkeit behoben würde, da die Kraft zur Überwindung der Reibung an Hebelarmen angriffe, die 50, ja 100mal so lang wären, wie der Halbmesser des Bolzens. Ich war meiner Sache so sicher, daß ich es riskierte, einen Regulator herzustellen, der wie der ursprünglich von Watt verwendete nur ein einziges Gelenk an der Spitze des Pendelkegels besaß; hierdurch wurde der Regulator empfindlicher, da sich die Höhe des Pendelkegels nur durch seine Basisverschiebung, nicht aber durch Spitzenverschiebung veränderte. Hierbei hielt ich glücklicherweise immer noch an meinen kleinen Kugeln und der hohen Geschwindigkeit fest, warum, weiß ich kaum. Den oberen Gelenkbolzen machte ich 150 mm lang.

Als dieser Regulator in Betrieb gesetzt wurde, verschwanden jene Anstände vollständig. Die Maschine lief bei konstanter Belastung vollkommen gleichmäßig. Ich gebrauche das Adjektivum „vollkommen“ absichtlich, denn die Regulatormuffe stand so unbeweglich, als wäre sie mit der Spindel verschraubt, und der Regulator erwies sich als der denkbar empfindlichste Anzeiger von Geschwindigkeitsänderungen. Wenn der Riemen auf die Losscheibe geschoben wurde, lief die Maschine leer. Das Gegengewicht stieg pünktlich, doch ruhig bis an den Anschlag in der höchsten Stellung und blieb dort bewegungslos stehen, bis der Riemen auf die Festscheibe geschoben wurde und die Hämmer in Bewegung gerieten, worauf es genau so ruhig, aber pünklich in eine tiefere Stellung sank und dort ebenfalls bewegungslos verharrte, solange die Hämmer arbeiteten. Wir konnten mit dem Auge die Geschwindigkeitsveränderung nicht wahrnehmen, die dieses Arbeiten des Regulators veranlaßte. Die schwerste Belastung wurde jedoch auf die Maschine geworfen, wenn die beiden mit Steinen beladenen Tische schnell fortbewegt wurden. Hierbei senkte sich der Regulator noch etwas weiter, aber immer war, soweit ich wahrnehmen konnte, der Gang der Maschine gleich schnell. Die Oberfläche des Steines ließ nichts zu wünschen übrig. Die Maschine erzeugte genau ebene Flächen, die frei von irgendwelchen Unebenheiten waren, und die Oberflächen kamen so glatt heraus, daß die Poliermaschine nur wenig zu tun hatte und mit Leichtigkeit mit der Behaumaschine Schritt hielt. Der Regulator begeisterte jeden, der ihn arbeiten sah.

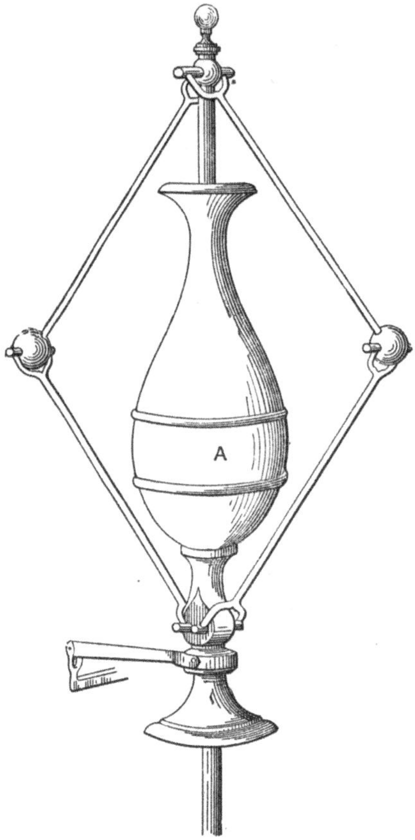

Der erste Porter-Regulator.

Die erste Zeichnung zu dem Regulator, die ich entwarf, zeigte das Gegengewicht an der Muffe hängend. Mr. John Mc Laren, ein Maschinenbauer, der mir schon gute Dienste geleistet hatte, sagte, als ich sie ihm zeigte: „Warum drehen Sie denn Ihr Gewicht nicht herum und bringen es zwischen den Armen unter?“ Das ließ ich mir nicht zweimal sagen, und damit war der Porter-Regulator geschaffen. Ich ließ eine illustrierte Beschreibung im „Scientific American“ erscheinen. Man photographierte ihn, wie man eben damals photographierte, d. h. der Künstler wurde hingeschickt, um ihn zu skizzieren, und diese Skizze ist hier wiedergegeben. Sie und die Beschreibung kann man im Scientific American vom 9. Okt. 1858 finden. Dieser Regulator ist von mir niemals abgeändert worden, mit Ausnahme der Form des Gegengewichts.

Ich glaubte, daß die mathematischen Ansichten meiner Ratgeber korrekt seien, und daß die vollendete Arbeitsweise des Regulators lediglich in dem langen Antriebsscharnierbolzen beruhte; ich nahm an, daß mit ihm die 36pfündigen Kugeln bei 50 Umdrehungen pro Minute genau so gut gearbeitet hätten, wie 1pfündige Kugeln bei 300 Umdrehungen pro Minute, aber ich habe es nie probiert.

In diesem Glauben verharrte ich 50 Jahre lang. Heute, im Alter von mehr als 80 Jahren und nach langem Ausruhen von geschäftlicher Unrast, ist mir beim Sichten dieser Erinnerungen für die Veröffentlichung zum erstenmal die Idee gekommen und hat sich zur Überzeugung verdichtet, daß meine Ratgeber hier unrecht hatten, genau so, wie sie in jeder anderen Beziehung unrecht hatten. Sie übersahen, daß die Winkelgeschwindigkeit des Scharnierbolzens zugleich mit der der Kugeln wuchs, so daß das Verhältnis beider eine Konstante bleiben mußte. Das Gesetz, daß die erforderliche Antriebskraft im Quadrat der erteilten Geschwindigkeit wächst, bezieht sich nur auf die Kraftquelle selbst, etwa auf die im Zylinder einer Maschine ausgeübte Dampfkraft, wenn im übrigen die Bewegung des Kolbens dieselbe bleibt, und auf die kraftübertragenden Riemen oder Getriebe, deren Geschwindigkeit ebenfalls die gleiche bleibt. An allen diesen Punkten muß die Kraft mit dem Quadrate der erzeugten Endgeschwindigkeit wachsen; aber der vom Regulatorscharnier ausgeübte Druck bleibt hiervon unbeeinflußt. Die Scharniergeschwindigkeit ist nicht konstant, sondern wächst mit der der Kugeln. Während also die Zentrifugalkraft der Kugeln, deren Änderungen die senkrechten Bewegungen des Gegengewichts veranlassen, mit dem Quadrat der Geschwindigkeit wechselt, nimmt die Kraft, die in diesem Scharnier für den Antrieb der Kugeln aufgebracht werden muß und die allein die hemmende Reibung hervorruft, überhaupt nicht zu, welchen Betrag auch immer die Umdrehungsgeschwindigkeit annehmen mag. Diese Tatsache ist, unerkannt von mir, noch, sofern ich je gehört habe, von irgend jemandem anders, diese ganzen Jahre lang das Geheimnis gewesen, — ein recht offenes Geheimnis, wenn erst einmal erkannt, — das die erstaunliche Verbindung von Empfindlichkeit und Stabilität der Wirkungsweise bei diesem Regulator erklärt. Diese vereinten Vorzüge haben zu seiner allgemeinen Verbreitung geführt. Ich selbst habe niemals aufgehört, mich über die Vereinigung dieser heterogenen Vorzüge zu wundern, da ich ihre Ursache nicht kannte. Das war jedoch nicht das einzige Mal, daß ich besser schuf, als ich mir bewußt war.

Ich höre im Geiste einige Herren nach Durchlesen der obigen Erklärung sagen, die einen etwa obenhin, und andere möglicherweise mit hochmütigem Lächeln: „Für den gebildeten Ingenieur ist das doch auf den ersten Blick klar.“ Ich glaube allerdings, daß es jetzt klar sein wird, aber war es wirklich vorher so? Wenn irgend jemand den Nachweis früherer Beobachtung erbringen kann, so will ich ihm fröhlich die Priorität abtreten und ihm dazu gratulieren.

Ich habe jedoch meine Gründe, daran zu zweifeln, ob diese Beobachtung jemals gemacht worden ist. Auf der Londoner Ausstellung im Jahre 1862 erregte dieser Regulator durch seine neuartige Erscheinung, rasche Rotation und bemerkenswerte Wirkungsweise viel Aufmerksamkeit. Viele Ingenieure sprachen mich auf ihn hin an. In der Unterhaltung mit ihnen fiel mir zweierlei auf: erstens stellte mir niemals jemand eine Frage, sondern jeder erklärte mir die Wirkungsweise, und zweitens stimmten sie alle, so verschieden auch die individuellen Erklärungen aussahen, in der einen grundsätzlichen Hinsicht überein. Ihrer aller Denken lief im selben Gleis. Sie verstanden den Regulator nur theoretisch. Kein einziger nahm jemals Notiz von der kleinen Tatsache der Reibung, die den maßgebenden Einfluß darstellte. Ein verbesserter Regulator mußte ihrer Ansicht nach so ersonnen sein, daß er in irgendeiner Weise von der Hemmung seiner Wirkung befreit wurde, die im Gesetz des konischen Pendels begründet war, und jeder einzelne erklärte mir, wieso mein Regulator diesen Vorzug hatte.

Folgendes zeigt so recht, wie allgemein diese Auffassung in den englischen Ingenieuren steckte:

Im Anhang zur 10. Auflage von Rankines „Handbuch der Dampfmaschine und anderer Kraftmaschinen“ aus dem Jahre 1882 kann man folgendes lesen:

Astatische Regulatoren. Der gewöhnliche Regulator ist nicht astatisch; denn wenn er behufs Einstellung der Öffnung des Regulierventils für verschiedene Belastung so rotieren muß, daß seine Drehpendel verschiedene Winkel zur Vertikalachse einschließen, so muß die Höhe des Pendelkegels verschiedene Werte annehmen, was verschiedenen Geschwindigkeiten entspricht. Zur Verminderung oder Behebung dieses Nachteils gibt es folgende Mittel.

1. Belasteter Regulator (Porter). An den Kugeln des gewöhnlichen Regulators, deren Gesamtgewicht A betrage, sei mittels zweier Glieder von gleicher Länge wie die Pendelarme ein Gewicht B so aufgehängt, daß es an der Spindel auf und nieder gleiten kann, während sein Schwerpunkt in der Rotationsachse liegt. Die Zentrifugalkraft rührt dann lediglich von A her, und die Leistung der

Schwerkraft ist proportional $A + 2B$; folglich ist die Höhe für eine gegebene Geschwindigkeit im Verhältnis $\frac{A + 2B}{A}$ größer als die eines einfachen Drehpendels; und da die Bewegung des Regulierventils die mögliche Gesamtveränderung der Höhe festlegt, so folgt hieraus eine geringere relative Geschwindigkeitsveränderung beim Porter-Regulator gegenüber dem gewöhnlichen Regulator."

Das ist alles. Hierzu habe ich zu bemerken:

1. Der senkrechte Hub des Gegengewichts (Höhenveränderung) kann, wenn die Glieder auch unten ein einfaches Gelenk haben, weder mehr noch weniger als zweimal so groß sein, wie die senkrechte Höhenveränderung der Kugeln; bei gleicher Länge der Pendelarme und Aufhängungsglieder ist das aber beim gewöhnlichen Regulator genau so der Fall; in dieser Hinsicht bedeutet also mein Regulator überhaupt keine Verbesserung.

2. Die geringe Größe der Kugeln oder die hohe Umdrehungszahl werden überhaupt nicht beachtet.

3. Prof. Rankine ist nicht verantwortlich für dieses Prachtstück von Logik.

4. Man sieht daraus nur, wie weltenfern englischer Ingenieurverstand von der Erkenntnis des Einflusses der Reibung auf die Wirkung des Regulators entfernt gewesen ist.

Mein Regulator ist dem Gesetz des konischen Pendels unterworfen. Es ist mir nicht im Traume eingefallen, es bei dieser Form des Regulators umgehen zu wollen. In der Tat beruht die Wirkung des Regulators gerade auf diesem Gesetz. Eine Geschwindigkeitsänderung ist nötig, um eine Bewegung des Gegengewichts hervorzurufen. Aber bei der von mir konstruierten Form des Regulators ist diese Geschwindigkeitsänderung sehr klein, wahrscheinlich nur so groß, wie für stabiles Arbeiten erforderlich. Sie ist daher überhaupt nicht wahrnehmbar, außer durch die Bewegung des Gegengewichts, das schon bei der allergeringsten Geschwindigkeitsänderung prompt reagiert.

Eine ganze Reihe von Varianten dieses Regulators werden hierzulande — aber ich glaube sonst nirgends — fabriziert. Die Fabrikanten waren so freundlich, dafür den Namen „Gegengewicht-Regulator" zu erfinden. Dafür bin ich ihnen sehr dankbar, denn es wäre mir in den Tod zuwider, wenn mein Name mit auch nur einem einzigen von diesen Dingern verknüpft worden wäre. Sie arbeiten alle mehr oder weniger unbefriedigend, — meistens mehr. Aber ich halte es nicht für wahrscheinlich, daß das Geheimnis der eigenartigen Wirkungsweise des Porter-Regulators von einem dieser Herren entdeckt worden ist.

Gott sei Dank hat man auch mir es nicht sofort erklärt; in diesem Falle wäre ich vielleicht nicht auf den gemeinsamen langen Triebzapfen verfallen, der eine recht wertvolle Zugabe ist. —

Als die Steinbehaumaschine sich, wie schon erwähnt, als wertlos erwiesen hatte, war ich wieder „arbeitslos"; aber der Regulator hatte so viel Aufmerksamkeit erregt und eine so günstige Aufnahme gefunden, daß ich dachte, ich könnte ein Geschäft aus der Fabrikation solcher Regulatoren machen, und mit Stolz kann ich sagen, daß die schon mit mir assoziierten Herren, die doch beim Aufgeben der Steinbehaumaschine ihr Geld verloren hatten, so entschieden meine Ansicht teilten, und daß ich ihr Vertrauen so ganz besaß, daß sie das Geld hergaben, um mich zur Aufnahme dieser Fabrikation zu befähigen.

Ich mietete eine Werkstatt im zweiten Stock eines dreieckigen Gebäudes an der 13. Straße, da wo die Hudson-Straße und die Neunte Avenue zusammenlaufen. Das Haus gehörte dem Geldschrankfabrikanten Herring, der die unteren Stockwerke für sein eigenes Geschäft benutzte. Ich hatte einen großen Raum, mit Licht von drei Seiten.

Darauf rüstete ich meine Werkstatt mit den notwendigen Werkzeugmaschinen aus, von denen ich einige von Freeland kaufte, der damals für den besten Werkzeugfabrikanten in den Vereinigten Staaten galt. Er war nach England gereist und hatte einige Jahre als Reiseingenieur für die berühmten Whitworth-Werke in Manchester gearbeitet, um alles zu lernen, was man dort verstand. Die Werkzeugmaschinen, die Freeland nicht liefern konnte, bezog ich von George S. Lincoln & Co., Hartford, Connecticut.

Während diese Maschinen im Bau waren, sprach Herr Charles B. Richards mit einem Empfehlungsbrief von George S. Lincoln & Co. bei mir vor. Er siedelte damals gerade von Hartford nach New York über, um sich hier als Konstruktionsingenieur niederzulassen. Ich war damals dabei, so gut ich konnte, eine Maschine zum Bohren der Arme der Kugeln, des Gegengewichts und der Spindeln meines Regulators zu entwerfen, und gab Mr. Richards sofort den Auftrag, mir bei der Anfertigung der Zeichnungen zu dieser Maschine zu helfen. Diese Aufgabe führte er sehr zu meiner Zufriedenheit aus, und die Maschine wurde von George S. Lincoln & Co. gebaut. Mr. Pratt, der später so viele Jahre lang Chef der Firma Pratt & Whitney, nachmals Pratt & Whitney Company, werden sollte, war damals dort Werkmeister; alle Maschinen, die ich von dieser Gesellschaft bezog, wurden also von Mr. Pratt gebaut. Er schnitt mir auch famose Blechschablonen für die Regulatorteile zurecht.

Diese Bohrmaschine hat mich immer sehr interessiert. Sie löste jede Aufgabe, die bei dem Streben nach vollkommener und schneller

Charles B. Richards.

Ausführung der oben angedeuteten Arbeitsvorgänge auftrat. Sie hatte zwei parallele Spindeln, die wagerecht und in der gleichen Ebene arbeiteten; die eine war fest und die andere verschiebbar. Durch Distanzblöckchen, die zwischen die Spindelköpfe gelegt wurden, war gleiche Länge der Arme aller Regulatoren, der gleichen Größennummer verbürgt. Der Bohrtisch hatte hinten eine Anschlagkante; wenn daher die Arme zwischen diese und einen Parallelblock auf dem Tisch verspannt wurden, so waren sie stets in der gleichen parallelen Lage zu der Anschlagkante. Ferner wurden die Arme auf Klötzchen von passender Höhe gelagert. Durch diese Vorrichtungen wurde erreicht, daß die Achsen der Zapfenlöcher, die gleichzeitig gebohrt wurden, die Armachse einerseits und die Kugel- bzw. Spindelachse andererseits unter rechtem Winkel schnitten. Diese Maschine hat alle Regulatoren, die ich jemals fabriziert habe, bearbeitet. Nach und nach machte ich ausgezeichnete Geschäfte mit ihrer Herstellung, und zwar sicherlich auf Grund der außerordentlichen Sorgfalt, mit der völlig einwandsfreie Arbeit erzielt wurde, so daß die Regulatoren immer den Erwartungen in höchstem Maße entsprachen.

Ich entsinne mich nur eines Falles, wo das nicht so war. Ich hatte einen Regulator an Mr. Winslow in Troy geliefert, der später der Firma Corning & Winslow angehörte (sie waren die ersten, die auf den Vorschlag von Alexander L. Holley die Fabrikation von Bessemer-Stahlschienen in Amerika aufnahmen). Bald nachdem dieser Regulator versandt war, erhielt ich einen Brief von Mr. Winslow, der Regulator wolle ganz und gar nicht arbeiten; ich möchte doch mal persönlich kommen. Ich fand, daß der Regulator an einer altgekauften Burden-Maschine angebracht war, einem damals gut bekannten Typ von horizontalen Maschinen, die in Brooklyn gebaut wurden. Die Maschine war ursprünglich für 50 Umdrehungen pro Minute gebaut, aber da sie für deren Zwecke viel zu groß war, so hatten sie die Geschwindigkeit auf 25 Touren vermindert, und sie beklagten sich nun, daß jedesmal, wenn die Kurbel durch die Totpunkte ginge, die Regulatormuffe auf ihre untere Hubbegrenzung sank. Ich sagte ihnen, worin nach meiner Meinung die Schwierigkeit läge; jeder Mensch könne sehen, daß die Maschine beinahe stehen blieb, wenn die Kurbel durch die Totpunkte ginge. Der Regulator müßte einfach abfallen. Zum Beweis kuppelte ich den Regulator von dem Ventil ganz los und regulierte die Maschine mit der Hand. Ich zeigte ihnen, wie der Regulator selbst vom Drosselventil losgekuppelt bei jedem Hub stieg und fiel, genau so wie wenn er gekuppelt war. Sie fragten mich, was ich also zu tun gedächte? Ich antwortete, ich gedächte gar nichts zu tun; es wäre ja möglich, daß sie wo anders einen Regulator kaufen könnten, der solchen Geschwindigkeitsänderungen gegenüber unempfindlich bliebe, aber meinen sollten sie lieber wieder zurückschicken, denn der wäre für solche Art Betrieb nicht eingerichtet.

Folgendes gibt ein ergötzliches Beispiel, zweifellos ein sehr krasses, bis zu welchem Grade Laien mechanischen Vorgängen verständnislos gegenüberstehen können. Meine Regulatoren wurden gewöhnlich auf der Grundplatte von liegenden Maschinen nahe der Welle angebracht und mit dem Drosselventil über dem Zylinder durch einen Winkelhebel und eine lange Stange verbunden. Eines Tages besuchte mich ein Herr, der den Regulator und seine Herstellung persönlich sehen wollte, da er daran dachte, sich mit Geld an dem Geschäft zu beteiligen. Ich zeigte ihm einen Regulator im Betrieb auf dem Prüffeld und einen Holzschnitt auf meinem Katalog, der den Regulator, wie oben abgebildet, zeigte, nämlich mit einem kurzen Stückchen von der Verbindungsstange, wie sie an den Kniehebel angriff. Diesen Schnitt sah er sich eine Zeitlang aufmerksam an und zeigte dann mit dem Finger auf das abgebrochen gezeichnete Ende der kleinen Stange, wobei er sagte: „Ach so, hier tritt der Dampf ein!“ Ich antwortete gar nicht, und er war so befriedigt von seiner schnellen Auffassungsgabe, daß er seinen Anteil sofort zeichnete.

Ich erinnere mich nur eines Falles, wo dieser Regulator die Unterstützung einer Bufferbüchse oder eines Regelkatarakts bedurfte. In dem großen Blechwalzwerk der Otiswerke in Cleveland fiel der Regulator immer scharf bis zur unteren Hubbegrenzung ab, sobald der gewaltige Stahlblock von den Walzen gefaßt wurde, und sprang ebenso unvermittelt bis zur oberen Hubbegrenzung, sobald der Block durchgepreßt war. Mr. Wellman, der Generaldirektor der Werke, schlug mir eine elegante Anordnung von Luftkammern oben und unten in einem Zylinder vor, die es gestattete, daß der Regulator über seinen ganzen Hub frei spielte und nur in der Nähe der Hubbegrenzungen durch die in den Kammern eingeschlossene Luft abgebuffert wurde.

Einige Jahre hindurch behielt ich die Vasenform des Gegengewichts bei. Die heutige oben halbkugelige Form geht auf einen Vorschlag Whitworths im Jahre 1866 zurück und wurde von mir auf der Pariser Weltausstellung im Jahre 1867 zum erstenmal vorgeführt. Sie hat drei Vorteile: sie läßt sich auf der Drehbank leichter erzeugen, nämlich durch ein im Kreise schwingendes Stichelhaus — sie enthält mehr Metall — und sie sieht konstruktiver aus.

Ich stellte einmal den Regulator im Betrieb auf einer kleinen Maschinenschau des „American Institute“ aus, die in der 14. Straße in der

City von New York zwischen der Sechsten und der Siebenten Avenue stattfand (da wo jetzt die Kaserne des 12. Regiments steht). Ich hatte mich zu diesem Zweck mit dem Aussteller einer Maschine zusammengetan. Ich erinnere mich, daß Mr. George H. Reynolds, der damals Ingenieur in den Werken von Delamater am Ende der Westlichen 13. Straße war, ein paar Tage nach Inbetriebnahme mit einem Freund an der Maschine vorbeikam und in Hörweite von mir bemerkte: „Der Regulator allein braucht eine Pferdestärke.“ Ich durfte nicht zulassen, daß solches dummes Zeug, womöglich noch als Urteil eines Ingenieurs, sich herumspräche. Nächsten Morgen wurde der Regulator mit einem 15 mm breiten Riemen angetrieben, und dabei blieb es, so lange die Ausstellung dauerte. Ich bedauerte nachher, daß ich nicht sogar einen 12-mm-Riemen genommen hatte, der den Regulator genau so gut angetrieben hätte. Ja, ich glaube, sogar ein noch schmalerer Riemen hätte ausgereicht, denn das Fußende der Spindel hatte die Form einer Kugelkalotte und bestand aus gehärtetem Stahl; es lief in einem gleichfalls gehärteten Ölwännchen aus Stahl mit größerem Krümmungsradius.

Die komischste Verwendung, die mein Regulator je fand, war die folgende: Der Bürgerkrieg war gerade ausgebrochen, und jeder Yankee mußte irgend eine kriegsverwendbare Erfindung machen. Die lächerlichste von allen war die Zentrifugalkanone. Es wurde eine Gesellschaft zu ihrer Fabrikation gegründet. Das Geschoß von etwa 25 mm Durchmesser wurde in der Mitte eines rasch kreisenden Rades aufgegeben und durch einen Lauf am Umfang mit solcher Geschwindigkeit herausgeschleudert, daß es nach dem Voranschlag des Erfinders etwa 3 km weit fliegen mußte. Diese Geschwindigkeit sollte in etwa einer Sekunde erzeugt werden. Der verwendete Regulator erwies sich als zu träge, und die Maschine blieb immer stehen. Die Beteiligten hörten von meinem Regulator und bestellten einen. Sie machten das verlockende Angebot, mir statt Zahlung einen Anteil an ihrem Kanonenlager zu geben. Ich zog Bargeld vor und bekam es auch. Der Regulator erfüllte die Vertragsbedingungen, das Geschoß wurde geschleudert, ohne daß die Drehgeschwindigkeit merklich abfiel, aber aus dem scharfen Zucken des Gegengewichts schlossen wir, daß ein Schuß nicht weniger als 20 PS erforderte.

Die Kanone wurde am Ufer des Hudson probiert, die Pallisaden am andern Ufer dienten als Zielscheibe. Der Erfinder erklärte, daß jeder Schuß getroffen hätte, aber böse Zungen verbreiteten hartnäckig, daß die Geschosse innerhalb von 500 m von der Küste, von wo sie abgefeuert waren, ins Wasser fielen.

Ungefähr gleichzeitig begann es bei den Enthusiasten zu tagen, daß es hirnverbrannt sei, einen Wasservorrat, Kessel, Dampfmaschine und Kanone aufs Schlachtfeld zu schleppen, die ganze Geschichte auf getrennten Achsen und untereinander durch Rohre und Riementriebe verbunden, so daß bei der geringsten Beschädigung eines Einzelteils das Ganze zugrunde gerichtet wäre. Die Sache wurde daher aufgegeben.

Einen meiner ersten Regulatoren lieferte ich an Mr. James Horner, und er sollte eine Walzenzugsmaschine in der Nähe von Boonton, New Jersey, regulieren. Diese Lieferung ist wert, erwähnt zu werden. Die Walzenzugsmaschine wurde zum Auswalzen kohlenstoffreichen Stahls in Rundstäbe für die Herstellung von Bohrern verwendet, und das Triplexwalzwerk war damals dem Hirn von Mr. Fritz noch nicht entsprungen. Das Walzen ging nur langsam vor sich. Der Widerstand zog die Geschwindigkeit der Maschine herab, bevor der Regler einwirken konnte, und man konnte immer nur ein einziges Kaliber der Walze chargieren. Die Arbeiter mußten das Ende des Rundstahls zurückbringen und es in die nächste Kalibernute einfädeln, nachdem der Rundstahl die nächst größere verlassen hatte. Der Rundstahl wurde schwarz, bevor er ganz fertig war, und oft war es schwierig, ihn überhaupt fertig zu walzen. Ich wüßte nicht, daß mir irgend ein Fortschritt damals einen tieferen Eindruck gemacht hätte, als das Ergebnis der Anbringung meines Regulators an dieser Maschine. Die volle Geschwindigkeit wurde durchgehalten, die Knüppel schlüpften nur so durch die Walzen, zwei, ja drei Kaliber konnten gleichzeitig chargiert werden und die Rundstäbe waren immer noch kirschrot, wenn sie fertig gewalzt waren.

Dieser Erfolg veranlaßte mich, das Pittsburger Industriegebiet aufs Korn zu nehmen. Dort fand ich ganz andere Bedingungen. Man walzte damals, soweit ich sah oder hörte, lediglich Eisen. Nachdem ich in dem ersten Walzwerk, das ich besuchte, mit einem der Besitzer den Gegenstand besprochen hatte, trat ein alter Mann an mich heran und sagte: „Sehen Sie diesen Stuhl? In diesem Stuhl habe ich nun schon 24 Jahre gesessen.“ Das konnte man dem Stuhl allerdings ansehen. „Ich beobachte die Walzen. Wenn ein Block gefaßt wird, drehe ich das Dampfventil weiter auf, wenn er sie verläßt, drossele ich es. Wenn Sie einen Regulator anbringen, der das ebenso gut macht, werde ich entlassen. Ich habe nichts anderes gelernt. Ich bin Familienvater, und ich wüßte nicht, was aus uns werden sollte.“ Ich zögerte nicht lange, was zu tun. Besser als der alte Mann konnte ich es auch nicht. Er regulierte die Geschwindigkeit einwandsfrei. Das einzige Ergebnis meines

Erfolges würde sein, daß er an den Bettelstab käme. Handarbeit durch Maschinen zu ersetzen, dafür wollte ich in diesem besonderen Falle die Verantwortung nicht tragen. Ich kam zu dem Schluß, daß die Pittsburger Methode für die Pittsburger gut genug war, und stieg in den nächsten Zug nach New York.

Der erste Regulator, den ich verkaufte, ging an Herrn William Moller und war für dessen Zuckerraffinerie an der Vandam-Straße. Die Maschine, die reguliert werden sollte, war eine altmodische Balanciermaschine. Der Regulator mußte auf einer Konsole befestigt werden, die wir an die Wand schraubten, und eine zweiteilige Riemenscheibe von etwa 1 m Durchmesser war auf die Kurbelwelle aufzukeilen. Um sicher zu sein, daß auch ja nichts falsch gemacht wurde, ging ich noch selbst hin, um eine Lehre von der Welle zu nehmen. Ich nahm einen 10-mm-Rundstahl, der eng um die Welle gebogen wurde, und aus diesem machte ich mit viel Sorgfalt einen Kaliberring. Das war nun nicht, was ich brauchte, aber das wußte ich nicht. Ich hätte eine Kaliberlehre gebraucht, die mir den Wellendurchmesser dargestellt hätte; was ich in Wirklichkeit herstellte, war nur für einen Vergleich mit der Bohrung zu gebrauchen.

Hochbefriedigt von meinem Stück Arbeit kam ich zurück und überließ die Verfertigung des eigentlichen Kalibers der Werkstätte, wo es nicht mit der Welle selbst verglichen werden konnte. Was kommen mußte, traf ein: irgend etwas Unerklärliches muß mit meiner Ringlehre vor sich gegangen sein, denn als wir unsern Regulator anbringen wollten, entdeckten wir, daß die Bohrung der Riemscheibe 6 mm zu klein war. Wir mußten die ganze Nacht hindurch hart arbeiten und schafften es noch gerade zur Zeit, um die Maschine am Morgen zur gewöhnlichen Zeit anlassen zu können. Hätte ich einen Mann statt meiner geschickt, der sein Handwerk verstand, um diese Lehre zu verfertigen, so hätte ich uns viel Mühe erspart, — aber ich hätte auch nichts dabei gelernt.

Während der Vorarbeiten für die Einrichtung der Regulatorenfabrik besuchte ich die Werke von George S. Lincoln & Co. in Hartford und sah dort Spiralbohrer im Gebrauch, die Lockenspäne schnitten, statt Brockenspäne abzuschaben. Sie erregten meine Aufmerksamkeit, ich erkundigte mich nach ihnen und hörte, daß sie sie selbst machten. Man führte mich bereitwillig in die Werkzeugschmiede und ließ einen vor meinen Augen verfertigen. Der Schmied machte einen Rundstahl warm und schmiedete mit einem Gesenk zwei gegenüberliegende Längsnuten ein. Sie hatten einen ganzen Satz von Ober- und Untergesenken für Kanäle von verschiedenem Querschnitt. Er gab dem Stahl darauf eine zweite

Hitze und verdrehte ihn von Hand, wobei er eine allmählich wachsende Steigung erzeugte, die am bohrenden Ende recht steil war. Der Bohrer wurde dabei in einen Schraubstock eingespannt, so daß nur das herausstehende Ende die stärkere Steigung erhielt. Der Bohrer wurde natürlich in mehreren Höhen nacheinander in den Schraubstock eingespannt. Die Nuten wurden nachgefeilt und wenn dann der Bohrer auf der Drehbank abgedreht wurde, erhielt man scharfe Schneiden, die nur noch hinterschliffen zu werden brauchten. Ich nahm mir einen von diesen Bohrern als Muster mit nach Hause und versah meine Werkstatt mit solchen. Sie waren von größtem Wert für mich. Die kleinen bohrten die Löcher für die Triebbolzen und die großen bohrten das Gegengewicht und die Spindelsäule aus. Soviel ich weiß, entstammt der Spiralbohrer ursprünglich diesen Werken in Hartford.

In England habe ich nie Spiralbohrer arbeiten sehen, ausgenommen in den Whitworth-Werken, und ich hatte von ihnen den Eindruck, daß sie die merkwürdigsten Dinger waren, die ich je gesehen habe. Sie wurden vom Grobschmid aus Vierkantstahl und durch eine schnelle gleichförmige Verdrehung hergestellt, blieben unbearbeitet und führten sich nicht im Loch, und die Enden waren abgeflacht wie beim gewöhnlichen Zentrumbohrer und schnitten nicht, sondern schabten.

Als ich im Jahre 1868 aus England zurückkehrte, kamen Spiralbohrer in Amerika allgemein in Aufnahme. Erst nach 1876 führte sie die Firma Smith & Coventry in England ein.

Damals wurde in den Maschinenbauwerkstätten noch alles in der altmodischsten Weise ausgeführt, und Genauigkeit der Arbeit hing lediglich von der Geschicklichkeit des Arbeiters ab. Die mechanischen Werkstätten ließen dem Montageschlosser viel zu tun übrig. Austauschbarkeit war selbst für Schraubengewinde unbekannt. Beispielsweise mußte man beim Abschrauben der Muttern von einem Zylinderdeckel immer peinlich darauf bedacht sein, daß jede Mutter wieder genau auf ihre Schraube kam, denn nicht zwei waren genau gleich groß. Diese Verhältnisse erzeugten eine Sorte äußerst geschickter Universalschlosser, aber schon meine ersten Beobachtungen zeigten mir, daß es für eine Fabrikation im Großen von grundlegender Wichtigkeit war, daß der Einfluß des Individuums nach Möglichkeit beseitigt würde. Ich machte es mir zur Regel, daß es bei der Maschinenarbeit nur eine Garantie gab, daß irgend etwas immer richtig gemacht würde, und die war, daß es unmöglich gemacht würde, es falsch zu machen. Z. B. beruhte der genaue Gang der Antriebsräder meiner Regulatoren darauf, daß die Bohrung ganz genau zentrisch war und genau axial verlief. Ich hatte viele Scheiben bohren sehen.

Sie wurden in eine Planscheibe eingespannt und ausgerichtet, indem ihr Schlag mit einem Stück Kreide markiert wurde. Es war klar, daß auf diese Weise überhaupt kaum jemals absolute Zentrizität erzielt werden konnte und die Annäherung hing völlig von der Geschicklichkeit und Ausdauer des Arbeiters ab. Zudem wurde viel Zeit beim Ausrichten jedes einzelnen Rades verloren. Diese Bedenken fielen bei konischen Triebrädern noch mehr ins Gewicht.

Ich überwand diese Schwierigkeiten auf folgende Art. Beim Normalisieren meiner Regulatoren ergaben sich mir acht Größen, aber es gelang mir, nur drei verschiedene Getrieberäderpaare zu verwenden. Ich machte nun für jedes dieser sechs Räder eine besondere Planscheibe, deren Planseiten so abgedreht wurden, daß sie die obersten und innersten Enden der Zähne genau führten, d. h. eben die Flächen, die ich immer hatte mit Kreide markieren sehen. Wenn die Gußstücke von der Gießerei kamen, war das erste, daß sie in ihre Planscheiben eingebettet wurden, die zu diesem Zweck mit einer dünnen Lage Mennige bestrichen wurden. Der Arbeiter mußte acht geben, daß er nur vorstehende Unebenheiten abnahm, ohne die eigentlichen Eingriffsflächen der Zähne zu berühren. Hiernach wurden die Triebräder durch ein Joch fest auf die Sitze in den Planscheiben gepreßt und rasch und immer absolut zentrisch gebohrt. Ergebnis: sie liefen praktisch geräuschlos.

Mr. Freeland hat mich das Geheimnis gelehrt, wie man genaue Zylinderflächen durch Schleifen mit einer rotierenden Scheibe erzeugen kann. Ich sollte die schnell rotierende Schleifscheibe über die gleichfalls rotierende Oberfläche eilen lassen, wobei nur die Unebenheiten und zwar ganz leise berührt wurden. Dies vermied die Gefahr des Entstehens von Ungenauigkeiten durch Federung des Werkstücks oder der Schleifscheibe, die bei stärkerem Andrücken unvermeidlich bis zu einem gewissen Grade auftritt, selbst bei den besten Schleifmaschinen. Nach meiner Erfahrung ist es ganz besonders schwierig, dem gewöhnlichen Arbeiter dieses Feingefühl beizubringen. Sie bekommen es oft fertig, durch das Schleifen eine Oberfläche noch ungenauer zu machen, als sie schon war.

Ich verwandte besondere Sorgfalt darauf, daß die Achsen der Gelenkzapfen die Regulatorspindelachse einerseits und diejenigen der Regulatorkugeln andererseits genau schnitten, und daß die Achsen der untersten Gelenkbolzen genau gleichweit von dem Mittelpunkt des Gegengewichts entfernt waren. Da die Gelenke außen mittels schwingender Supporte genau kugelig gedreht waren, so konnte ich zu diesem Zwecke ein Fühlhebelkaliber gebrauchen, das aus einem zylindrischen Bolzen bestand, der das gebohrte Loch genau ausfüllte, während ein daran angebrachter gebogener Arm mit seiner Spitze an der Außenfläche der Kugeln gerade rieb. Durch dieses Hilfsmittel stellten wir fast stets eine kleine Ungenauigkeit fest, die durch den vorsichtigen Gebrauch einer Rundfeile abgestellt wurde. Die Bohrungen für die Gelenkzapfen wurden dann nachher noch mit langen Reibahlen aufgerieben, deren schneidender Teil in die Mitte der ganzen Länge verlegt war. Das Vorderende der Reibahle paßte genau in das gebohrte Loch und war so lang, wie die längste Bohrung. Hierdurch wurden die Schneiden beim Anfassen gut geführt. Das hintere Ende der Reibahle paßte genau in das aufgeriebene Loch.

Schließlich machte ich dann noch eine Probe auf Übereinstimmung der Achsenrichtungen, indem ich vier Gelenke zusammenfügte und nun bei dem letzten Gabelgelenk probierte, ob seine Kugel frei in die Gabel spielte, ohne daß diese auch nur die leiseste Neigung ergab, nach rechts oder links zu klemmen. Diese Probe stimmte immer.

Einige Zeit später beschloß ich, die Köpfe und versplinteten Gegenscheiben an den Gelenkzapfen ganz wegzulassen. Ich rieb die Bohrungen in dem mittleren Element der Gelenke ein wenig kleiner auf, als die in den Armen, und paßte den Bolzen in die erstere stramm ein. Niemals trat bei einem Bolzen bei der Rotation des Regulators irgendeine Neigung zum Lockerwerden auf. Ich schnitt auch später das Gegengewicht kurz oberhalb der Gelenke durch, so daß seine schwere Masse nicht bei den Geschwindigkeitswechseln des Regulators mit verzögert zu werden brauchte. Ich habe jedoch nicht sehen können, daß das irgendwie von Vorteil gewesen wäre, obgleich das Gegengewicht nicht mit in Bewegung kam, wenn die Regulatorkugeln mit der Hand herumgedreht wurden. Die Wirkungsweise war anscheinend auch ohnedies vollkommen.

Drittes Kapitel.

Erfindung und Anwendung meines Schiffsmaschinenregulators.

Von Anfang an war ich bestrebt, einen Regulator für Schiffsmaschinen zu schaffen; der bereits beschriebene Regulator kam hierfür nicht in Betracht, da er genau senkrecht stehen mußte. Gleichzeitig wollte ich einen Regulator bauen, der unabhängig von den Beschränkungen des Gesetzes des konischen Pendels war. Ich beschäftigte mich sehr viel mit dem Gegenstand, und nachdem ich mich lange damit abgequält hatte — ich schäme mich zu sagen, wie lange, denn ist der Grundgedanke einmal gefunden, erweist er sich als außerordentlich einfach — vollendete ich schließlich die Erfindung meines Schiffsmaschinenregulators. Der Witz bestand lediglich darin, daß das Verhältnis zwischen Federzusammendrückung und Halbmesser des Kugeldrehkreises eine Konstante war. Ich probierte den ersten Regulator dieser Art in meiner Werkstatt mit Handantrieb und fand, daß er vollständig astatisch war. Er konnte so eingestellt werden, daß er sich der theoretischen Astasie beliebig weit näherte, und wir trieben diese Annäherung so weit, wie wir sie mit praktischer Stabilität der Kugelstellung für vereinbar hielten.

Dieser Regulator ist hier im Holzschnitt dargestellt. Der auf das Getriebe übertragene Hub war klein, zwischen 20 und 40 mm, je nach Größe des Modells, aber die Verstellkraft war sehr stark. In der Abbildung sind die Kugeln in mittlerer Ausschlagstellung gezeigt. Die zusammengeklappten Kugeln kreisen mit 250 mm Durchmesser, der Kreis, den sie bei größtem Ausschlag beschreiben, hat 375 mm Durchmesser; Zunahme im Durchmesser und demnach an Zentrifugalkraft also 50%. Die Feder hat eine durch die Mutter erzeugte anfängliche Zusammendrückung von 50 mm, weitere Zusammendrückung infolge des Ausschlags der Kugeln: 25 mm; ergibt 50% Zuwachs des Federwiderstandes. In jeder Stellung der Kugeln sind demnach die beiden Kräfte im Gleichgewicht, und zwar bei konstanter Tourenzahl.

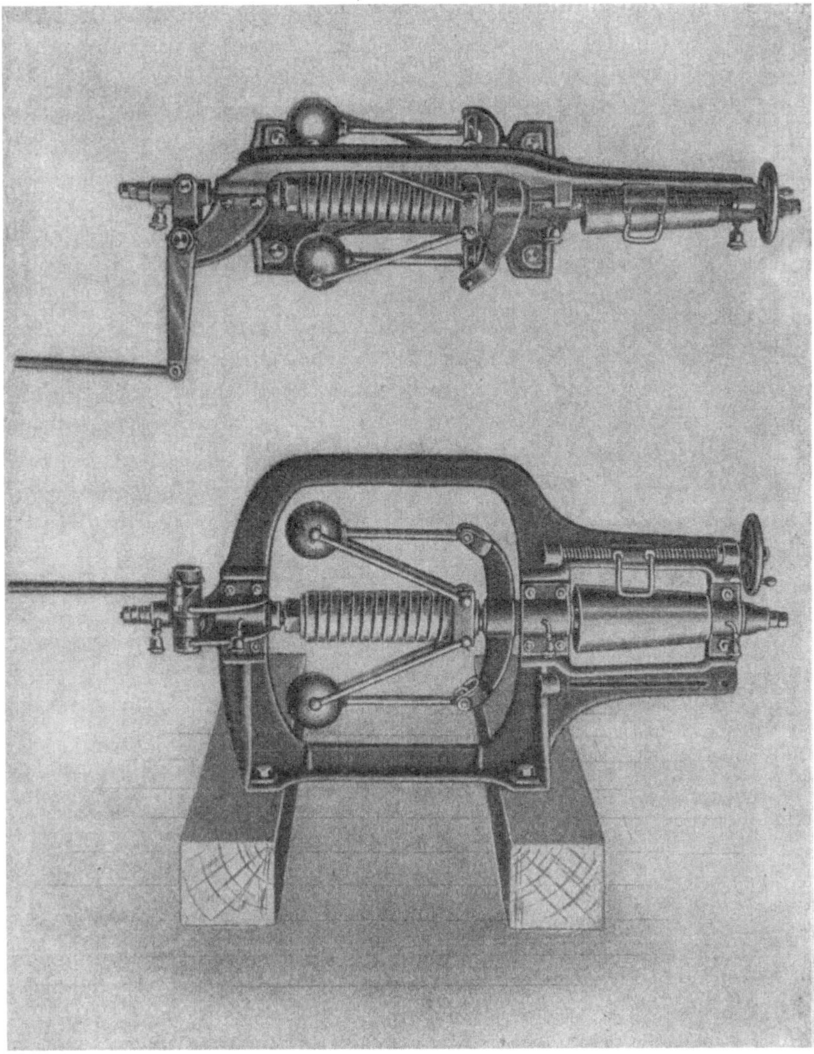

Porterscher Schiffsmaschinen-Regulator.

Mein Freund Mr. McLaren hatte einen Kontrakt zur Ausführung von Reparaturen auf den Schiffen des neugegründeten Norddeutschen Lloyd, und da er vollständig überzeugt war, daß mein Regulator einem tiefgefühlten Bedürfnis dieser Linie entsprach, vermittelte er mir einen Auftrag von den New Yorker Agenten auf Anbringung eines solchen auf dem Dampfschiff „New York" unter Garantie einwandfreien Arbeitens. Die „New York“ war das erste Dampfschiff dieser Linie. Der Oberingenieur des Schiffes, ein Engländer Mr. Sparks, erzählte mir gesprächsweise, ich könnte mir gar nicht vorstellen, mit welcher Spannung die Ingenieure und Maschinisten darauf warteten, ob mein Regulator ein Erfolg werden würde; sie müßten nämlich die Maschine von Hand regulieren, und manchmal wäre es ihnen wirklich, als sollten die Arme vom Leibe fallen, wenn ihre Wache zu Ende ginge. Aber es täte ihm leid: ich würde keinen Erfolg haben und er wollte mir auch sagen, warum. „Wenn die Schraube im Begriff steht, aus dem Wasser zu kommen, so können wir das schon immer vorher wissen, wenn sich das Heck zu heben beginnt, und wir schließen dann das Dampfventil schon vorher. Ebenso merken wir, wenn das Heck sich senkt, daß die Schraube unter See taucht, und geben schon vorher Dampf. Na, Ihr Regulator weiß doch nicht, was geschehen wird. Er kann nicht eher wirken, als bis der Gang sich schon verändert hat, d. h. zu spät. Es tut mir wirklich leid, aber es ist ausgeschlossen, daß es Ihnen glückt.“ Aber trotz seiner Kleingläubigkeit bekam ich doch Erlaubnis den Regulator anzubringen.

Bei der Rückkehr von der ersten Reise mit dem Regulator sagte Mr. Sparks zu mir: „Ich kann Ihnen nur sagen, Mr. Porter, wir haben die ganze Überfahrt friedlich auf dem Stuhl gesessen, trotzdem es sehr stürmisch war, und zugesehen, wie die Maschine so regelmäßig lief wie eine Uhr, während der Regulator unaufhörlich arbeitete.“

Der Kapitän schloß sich ihm an, und beide gaben mir die folgenden Bestätigungsschreiben:

Dampfer „New York“
Pier 30, North River.

Herrn Charles T. Porter.

Sehr geehrter Herr!

Ich bestätige mit aufrichtigem Vergnügen den vollkommenen Erfolg Ihres patentierten Schiffsmaschinenregulators in der Ausführung, wie an den Maschinen des obigen Schiffes angebaut.

Auf unserer Überfahrt von Southampton hatten wir eine vorzügliche Gelegenheit, ihn auf seine Vorzüge vollauf zu prüfen, und ich kann Ihnen versichern, daß er jederzeit die Maschinen vollkommen beherrschte. Es zeigte sich nicht die geringste Neigung zum Durchgehen, noch irgendeiner von den plötzlichen Stößen, die selbst bei der besten Regulierung von Hand vorkommen. Er schloß das Ventil im richtigen Augenblick und öffnete es ebenso exakt wieder, so daß durchweg eine völlig gleichmäßige Umlaufszahl aufrecht erhalten wurde.

Dampfschiffsrhedern und Ingenieuren von Schiffsmaschinen kann ich vertrauensvoll diese äußerst wertvolle Erfindung empfehlen, der ich den Erfolg wünsche, den ein so vollkommener Regulator verdient.

Mit vorzüglicher Hochachtung

H. Sparks, Oberingenieur.

30. Mai 1861.

Ich schließe mich von Herzen dem Lobe für Herrn Porters Regulator an, das in dem obigen Brief des Oberingenieurs enthalten ist. Wir hatten einige Tage schlechtes Wetter auf unserer letzten Überfahrt, und das nur leicht befrachtete Schiff stampfte über die Maßen, so daß die Schraube zeitweise ganz außerhalb des Wassers war.

Die Bewegung der Maschinen war jederzeit vollkommen stetig; man konnte kaum mehr Erzitterung im Schiff verspüren als bei ruhigem Wetter.

Ich möchte allen Rhedern und Ingenieuren von Schraubendampfern empfehlen, diesen Regulator zu benutzen.

G. Wenke, Kapitän S. S. „New York".

New York, 1. Juni 1861.

Man sollte meinen, daß wir, von einem solchen unumschränkten Lob unterstützt, ohne Schwierigkeit viele Aufträge hätten hereinbekommen müssen. In der Tat machten wir ein gutes Geschäft mit der Fabrikation dieser Regulatoren, solange einfache Maschinen gebraucht wurden, aber als die Verbundschaltung aufkam, zeigte es sich, daß sie nicht mehr regulierten. Der Zwischenaufnehmer faßte genug Dampf, um durch seine Expansion im Niederdruckzylinder die Maschine zum Durchgehen zu bringen, wenn die Schraube aus dem Wasser kam; Schiffsmaschinenregulatoren kamen ganz ab, und man ließ seitdem die Maschinen durchgehen, ohne auch nur zu versuchen sie zu regulieren.

Dennoch sollte dieser Regulator nicht verschwinden, wie die Steinbehaumaschine. Ungefähr zu der Zeit, als mein Patent darauf erlosch, begann man sein Prinzip auf Schwungradregulatoren anzuwenden. Ich weiß nicht, wer diese Anwendung, die später so verbreitet wurde, zuerst gemacht hat.

Auf der „New York" machte ich meine erste und einzige Beobachtung über Elektrolyse. Ich war beauftragt worden, ein Spezialventil einzubauen, das von dem Regulator gesteuert werden sollte. Ich baute ein Drosselventil aus einer Metallegierung für heißen Dampf in gußeisernem Gehäuse ein. Die zweizöllige Spindel war aus Stahl, und das Ventil war auf ihr durch drei konische Stifte von 16 mm Durchmesser an einem Ende und $12^1/_2$ mm am andern Ende gesichert. Aus irgend einem Grunde, der mir jetzt entfallen ist, nahm ich bei der Rückkehr des Schiffes dieses Ventilgehäuse aus der Rohrleitung heraus und fand etwas Unerwartetes. Die herausragenden Enden dieser Stifte — volle 12 mm lang — waren vollständig weggefressen, und das in der Zeit von nur einer Hin- und Rückfahrt! Ich mußte sie durch Stifte aus einer Metallegierung ersetzen, die ich dann später immer verwendete.

Unmittelbar nach dem Erfolg meines Schiffsmaschinenregulators auf der „New York“ reiste ich nach dem Westen, um zu versuchen, ob ich ihn für Schraubendampfer auf den großen Seen einführen könnte. Die Reise endete mit dem gleichen finanziellen Erfolg, wie damals die nach Pittsburg; aber einige Vorfälle lassen sie mir doch interessant erscheinen.

Als ich in den Wagen nach Albany einstieg, entdeckte ich, daß mein Reisebegleiter Mr. Hiram Sibley war, derselbe, der später das Sibley-College für Technik an der Cornell-Universität gründete. Als ich noch in Rochester lebte, war Mr. Sibley Sheriff der Grafschaft Monroe, deren Hauptstadt Rochester ist, und in meiner Eigenschaft als Rechtsanwalt kam ich gelegentlich mit ihm in Berührung. Wir hatten uns elf Jahre lang nicht gesehen, aber wir erkannten einander auf den ersten Blick. Er stand gerade auf dem Höhepunkt des Triumphs, den ihm sein erstaunlich weiter Blick und sein Unternehmungsgeist gewonnen hatte, und es machte ihm Spaß, von seinen Erfahrungen zu plaudern, besonders mit einem alten Bekannten aus Rochester, der seine Mitarbeiter dort auch kannte. So unterhielt er sich mit mir die ganze Reise bis Albany.

In der ersten Begeisterung über die Erfindung des Telegraphen waren in vielen Staaten der Union Gesellschaften zum Bau von Telegraphenlinien gegründet worden. Man fand bald heraus, daß diese Gesellschaften nicht einmal ihre Betriebskosten decken konnten, da ihr Wirkungskreis immer nur auf ihren Staat beschränkt war. Dies war der Moment für Mr. Sibleys Eingreifen. Er kam auf den Gedanken, die Aktien aller dieser Gesellschaften, die sehr billig zu haben waren, aufzukaufen und darauf eine Gesellschaft zu gründen, deren Gebiet sich über die gesamten Vereinigten Staaten erstreckte. Man kann sich heute nur schwer in jene Zeit zurückversetzen, wo die Riesenhaftigkeit einer solchen Finanzierung den Leuten den Atem benahm. Es gelang Mr. Sibley, die Finanzgrößen von Rochester an dem Unternehmen zu interessieren und die Western Union Telegraph Company wurde gebildet. Es war sehr belustigend, mit anzuhören, wie er hatte kämpfen müssen, um die Kapitalisten, die gezeichnet hatten, festzuhalten, und allen Beschwörungen einiger Zaghaften, sie um ihrer Familien willen von ihren Verpflichtungen zu entbinden, widerstanden hatte. Er blieb taub gegen alle Beeinflussung und machte sie alle zu reichen Leuten.

Ein paar Jahre später entwarf Mr. Sibley den Plan einer Telegraphenlinie nach San Francisco, und auf seine Aufforderung fand eine Konferenz von Großaktionären der Western Union Telegraph Company statt, um über den Vorschlag zu beraten. Dieser wurde an ein Komitee gewiesen, das in seinem Bericht den Plan völlig phantastisch nannte und sich in recht spöttischen Ausdrücken über ein so törichtes Unterfangen erging. Der Vorschlag wurde einstimmig verworfen. Da stand Mr. Sibley auf und sagte: „Meine Herren, wäre ich nicht schon ein alter Mann, ich baute die Linie selbst“. Diese Erklärung wurde mit schallendem Gelächter angenommen. Das brachte ihn außer sich, und er überschrie den Lärm: „Deubel auch, meine Herren, ich pfeife auf mein Alter und tu's“. Und so hatte er es ausgeführt. „Und heute“, sagte er, „wurde ich von Börsenleuten in New York geradezu umlagert, ich sollte ihnen California Telegraph-Aktien zum fünffachen des Nennpreises abgeben, — von denselben Männern, die ich fast auf Knien vergeblich angefleht hatte, beim Bau der Linie mit zu helfen. Ich konnte ihnen aber keine Aktien geben.“ Ich fragte ihn: „Machen Ihnen die Indianer nicht Schwierigkeiten?“ worauf er antwortete: „Die Indianer sind unsere besten Freunde. Sie glauben, daß der große Geist im Drahte wohne. Sie wissen es sogar ganz genau, denn sie haben ihn gesehen. Die Monteure haben ihnen die elektrischen Funken gezeigt. Die einzige Schwierigkeit hatten wir durch die Grenzvagabunden von Missouri. Wir bauen jetzt eine Linie durch Jowa, um den Staat Missouri herum.“

Bei meiner Ankunft in Buffalo sprach ich zunächst bei Shepard & Co., der größten Firma für den Bau von Maschinen für die Seendampfer, vor. Es gelang mir nicht, sie davon zu überzeugen, daß es nur ihr Vorteil sein würde, wenn sie die Kosten der Maschinen, die sie bauten, erhöhten. Immerhin waren sie sehr höflich und rieten mir, mich an die Reedereigesellschaften zu wenden. Mit denen kam ich auch nicht viel weiter. Aber die Frage wurde noch offen gelassen; man könne es sich ja bei meiner Rückkehr aus Chicago noch einmal überlegen.

Ein Beamter von einer der Transportgesellschaften führte mich auf einem neuen Boot umher. Ich sah ein Ventil in dem Dampfrohr in einiger Entfernung von der Maschine und fragte ihn, wozu das sei. Er erklärte mir, es wäre das Expansionsventil. Darauf ich: „Warum bringen sie das nicht gleich am Kessel an?“ Er merkte nicht, daß ich mich lustig machte, sondern antwortete mir ganz ernsthaft: „Es ist doch ein Teil der Maschine."

Auf den Shepard-Werken äußerte ich zu dem Herrn der mich durch die Fabrik führte, „Ich sehe, Sie gebrauchen Corliss-Ventile". „Was Sie nicht sagen! Corliss-Ventile!" meinte er. „Kommen Sie mal mit." Er zeigte mir darauf ihre eigene Zentralenmaschine, die mit demselben Ventil ausgerüstet war, das natürlich stets an einem und demselben unverstellbaren Punkte abschloß. Dann sagte er: „Diese Maschine da läuft hier auf dem Fleck mehr als 20 Jahre. Mr. Corliss besuchte einmal unsere Werke und ich führte ihn herum, gerade wie heute Sie. Er interessierte sich sehr für die Ventile, die wir fabrizierten, und stellte mir viele Fragen über sie. Und gar nicht lange darnach hörte man aus Providence vom Corliss-Ventil."

Ich reiste weiter nach Chicago und kam an einem Sonnabendnachmittag an. Ich suchte das Haus meines Onkels, des Pastors Jeremiah Porter, auf, der hier in der Stadt ein angesehener Mann war, da er der erste Missionar war, der von der amerikanischen Heimatsmissionsgesellschaft nach Fort Dearborn entsandt wurde, das an der Stelle des heutigen Chicago lag, lange bevor jemand von Chicago träumte. Ich hatte mir vorgenommen, mich Montag früh aufzumachen, um Kunden zu werben, aber ich kam davon ab, denn an jenem Morgen meldete der Telegraph die Schlacht von Bull Run, die tags zuvor geschlagen war, während ich in der Kirche meinen Onkel hatte predigen hören. Ich glaubte nicht, daß in absehbarer Zeit irgendeiner viel Lust zum Geschäft haben würde, und machte mich daher wieder auf nach Hause, so schnell mich eine Lokomotive ziehen wollte, und nahm nicht mal in Buffalo Aufenthalt.

Einige Jahre darnach machte ich eine belustigende Erfahrung, als ich versuchte, meinen Regulator bei der englischen Marine einzuführen. Ich besuchte Mr. John Penn, dem ich schon einen meiner ortsfesten Regulatoren für seine eigene Fabrik verkauft hatte, und der sich lebhaft für den Richards-Indikator interessierte, und ich war ganz überzeugt, daß er auch meinen Schiffsmaschinenregulator übernehmen würde. Er sagte mir jedoch, er müsse sich dem mit eiserner Stirn widersetzen und erklärte mir das wie folgt: „Ich mache lediglich mit Regierungen Geschäfte, in erster Linie mit der englischen, und dabei habe ich mit Beamten zu tun und muß mich der Auffassung der Beamten anpassen. Würde ich nun einen von Ihren Regulatoren auf eine Maschine setzen, so würden meine Konkurrenten kommen: ‚Penn hat Angst, seine Maschinen ohne Regulator auf See zu schicken; sie sind so empfindlich gebaut. Unsere

Maschinen, meine Herren, brauchen keinen Regulator!' Und sie würden mir alle Aufträge wegschnappen."

Überhaupt schienen Schiffsmaschinenbauer nicht viel nach diesem Regulator zu fragen. Während meines Aufenthaltes in Manchester erhielt ich eine Anfrage von Caird & Co. in Greenock, den Erbauern der Maschinen für die „New York" und übrigens auch des ganzen Schiffs. Sie fragten nach dem Preis meines kleinsten Schiffsmaschinenregulators. Ich bat um Angabe der Schiffsgröße, für die er bestimmt wäre. Sie antworteten kurz: „Geht sie gar nichts an. Bitte, beantworten Sie unsere Frage."

Ein paar Monate später erhielt ich einen Brief von meinem Werkmeister in New York: „Mr. Porter, wie konnte es Ihr gesunder Menschenverstand zulassen, daß solch ein kleiner Regulator auf der ‚Amerika' eingebaut wurde?" Caird & Co. hatten also ihre vertragliche Verpflichtung zur Lieferung eines Porter-Regulators dem Buchstaben nach eingehalten, und den Reedern blieb es überlassen, einen geeigneten Porter-Regulator bei mir in New York nachzubestellen.

Bald nach der ersten Ankunft des Dampfers „Kaiser Wilhelm der Große" um 1900 (das genaue Jahr habe ich vergessen), verschaffte ich mir eine Einführung an den Oberingenieur des Schiffes und besuchte ihn, um ihn um freundliche Überlassung von Indikatordiagrammen seiner Maschine zu bitten. Im Laufe der Unterredung äußerte ich auch: „Ich habe eine gewisse Vorliebe für diese Linie, denn ich habe meinen ersten Schiffsmaschinenregulator auf ihrem ersten Schiff installiert, der alten „New York", 1861." Er entgegnete: „Daran kann ich mich sehr gut erinnern, Mr. Porter, ich war Öler auf dem Schiff." Er war von jener Stellung zu der des Oberingenieurs der Dampferlinie gestiegen. Zu jener Zeit hatten die Deutschen gerade begonnen, sich eine Dampferflotte zu schaffen. Sie mußten sich nicht nur Schiffe vom Ausland kaufen, sondern brauchten auch Ingenieure, um die Maschinen zu führen. Sie gingen mit Gründlichkeit an die Sache, nahmen die gescheitesten jungen Leute aus ihren Hochschulen und schickten sie auf ausländische Schiffe und in ausländische Werkstätten, um zu lernen, worauf es ankam, und die wundervollen Erfolge sehen wir heute. Der Oberingenieur war auch einer von diesen jungen Menschen gewesen. Er sagte auch noch: „Ich habe einen guten Bekannten in ihrer Heimatsstadt Montclair — Mr. Clemens Herschel" — (ein hervorragender Wasserbauingenieur). „Er war ein alter Freund und Studienkamerad von mir auf der Technischen Hochschule." Diagramme wollte er einen ganzen Satz auf der nächsten Überfahrt für mich aufnehmen. Er hielt sein Versprechen. Ich habe die Diagramme noch, und sehr lehrreiche Diagramme sind es obendrein.

Viertes Kapitel.

Stand des Maschinenbaus im Jahre 1860. Ich lerne Mr. Allen kennen. Mr. Allens Erfindungen. Auslegung der Allenschen Kulissensteuerung.

Bevor ich in meiner Erzählung fortfahre, ist es wohl am Platze, einen kurzen Überblick über den Stand des Dampfmaschinenbaus vor 50 Jahren zu geben.

Die wissenschaftliche Thermodynamik war auf der Basis der grundlegenden Versuche von Joule entstanden, die das Verhältnis, in dem durch Wasser als vermittelnden Körper Wärme in mechanische Arbeit umgesetzt wird, genau festgelegt hatten. Diese Wissenschaft hatte jedoch praktische Ergebnisse noch nicht gezeitigt. Die Kondensation des Dampfes im Zylinder als Folge der Umwandlung seiner Wärme in mechanische Arbeit wurde noch nicht genügend bewertet. Dasselbe galt von dem noch weit größeren Verlust infolge des Temperaturwechsels der Flächen, mit denen der Dampf in Berührung kommt, wenn er abwechselnd in den Zylinder eintritt und ihn verläßt. Die Rolle, die diese Flächen durch Fortleitung von Wärme aus dem Frischdampf in den Abdampf spielen, ohne daß die Wärme dabei Arbeit leistet, wurde von nur sehr wenigen geahnt.

In den Vereinigten Staaten suchte man Dampfersparnis lediglich auf mechanischem Wege zu erzielen. Man schloß die Dampfeinströmung bald nach Beginn des Hubs schnell ab und ließ den Dampfvorrat, der nun im Zylinder war, den Hub durch seine Expansion in einem einzigen Zylinder vollenden. Durch dieses Mittel war eine große Dampfersparnis im Vergleich zu dem Verbrauch in früheren Jahren erzielt worden, und man war allgemein geneigt, sich mit diesem Gewinn zu begnügen.

Amerika war vor allen andern das Land des Expansionssystems. Eine der ersten Anwendungen fand es auf Dampfbooten. Die früheste Konstruktion, die diesen Zweck verfolgte, war die elegante Stevenssche Expansionssteuerung, die auch heute noch, wenn auch im allgemeinen in der verbesserten Form nach Sickels, auf der Art von Booten, wo sie ihre erste Anwendung fand, das Feld behauptet. Bei diesem System werden das Auspuff- und das Einlaßventil durch getrennte Exzenter auf entgegengesetzten Seiten der Maschine angetrieben. Die Hubhöhe und die Schnelligkeit der Öffnungs- und Schlußbewegung aller vier Ventile werden durch Zwischenschaltung von Wälzhebeln vergrößert. Die Einlaßventilhebel sind sehr lang und ergeben eine entsprechend schnellere Zunahme der Öffnung. Die Ventile waren doppelsitzige, beinahe vollständig entlastete Rohrventile, die sich senkrecht auf die Sitze aufsetzten. Diese Expansionssteuerung konnte, wie sich zeigte, in einer wichtigen Beziehung verbessert werden. Die schließende Bewegung des Ventils nahm an Schnelligkeit ab, sobald sich das Ventil seinem Sitze näherte, und gerade wenn der Kolben sich am schnellsten bewegte, strömte viel Dampf mit verringerter Spannung durch die Eintrittsöffnungen, so daß ein großer Teil seiner wertvollen Expansionskraft verloren ging. Zur Vermeidung dieses Nachteils erfand Mr. Sickels seine berühmte Ausklinksteuerung. Das durch den Stevens-Wälzhebel angehobene Ventil wurde durch Trennung des Zusammenhanges mit dem Hubmechanismus ausgelöst und fiel schnell auf seinen Sitz. Ein Wasserpuffer fing es auf und verhinderte stoßendes Aufprallen auf den Sitz. Die Dampfeinströmung wurde auf diese Weise scharf abgeschnitten und die Wirtschaftlichkeit erheblich verbessert. Der übliche Dampfdruck bei diesem System war nur ungefähr 1,75 Atm. und man überließ dem Vakuum den größeren Teil der Leistung.

Auf den Kanadischen Seen war ein Druck von 4,5 Atm. die Regel, und als Ventile wurden die vier Drehkolbenschieber verwendet, die später von Corliss übernommen wurden. Die Rolle des Expansionsschiebers spielte ein Ventil, das irgendwo zwischen Maschine und Kessel in die Dampfleitung eingefügt war.

Auf dem Mississippi und seinen Nebenflüssen wurden viel höhere Dampfdrücke verwandt, Kondensatoren waren nicht in Gebrauch, und Dampfzulaß und -Auspuff wurden im allgemeinen durch vier einzelne Rohrventile bewirkt, die durch Nocken gegen die Dampfspannung geöffnet wurden.

Für ortsfeste Maschinen gab Sickels' Erfindung der Ausklinksteuerung vielen Erfindern Anlaß, eine große Reihe von Konstruktionen für Expansionsbetrieb zu ersinnen. Unter diesen erwies sich die von Corliss als die dauernd überlegene. Er verband die Ausklinksteuerung mit dem Drehschieber und pufferte die Wucht des frei zurückschnappenden Abschlußorgans durch ein Luftkissen ab. Es zeigte sich, daß dies das Richtige war, da das Abschlußorgan sich ja in einem zum Sitz parallelen Sinne bewegte, und deshalb nicht an einem ängstlich einzuhaltenden Punkte zur Ruhe zu kommen brauchte. Corliss benutzte den Regulator zur Veränderung des Ausklinkpunktes und erzielte so einen veränderlichen Expansionsgrad, dessen Erfolg in einer bedeutenden Dampfersparnis und einer viel empfindlicheren Regulierung der Maschine bestand, als durch ein Drosselventil außerhalb der Einströmkammer erreicht werden konnte. Dies war bei weitem die hervorragendste unter den zahlreichen Formen automatisch veränderlicher Expansionssteuerungen, bei denen man immer annahm, daß die Art und Weise, wie ausgeklinkt wurde, das Wesentliche wäre.

In England bewirkte man raschen Abschluß bei Expansionsdampfmaschinen durch einen unabhängig angetriebenen Expansionsschieber auf dem Rücken des Hauptschiebers, und der Expansionspunkt lag fest. Die Regulierung wurde durch ein Drosselventil bewirkt. Auch dieses System war in den Vereinigten Staaten weit verbreitet.

Die Verbundmaschine war in Amerika unbekannt. Ich sah einmal an irgend einer Stelle in New York City, ich weiß nicht wo, eine Woolffmaschine — eine kleine Balanciermaschine, die von England importiert worden war. Sie wurde von mehreren Ingenieuren als Merkwürdigkeit besichtigt, und ich erinnere mich noch, daß Mr. Horatio Allen, damals Generaldirektor der Novelty-Eisenwerke, bemerkte: „Auch bloß eine Expansionsmaschine.“

In Süd-England war die Woolffmaschine in beschränktem Maße in Anwendung.

Ich interessierte mich sehr für das System McNaught, das wohl von demselben Schotten erdacht war, der als erster die rotierende Papiertrommel bei dem Wattschen Indikator verwandte. Die Woll- und Baumwollspinnereien empfanden mit wachsender Ausdehnung ihres Geschäfts das Bedürfnis, ihre Maschinenleistungen zu verstärken, wagten aber nicht, höhere Dampfdrücke in ihren Zylindern zu verwenden, weil die Schwungzapfen ihrer Balanciers die höhere Beanspruchung nicht ausgehalten hätten. McNaught verwandte einen Zusatzzylinder, der mit Hochdruckdampf gespeist wurde, und ließ dessen Druckkraft unmittelbar an dem Pleulstangenende des Balanciers angreifen. Der Auspuff aus diesem Zylinder wurde mit dem früheren Anfangsdruck in den alten Zylinder geleitet. Dieser übte dann dieselbe Druckkraft aus, wie von jeher. Die Beanspruchung der Schwungzapfen wurde nicht gesteigert, jedoch war die Leistung der Maschine verdoppelt. Dabei wurde nur wenig mehr Dampf gebraucht als früher. Diese Art des Hintereinanderschaltens nannte man allgemein „McNaught-en“, und sie kam in den Spinnereibezirken von England und Schottland allgemein in Aufnahme.

Eins war allen Maschinen gemeinsam, ob amerikanischen oder europäischen Ursprungs, ob ortsfest oder schwimmend, und gleichgültig, aus welcher noch so berühmten Fabrik, und nur mit Ausnahme der Lokomotiven: das war die Kolbengeschwindigkeit. Sie lag in den engen Grenzen von 1 bis 1,5 m pro Sekunde. Die letztere Geschwindigkeit war schon das höchste, und keine neue Maschine, wie neuartig sie auch sonst sein mochte, brachte hierin einen Fortschritt.

Ich komme jetzt zu dem Wendepunkt meines Lebens, und der Gedanke drängt sich mir auf, wie oft doch im Lauf meines Lebens an sich geringfügige Vorgänge sich später als folgenschwer erwiesen haben, und wie Ereignisse — manchmal eine Reihe von Ereignissen — ohne mein Zutun, ja überhaupt ohne mein Wissen, den entscheidenden Einfluß auf meine Laufbahn ausgeübt haben. Ganz dasselbe muß von dem Leben vieler Persönlichkeiten gelten, und ein nachdenklicher Mensch kann daran nicht vorbeisehen, ohne unter den Eindruck zu kommen, daß es in unserem Sein geheimnisvolle Wechselbeziehungen gibt.

Eines Morgens im Winter von 1860/61 machte mir Mr. Henry A. Hurlbut von der Firma Swift, Hurlbut & Co., Hüte en gros, Broadway 65, und Inhaber eines Anteils meiner Regulatorenfabrik, einen Besuch, um mir zu erzählen, daß ein Bekannter von ihm, Mr. Henry A. Burr, der eine Fabrik von Filzhutfassons an der Ecke der Frankfort- und Cliffstraße in New York besaß, Schwierigkeiten mit seiner Betriebsmaschine hätte. Mr. Hurlbut meinte, mein Regulator wäre das richtige Heilmittel und bat mich, ihn nach Mr. Burrs Bureau zu begleiten, wo er mich mit Vergnügen persönlich vorstellen wollte. Bei der nun folgenden Besprechung mit Mr. Burr fand ich nicht Gelegenheit, auch nur ein Wort zu sagen. Nachdem Mr. Hurlbut den Zweck des Besuches erläutert hatte, erwiderte Mr. Burr, daß er allerdings sehr viel Schwierigkeiten mit der Regulierung seiner Maschine gehabt und ganz ernstlich daran gedacht hätte, eine Corlissmaschine an ihre Stelle zu setzen; aber vor ein paar Wochen hätten ihm die Erbauer der Maschine einen sehr geschickten Maschinisten gesandt, und seitdem der gekommen wäre, hätten die Schwierigkeiten aufgehört. Er hätte also für meinen Regulator keine Verwendung. Er lud uns ein, uns seine Maschine anzusehen, auf die er, seit sie „mores gelehrt“ war, offenbar sehr stolz war. Wir fanden ein paar Balanciermaschinen von 1500 mm Hub und 25 Touren. Sie stammten aus der Fabrik von Thurston & Gardiner in Providence und besaßen die normalen Rohrventile mit Sickelssteuerung. Die Expansion war verstellbar und stand unter dem Einfluß des Regulators. Als wir eintraten, war Mr. Allen, der neue Maschinist, auf der oberen Plattform beschäftigt. Mr. Burr rief ihn herunter, und er erklärte uns auf Mr. Burrs Wunsch den verstellbaren Ausklinkmechanismus und setzte auseinander, auf welche Weise er ihn in Ordnung gebracht hatte. Die Regulierung schien mir nicht sehr empfindlich zu sein, und ich machte starke Anstrengungen, Mr. Burr dazu zu bewegen, einen von meinen Regulatoren an die Stelle des jetzigen zu setzen. Ich zeigte ihm eine Abbildung des Regulators und erklärte, wie sich bei ihm große Verstellkraft mit Empfindlichkeit vereinigte. Aber alles vergebens. Er war zufrieden mit dem Zustand, wie er war, und ich ging niedergeschlagen davon und dachte, ich hätte nicht nur eine Gelegenheit zum Verkauf eines Regulators, sondern auch die Aussicht auf einen Triumph an sehr wichtiger Stelle verloren. Aber ich wußte nicht, mit wem ich in Wahrheit gesprochen hatte.

Als wir fortgingen, bat mich Mr. Allen, ob ich ihn nicht mal aufsuchen könnte, er hätte etwas, das mich vielleicht interessieren würde. Ich suchte ihn bald darnach auf. Da erzählte er mir denn, er hätte eine Idee für eine zwangsläufige Expansionssteuerung, die seiner Ansicht nach die Mängel des Ausklinkgetriebes beseitigen würde. Er trüge diese Idee schon eine ganze Zeit mit sich herum, hätte sie aber immer für unbrauchbar gehalten, weil der Regulator den Stein in seiner Kulisse nicht unter Aufrechterhaltung konstanter Tourenzahl verschieben könnte. Er wäre schon drauf und dran gewesen, den Plan zu verwerfen. Aber als er mit angehört hätte, wie ich Mr. Burr meinen Regulator beschrieb, hätte es ihm sofort eingeleuchtet, daß dieser Regulator es tun würde, und er möchte mir deshalb seine Idee auseinandersetzen. Er hatte keine Zeichnung davon, nicht einen Strich; die Konstruktion existierte nur in seinem Kopf. Er skizzierte seine Idee, während er sie geschickt auseinandersetzte, mit Kreide auf dem Fußboden der Maschinenstube, und diese rohe Skizze war die Abbildung eines vollendeten Mechanismus.

Als nachher sein Entwurf in den Einzelheiten durchgeprüft wurde, ergab es sich, daß alles durchdacht und für alles Vorsorge getroffen war, mit Ausnahme eines einzigen Details, das später von Allen selbst ergänzt wurde. Hierauf komme ich noch zurück. Aber das war noch nicht das ganze Wunder. Allen hatte den Mangel seiner Kulissenbewegung, daß sie nahe der Nullfüllung nur eine enge Einlaßöffnung freigab, dadurch beseitigt, daß er einen ganz eigenartigen Einlaßschieber mit vierfacher Öffnung an jedem Zylinderende verwendete und zweitens dadurch, daß er schnell anhebende Öffnungsbewegungen schuf.

Der vierfach öffnende Schieber erforderte vier Stege in einer Ebene, und es war wichtig, daß sie möglichst schmal waren. Deshalb verwandte Allen die Antriebsart der Corliss-Steuerscheibe, um die Überdeckung des Schiebers zu vermindern und durch eine elegante Verbesserung nutzte er diese Antriebsart gleichzeitig für ein rasches Anheben aus. Diese Verbesserung bestand in der Wahl zweier schwingender Scheiben mit gemeinsamer Achse und besonderen treibenden und getriebenen Hebeln für jedes Ventil. Die treibenden Hebelarme schwangen in der Nähe der Hubtotpunkte gerade durch den größten Bogenwinkel und diese ins größere über-

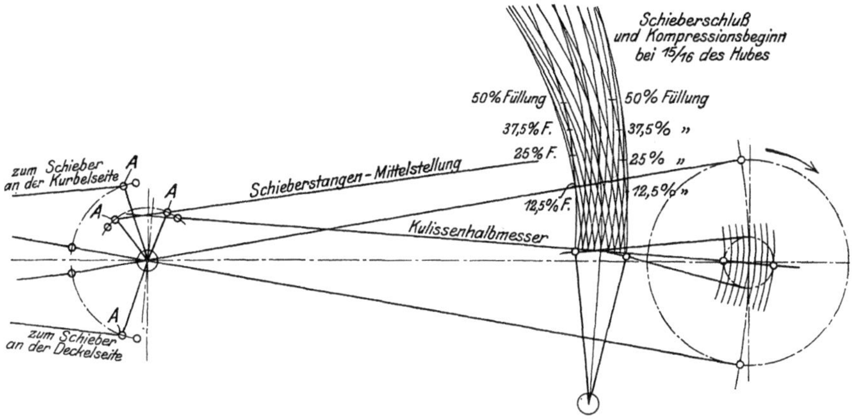

A = Admissions- und Expansionspunkte. Der Deutlichkeit wegen ist der Exzenter-Hub = $^1/_4$ des Kolbenhubs gewählt. In Wirklichkeit ist er nur = $^1/_{12}$ Kolbenhub.

Von Allen auf den Fußboden seiner Maschinenstube gezeichnetes Diagramm.

setzte Bogenbewegung wurde dann unmittelbar auf den Schieber übertragen. Diese Verbindung raschen Anhebens mit geringer Überdeckung war wohl das Erstaunlichste an Allens Steuerung.

Der entlastete vierfach öffnende Schieber, der später von Allen erfunden und seit 1876 stets verwendet wurde, braucht nur zwei Stege in einer Ebene. Diese konnten deshalb breiter werden. Die Hebelübersetzung für den treibenden Arm wurde entbehrlich und die rasche Öffnung durch Verlängerung der getriebenen Arme erzielt.

Daß dieses wunderbare System von Schiebern und Bewegungen in dem Kopfe eines Mannes, der von Mechanik nicht mehr verstand, als was er sich in Maschinenstuben hatte aneignen können, hat fix und fertig erstehen können, muß für alle Zeiten unter die Wunder erfinderischer Geisteskraft gerechnet werden.

Das hier gegebene Diagramm gibt die Linien wieder, die Allen auf den Fußboden seiner Maschinenstube aufzeichnete, und ist bis heute gültig geblieben, nur daß es natürlich heute auf die einfachere Antriebsart mit nur einem treibenden Arm an der schwingenden Scheibe (wie oben beschrieben) zurückgeführt ist.

Der Exzenter ist auf die Welle in gleichem Winkel wie die Kurbel aufgekeilt, so daß beide zu gleicher Zeit durch die Totpunkte gehen.

Die Winkelabweichung der Geraden, die den Mittelpunkt des Exzenters mit den Kulissenzapfen verbindet, ist der der Pleulstange in jedem Augenblick gleich.

Das Längenverhältnis zwischen Pleulstange und Kurbelradius, das ich immer gewählt habe, nämlich 6 : 1, ergibt eine um 40 % größere Kolbengeschwindigkeit an der Deckelseite als an der Kurbelseite. Durch die eben beschriebene Konstruktion mußten die Schiebergeschwindigkeiten sich in gleichem Verhältnis ändern.

Bei fünffacher Länge der Pleulstange würde die Verschiedenheit in den Kolbengeschwindigkeiten auf 50 %, und bei vierfacher auf 66 % anwachsen.

Nachdem Allen mir seine Idee auseinandergesetzt hatte, gab ich ihm die Versicherung, daß mein Regulator den Anforderungen seiner Steuerung entsprechen würde und bemerkte, daß er es ermöglichen würde, eine Maschine mit Expansionsregulierung so schnell wie eine Lokomotive laufen zu lassen. Zu meinem Erstaunen erwiderte er, er möchte lieber, daß man seine Expansionssteuerung mit der Ausklinksteuerung unmittelbar vergleichen könnte; seine Steuerung hätte ihre ganz bestimmten Vorzüge bei der gleichen, langsamen Geschwindigkeit, die ihr seiner Meinung nach das Feld erobern würden.

Damals wußte ich noch nicht, welchen Standpunkt er in seinen Gedanken dieser Frage gegenüber einnahm oder wer ihn auf diesen Standpunkt gebracht hatte. Ich erfuhr das erst später, will es aber schon hier mitteilen. Als ich ihn gelegentlich einer Unterhaltung fragte, wie er eigentlich auf seine Erfindung gekommen sei, erzählte er mir, es hätte ihm eine Erfahrung den Anstoß gegeben, die er als Maschinist des Schraubendampfers „Curlew“ gemacht hätte. Die „Curlew“ war ein Frachtdampfer und fuhr zwischen New York und Providence auf dem Long Island-Sund. Sie hatte eine Corliss-Maschine. Auf diesem Dampfer glaubte er einen schweren Mangel in dem Prinzip der Ausklinksteuerungen entdeckt zu haben. Bei ihnen beeinflußte der Regulator ja nicht direkt den Expansionspunkt, sondern nur den Ausklinkpunkt; der Ausklinkpunkt lag am Anfang der schließenden Bewegung des Drehschiebers, während der

John F. Allen.

völlige Abschluß des Einlaßkanals beinahe am Ende dieser Bewegung eintrat. Wenn die Maschine mit etwa Höchstbelastung gefahren wurde, wie z. B. eine Schiffsmaschine, so war das Einlaßventil weit offen und eine ganz gut wahrnehmbare Zeit verstrich zwischen Ausklinken und tatsächlichem Kanalabschluß. Während der zwischenliegende Drehbogen durchlaufen wurde, bewegte sich der Kolben ein beträchtliches Stück vorwärts, ja wenn die Maschine schnell genug lief, konnte es vorkommen, daß er bis praktisch zum Hubende gelangte, bevor der Drehschieber tatsächlich abgeschlossen hatte. Bei schwachem Seegang, sagte er, hätten sie keine Schwierigkeiten gehabt, aber auf hoher See bei Umschiffung von Kap Judith war es immer stark bewegt, und bei stürmischem Wetter wäre die Schraube mitunter ganz aus dem Wasser aufgetaucht, und da die Maschine kein Schwungrad gehabt, hätte sie angefangen durchzugehen. Je schneller sie lief, desto länger blieben die Dampfwege offen und so sank die Kesselspannung sehr rasch. Man versuchte es mit Federn, um den Schluß der Drehschieber zu beschleunigen, aber diese schienen hier nicht viel zu nützen und brachen auch fortgesetzt. Er erkannte, daß diese Schwierigkeit nur durch ein zwangläufiges Getriebe vermieden werden könnte, das den Regulator in den Stand setzte, den Expansionspunkt unmittelbar zu beeinflussen. Er machte sich also daran, solch eine Steuerung zu entwerfen. Wir wissen heute, daß das Urteil, das er sich aus Beobachtungen unter sehr abnormalen Bedingungen bildete, nicht stichhaltig war. Die angebliche Schwierigkeit besteht in Wirklichkeit nicht bei Maschinen, die Schwungräder und eine moderne verbesserte Ausklinksteuerung besitzen, wenn sie mit mäßigen Geschwindigkeiten laufen. Aber die damalige Erfahrung machte naturgemäß einen tiefen Eindruck auf Allen und führte zur Erfindung der zwangläufigen Expansionssteuerung.

Das hatte er mir aber damals noch nicht erzählt, und so konnte ich ganz und gar nicht verstehen, warum er denn durchaus nicht zugeben wollte, worin in der Tat der eigentliche große Wert seiner Erfindung steckte. Immerhin erklärte ich mich bereit, einen Versuch zu ihrer Einführung zu machen unter der Bedingung, daß er mir gestattete, sie sofort bei einer Schnelläufermaschine anzuwenden, denn das wäre ein Feld, das der Ausklinksteuerung verschlossen wäre. Wir hatten eine regelrechte Debatte hierüber. Ich sagte ihm rund heraus, seine Erfindung interessierte mich lediglich, weil sie es möglich machte, aus einer gegebenen Maschine die zwei- bis dreifache Leistung herauszuziehen, ohne irgendeinen Teil stärker zu belasten, während das Schwungrad verkleinert werden könnte und die Übersetzungen auf die üblichen Transmissionsgeschwindigkeiten im allgemeinen ganz fortfallen dürften. Ich stellte ihm auch vor, daß eine Schnelläufermaschine wirtschaftlicher arbeiten und einen besseren Ungleichförmigkeitsgrad ergeben müßte.

Schließlich fügte er sich meiner Bedingung. Ich nahm ihn darauf sofort mit in Mr. Richards' Bureau und veranlaßte Richards, Allens Steuerung nach dessen Angaben auszulegen und aufzuzeichnen. Bald darauf gab ich ihm dann den Auftrag, die Werkzeichnungen für eine Versuchsmaschine von 150 × 380 mm und 160 Touren anzufertigen.

So, wie das Kulissendiagramm zuerst entworfen worden war, mußte das Zapfenzentrum der Kulisse auf einem Bogen schwingen, dessen beide Endpunkte genau auf der Geraden lagen, die den Kurbelwellenmittelpunkt mit den Endpunkten der Schwinghebelarme verbindet. Diese Gerade ist auf dem Diagramm auf Seite 47 mit Kulissenhalbmesser bezeichnet.

Ich entschloß mich, die Kulissenbewegung persönlich in vergrößertem Maßstab auszulegen. Zu diesem Zwecke zeichnete ich ein Schaubild mit einem Exzenterhub von 100 mm; der Abstand zwischen Kurbelwellenmittelpunkt und Kulissenzapfen in deren Mittelstellung betrug 300 mm. Ich verfertigte mir nun einen Stangenzirkel mit drei Spitzen; zwei von diesen Spitzen waren in 300 mm Abstand dauernd auf der Stange festgemacht. Während die eine die Bahn des Exzentermittelpunktes umfuhr, konnte man die andere auf dem Schwingungsbogen der Kulissenzapfen führen.

Ich teilte den Exzenterkreis, bei den Totpunkten beginnend, in 40 gleiche Teile und stach mit einer Nadel die Teilpunkte in den Kreis. In den Nadellöchern mußten sich die konischen Zirkelspitzen genau zentrieren. Das Zeichenpapier war fest und die Teilpunkte mit äußerster Sorgfalt festgelegt. Sie hielten denn auch während der ganzen Dauer meiner Versuche aus. Nunmehr markierte ich 20 entsprechende Teilpunkte auf dem Schwingungsbogen des Kulissenzapfenmittelpunktes. Diese zeigten anschaulich, wie sich die Bewegung an den beiden Enden der Schwingung gestaltete.

Die dritte Spitze war verschieblich auf einer Stange, die mit einem Scharnier angelenkt war und in jeder beliebigen Stellung festgeklemmt werden konnte. Ich schlug nun zwei Kreisbögen, die die Grenzstellungen der Kulissenachse darstellten, d. h. die Stellungen, die die Kulisse einnahm, wenn das Exzenter auf seinen Totpunkten stand. Die dritte Spitze wurde nun auf ihrer Stange so festgeklemmt, daß sie auf einen beliebigen Punkt auf einem der Grenzbögen zeigte, wenn die eine der beiden andern auf dem Totpunkt des Exzenters und die andere am Endpunkt des Zapfenschwingungsbogens stand.

Der Apparat war jetzt gebrauchsfertig. Die entsprechenden Punkte auf dem Exzenterkreis und dem Schwingungsbogen wurden übereinstimmend numeriert. Wenn ich die ersten beiden Spitzen in irgend ein zusammengehöriges Lochpaar setzte, mußte die dritte die entsprechende Stellung des von ihr dargestellten Kulissenpunktes anzeigen. Ich legte auf diese Weise die Bahnen von sechs verschiedenen Punkten der Kulisse aus, deren höchster ungefähr 300 mm über den Zapfen lag. Diese ergaben die Schieberbewegungen für die entsprechenden Kulissensteinstellungen. Mein Apparat war schön starr und erlaubte genauestes Arbeiten. Zu meinem Erstaunen ergab sich eine viel weitere Schieberöffnung auf der Kurbelseite, wo die Kolbenbewegung am langsamsten war. Das entsprach nicht; wir wollten ja gerade das Gegenteil.

Ich rief Allen herein und zeigte ihm den Fehler. Nachdem er das Schaubild etliche Minuten betrachtet hatte, meinte er, dem würde abgeholfen, wenn man die Zapfen etwas tiefer setzte, so daß ihr Schwingungsbogen die Verbindungslinie der Mittelpunkte an seinem Scheitel berührte, statt sie als Sehne zu haben. Das wurde gemacht und das Ergebnis war ein voller Erfolg. Die äußerste Grenzstellung der Kulisse trat jetzt für die Deckelseite des Zylinders früher ein, und die Schieberöffnung wurde weiter, so wie die größere Kolbengeschwindigkeit an dieser Stelle es erforderte; die Expansionspunkte fielen gleichmäßiger für beide Hubseiten aus. Die Kulisse ist immer in dieser Weise ausgelegt worden, wie auch auf dem Diagramm hier gezeigt.

Man sieht schon aus dieser Beschreibung der Kulissenbahn, daß die genaue Höheneinstellung der Kulissenzapfen ein wichtiger Punkt war. Um sie mit Genauigkeit bewerkstelligen und auch berichtigen zu können, sollte dies infolge von Abnutzung der Kurbelwellenlager oder aus anderen Gründen erforderlich werden, sicherte ich das Auge, in das diese Zapfen seitlich am Maschinenrahmen eingezapft waren, in der beifolgend skizzierten Weise. Um den Keil seitlich zu sichern, war sein Auflager auf dem Rahmen tiefer gehobelt, so daß der Keil von dem Flansch gehalten wurde. Die genaue Stellung dieses Auges war durch die Schieberbahnen bestimmt.

Ich begann nun auch selbst eine entschiedenere persönliche Rolle im Dampfmaschinenbau zu spielen. Mr. Sparks hatte einen Gedanken in mir angeregt, der mich mehr und mehr beherrschte, nämlich die Erkenntnis von der außerordentlichen mechanischen Unzulänglichkeit der einseitigen oder Stirnkurbel. Die Maschinen der „New York“, gebaut von Caird & Co., Greenock, waren einige der ersten stehenden Dampfmaschinen für unmittelbaren Schiffsschraubenantrieb. Man nannte sie damals allgemein die Dampfhammermaschinen, weil ihre Grundzüge der Erfindung Nasmyths entlehnt waren. Ich weiß es nicht bestimmt, glaube aber, daß Caird & Co. die erste Firma war, die die vertikale Maschine in dieser Weise verwendete. Die vorderste Maschine hatte eine Stirnkurbel. Der grundsätzliche Mangel dieser Konstruktion machte sich bei diesen vertikalen Maschinen von großer Leistung besonders auffällig geltend. Die Beanspruchung der Lagerdeckelschrauben während des Aufwärtshubs und abwechselnd das Herunterbiegen der Welle nach der anderen Seite über der unteren Lagerschale als Stützpunkt waren recht bedrohlich. Mr. Sparks hatte mir erzählt, daß er auf seiner allerersten Überfahrt ganz gewaltige Schwierigkeiten mit diesem vordersten Lager hatte, die ihn beständig in Angst und Sorge hielten. Er war schließlich so ängstlich und mißtrauisch geworden, daß er sofort bei seiner Ankunft

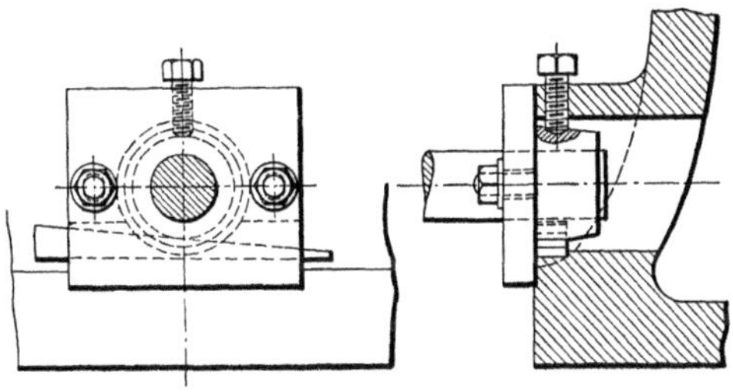

Senkrecht verstellbares Auge für den Fixzapfen der Allenschen Kulisse.

in New York der Firma schrieb: „Um Gottes willen machen Sie niemals wieder einen Maschinensatz, ohne auch der vordersten Maschine eine gekröpfte Kurbel zu geben.“ Die Antwort darauf war, er sollte sich gefälligst um seine eigenen Angelegenheiten bekümmern; er wäre angestellt, um ihre Maschinen zu überwachen, die Konstruktion besorgten sie aber selbst. Bald darauf erzählte er mir, daß er die Genugtuung hatte, jedes einzelne von ihnen gebaute Schiff mit Ausnahme des seinen außer Betrieb gesetzt zu sehen, und zwar entweder wegen Wellenbruchs oder wegen gebrochener Kurbellagerschrauben. Daß die „New York“ einem ähnlichen Unheil entgangen war, schrieb er seiner besonderen Sorgfalt zu. Immerhin folgten sie seinem Vorschlag bei allen weiteren Schiffen und versahen sogar die bereits gebauten Maschinen mit einer gekröpften Kurbel und zusätzlichem vordersten Kurbelwellenlager. Offenbar waren sie hierzu mit Nachdruck gezwungen worden. Später sah ich auf der „Bremen“, dem Schwesterschiff der „New York“, diese Abänderung. Das angeflickte Kurbellager wurde von einem schweren Gußstück getragen, das an die Stirnseite des Maschinenrahmens vorne angeschraubt war.

Ich besichtigte alle möglichen Maschinen im Bau und im Betrieb, nur um die Ausgestaltung der Stirnkurbel zu studieren, die bei liegenden Maschinen die Regel war. Bei diesem Maschinentyp, noch dazu bei niedrigen Tourenzahlen, hatte die Mangelhaftigkeit der Stirnkurbel keine schweren Folgen, weil auf die Deckelschrauben keine Beanspruchung entfiel und die Kurbelwelle im Verhältnis zur Maschinenleistung stärker konstruiert wurde, da sie auch noch das Schwungrad zu tragen hatte. Ich war jedoch geradezu erstaunt, wie weit man die Stirnkurbeln vom Lager abstehen ließ; den Maschinenbauern schien jeder Begriff dafür zu fehlen, wie unkonstruktiv das war. Zunächst machte man die tragende Fläche des Kurbelzapfens ungefähr zweimal so lang, wie dessen Durchmesser. Hierauf setzte man einen breiten Bund auf den Zapfen, zwischen Lauffläche und Kurbelarm. Dieser wurde dick ausgeführt, und es wurde hinten noch eine recht lange Nabe angeschmiedet. Auf Befragen erhielt ich die Auskunft, die lange Nabe wäre nötig, um genug Fleisch zur Aufnahme der Welle in der Kurbelbohrung zu haben. Die Welle würde da, wo sie in die Kurbel gesteckt werden sollte, verjüngt, damit die Kurbel beim Aufpressen gegen die Schulter zur Anlage käme; die Kurbelbohrung müßte tief sein, sonst hätte die Kurbel nicht genügend Halt. Obendrein gab man schließlich noch den Lagerschalen äußere Flanschen, die bisweilen 50 mm und mehr axiale Erstreckung hatten. So war dann glücklich der Abstand zwischen Maschinenmitte und der starren Unterstützung der Welle im Kurbellager ungefähr doppelt so groß, wie er zu sein brauchte. In einigen Fällen sah ich auch noch das Exzenter zwischen Kurbel und Lager gesetzt. Noch 15 Jahre später sah ich eine große Maschine, die aus Belgien auf unsere 1876er Ausstellung geschickt war, mit dieser Anordnung des Exzenters.

Ich war mir sofort klar darüber, daß eine solche Konstruktion für Schnelläufermaschinen unbrauchbar war und machte mich daran, diese Einzelheiten Stück für Stück abzuändern. Die Stirnkurbel war nicht vermeidbar, aber ihr axialer Hebelarm konnte erheblich verringert werden.

Die folgenden Skizzen veranschaulichen die gemachten Abänderungen, die alle bis heute so geblieben sind. Der innere Bund an dem Kurbelzapfen ist fortgelassen, und der Durchmesser des Zapfens wurde größer als seine Länge, wodurch die Projektion der Lauffläche noch etwas größer wurde. Der Schaft des Zapfens ist dicker und kürzer geworden und auf der Rückseite vernietet. Statt die Kurbelwelle zu verjüngen, wo sie in die Kurbelbohrung eingefügt wurde, gab ich ihr einen dickeren Kopf an dieser Stelle, so daß die Keilnute frei durchgehobelt werden konnte und der Keil außerhalb der Lauffläche zu liegen kam; gleichzeitig war nun die Keilverbindung um so viel weiter von der Wellenachse entfernt, daß eine nur wenig mehr als halb so tiefe Nute in der Kurbelbohrung erforderlich war.

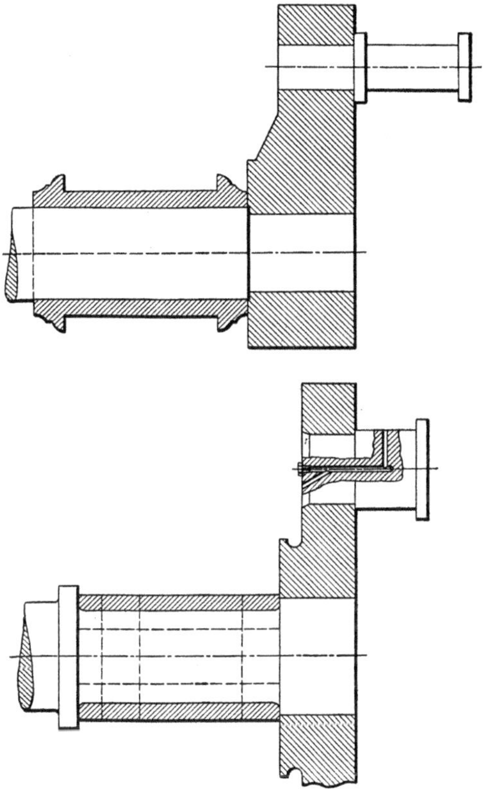

Alte und neue Kurbeln und Lagerbuchsen.

Schon Corliss war von den geflanschten Lagerschalen abgegangen. Er war auch der erste, der das Kurbellager vierteilig konstruierte. Hierdurch war es möglich, den Verschleiß in der wagerechten Richtung, d. h. der Richtung des Arbeitsdrucks, auszugleichen. Zu diesem Zweck verwendete er zwei Schrauben, jedoch nur für die vom Zylinder abgewandte Seite. Ich gestaltete seine Konstruktion dadurch um, daß ich die seitlichen Lagerschalen dicker machte und ihren Verschleiß durch Keilpaare hinter beiden ausglich, wodurch die korrekte Lage der Kurbelwellenachse unbeeinflußt blieb. Ein Keil konnte dann unmittelbar bis an die Kurbel vorgeschoben werden. Die punktierten Linien zeigen die Höhe der seitlichen Schalen und die Anordnung der Keile. Die Welle bekam einen Bund, um die Lagerschalen in Stellung zu halten, und ihr freier Schaft wurde verstärkt. Der Ersatz der Kurbel durch eine volle Scheibe mit Gegengewicht vervollständigte die Reihe der Abänderungen. Dies war die Frucht meines ersten Unterrichts in der Konstruktion schnellaufender Maschinen, der mir von Mr. Sparks, ihm selbst unbewußt, erteilt worden war. Die Schmierbohrungen im Zapfen waren späteren Datums, wie ich noch beschreiben werde.

Ich hatte auch noch in anderer Beziehung Glück. Eines Tages sah ich in den Novelty-Eisenwerken zufällig mit an, wie die Naben für die Schaufelräder der neuen „Adriatic" für die Collins-Linie gebohrt wurden. Es waren dies wohl die größten Gußstücke, die jemals für Schaufelräder gemacht worden sind. Ich nahm wahr, daß nur der eine Halbzylinder der Nabenbohrung bearbeitet war. Die andere Hälfte des Loches war mit einem radial etwa 12 mm größeren Kern gegossen worden. Drei Keilnuten waren im Guß schon vorgesehen und wurden jetzt nur in der Nutenstoßmaschine bearbeitet. Es leuchtete mir sofort ein, daß diese Art des Bohrens von Schwungrädern und Riemscheiben doch ganz vorzüglich sei. Es war üblich, daß sie etwas zu groß gebohrt wurden, um bequem auf die Welle gebracht werden zu können; die gewöhnlichen Scheiben konnten deshalb mit der Welle nur längs einer Geraden auf der dem Keil gegenüberliegenden Seite in Berührung stehen, und der Umfang konnte nicht streng zentrisch laufen.

Ich ging so vor, daß ich zunächst die Bohrung genau passend zur Welle bohrte und dann das Werkstück ungefähr 3 mm seitlich verschob. Ich bohrte darauf einen schmalen halbmondförmigen Teil mit etwas größerem Durchmesser aus, so also, daß die beiden Hörner des Halbmonds die ursprüngliche Bohrung etwas mehr als halb umfaßten. Die Keilnute wurde in die Mitte dieser Ausdrehung geschnitten. Das Rad konnte dann bequem auf die Welle gesteckt werden, und wenn der Keil eingetrieben war, stand fast die Hälfte der zylindrischen Oberfläche in fester Berührung und der Umfang lief regungslos zentrisch. Ich erinnere mich, daß dieses Ergebnis in London viel bewundert wurde und hörte verschiedentlich die Bemerkung: „Man sollte meinen, durch den Keil müßte es unrund laufen."

Um die Ventilationswirkung von Schwungrad und Riemenscheibe zu verringern, gab ich den Speichen elliptischen Querschnitt, der dann immer von mir beibehalten wurde. Die Wirkung übertraf sogar meine Erwartung. Man kann feststellen, daß sie die Luft gar nicht in Bewegung setzen, so schnell sie auch herumgedreht werden.

Wie schon erwähnt, mußte bei der Allen-Steuerung die Stellung des Exzenters mit der Kurbelstellung übereinstimmen, so daß beide gleichzeitig durch ihre Totpunkte gingen. Um das sicher zu bewirken, und um es dem Maschinisten unmöglich zu machen, seinen Exzenter voreilen zu lassen — was er ziemlich sicher tun würde, wenn er es könnte —, drehte ich das Exzenter aus einem Stück mit der Welle. Hierdurch konnte ich es auch kleiner halten, da die niedrige Seite beinahe mit der Oberfläche der Welle zusammenfallen konnte. Obendrein war diese Konstruktion solid und sparte Arbeit.

Alle Exzenter, die ich gesehen hatte, waren beiderseits mit Flanschen versehen, um den Bügel vor seitlicher Verschiebung zu bewahren. Ich bemerkte, daß das Öl zwischen den Flanschen und

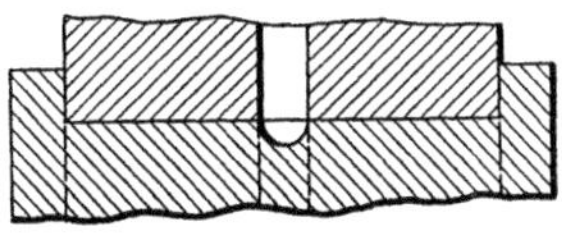

Flanschen am Exzenter.

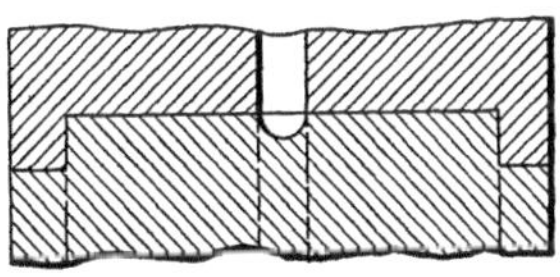

Flanschen am Bügel.

dem Bügel frei austrat. Natürlich mußte das bei Schnelläufermaschinen noch schlimmer werden. Ich kehrte also die Konstruktion um, wie in den nebenstehenden Schnitten durch die Fuge auf der höchsten Stelle des Exzenters angedeutet, indem ich den Bügel das Exzenter umfassen ließ, statt die Exzenterflanschen den Bügel.

Es leuchtet ein, daß es mit steigender Geschwindigkeit immer schwieriger wird, das Öl nach der alten Konstruktion in der Fuge zu halten, während bei der neuen Konstruktion die Wahrscheinlichkeit seines Austretens immer geringer wird. Ich hätte eigentlich dieselbe Konstruktion auf das Kurbelwellenlager anwenden sollen, aber in allen den Jahren, in denen ich Maschinen gebaut habe, ist mir das nie eingefallen. Ich begnügte mich damit, in der oben skizzierten Weise eine Nute in die Kurbelnabe einzudrehen, um das Öl von der Scheibe fernzuhalten.

Die Frage der Kurbelzapfenschmierung bei hohen Geschwindigkeiten wurde jetzt brennend und mußte gelöst werden. Ich erledigte sie schließlich in der teilweise auf S. 55 gezeigten Weise:

ein Ölabstreifer, der an die Rückseite der Kurbel angeschraubt wurde, hatte eine Rohrfortsetzung, die in die schräge Bohrung nach dem Zapfen zu speiste. Diese Anordnung arbeitete immer einwandsfrei. Der Abstreifer und die Ölvase sind auf S. 233 abgebildet. Von manchen Fabrikanten schnellaufender Maschinen sind andere Konstruktionen angewendet worden, aber ich bin dieser hier immer treu geblieben. Sie hat den Vorteil, ebenso gut für gekröpfte Kurbeln zu passen.

Mit Ausnahme der eben beschriebenen Einzelheiten wurde die Konstruktion meiner Ausstellungsmaschine von Mr. Richards ausgeführt.

Fünftes Kapitel.

Erfindung des Richards-Indikators. Ich kaufe das Patent. Ich plane meine Beteiligung an der Londoner Ausstellung. Konstruktion der Maschine. Verschiffe die Grundplatte nach London und reise selbst.

Es fand sich bald ein Anlaß zum Gebrauch eines Indikators. Allen lud Mr. Richards und mich ein, in seine Maschinenstube zu kommen, und nahm vor unsern Augen mit einem Mc Naught-Indikator Diagramme auf. Das war der erste Indikator, den wir alle beide je zu sehen bekommen hatten. Indikatoren waren damals in den Vereinigten Staaten nur wenig bekannt. Die Novelty-Eisenwerke hatten wohl einige wenige Mc Naught-Indikatoren gebaut; diese wurden aber fast lediglich von der Admiralität und außerdem noch ein paar Herren gebraucht, wie Ericsson, Stevens, Sickels und Corliss. Ich sagte zu Richards, wir brauchten unbedingt einen Indikator für Schnelläufermaschinen, und ihn zu konstruieren, das wäre gerade recht etwas für ihn. Er ging auch ans Werk, aber ließ bald den Mut sinken. Zweimal gab er es ganz auf, es wollte ihm nicht gelingen. Ich konnte ihm nur sagen, daß ich selbst keine bestimmte Vorstellung hätte, aber den Indikator müßten wir haben, und er müßte ihn schaffen. Nach einigen Monaten übergab er mir eine Zeichnung zu einem Indikator, der bis heute unverändert so geblieben ist, ausgenommen ein paar Kleinigkeiten. Diese wichtige Erfindung, durch die der Bau schnellaufender Maschinen überhaupt erst möglich geworden ist, kam vollständig fertig aus Mr. Richards' Hand. Seine Grundzüge sind der wohlbekannte kurze Kohlenhub gegen eine steife Feder, die leichten Multiplikatorhebel, die mittels eines Wattschen Parallelogrammes dem Schreibstift eine sehr angenähert geradlinige Bewegung geben, und schließlich die Möglichkeit freien Kreisens der Schreibstiftgelenke um die Kolbenachse, während der Kolben selbst nur die kleine Drehung um seine Achse zu vollführen vermag, die sich durch die Zusammendrückung oder Verlängerung der Feder ergibt.

Seither sind elegante Verbesserungen ersonnen worden, die den Indikator für noch höhere Maschinengeschwindigkeiten brauchbar machen, aber alle nur in Verfolgung der Richtlinien, die Richards festgelegt hat. Es blieb wirklich kaum viel mehr zu tun übrig, als dem Kolben einen etwas kleineren Hub zu geben, den Schreibstift noch etwas leichter beweglich und den senkrechten Weg des Schreibstifts noch ein bischen vollkommener geradlinig zu machen.

Ich übergab Mr. Richards' Zeichnung den Novelty-Eisenwerken, und als unsere Maschine fertig war, hatten wir auch einen gebrauchsfähigen Indikator. Die Maschine wurde von der Firma McLaren & Anderson, New York, Horatio St., für ihren eigenen Gebrauch gebaut. Sie wurde neben ihrer Drosselventilmaschine aufgestellt und trat an deren Stelle für den Betrieb ihrer Transmissionen, sowie für Kraftabgabe an ein Brennholzlager neben ihrer Fabrik. Von dem Augenblick der Inbetriebsetzung an lief sie einwandfrei und ersparte volle 50% Kohlen. In den damaligen Drosselventilmaschinen waren die Ventile und Rohre meist so eng, daß nur ein Bruchteil der Kesselspannung im Zylinder zur Geltung kam, und der Abdampf zum Entweichen hohen Überdruck brauchte. Niemand wußte, was sowohl dieser Auspuffüberdruck wie auch die Eintrittsdruckverminderung bedeutete.

Ich besitze ein Diagramm, das an dieser Maschine aufgenommen worden ist, und gebe es hier wieder.

Bald entstand lebhafte Nachfrage nach dem Indikator. Als ich eines Tages gerade dabei war, in McLaren & Andersons Fabrik Diagramme an der Maschine aufzunehmen, besuchte mich der Betriebsleiter der Novelty-Eisenwerke. Er wollte einmal sehen, ob der Indikator befriedigte und, wenn ja, ihn sich auf ein paar Tage ausborgen. Die Novelty-Eisenwerke hatten gerade die Maschinen für drei Kanonenboote fertiggestellt. Sie sollten 75 Touren machen und kontraktlich einem 72stündigen ununterbrochenen Probebetrieb im Dock unterworfen werden. Die Firma war im Begriff, in den Probebetrieb einzutreten, und sie wollten gerne die Maschinen mit dem neuen Indikator indizieren.

Ich war froh, daß man ihn gebrauchen konnte und er nahm ihn mit. Nach 2 oder 3 Wochen bekam ich ihn mit Ausdrücken des wärmsten Lobes zurück, aber keiner von uns hatte die leiseste Ahnung von der Tragweite der Erfindung.

Ich erinnere mich, daß ich einmal wegen des Indikators zu den Noveltywerken mit heranging. Da fragte mich Mr. Everett, der damalige Generaldirektor, ob wir uns denn den Indikator hätten patentieren lassen, denn in diesem Falle würden sie ihn gern für uns fabrizieren. Auf den Gedanken war ich noch gar nicht gekommen; aber ich antwortete natürlich ohne Zögern, wir hätten es noch nicht getan, aber beabsichtigten es. Ich traf Allen im Bureau bei Richards und berichtete ihnen von Mr. Everetts Vorschlag. „Zunächst entsteht die Frage,“ fügte ich hinzu, „wer ist der Erfinder? Ich weiß nur: ich bin’s nicht.“ Allen meinte: „Ich auch nicht.“ „Ja“, sagte Mr. Richards, „dann muß ich es wohl sein.“ „Wollen Sie ihn patentieren lassen?“ fragte ich. „Nein“, antwortete er; „wenn ich alles patentieren lassen wollte, was mir einfällt, würde ich bald im Armenhaus sitzen.“ „Für wieviel wollen

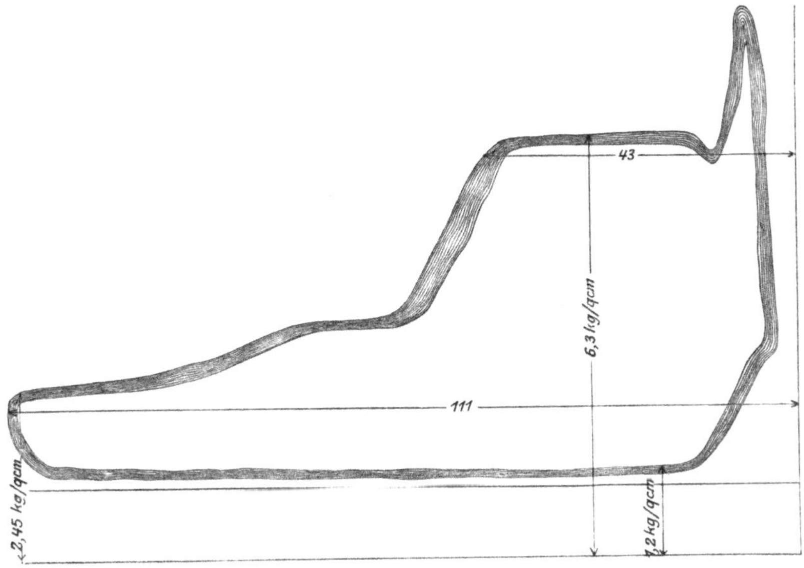

Am 13. September 1861 an der ersten Allen-Maschine mit dem ersten Richards-Indikator aufgenommenes 20faches Diagramm.
Hub: 380 mm, Bohrung: 150 mm, 160 Touren.

Sie mir die Idee verkaufen, wenn ich sie patentieren lassen will?“ fragte ich. „Na, sagen wir mal: für 100 Dollar will ich sie verkaufen.“ „Dafür nehme ich sie, und wenn ich was daran verdiene, will ich ihnen 10 % der Reineinnahme geben.“ Das habe ich auch getan, solange ich das Patent besaß.

Der Erfolg mit dem ortsfesten und mit dem Schiffsmaschinenregulator, sowie mit der Maschine und dem Indikator ließ im Sommer des Jahres 1861 die kühne Idee in mir entstehen, alle vier im kommenden Jahr auf der Weltausstellung in London auszustellen. Der Beweis der praktischen Brauchbarkeit der drei letzten kam gerade passend. Ich entschied mich also für eine Maschine von 200 mm Zylinderbohrung und 610 mm Hub, die 150 Touren machen sollte, und ließ Richards sofort mit den Zeichnungen dafür beginnen. Ich spielte ein bischen mit dem Gedanken an 200 Touren, aber befürchtete dann doch, daß die Leute vor solcher hohen Geschwindigkeit erschrecken würden. Daß es in der Tat töricht gewesen wäre, diesen Schritt zu tun, erwies sich später sehr deutlich.

Im Sommer bewarb ich mich um Raum in der Londoner Ausstellung von 1862 und empfing bald darauf den Besuch des Assistenten des Ausstellungskommissars der Vereinigten Staaten, Mr. Joseph E. Holmes. Von der auszustellenden Maschine konnte ich ihm ja nun allerdings nicht viel zeigen. Die Zeichnungen waren kaum angefangen. Ich führte ihn jedoch in McLaren & Andersons Fabrik, zeigte ihm die kleine Maschine, die dort arbeitete, nahm in seiner Gegenwart Diagramme von ihr auf und verbreitete mich des weiteren über die neue Ära im Dampfmaschinenbau, die hier anbrach, und die noch heute nicht in dem Umfange Wirklichkeit geworden ist, wie wir damals träumten. Die Gewähr für den Erfolg des neuen Systems, den der einwandsfreie Betrieb dieser kleinen Erstlingsmaschine zu geben schien, machte offenbar tiefen Eindruck auf Mr. Holmes. Ich versicherte ihm, die Ausstellungsmaschine würde ganz zweifellos fertig werden, und auf diese Versicherung hin stimmte er meinen gesamten Vorschlägen für meine Ausstellung zu. Ich sah ihn erst im Frühjahr darauf wieder, wo wir uns unter den denkwürdigen Verhältnissen trafen, von denen ich noch zu erzählen haben werde.

Trotz aller Anstrengungen zeigte es sich, daß es unmöglich war, die Maschine zu vollenden und vor dem Transport noch zu probieren, wie ich beabsichtigt hatte. Ja, als nun der Termin heranrückte, nach dem Ausstellungsgüter nicht mehr angenommen werden würden, wurde zweierlei immer zweifelhafter. Das eine war, ob die Maschine überhaupt auf den Weg gebracht werden konnte, und das andere, ob ich die Mittel zur Bestreitung der Ausstellung flüssig machen konnte. Ich brachte es aber schließlich fertig, daß die Grundplatte fertig gestellt wurde, und verschiffte sie sofort auf dem Postdampfer.

Ein kleiner langsamer, von der Ausstellungskommission der Vereinigten Staaten gecharterter Dampfer war schon vollbeladen mit Ausstellungsgütern abgegangen, und mit ihm der Assistent des Kommissars und eine Anzahl Aussteller und ihre Vertreter. Sie alle blieben bis zum Tage der Ankunft an ihrem Bestimmungsort in gesegneter Unkenntnis dessen, was unmittelbar nach ihrer Abreise vorfiel.

Aber zurück zu meinen eigenen Angelegenheiten. Eines Tages sagte Mr. Hope zu mir: „Ich höre, Sie haben Ihre Grundplatte letzten Samstag verschifft; wozu das? Sie wissen ja noch nicht mal, ob Sie selbst fahren können.“ Ich erwiderte: „Hätte ich sie jetzt nicht verschifft, dann verlöre ich meinen Ausstellungsraum und müßte die Ausstellung ganz aufgeben. Sollte es sich zeigen, daß ich nicht reisen kann, so kann ja die Platte zurückkommen.“ Ich verdoppelte meine Anstrengungen, die noch fehlenden Teile der Maschine fertiggestellt zu bekommen und die nötigen Mittel flüssig zu machen. Den folgenden Sonnabend verschiffte ich, was fertig war. Am Montag darauf verschaffte ich mir unter großen Opfern einen Betrag, der schlimmstenfalls reichen konnte, und Mittwoch reiste ich mit dem Cunarddampfer „Afrika“. Meinem zuverlässigen Beamten Alexander Gordon, der später lange Direktor der Niles-Werkzeugmaschinen-Gesellschaft war, und heute Generaldirektor des Niles-Bement-Pond Konzerns ist, überließ ich die Verantwortung, danach zu sehen und dafür zu sorgen, daß alles, was noch fehlte, so schnell als möglich folgen sollte.

So reiste ich denn ab. Ich kannte keinen Engländer auf der ganzen Insel. Ich mußte die Teile einer Maschine, der ersten nach den Zeichnungen und der ersten, die ich je gebaut, zum ersten Male zusammenmontieren, mit Monteuren, die ich nie im Leben gesehen hatte, mußte sie aufstellen und vor den Augen der gesamten Welt in Betrieb setzen. Aber ich war ohne Sorgen. Die Maschine war ja in meiner eigenen Werkstatt und unter meiner ständigen Aufsicht entstanden, gebaut von Handwerkern, die zu äußerster Genauigkeit der Arbeit erzogen waren. Den Kurbelzapfen hatte ich von meinem Freund Freeland härten und schleifen lassen. Ich wußte, die Teile würden genau passen. Das Ergebnis bestätigte mein Vertrauen.

Ein Vorfall auf dieser Reise ist berichtenswert. Als wir aus dem Hafen dampften, passierten wir die „China“, den ersten Schraubendampfer der Cunard-Flotte, die von ihrer Jungfernreise einlief.

Wir hatten rauhe Überfahrt und zeitweise den Seegang im Rücken. Es interessierte mich sehr, dabei das Durchgehen der Maschinen zu beobachten, wenn gelegentlich beide Schaufelräder im Wellental waren und ganz in der Luft liefen. Was mir daran besonders auffiel, war, daß die Maschinen um so sanfter liefen, je schneller sie sich drehten. Es war wirklich ein fesselnder Anblick, wie diese schweren Metallmassen so rasch und doch vollkommen geräuschlos durcheinander glitten. Warum sie das taten, das zu fragen, fiel mir nicht ein.

Da ich nach einer langweiligen zwölftägigen Reise ungeduldig war, London so schnell als möglich zu erreichen, so ging ich schon in Cork von Bord, um den durchgehenden Postzug zu benutzen. Das erste interessante, was ich traf, waren die Zollinspektoren. Auf dem Tender, der die Post an die Küste schafft, waren zwei Vertreter der Königin Viktoria sehr neugierig, ob ich Likör oder Tabak in meinem Koffer hätte; das sind die einzigen zollpflichtigen Artikel. Sie waren mit meiner verneinenden Antwort vollkommen zufrieden und dachten nicht daran, sich persönlich zu überzeugen. Ich war gerade dabei, eine moralische Betrachtung darüber anzustellen, wie diese wahrheitsliebenden Männer auch von anderen keine Lüge vermuteten, als sie als nächste Frage die stellten, ob ich nicht etwas bei mir hätte, wofür man ein Glas Bier kaufen könnte? Ich beglückte sie mit einem Dritthalb-Schillingstück, das ihre bescheidenen Ansprüche mehr als befriedigte, und sie stempelten mich als freigebigen Amerikaner. Ich kaufte eine Fahrkarte erster Klasse nach London und erhielt die Versicherung, daß ich den durchgehenden Postzug benutzen könnte. Ich war der einzige Fahrgast in dem Zug, der außer dem Postwagen aus nur zwei Passagierwagen bestand. Es war spät nachts. Der fahrplanmäßige Personenzug war schon einige Stunden fort. Mit englischen Verhältnissen nicht vertraut, wußte ich nicht, wie ich es mir ein bischen bequem machen könnte, sondern saß die ganze Nacht aufrecht und dämmerte, so gut es ging, dahin. Nach zwei Uhr schlief ich nicht mehr, denn in dieser hohen Breite war es schon hell genug, um ganz gut zu sehen.

Die Bahn führte jetzt die ganze Zeit bis Dublin durch Wiesen und Felder. Der merkwürdige Schnitt der Felder machte mir Spaß. Sie waren meist klein und liefen in spitze Ecken aus, ohne sich viel darum zu bekümmern, ob das für die Bewirtschaftung bequem war. Sie waren alle durch Hecken und Gräben voneinander getrennt. Solch ein Graben war etwa zwei Fuß tief und drei bis vier Fuß breit ausgehoben, und die Erde war auf der einen Seite zu einem entsprechenden Wall aufgeworfen, auf dem dann eine Weißdornhecke aufgepflanzt war, die man dort zu Lande im Volksmund „quickset“ (d. h. Schnellgepflanzt) nannte. Solche Hecken gab es in jedem Alter, von jungen und gutgepflegten bis zu alten und verwahrlosten. Man hätte ganz gut überall durch Lücken, bisweilen sogar sehr weite, von Feld zu Feld wandern können. Ich konnte nicht einsehen, wozu sie gut waren, wenn nicht höchstens als Springhürden für Schnitzeljagden. Hin und wieder eine Arbeiterhütte, auch wohl mal eine ganze Gruppe. Wenn ein Irländer vor dem Haus stand und sich sonnte, überragte er stets die Traufe seines geflickten Daches. Bisweilen sah man auch wohl ein behäbigeres Haus, immer im gleichen Stil, weiß angestrichen, mit vielen Fenstern und so wenig tief, daß sie aussahen wie hochkant gestellte Waffeln. Niemals sah ich einen Busch noch Baum, der den Eindruck der Ödigkeit gemildert hätte, nahe bei den Häusern, doch in den Hecken waren häufig kleine Bäume.

Die Eisenbahnstation an der einen Seite von Dublin war ungefähr 6—7 km von der Station an der andern Seite entfernt, die durch eine kurze Eisenbahn mit Kingston, ein wenig südlich von Dublin, verbunden war. Von hier fuhren die Kanaldampfer nach Holyhead. Da es keine andere Verbindung gab, fuhr ich durch die Straßen von Dublin in einem offenen Wagen, auf den Postsäcken thronend. Auf der Station für Kingston wartete ein leerer Zug auf die Post. Der fahrplanmäßige Personenzug war schon abgefahren, aber in Kingston wartete das Boot auch auf die Post. Ich stieg in einen Wagen, nachdem ich Anweisung gegeben hatte, meinen Koffer in den Gepäckwagen zu bringen, wurde aber vom Zugführer aufgefordert, wieder auszusteigen. Ich zeigte ihm meine Fahrkarte und erhielt die Auskunft, ich müßte mit dem Bahnvorsteher sprechen. Dieser Beamte erschien und verkündete mir, daß dies der Postzug sei. Er führte einen leeren Passagierwagen. Ich zeigte wieder meine Fahrkarte vor und erzählte dem Herrn, daß ich sie nur gekauft hätte, weil man mir versichert hatte, daß ich den durchgehenden Postzug damit benutzen könnte. Seine ganze Antwort war, der Personenzug wäre fort, ich hätte nur zur Zeit hier sein sollen. Es täte ihm sehr leid, aber es ginge nicht. Jetzt wurde ich wütend. Mein Koffer stand auf dem Bahnsteig und da keiner mir half, hob ich ihn selbst in die Höhe und schob ihn eigenhändig in die offene Tür des Gepäckwagens. Der Bahnvorsteher befahl zwei Leuten, ihn wieder hinauszuschaffen, was auch geschah. Ich beschwor ihn, es käme mir so sehr darauf an, noch diesen Nachmittag nach London zu kommen. Seine ganze Antwort war nur wieder, es täte ihm sehr leid, aber es ginge nicht, und ich mußte richtig mit ansehen, wie der Zug vor meiner Nase abfuhr, und den ganzen Tag in Dublin verbummeln.

Wissen Sie, woran es lag? Wenn nicht, so sind Sie so unerfahren wie ich damals. Ich hätte dem Bahnvorsteher dritthalb Schilling geben müssen. Aber ich hatte noch mehr und viel weniger harmlose Erfahrungen über England und seine Bewohner zu sammeln.

Sechstes Kapitel.

Ankunft in London. Die dortige Lage der Dinge. Vorbereitungen und Inbetriebsetzung.

Frühmorgens am nächsten Tag kam ich in London an und fuhr sofort vom Bahnhof nach der Wohnung meines Freundes, Mr. Wellington Lee, des einzigen in London lebenden Amerikaners, den ich kannte. Er wohnte in einer kurzen Straße, die sich vom Strand nach der Themse hinunterzog, etwas westlich vom Temple Bar, dem alten Tor zur City, das damals noch stand. Wer war Mr. Lee, und was tat er in London? An diesen Fragen hatte ich ein größeres Interesse, als mir selbst bekannt sein konnte. Die Firma Lee & Larned war die erste erfolgreiche Erbauerin von Dampffeuerspritzen in Amerika. Mehr als siebzig solcher Maschinen waren schon nach ihren Entwürfen und unter ihrer Leitung von den Novelty-Werken in New York gebaut worden, und die New Yorker Feuerwehr verwandte nur noch solche. Eine von ihren Maschinen war an die Stadt Havre verkauft worden, und Mr. Lee war mit herübergereist, um sie öffentlich vorzuführen und die Garantien nachzuweisen. Mr. Amos, einer der Chefs der großen Londoner Maschinenbaufirma Easton, Amos & Sons, reiste nach Havre hinüber, um diesem Probelauf beizuwohnen, da er daran dachte, die Fabrikation dieser Dampffeuerspritzen in London aufzunehmen. Er war so zufrieden mit dem Gesehenen, daß er beschloß, die Dampfspritzen zu bauen, und Mr. Lee als Direktor für die neue Abteilung anstellte. So kam es, daß gerade damals Mr. Lee in London die Fabrikation seiner ersten Dampffeuerspritzen bei dieser Firma überwachte.

Nach der ersten Begrüßung sagte Mr. Lee: „Zunächst habe ich eine große Neuigkeit für Sie.“ Bevor ich berichte, was das war, muß ich etwas erwähnen, was ich schon vor meiner Abreise gewußt hatte. Um die Zeit, als die Ladung amerikanischer Ausstellungsgegenstände zu Schiff abging, erregte der bekannte Fall Mason und Slidell alle Gemüter. Diese Herren waren Abgesandte der

Föderierten und sollten die Sache der Konföderation vor den europäischen Regierungen vertreten. Sie segelten an Bord eines englischen Schiffs, das die britische Flagge führte. Dieses Schiff wurde durch einen unserer Kreuzer auf hoher See angehalten und durchsucht, die Gesandten gefangen genommen und nach New York gebracht. Lincoln mißbilligte sofort offiziell dieses ungesetzliche Verfahren, das unseren eigenen Völkerrechtsgrundsätzen so kraß widersprach, und tat, was in seiner Macht stand, um es wieder gut zu machen. Aber damals griff in den Nordstaaten eine feindselige Stimmung gegen England immer mehr um sich, und in einem Augenblick des Ärgers nahm der Kongreß einen übereilten Antrag an, der das Gesetz widerrief, das die Ausstellungskommission konstituiert und die Mittel für sie bewilligt hatte, und Sekretär Seward erließ eine öffentliche Bekanntmachung, wodurch die Kommission aufgelöst wurde. Das Schiff mit den Ausstellungsgütern war kaum länger als einen Tag unterwegs, als die erstaunte Welt von diesem Vorgehen des Kongresses und Mr. Sewards erfuhr.

Nun zurück zu Mr. Lees Erzählung. Die Nachricht von jener neuen Kongreßakte war mit dem Postdampfer einige Tage vor der Ankunft der Ausstellungsgüter in London eingetroffen. Unter dem Druck einer stürmischen Nachfrage konfiszierte die königliche Kommission den für die Vereinigten Staaten bestimmten Platz in der Ausstellung und teilte ihn unter englische Aussteller auf. Mr. Holmes fand bei seiner Ankunft auch nicht ein einziges Fleckchen in den Ausstellungshallen, auf das er seinen Fuß setzen konnte. Aber er war ein Mann, der sich zu helfen wußte. Er wandte sich mit dem Beistand eines hervorragenden Advokaten an die Kommission. Der Rechtsgelehrte erhob den Einwand, daß sie in keiner Weise offiziell von irgendeiner derartigen Akte durch die Regierung der Vereinigten Staaten in Kenntnis gesetzt worden seien, sondern nur auf ein Zeitungsgerücht hin gehandelt hätten. Hierzu wären sie nicht berechtigt gewesen. Hier stände nun der stellvertretende Komissar der Vereinigten Staaten mit seinen Beglaubigungsschreiben und einer Schiffsladung Ausstellungsgüter, und sie müßten ihn zulassen.

Die Kommissare machten gute Miene zum bösen Spiel. Sie sagten: „Ja, lieber Mr. Holmes, die amerikanische Abteilung ist dahin, und wir können sie Ihnen nicht wieder schaffen. Aber da sind eine ganze Menge noch unbelegter Plätze auf dem Ausstellungsgelände; wählen Sie davon aus, wieviel Sie brauchen, und wir wollen schon dafür sorgen, daß Ihre ganze Ausstellung gut untergebracht wird." Daraufhin war Mr. Holmes ans Werk gegangen und hatte es wirklich fertig gebracht, für jeden Ausstellungsgegenstand ein Plätzchen zu finden, nur nicht für meine Maschine.

„Erst gestern", berichtete Mr. Lee, „erfuhr Mr. Holmes, daß eine Maschine, die im Auftrag der Kommission die englische Gruppe von Webstühlen 33 ausstellender Firmen antreiben sollte, von dem Oberingenieur Mr. Daniel Kinnear Clark als völlig unzulänglich zum Tempel hinausgeschafft worden sei." Er erzählte weiter, daß Mr. Holmes sofort zu Mr. Clark gegangen sei und sich um diesen Platz für meine Maschine beworben habe, deren Grundplatte dank meiner überstürzten Einschiffung schon angekommen war und auf einem Güterwagen oder, wie sie es in England nennen, einer „Lurry", darauf wartete, abgeladen zu werden. Auf Mr. Clarks Bedenken hatte Mr. Holmes ihm persönlich die Versicherung gegeben, ich würde selbst kommen, und der Rest der Maschine würde noch viel zu früh da sein. Was Besseres könne er sich gar nicht wünschen. So hätte er den Platz für mich bekommen.

Hierauf teilte ich Mr. Lee mit, nun hätte ich auch für ihn eine Neuigkeit, und gab ihm ein Bild von der Lage der Dinge, wie ich sie schon geschildert habe. Er machte ein sehr ernstes Gesicht. Als ich zu Ende war, meinte er: „Ja, da sitzen Sie schön in der Patsche, soviel steht fest; aber zuerst wollen wir nun mal frühstücken, und dann wollen wir sehen, was Easton & Amos für Sie tun können." Nach Verspeisung meines ersten englischen „muttonchop's" in einem Chop-Haus am Strand begleitete ich Mr. Lee zu der Fabrik in der entlegenen Vorstadt auf der südlichen oder Surrey-Seite der Themse. Auf dem Wege dorthin passierten wir die berühmte Southwark-Brücke.

Es war noch keiner von den Chefs auf dem Bureau. Mr. James Easton kam aber gleich darauf. Er war ein junger Herr, ungefähr von meinem Alter. Mr. Lee stellte mich vor und erzählte, in welcher Lage ich war. Kaum war er zu Ende, da ging Mr. Easton auf mich zu und schüttelte mir sehr herzlich die Hand: „Solchen Schneid liebe ich; wir helfen Ihnen durch, Mr. Porter; wir wollen diese Maschine für Sie zusammenbauen, und wenn auch sonst was dafür zurückgestellt werden muß." Einen Augenblick darauf fügte er hinzu: „Auch bei uns gibt es ein gut Teil Bureaukratismus, damit würden wir aber hier nicht weit kommen. Es gilt, keine Zeit zu verlieren. Kommen Sie mit." Darauf führte er mich durch alle Werkstätten, machte mich mit jedem Betriebsleiter bekannt, erzählte ihnen, was er unternommen hätte, und gab jedem einzelnen von ihnen dieselbe Vorschrift: „Mr. Porter wird Ihnen unmittelbar seine Befehle geben. Was er auch immer wünscht, Sie müssen alles, so weit es nötig ist, stehn und liegen lassen und seine Wünsche so schnell als möglich ausführen."

Als ich das mit anhörte, wollte ich meinen Ohren nicht trauen und konnte kaum meine Tränen zurückhalten. Dies noch dazu zu den rührenden Bemühungen Mr. Holmes', — das überwältigte mich beinah. Die plötzliche Befreiung von der drückenden Sorge war fast zu viel. Die Wirklichkeit schien hier alle Märchen zu übertreffen, die ich jemals gehört hatte. Diese rückhaltlose Herzlichkeit des ersten Engländers, mit dem ich zusammengekommen war, gab mir eine sehr hohe Vorstellung von der ganzen Nation, und ich freue mich, aussprechen zu dürfen, daß mein mehr als sechsjähriger Aufenthalt in England mich darin nur noch mehr bestärkte.

Bei der Rückkehr in das Bureau trafen wir Mr. Lee wieder, der meinte, Mr. Holmes würde wohl schon auf mich warten. Man sagte mir gut Bescheid, und ohne Zeitverlust erreichte ich die Ausstellungshalle in Cromwell-Road und fand dort Mr. Holmes, der mich freudig empfing und mich sofort in Mr. Clarks Bureau führte. Als er die Tür aufmachte, blickte Mr. Clark vom Schreibtisch auf und rief: „Guten Morgen, Mr. Holmes! Wo ist Ihre Maschine?" — „Nun, Mr. Porter ist hier und die Maschine auch, oder wenigstens unterwegs." Mr. Clark stellte mir eine Reihe Fragen über die Maschine und schließlich auch die, wieviel Touren sie denn machen sollte? — „Einhundertundfünfzig." Ich dachte, ihm blieb der Verstand stehen. Mit dem Ausdruck maßlosen Erstaunens rief er aus: „Was? Hundertundfünfzig? J—j—ja, Mr. Porter, haben Sie denn schon Erfahrungen mit solchen Geschwindigkeiten gesammelt?" Ich erzählte ihm von der kleinen Maschine, schien ihn aber damit nicht zu beruhigen. Schließlich brachte er die Angelegenheit zum Abschluß, oder glaubte wenigstens, daß er sie damit zum Abschluß gebracht hatte, indem er sagte: „Ich kann solche Geschwindigkeit hier nicht zulassen; ich halte sie für gefährlich." Ich beschloß im Herzen sofort, nicht all das über den Haufen zu werfen, wofür ich hergekommen war. Aber ich ließ mir nichts anmerken, sondern fragte demütig, wie hoch ich in der Geschwindigkeit gehen dürfte. Mr. Clark überlegte sich die Sache einen Augenblick und erwiderte dann: „Hundertundzwanzig Umdrehungen, mehr nicht." Er hielt das schon für ein großes Entgegenkommen, denn die übliche Geschwindigkeit ortsfester Maschinen lag zwischen 50 und 60 Touren. Ich gab klein bei, traf meine Anordnungen auf der Basis von 150 Touren und sagte niemandem ein Sterbenswörtchen. Über die Schwere meiner Gesetzesübertretung wurde ich mir nicht klar. Seit meiner Kindheit passierte es mir hier zum erstenmal, daß man mir befahl, etwas zu tun oder zu lassen, und ich war nur gewöhnt, mir selbst zu gehorchen. War es ein Wagnis — ich nahm es fröhlich mit in den Kauf und dachte nicht daran, wie solche draufgängerische Mißachtung behördlicher Oberhoheit in den Augen eines Engländers erscheinen mußte. Mr. Clark zeigte mir den Platz für meine Maschine und gab mir eine Vollmacht, daß meine Grundplatte sofort hingeschafft wurde, ebenso wie auch die anderen Teile der Maschine sofort nach ihrer Ankunft. Ich hörte, daß im allgemeinen die Güterwagen ungefähr zehn Tage lang in der großen Ansammlung warten mußten, bis die Reihe mit dem Abladen an sie kam.

Über die Zeit der Montage gehe ich schnell hinweg. Stück für Stück kam rechtzeitig an, und alles paßte tadellos, wie ich nicht anders erwartet hatte. Schwungrad, Riemenscheibe und Zylinderverkleidung hatte ich der Herstellung in England vorbehalten. Jeden Morgen war ich um 6 Uhr in Easton, Amos & Sons' Fabrik und teilte die Arbeit für den Tag ein. Ich machte die Lehren für die Schwungrad- und Riemenscheibenbohrung, was ich ja nun inzwischen gelernt hatte, prüfte jede Einzelheit der Maschine persönlich nach und wußte, es stimmte.

Ich lernte wieder noch dies und das dazu, z. B. wie die Engländer eine Dampfrohrverbindung machten, nämlich mittels zylindrischen Gewindes und Überwurfmutter, die mit langfaserigem Hanf verpackt wurde, nachdem dieser mit einer Paste aus trocken zusammengeriebenem Mennige und Bleiweiß bestrichen war.

Großes Glück hatte ich mit meinem Treibriemen. Ein Amerikaner, der Kautschukriemen ausstellte, bat um den Vorzug, einen seiner Riemen im Betrieb an meiner Maschine vorführen zu dürfen, und ich war nur allzu froh, daß er es tat. Sonst wüßte ich wirklich nicht, was ich angefangen hätte. Die breitesten englischen Riemen waren 300 mm, lagen doppelt und waren auf der ganzen Länge mit 5 Reihen Schafslederlitze zusammengenäht. Der Riemen lief auf den Buckeln dieser Nähte. Englische Ingenieure wußten damals nichts davon, wie festen Halt ein Riemen gewinnt, wenn keine Luft zwischen ihm und der Scheibe ist. Die Enden der Riemen wurden immer durch etwa 600 mm Überlappung verbunden, die mit der gleichen Lederlitze durch und durch gesteppt war. Diese Stoßverbindungen mußten dann auf den Riemenscheiben glattgehämmert werden. — Ich bekam von demselben Herren auch einen Riemen für den Regulator. Beide Riemen wurden mit gesteppten Laschen nach amerikanischer Art endlos gemacht. Ich machte das eigenhändig und setzte überhaupt die ganze Maschine größtenteils mit meinen zwei Händen zusammen, obgleich Easton, Amos & Sons zwei ihrer besten Monteure zu meiner Verfügung gestellt hatten. Später lernte ich einsehen, daß ich schön reingefallen wäre, wenn ich meinen Regulator mit einem englischen gesteppten Riemen angetrieben hätte.

Trotz aller Anstrengungen und allen Glücks konnten wir erst eine Woche nach dem Eröffnungstage, dem 1. Mai, in Betrieb gehen.

Die englischen Aussteller waren in Verzweiflung, denn keiner von ihnen glaubte, daß diese neu erfundene, „schnell zusammengehauene amerikanische Karre“ auch arbeiten würde, wenn sie mit der schrecklichen Geschwindigkeit von 120 Touren losgelassen würde, denn sie hatten von Mr. Clark gehört, daß das ihre Tourenzahl sein sollte. Schließlich aber gab ich eines schönen Tages nach dem Gabelfrühstück Dampf, und der Regulator stieg genau bei der Geschwindigkeit von 150 Touren. Sofort war die Maschine von einer dichten Menschenmenge umgeben. Alle sahen aus, als erwarteten sie jeden Augenblick, die Maschine in Stücke fliegen zu sehen.

Wohl kaum mehr als 2 Minuten später sah ich schon Mr. Clark ankommen, die Uhr in der Hand. Irgendeiner war in sein Bureau gerannt und hatte gemeldet, die Yankee-Maschine ginge durch. Die Menge machte ihm Platz, und er kam an die Maschine heran, beobachtete sie eine zeitlang, ging gemächlich um sie herum und musterte jede Einzelheit sorgsam von allen Seiten. Dann zählte er eine volle Minute lang die Touren. Als sie um war, wandte er sich nach mir um und rief: „Aber lieber Porter —“ klopfte mir aber dann gemütlich auf die Schulter: „Na, all right. Wenn Sie Ihre Maschine so sanft gehen lassen können, dann können Sie sie mit jeder Tourenzahl laufen lassen, die sie wollen.“

So war denn die Schnelläufermaschine geboren, aber weder Mr. Clark, noch ich, noch sonst ein menschliches Wesen wußte den Grund, warum sie so sanft lief.

Seitdem bin ich mir immer klarer darüber geworden, als was für ein großzügiger Mensch sich Mr. Clark bei jener Gelegenheit gezeigt hat. Ein engherziger Mann hätte vielleicht lediglich einen persönlichen Standpunkt in dieser Frage eingenommen und wäre über die Mißachtung seiner Amtsweisheit wütend geworden. Solche Leute gibt es. Ich will Sie im Laufe dieses Buches mit einem bekanntmachen. Sie sind die unvermeidlichen Ergebnisse des Bureaukratismus. Ich war mir wirklich nicht bewußt, welches Risiko ich damals lief, und immer habe ich die Empfindung gehabt, daß ich gar nicht dankbar genug dafür sein könnte, daß ich an diesem Wendepunkt in der Hand eines so vornehmen Mannes war, wie Daniel Kinnear Clark.

Porters Ausstellungsstand auf der Londoner Weltausstellung von 1862.

Siebentes Kapitel.

Meine Londoner Ausstellung und ihr Erfolg, — aber was war der wunde Punkt? Merkwürdiger Verkauf der Maschine.

So trat durch das merkwürdige Zusammenwirken besonderer Umstände, auf das ich mehr mit Ehrfurcht als mit Erstaunen zurückblicke, der Schnellbetrieb ins praktische Leben und zwar unter Bedingungen, wie ich sie vorteilhafter mir nicht hätte träumen lassen können: Auf der Londoner Weltausstellung von 1862, und arbeitend im Herzen der englischen Maschinenabteilung. Aber die Maschine hatte eine Schwäche: sie ließ in einer wesentlichen Beziehung zu wünschen übrig, ohne daß ich mir bis zum Ende dessen bewußt wurde, wie sich gleich zeigen wird. Bevor ich aber hierauf eingehe, will ich dem Leser eine Vorstellung von dem Gepräge meiner Ausstellung geben. Das Klischee hier, das nach einer Photographie angefertigt ist, wird wohl mit Hilfe von etwas Erklärung im Text ein ganz anschauliches Bild geben.

Die Maschine war in einem engen Zwischenraum, zwischen einem Seitenflügel und der provisorischen Holzwand untergebracht, die die 90 m breite und beinah 300 m lange Maschinenhalle bildete. Auf beiden Seiten war sie von Webstühlen dicht umstellt. Hier waren die erste Schnelläufermaschine, der erste hochtourige Regulator und der erste Schnelläufermaschinen-Indikator zusammen ausgestellt. Mein Schiffsmaschinenregulator konnte dort nicht untergebracht und mußte wo anders ausgestellt werden.

Ich war so ängstlich bestrebt gewesen, Durchbiegung oder Erzitterung der Welle zu vermeiden, daß ich die freie Länge zwischen den Lagern soviel wie möglich verkürzt und die Riemscheibe fliegend auf den Wellenstummel gesetzt hatte, was für den leichten Betrieb dort ganz gut ging.

Gleichzeitig führte ich die größte und die kleinste Nummer meines Regulators für ortsfeste Maschinen vor. Sie wurden von der Welle aus so mit Riemen angetrieben, daß sie immer in derselben Stellung standen, wie der eigentliche Regulator der Maschine.

Auf einem Tisch zwischen dem Geländer und dem Zylinderende meiner Maschine zeigte ich durchschnittene Modelle aus Mahagoni, die den Schieber an der einen Zylinderseite der ausgestellten Maschine und den heute so bekannten Allen-Schieber veranschaulichten, der eine doppelte Eröffnung durch einen Kanal herbeiführt, der über den Auspuffkanal hinweggreift.

Den Richards-Indikator kann man auf der Zylindermitte angebracht sehen. Er ist durch Rohre mit den Deckelkammern verbunden, so daß in der bekannten Weise mittels eines Dreiweghahns die Diagramme beider Zylinderseiten auf demselben Schreibblatt aufgezeichnet werden konnten. Nach einigen Tagen wurde ich mißtrauisch, ob die Linien des Diagrammes auch wirklich korrekt waren. Ich beseitigte daher jene Rohre und schraubte den Indikator unmittelbar an den Zylinder, abwechselnd an das eine und das andere Ende. Die nunmehr aufgenommenen Diagramme zeigten, daß der Fehler aus der Durchleitung des Dampfes durch diese Rohre sogar noch größer gewesen war, als ich befürchtet hatte. Natürlich habe ich seitdem immer die unmittelbare Anbringung am Zylinder gewählt.

Hieraus kann man genau ersehen, wann die Photographie aufgenommen war. Es kann nur in den ersten paar Tagen nach Inbetriebsetzung gewesen sein.

Da, wie schon bemerkt, der Mittelpunkt der Exzentrizität mit der Kurbelstellung zusammenfiel und die Zentrale der Kulisse in der gleichen wagerechten Ebene mit der Maschinenachse lag, so durfte ich die Bewegung der Papiertrommel von den Tragzapfen der Kulisse statt vom Kreuzkopf ableiten, was sehr bequem war.

Während der ersten zwei oder drei Wochen wurde die Dampfspannung wie geplant auf 5,3 Atm. gehalten, und ich war imstande, Diagramme mit sehr hoher Expansion aufzunehmen, die damals irrigerweise als Beweise überlegener Wirtschaftlichkeit galten. Aber als all die verschiedenen Dampffresser in Betrieb gekommen waren, konnte die Spannung auf nicht viel mehr als 2,8 Atm. gehalten werden, und die Tage der Renommierdiagramme waren für diese Ausstellung vorüber. Gwynne & Co. hatten eine große Zentrifugalpumpe ausgestellt, die durch ein paar Maschinen angetrieben wurde, die immer einen Spannungsabfall in dem Tempo von 0,1 Atm. in $1^1/_2$ Minuten herbeiführten. Sie durften immer nur 15 Minuten hintereinander laufen, aber es dauerte sehr lange, bis nachher die Spannung auch nur wieder auf 2,8 Atm. gebracht werden konnte. Immer wenn ich ein Diagramm aufnahm, stand schon jemand bereit, der es mitnahm, und so habe ich unter meinen Andenken keins finden können, das einen früheren Expansionspunkt hat, als das hier dargestellte.

Auf die Rückwand hing ich die größte Flagge der Vereinigten Staaten, die ich hatte auftreiben können, und auf sie nagelte ich ein Porträt des Präsidenten Lincoln. Ich glaube, das ist alles, was ich über die Photographie und das Diagramm zu sagen brauche.

Aber was war nun der wunde Punkt? Ich will die Beantwortung dieser Frage durch folgenden Bericht vorbereiten: Sechs Monate später stand ich mit einem Gefühl bitterer Enttäuschung und betrachtete meine Maschine, die jetzt verlassen stand, wo wogendes Leben noch vor kurzem geherrscht hatte. Alle anderen Ausstellungsgegenstände waren weggeschafft. Sie allein war übrig geblieben, in regungsloser Verzweiflung, und ich begann mich mit der Notwendigkeit vertraut zu machen, sie wieder nach Hause zu verschiffen, da anscheinend ihre Ausstellung vollkommen vergeblich gewesen war, ein Fehlschlag, dem ich vollkommen verständnislos gegenüberstand. Da empfing ich den Besuch von Mr. James Easton,

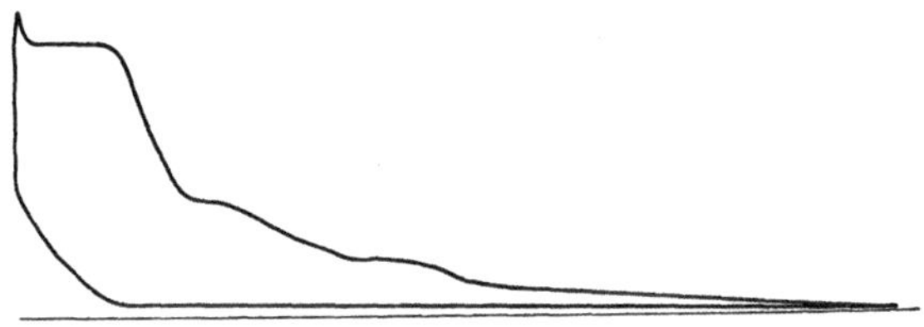

Weltausstellung 1862. Abteilung der Vereinigten Staaten. Diagramm der Allen-Maschine. Aufgenommen mit Richards-Indikator. Maschine: 200×610 mm, 150 Touren. Federmaßstab: 10 mm = 1,1 kg/cm².

demselben Mann, der mir den ersten Willkomm in England geboten hatte. Seine Firma hatte wohl die größte Anlage in der Maschinenhalle ausgestellt, einen durch eine Zentrifugalpumpe gespeisten Wasserfall, und sie waren häufig gekommen und hatten meine Maschine im Betrieb beobachtet, da sie dicht dabei stand. Mr. Easton fragte mich rund heraus, ob ich glaubte, daß meine Maschine 50% schneller, d. h. mit 225 Touren laufen könnte. Sie wären nämlich der Ansicht, daß es ginge, und wenn ich derselben Meinung wäre, dann könnten sie sie für sich selbst gebrauchen. In meiner Lage zögerte ich nicht lange, mit ihnen einer Meinung zu sein, sowohl was die Möglichkeiten der Maschine, wie auch was ihren Preis anbelangte, und der Verkauf kam schnell zustande. Ich empfand angenehm, daß man nicht gesonnen schien, aus meiner bösen Lage einen ungebührlichen Vorteil zu ziehen. Mr. Easton erzählte mir nun, jeden Nachmittag wären sie unangenehm knapp an Betriebskraft, sobald das Gießereigebläse liefe, und sie hätten schon lange dieses Gebläse unabhängig antreiben wollen. Es mußte

2025 Touren machen, um den gehörigen Wind zu erzeugen. Sie hätten im Sinne, es mit einem Reibungsgetriebe im Übersetzungsverhältnis 9 : 1 anzutreiben, wenn meine Maschine die notwendige Geschwindigkeit hergäbe. So ersparte mir diese ganz eigenartige und außergewöhnliche Anwendungsmöglichkeit, — die allereinzigste Verkaufsgelegenheit, die sich, noch dazu im letzten Augenblick, geboten hatte — eine enttäuschte Heimkehr. Es braucht wohl kaum hinzugefügt zu werden, daß die Maschine den Anforderungen in jeder Weise entsprach. Ich werde noch darauf zurückkommen.

Der wunde Punkt war der folgende, und ohne ihn würde mir nach diesem traurigen Ergebnis niemand glauben wollen, daß tatsächlich meine Maschine niemals ein warmes Lager hatte, oder einen Augenblick im Betriebe gestört war, von dem Nachmittag an, an dem die finsteren und gehässigen Blicke meiner Webstuhlaussteller sich in lächelnde Glückwunschmienen verwandelten, bis zum Schluß der Ausstellung. Die Maschine wurde besucht von jedem Ingenieur in England und von einer unabsehbaren Menge von Maschinenkäufern, sie wurde von allen bewundert und gewann sich das vollkommene Vertrauen aller Beobachter, soweit es sich um ihre Tourenzahl, ihre Regulierung und ihre vollendeten Diagramme handelte; und doch sagte in jenen ganzen 6 Monaten niemals auch nur ein Maschinenbauer ein Wort davon, daß er sie bauen wollte, noch ein Käufer eine Silbe, daß er sie gebrauchen könnte. Und wie nun Woche um Woche und Monat um Monat verrann, ohne ein Anzeichen ernsthafter Absichten, da wurde ich ganz starr vor Staunen und Kümmernis.

Die Erklärung dieser Erscheinung war ganz einfach, aber mir war sie nicht bekannt, und niemand war da, der mir auch nur einen Wink gegeben hätte. Ich war hier unter Leuten, deren Grundanschauungen über Dampfmaschinen vollkommen verschieden von denen waren, die ich gewohnt war. Ich wußte nichts von ihren Anschauungen und konnte mich mit ihnen deshalb nicht darüber aussprechen. In den Augen jedes Engländers war eine Auspuffmaschine Schund. Die wenigen, die sie bauten, waren kleine billige Dinger, meist für die Ausfuhr. Weder konnte ein Maschinenbauer, noch ein Industrieller einer Auspuffmaschine das geringste Interesse abgewinnen.

Nun glaube ich nicht, daß ich in meinem begrenzten Beobachtungsfeld zu Hause überhaupt jemals eine ortsfeste Kondensationsmaschine gesehen hatte, mit Ausnahme der Maschine, die das Trockendock auf der Staatswerft in Brooklyn auspumpte. In meinem Kopf waren Kondensationsmaschinen untrennbar von

Schiffen und Dampfbooten. Übrigens waren auch auf dieser Ausstellung nur Auspuffmaschinen in Betrieb. Mir kam es gar nicht in den Sinn, daß auf diesem von der Themse weit entfernten Ausstellungsgelände Wasser für Kondensationszwecke nicht zur Verfügung stand. Mir kam das alles ganz selbstverständlich vor, obgleich ich mich über die sonderbare Sorte Maschinen, in deren Gesellschaft ich mich hier befand, wunderte.

Ich war natürlich mit der Entwicklung der ortsfesten Maschine in England vertraut, die sich von der ursprünglichen Bauart herleitete, bei der ein Dampfdruck von weniger als der Atmosphäre und bisweilen der atmosphärische Druck selbst die Hauptleistung vollbrachte. Aber andererseits waren mir die amerikanischen Begriffe, die nur Auspuffmaschinen umfaßten, in Fleisch und Blut übergegangen, und ich hatte keine Ahnung von der Kluft, die meine Gedanken von denen der Menschen um mich herum trennte.

Die Besucher meines Ausstellungsstandes kamen alle auf dieselbe Frage zurück, nämlich: „Wie treiben Sie Ihre Luftpumpe an?“ und ich in meiner Unschuld antwortete ein Mal wie das andere: „Die Maschine ist eine Auspuffmaschine; sie hat keine Luftpumpe,“ ohne zu ahnen, daß ich jedesmal, wenn ich das sagte, die Maschine zum Schund stempelte. Meine Antwort wurde natürlich so ausgelegt, daß ich offen zugab, daß die Schnelläufermaschine sich für Kondensation nicht eigne. Folglich verlor sie jedes Interesse für sie. Zweifellos hatten sich viele gewundert, warum ich mir überhaupt die Mühe machte, sie dort vorzuführen. Bei etwas tieferem Nachdenken hätte mir diese immer wiederkehrende Frageform auffallen müssen, mit der man immer voraussetzte, daß die Luftpumpe ein unerläßlicher Teil der Maschine sei, der nur natürlich gerade hier nicht verwendet werden könnte, so daß man also fragen müßte, wie ich sie sonst antrieb. Auch hätte ich dadurch stutzig werden müssen, daß der Fragesteller nach Erhalt meiner Antwort immer bald verschwand, und ich kaum je den gleichen Besucher wieder sah. Aber ich dachte nicht weiter darüber nach. Vielleicht war die Aufregung ruhigem Nachdenken nicht förderlich. Ich dachte nur, daß diese immer wiederkehrende Frage, die ich zu Hause nie gehört hätte, auf die Dauer schrecklich langweilig sei. Nach einiger Zeit wurde mir dann diese lästige Frage seltener und seltener vorgelegt, und auch die Maschine erregte immer geringere Aufmerksamkeit. Die Maschine hatte eine Grundforderung nicht erfüllt, die ich nicht kannte. Denn daß die bloße Tatsache, daß es eine Auspuffmaschine war, gegen sie sprach, war mir auch nicht einen Augenblick eingefallen.

Ich bezweifle aber, ob dadurch viel gewonnen gewesen wäre, daß ich diese Schwierigkeit auch noch so genau erkannt hätte. Ich führte alles vor, was ich bisher erreicht hatte. In den Köpfen meiner Besucher war mit einer solchen Geschwindigkeit der Betrieb einer Luftpumpe unvereinbar; Wasser und Luft mußten ja zu Schaum gewirbelt werden, und die Ventile konnten sich nicht rechtzeitig schließen. Auf einen solchen Einwand wäre ich nicht vorbereitet gewesen, denn ich hatte an diese Frage überhaupt noch nicht gedacht. Außerdem war der einzige Weg, ihm wirksam zu begegnen, die praktische Vorführung. Auf diese sollte ich noch volle fünf Jahre warten.

Mit diesen Monaten verbindet sich die Erinnerung an noch manches Interessante, das wohl der Erwähnung wert wäre. So z. B. der Besuch der Jury. Bei dieser Gelegenheit traf ich Professor Rankine das erste und einzige Mal. In der Jury waren auch zwei oder drei Franzosen, und sie ließen sich in eine angeregte Diskussion der Frage ein, ob der Dampf dem Kolben bei so großer Geschwindigkeit folgen könnte, und ich höre noch den scharfen Ausruf, mit dem Professor Rankine diesem Unsinn ein Ende machte, als er ihn über hatte: „Es gibt keine Grenze für die Tourenzahl, bei der der Dampf einem Kolben nicht mehr folgen könnte.“

Eines Tages sah ich John Penn, William Fairbairn and Robert Napier bei mir, die mir zusammen ihren formellen Besuch machten und ihre Karten bei mir abgaben. Ich schenkte ihnen dafür die Diagramme der Maschine. Aber auch ihr Besuch, wie die meisten andern, schloß mit derselben unvermeidlichen Frage.

Eine ganz reizende Stunde verbrachte Mr. F. W. Webb bei mir. Er war damals Assistent des technischen Direktors der London and North Western Eisenbahn, Mr. Ramsbottom, und wurde später dessen Nachfolger und ein Vorkämpfer für den Bau von Verbundlokomotiven. Er erzählte mir von dem neuartigen Laufkrahn mit Seilantrieb, der von Mr. Ramsbottom für die Werkstätten in Crewe erfunden worden war und mit einem 20-mm-Baumwollseil betrieben wurde, und auch von anderen Erfindungen Mr. Ramsbottoms, — unter anderen dem selbsttätigen Zylinderschmierapparat. In diesem fand infolge des raschen Laufes der Lokomotive durch die kalte Luft eine so schnelle Verdichtung des Dampfes statt, daß nur das an dem konischen Ende eines Bolzens sich niederschlagende Wasser in das Öl tropfen durfte, während der übrige Niederschlag in eine kreisförmige Rinne und durch ein äußeres Schlangenrohr in den Schieberkasten zurückgeführt wurde. Er erzählte auch, wie sie es angestellt hätten, den Grad der

Geschwindigkeit dieser Kondensation zu ermitteln. Zu diesem Zweck benutzten sie nämlich Selterwasserflaschen, die, wie sie fanden, einen Druck von 14 Atm. aushalten konnten. Sie konnten beobachten, mit welcher Geschwindigkeit das kondensierte Wasser das Öl verdrängte und wurden dadurch zu der oben beschriebenen Konstruktion geführt, die diese Wirkung abschwächte. Ich hörte auch durch ihn von den Ramsbottom-Kolbenringen, die damals in Aufnahme kamen, und noch heute so weite Verbreitung besitzen. Sie bestehen bekanntlich aus schmiedeeisernen Vierkantreifen von etwa 12 mm Seitenlänge des Querschnitts, die in Nuten federnd eingelassen werden, und zwar zwei Stück pro Kolben. Nicht so allgemein bekannt ist die Art und Weise, wie diese Ringe geschaffen wurden. Mr. Webb beschrieb es mir damals. Beim Verkauf sind diese Ringe nicht kreisrund, werden es jedoch, wenn sie in den Zylinder gepreßt werden und üben dann auf den ganzen Umfang die gleiche Pressung aus. Die ursprüngliche Form wurde für jede Nummer in folgender Weise festgestellt: Um einen runden Eisentisch herum wurden eine große Anzahl von Seilrollen so angebracht, daß sie alle vom Rand gleichweit entfernt waren und ihre Mittelebenen radial standen. Ein Ring mit dem Querschnitt des vorgeschriebenen Spannrings wurde genau auf den Zylinderdurchmesser abgedreht, an einer Stelle durchgeschnitten und auf diesen Tisch gelegt. Nun wurden Schnüre in gleichen Abständen an ihm befestigt, über die Seilrollen geführt und an jede gleiche Gewichte gehängt, die den gewünschten Expansionsgrad des Ringes bewirkten. Die Form des auseinandergespreizten Ringes wurde dann auf dem Tisch markiert und die Spannringe wurden darauf entsprechend den so erhaltenen Kurven gewalzt. Er erzählte mir auch von der Wasserrinne und dem Rüsselschöpfer, die von Ramsbottom erfunden waren und heute auf der ganzen Welt in Gebrauch sind, um die Wassertanks der Lokomotiven in voller Fahrt aufzufüllen. Als Lokomotiven-Ingenieur fragte Mr. Webb nicht nach der Methode, wie ich meine Luftpumpe betrieb.

Mr. Clark setzte es auf sein Programm, alle Maschinen in der Ausstellung zu indizieren, 24 an der Zahl und alle englisch, außer meiner, soweit ich mich erinnern kann. Er gebrauchte meinen Indikator dazu, und ich mußte persönlich die Diagramme aufnehmen. Nur zwei Aussteller lehnten es ab, ihre Maschinen indizieren zu lassen. Wie ich später erfuhr, waren die meisten Maschinen für den dortigen Zweck gekauft, da Aussteller keine Auspuffmaschinen ausstellten.

Eine der Firmen, die ihre Erlaubnis verweigerten, waren Gwynne & Co., deren Hauptteilnehmer ein Neffe meines Freundes mit der Zentrifugalkraft von früher war. Sie stellten eine Zentrifugalpumpe aus, die einen Wasserfall speiste. Sie beauftragten Mr. Zerah Colburn, den damaligen Herausgeber des 'Engineer', ihre beiden Auspuffmaschinen zu untersuchen und zu ermitteln, warum sie so viel Dampf verbrauchten. Er lieh sich meinen Indikator aus, um für sich einen Versuch zu machen. Die Diagramme bekam ich natürlich nie zu sehen, aber Mr. Colburn ließ mich wissen, daß er durch einige Abänderungen den Rückdruck auf eine halbe Atmosphäre Überdruck vermindert hätte, was nach seiner maßgeblichen Ansicht alles wäre, was man nur erwarten könnte. Es war jedoch nicht zu bemerken, daß die Maschinen viel besser arbeiteten.

Einige der Diagramme zeigten bei diesen Untersuchungen fast unglaubliche Fehler. Die einzigen wirklich guten stammten von einem Paar Maschinen, die ebenfalls für den Antrieb einer großen Zentrifugalpumpe von Easton, Amos & Sons gebaut waren und für eine Entwässerungsanlage in Demerara dienen sollten. Sie speisten einen zweiten Wasserfall. Die Diagramme zeigten eine scharfe Ecke beim Expansionsbeginn bei $^1/_3$ Hub, die durch getrennt angetriebene Expansionsschieber auf dem Rücken der Hauptschieber erzeugt waren. Bei diesen Arbeiten stellte sich zu meiner tödlichen Verlegenheit heraus, daß die Kolbenfläche, die als $^1/_4$ Quadratzoll angegeben war, nach Messungen Mr. Clarks in der Tat erheblich kleiner war. Dies bewies einen beklagenswerten Mangel an Genauigkeit von seiten der Fabrikanten, aber auch meine eigene Nachlässigkeit insofern, als ich es nicht entdeckt hatte. Hierdurch wurde das Instrument für Meßzwecke wertlos, doch gab es den Charakter der Diagramme genau wieder.

Die schönste Maschinenzeichnung, die ich jemals gesehen habe — oder wohl auch irgendwer sonst — war auf dieser Ausstellung ausgestellt. Es war die Zeichnung zu dem Dampfer „Persia“, damals der Stolz der Cunard-Flotte, und war die einzige Maschinenzeichnung, die jemals zur Aufhängung in der National Gallery zugelassen war, und zwar im Jahr vorher. Sie stellte Seiten-, Vorder- und Rückansicht, Grundriß und Längs- und Querschnitte dar, war in Wasserfarben angetuscht und abgetönt und mußte eine beinahe unglaubliche Arbeit gemacht haben. Sie war von Mr. Kirkaldy hergestellt, der damals Zeichner bei Napiers in Glasgow war, die das Schiff bauten. Ich fühle mich veranlaßt hierauf hinzuweisen, da es ein vorzügliches Vergleichsdatum liefert, aus dem man die Entwicklung der Dampfschiffahrt in dem kurzen Zeitraum von 40 Jahren ermessen kann. Das Schiff zeigte auch nicht ein einziges, weder großes noch kleines der heute herrschenden Kennzeichen. Es hatte nur etwa 3000 Registertonnen, und war ein eisernes Schiff, dem man es ansah, daß es in den Tagen des hastigen Übergangs von Holz auf Stahl gebaut war. Angetrieben wurde es durch Schaufelräder, und diese wurden von einem paar Bajonettmaschinen mit je einem Zylinder bewegt. Der Dampfdruck betrug nominell 1,75 Atm. Überdruck, kam aber praktisch nur auf 1,05 bis 1,4 Atm. Es sollte auch gar nicht immer der volle Druck herrschen. Die Maschinen hatten Düsenkondensation. Alle Schmiedeteile waren aus Eisen. Das Schiff wurde von Hand gesteuert. Stehendes wie laufendes Takelgut war von Hanf, und der Dampfer hatte volle Barktakelage.

Hier traf ich auch zum ersten Male mit Frederick E. Sickels, dem Erfinder der Ausklinksteuerung, zusammen, diesem unsterblichen Mann, der auf den Gedanken kam, den Steuerungsmechanismus einer Dampfmaschine an einem beliebigen Punkte der Eröffnungsbewegung auszuklinken, so daß das Ventil sich selbst überlassen wurde und plötzlich geschlossen werden konnte. Er war herübergekommen, um seine Schiffssteuerung mit Maschinenantrieb auszustellen, die heute in der ganzen Welt verwendet wird. Es war erstaunlich, wie wenig Aufmerksamkeit sie fand. Er hatte sie montiert und zeigte sie im Betrieb. Wenn er das Rad genau so drehte, wie der Steuermann, tat der Dampf all die Arbeit zur Bewegung des Ruders und Fixierung desselben in beliebiger Lage. Niemand schien sich auch nur im geringsten dafür zu interessieren. Ich schrieb das hauptsächlich seinem Fehler zu, daß er einen sehr abgenutzten Mechanismus vorführte. Er glaubte, daß gerade dies die Wirkung nur vergrößern würde. Er benutzte einen Steuerapparat, der auf einem Küstendampfer in Gebrauch gewesen war, der von den Föderierten gekapert und als Blockadebrecher verwendet worden, später von unsern Kreuzern gekapert, nach New York geschleppt und als gute Prise erklärt worden war. Er hatte dieses Steuerungsgetriebe auf einer Auktion erworben und zur Ausstellung geschickt, wie es war. Er glaubte, daß, je mehr Spuren von nachlässigem und rohem Betrieb es zeigte, desto größere Bewunderung seine vollendete Wirkungsweise einflößen würde. Er wurde eines besseren belehrt. Poliertes Eisen, Messing und Mahagoni hätte die Leute überzeugt, daß er selbst es für wertvoll genug für angemessene Ausstattung hielt.

Die Gemäldegalerie im zweiten Stock des Hauptgebäudes dieser Ausstellung war wirklich wunderschön. Das Hervorragendste an ihr war eine Sammlung von Gemälden, die den Fortschritt der englischen Kunst seit Hogarths Tagen veranschaulichte. Ganz Europa war vertreten. Man erzählte mir, daß die gesamte behangene Wandfläche $1^1/_2$ km lang war.

Wir hatten auch eine Abteilung für amerikanische Kunst, die aus einer Anzahl außerordentlich großer Photographien des Yosemitetals in Kalifornien und einem Gemälde bestand. Mr. James F. Cropsey, ein amerikanischer Landschaftsmaler, der daheim recht berühmt war, hatte sich vorgenommen, sich in London niederzulassen. Er nahm eine Anzahl seiner Werke mit hinüber. Seine pièce de résistance war „Der Herbst am Hudson", ein Bild, das viel bewundert und für das ihm ein hoher Preis geboten war; er aber hatte vorgezogen, es in London auszustellen. Er hatte es an die National-Gallery geschickt, und zu seiner Bestürzung wurde es zurückgewiesen. Das Komitee erklärte, solche Farben gebe es nicht in der Natur. Es beleidigte auch den englischen Geschmack, dem die Farbenpracht unseres Herbstes „zu aufdringlich" erschien. Er hing es also in Mr. Holmes Ausstellungsbureau auf. Er und ich hatten beide eine Menge zu lernen über die Anschauungen unserer Vettern jenseits des großen Teichs.

Achtes Kapitel.

Regulatorvertrieb. Besuch von Mr. Allen. Betrieb der an Easton, Amos & Sons verkauften Maschine. Fabrikation des Indikators. Seine Anwendung an Lokomotiven.

Der Regulator schien allgemein zu gefallen. Da ich starke Nachfrage nach ihm schon voraussah, hatte ich eine Anzahl Regulatoren mit nach London verfrachtet, die einen glatten Absatz fanden. Die meiste Anerkennung fand ich bei den Leineweber-Industriellen in Belfast. Einer von ihnen erwarb bald eine Agentur für ihren dortigen Vertrieb.

Der erste Regulator, den ich in London verkaufte, ging an meine Freunde Easton, Amos & Sons. Sobald sie ihn im Betrieb gesehen hatten, war es ihnen klar, daß er ganz das war, was sie brauchten. In Verbindung mit ihrer Maschinenfabrik betrieben sie auch die Fabrikation von Bleirohren mittels hydraulischer Presse. Die Maschine, die den größten Teil ihrer Werkzeugmaschinen antrieb, gab auch die Kraft für die dazu nötigen Preßpumpen her. Es war ein sehr mühseliger Betrieb. Der Widerstand war sehr groß und setzte ganz plötzlich ein und aus. Ein gewöhnlicher Regulator arbeitete nicht schnell genug, und sie mußten daher einen Mann anstellen, der ein Tellerventil mit sehr kurzem Hub von Hand steuerte. Er mußte sein Auge starr auf eine Quecksilbersäule gerichtet halten. Sobald sie stieg, mußte er das Ventil öffnen, und sobald sie fiel, es schließen. Es hatte sich aber ergeben, daß dies nur ein schlechter Ersatz für den augenblicklichen Regeleingriff war, der nottat. Sie kauften mir sofort einen Regulator ab. Am nächsten Tag erhielt ich die Mitteilung, der Regulator wollte nicht recht entsprechen; ob ich nicht mal mit herankommen und danach sehen wollte? Ich traf zufällig zuerst auf den alten Drehermeister. „Na, was gibts?" „Was es gibt?! Der Regulator funktioniert nicht, das gibts." Ich war ein ziemlich impulsiver junger Mann; so antwortete ich denn: „Wenn er nicht funktioniert, freß ich ihn." Er entgegnete ziemlich scharf: „Und wenn er funktioniert, dann will ich ihn fressen, und wenn ich auch keinen Zahn mehr im Schädel habe.“ Törichter alter Mann! Er war noch voreiliger als ich. Ich sah auf den ersten Blick, daß der Regulator nur seinen halben Hub durchmaß. Augenscheinlich war ein Widerstand im Ventil, einem gewöhnlichen Drosseltellerventil mit Flügelrippen. Abends, nach Betriebsschluß, ließ ich das Ventil demontieren und fand, daß die Ventilkammer weiter war als das Rohr, und daß die Spitzen der langen Flügelrippen an den Rändern des Rohres hängen blieben. Sie waren bald verkürzt und wieder eingesetzt, und als die Maschine wieder in Gang kam, regulierte der Regulator sie einwandsfrei und zu allgemeiner Genugtuung. Große Freude erregte dies bei den Arbeitern, die mit angehört hatten, wie der alte Mann versprochen hatte, den Regulator zu fressen. Das Ventil war eigens für meinen Regulator eingesetzt worden, und die Monteure hatten sich einen Scherz mit mir erlaubt. Der alte Mann war aber nicht mit ins Gehnimnis gezogen worden. So hatte ich die Lacher auf meiner Seite.

Gleich nach diesem Triumph bekam ich einen Auftrag von John Penn auf einen Regulator für die Betriebsmaschine seiner Greenwicher Maschinenfabrik. Sein Oberingenieur sagte mir später mal lachend, er hätte mich auf dem Strich, und zwar wegen seiner verlorenen Zeit; denn die Wirkungsweise des Regulators hätte ihn so gefesselt, daß er manchmal 20 Minuten lang zusähe, wie er arbeitete. Er konnte nach der Stellung des Regulators jede schwere Werkzeugmaschine bezeichnen, die gerade lief, und auch sagen, was sie für Arbeit tat, ob schwere oder leichte, insbesondere merkte er jedesmal, wenn eine Hobelmaschine umkehrte.

Eines Tages fragte mich ein Herr, ob ich glaubte, daß mein Regulator seine Maschine regulieren könnte. Er fabrizierte Metallfäden, wie sie für die Herstellung von Goldspitzen gebraucht werden. Ein Silberbarren von 50 mm Durchmesser und 60 bis 90 cm Länge wurde mit drei oder vier Lagen Blattgold bedeckt und dann zu außerordentlich feinen Fäden ausgezogen. Dabei zeigte die goldene Oberfläche niemals einen Bruch. Ich habe mich oft gefragt, wie dünn wohl schließlich der Goldüberzug war. Das gewaltsame Ausziehen der kalten Barren erforderte eine ganz gehörige Arbeit, und wenn sie das Zieheisen verließen, begann die Maschine durchzugehen und die feinen Fäden rissen leicht. Kein Regulator oder noch so schweres Schwungrad wollten Abhilfe schaffen, und sie mußten das grobe Ziehen in der Nacht besorgen. Mein Regulator erzielte eine vollkommen stetige Bewegung. Nicht nur brachen auch die feinsten Fäden nicht mehr infolge der plötzlichen Belastungswechsel am Grobzieheisen, sondern auch die gelegentlichen Fadenbrüche, an die sie gewöhnt waren, hörten fast ganz auf.

In diesem Zusammenhang kann ich mich nicht enthalten, eine reizende Geschichte von Mr. Ramsbottom und Mr. Webb zu erzählen, wenn auch der Vorfall sich erst im folgenden Jahr ereignete. Ich erhielt einen Auftrag auf einen Regulator für die Betriebsmaschine der Werkstätten der London and North Western Eisenbahn in Crewe. Bald nach seinem Versand kam ein Brief von dem dortigen Bureau, daß der Regulator nicht ordentlich arbeitete, und ich müßte kommen und danach sehen. Ich fand eine Betriebsmaschine vor, die aus ein paar senkrecht gestellten Lokomotivzylindern bestand, die mit um 90° versetzten Kurbeln die unmittelbar darüber liegende Transmissionswelle direkt antrieben, eine Anordnung, die ich immer als ein vorzügliches Mittel zur Vermeidung von Riemen oder Zahnrädern angesehen habe. Sie liefen mit 120 Touren und griffen in der Mitte der Welle an, die ungefähr 120 m lang war. Der Regulator pendelte wild auf und nieder. So etwas hatte ich noch nie gesehen und stand ratlos davor. Ein Schwungrad konnte ich nicht sehen, aber sein Fehlen konnte ja auch wohl nicht für diese Unregelmäßigkeit verantwortlich gemacht werden. Bei gekuppelten Maschinen von so hoher Tourenzahl, deren Belastung kaum schwankte und deren Regulator ohne das geringste Nacheilen wirkte, erschien ein Schwungrad in der Tat überflüssig. Ziemlich bald stellte sich heraus, daß das Fehlen des Schwungrades die Schwierigkeit nicht veranlassen konnte, denn sie hatten sogar zwei. Wo aber waren die? An jedem Ende der Welle war eins, dicht an den Stirnmauern des Gebäudes, da dort die Mauerkasten die beste Lagerung boten. Schwungräder auf den Enden von 50 mm Wellen und 60 m von der Maschine entfernt! Ich lachte laut los, sagte ihnen, sie sollten die Schwungräder nur ganz abnehmen und reiste nach Hause. Die Schwungräder wurden entfernt und die Schwierigkeiten verschwanden. Was sollten auch Eisenbahningenieure, die ganz in Konstruktion von Lokomotiven und allem Eisenbahnzubehör eingearbeitet waren, von Schwungradsträgheit und Wellentorsion wissen?

Um Johanni hatte ich die angenehme Überraschung des Besuchs von Mr. Allen, dessen Freude über meine Ausstellung keine Grenzen kannte. Wir sahen uns einen großen Teil der Ausstellung zusammen an. Wohl die fesselndsten Schaugegenstände in der Maschinenabteilung waren für uns beide die gangbaren Modelle, die von den Schiffsmaschinenbaufirmen vorgeführt wurden. Es war eine große Anzahl davon da, gewöhnlich kaum größer als 30 cm in jeder Richtung, aber genau bis auf die kleinste Schraube und Mutter, entzückend poliert und in Bewegung vorgeführt. Offenbar waren sie ohne Rücksicht auf Kosten hergestellt worden. Im Fortschritt der Ingenieurwissenschaften ist heute wohl jede Einzelheit aus der Technik verschwunden, die in diesem eleganten Spielzeug so sorgfältig dargestellt war. Großen Eindruck machte uns ein Zylindergußstück von 3050 mm Durchmesser, das von Penn ausgestellt war und zu einem Paar gehörte, das für eine horizontale Maschine für ein englisches Kriegsschiff hergestellt und auf einen Dampfdruck von $1^3/_4$ Atm. berechnet war. Alles, was dort mit Bezug auf oder in Verbindung mit Dampfmaschinenbau ausgestellt war, sollte bald ganz verdrängt werden, ausgenommen unsere Maschine. Wie lange noch, und auch diese wird nachfolgen?

Bald nach seiner Rückkehr schickte mir Allen eine Zeichnung seines entlasteten Vierfachschiebers mit nachstellbarer Druckplatte. Ich würdigte voll den großen Wert dieser ganz einzigartigen Erfindung, die heute so wohlbekannt ist, aber ihre Übersetzung in die Praxis erforderte eine Neuauslegung der Steuerung, und die mußte noch jahrelang hinausgeschoben werden.

Bei der Montage der Maschine in Easton, Amos & Sons Fabrik erlebte ich ein merkwürdiges Beispiel englischer Halsstarrigkeit. Der alte Amos kam eines Tages mit der Frage: „Wo ist denn Ihre Pumpe, Porter?" „Die Maschine hat keine Pumpe." „Was, keine Pumpe?" „Bedaure, nein! Wir halten eine Speisepumpe für ein Kesselzubehör, verbinden sie nie mit der Maschine und verwenden überhaupt nur unabhängige Speisepumpen, die dann mit der richtigen Tourenzahl betrieben werden können. Eine Speisepumpe könnte übrigens auch bei der Tourenzahl dieser Maschine nicht ordnungsgemäß betrieben werden." Er hörte mich erst ruhig zu Ende an und rief dann in heller Empörung aus: „Wenn mir einer ein Gewehr verkaufte und mir dann erzählte, es hätte aber keinen Schaft, Hahn oder Lauf dabei, die müßte ich extra kaufen, so würde ich das für ebenso sinnreich halten." Es half nichts, die Maschine mußte eine Pumpe haben. Ich hatte die Absicht gehabt, das überstehende Wellenende abzuschneiden, aber Mr. Amos ordnete an, es solle so gelassen werden, ließ einen Exzenter darauf keilen und schraubte eine vertikale Pumpe auf den Maschinenflur, die von diesem Exzenter angetrieben werden sollte, d. h. also mit 225 Doppelhüben pro Minute. Die Speiseleitung mußte auch noch über 15 m lang sein und drei Krümmer enthalten.

Natürlich gab's, wie die Jungens sagen, ein Theater. Täglich frühmorgens während des Stillstands der Maschine hatte ein Schlosser das Vergnügen, die Pumpe auf dem Fundament wieder festzuschrauben. Die Erzitterungen und Schläge in der Speiseleitung waren fürchterlich. Ich schlug vor, einen Windkessel einzubauen. Sie ließen mir sagen, sie hätten einen eingebaut, aber er nützte nichts. Ich besichtigte ihn selbst und fand ein ganz kleines Windkesselchen in der Mitte der Rohrleitung eingebaut, wo es wahrscheinlich mehr schadete als nützte. Auf meinen Vorschlag schafften sie einen ordentlichen großen an, und schalteten ihn an den Druckstutzen worauf das Geräusch und die Erzitterungen und auch die Neigung der Pumpe, sich vom Fundament zu lösen, fast ganz verschwanden. Nach dieser Abänderung lief die Pumpe einigermaßen und man behalf sich, obgleich ich kaum glaube, daß sie sich je mehr als ein Viertel füllte.

Mr. Amos war der beratende Ingenieur der Royal Agricultural Society. Auf dieser Weltausstellung hielten amerikanische Mähmaschinen ihren Einzug in England. Mr. Amos wollte nichts von ihnen wissen, und auf meine Frage, was er denn eigentlich gegen sie einzuwenden hätte, meinte er: „Wir bringen unser Getreide lieber in die Scheune, statt es aufs Feld zu streuen." Und dennoch war dieser Mann, der technische Leiter seiner Firma, soviel ich weiß der einzige in England, der einsichtig genug war, das Woolffsche Verbundsystem einzuführen, und der einzige, der meine Maschine gekauft und mit 225 Touren hatte laufen lassen. Übrigens lief sie weiterhin zu völliger Zufriedenheit, bis ich sie ein paar Jahre später bei Gelegenheit der Verlegung dieser Fabrik nach einem Platz an der Themse, östlich von London, aus den Augen verlor.

Während der letzten Hälfte der Ausstellungszeit erfuhr ich, daß die Indikatoren nach McNaught und Hopkinson in England allgemein gebräuchlich waren, daß einer von ihnen oder beide in den Maschinenzentralen der meisten Spinnereien und Fabriken zu finden waren, und daß, wenn der Richards-Indikator in der richtigen Weise auf den Markt gebracht würde, wahrscheinlich gute Nachfrage danach entstehen könnte, wenn auch bei den damaligen Maschinengeschwindigkeiten die im Gebrauch befindlichen Indikatoren auszureichen schienen. Ein Sondergebiet für seine Anwendung mußte sich jedoch zweifellos in der Indizierung von Lokomotiven ergeben. Ich hatte Zutrauen genug, an die Normalisierung des Indikators heranzugehen, und während des Winters 1862/63 machte ich einen Vertrag mit der Firma Elliott Brothers, den bekannten Fabrikanten wissenschaftlicher Apparate und technischer und Zeichen-Utensilien. Sie verpflichteten sich, die Indikatoren nach meinen Entwürfen zu fabrizieren.

Es war dies mein erster Versuch, die Fabrikation von Instrumenten überhaupt zu organisieren, und ich machte mich mit einem starken Gefühl der Verantwortlichkeit an die Herstellung eines Indikators, der das Vertrauen der technischen Welt durch seine unveränderliche Korrektheit erobern sollte. Es ergab sich, daß die schöne Gelegenheit zum Studium dieser Frage, die ich gehabt hatte, von großem Werte war. Es war eine unschätzbare Vorbereitung auf meine neue Aufgabe gewesen, daß ich den Indikator, den ich mit zur Ausstellung gebracht hatte, dort täglich hatte handhaben müssen.

Mein erster Entschluß war, das Übersetzungsverhältnis des Kolbenhubes durch den Schreibstifthebel von 3 : 1 auf 4 : 1 zu vergrößern, so daß hierdurch für gleiches senkrechtes Spiel des Schreibstifts der Kolbenhub um ein Viertel kleiner werden konnte. Zweitens vergrößerte ich die Kolbenfläche von $^1/_4$ auf $^1/_2$ Quadratzoll. Dies war notwendig, um Raum genug für Spiralfedern von richtiger Größe und der nötigen betriebssicheren Stärke ihrer Endverbindungen zu erhalten.

Sofort zeigte sich die Schwierigkeit, Zylinder von dem richtigen Durchmesser, nämlich 0,7979 Zoll, herzustellen und dabei Fehler in diesem Maß auszuschließen. Diese Aufgabe löste ich auf folgende Weise: Elliott Brothers verschafften sich auf mein Ersuchen einen gehärteten Stahlkaliberdorn von der Withworth Company. Er war etwa 500 mm lang, genau auf obiges Maß und parallel geschliffen und trug den ausdrücklichen Garantiestempel der Fabrikanten. Messingrohre von wenig größerem Durchmesser wurden nach sorgfältiger Reinigung auf diesem Dorn ausgereckt. Heruntergepreßt zeigten sie dann eine völlig glatte Innenfläche und brauchten nur noch in etwa 50 mm lange Stücke zersägt zu werden, deren jedes einen Zylinder ergab. So lange die Fabrikation aufrecht erhalten wurde, hat diese Methode alle Schwierigkeiten oder Ungewißheit in dieser Richtung vermieden. Die Kolben wurden so leicht wie möglich gemacht und nach einer Lehre gedreht, die eine ganz leichte Undichtigkeit zur Folge hatte. Das Spiel, das sie hatten, war nicht groß genug, um ihre Genauigkeit zu beeinflussen: schon eine Seidenpapierzwischenlage auf einer Seite ergab festen Sitz der Kolben. Sie arbeiteten jedoch auf diese Weise reibungsfrei, und da der Deckel der Federbüchse zwei in die freie Luft führende Öffnungen hatte, konnte über dem Kolben immer nur die genaue Atmosphärenspannung herrschen.

Die zweite Schwierigkeit bestand in der Sicherung der Genauigkeit der Federn. Diese war größer als die erste. Die Messingköpfe der Federn wurden mit drei Lappen versehen, statt zweien bei meinem ursprünglichen Indikator. Die Feder wurde gewickelt und getempert und dann in den Rillen der ersten beiden Lappen hart verlötet, worauf der dritte Lappen fest darüber gehämmert wurde.

Dadurch konnte die Federkraft nicht die Lötstelle beanspruchen und diese Köpfe wurden in der Tat nie wackelig. Ein Kopf wurde von vornherein festgemacht, der andere wurde lose gelassen, um durch Vor- und Rückwärtsschrauben die Feder auf die genaue Länge zu bringen. Um Reibungsfreiheit sicher zu erreichen, beschloß ich, die Federn in der freien Luft einzustellen und zu prüfen, also ohne Verbindung mit dem Instrument selbst. Ich ließ zu diesem Zwecke eine kräftige Gußeisenplatte machen und eine Konsole angießen, in der eine Gleitbacke in einer senkrechten Nute geführt war. Diese Platte schraubte ich auf eine Werkbank, wo sie sorgfältig in die Wage gebracht wurde. Die Oberfläche der Platte war gehobelt, eine kleine Bohrung an geeigneter Stelle vorgesehen und ein entsprechendes Loch durch die Bank gebohrt worden. Die Gleitbahn für die Backe war gleichfalls in die Konsole eingehobelt, und zwar genau senkrecht zur Oberfläche der Platte. Die zu prüfende Feder, die schon mit den oben beschriebenen Köpfen versehen war, wurde auf die Platte gesetzt und eine Stange, die mit Gleitsitz in die Bohrung paßte, von unten her durch die Bankplatte und Feder gesteckt. Diese Stange hatte einen Kopf am unteren Ende und Gewinde am oberen Ende. Unter der Bank wurde ein geeichtes Gewicht, das gerade halb so groß war, wie der Höchstdruck auf den Quadratzoll, den die Feder anzeigen sollte, auf die Stange gehängt.

Zwischen Feder und Maßstab verwendete ich einen Hebel, der den Indikatorhebel vertrat, aber sich in zwei Beziehungen von ihm unterschied. Er war zweimal so lang, damit man besser ablesen konnte, und er war zweiarmig, so daß das abwärts wirkende Gewicht dieselbe Wirkung hatte, wie die im Indikator aufwärts wirkende Dampfkraft.

Das Gewicht wurde von einer stählernen Mutter getragen, die auf das Ende der Stange aufgeschraubt war und auf dem oberen Kopfstück der zu prüfenden Feder ruhte. Diese Mutter trug oben einen gehärteten Bügel, der innen eine scharfe Schneide besaß, die die verlängerte Nabenachse schnitt. Ein empfindlicher Stahlhebel mit seitlichen Zapfen drehte sich um einen Punkt, der von der Außenseite der Meßskala fünfmal soweit entfernt war, wie von der Nabachse. Der obere Rand dieses Hebels war eine durch die geometrische Achse der Schwingzapfen laufende Linie. Der kurze Hebelarm wurde durch den Bügel gefädelt, in dem er entsprechend der Federzusammendrückung etwas glitt, während der lange Hebelarm vor der Skala nach oben schwang. Diese war an ihrem äußeren Rand geteilt, und die Ablesung wurde an dem Schnittpunkt von Oberrand des Hebels und Außenkante der Skala gemacht.

Der noch unbefestigte Federkopf wurde nun so lange verdreht, bis man aus der Ablesung ersah, daß die Feder eine Kleinigkeit zu straff gespannt war. In dieser Stellung wurde er gesichert und nachher die Federstärke ganz genau eingeregelt. Hierzu wurde die Feder auf einer Drehbank in rasche Umdrehung versetzt und

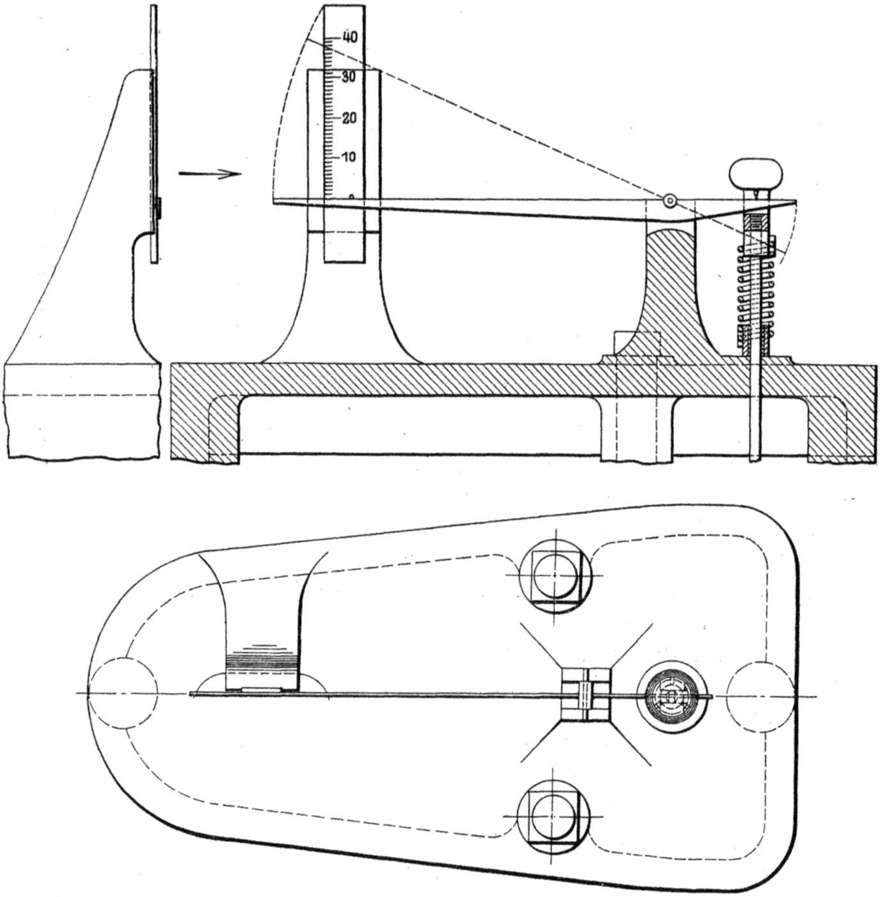

Feder-Prüfapparat, verwendet bei der Fabrikation des Richards-Indikators. Konstruiert von Charles F. Porter. Maßstab 1 : 3.

ihre Oberfläche in ganzer Länge mit feiner Schmirgelleinewand abgeschliffen. Hierdurch wurde die Spannung aller Windungen gleichmäßig verringert. Das mußte sehr vorsichtig gemacht werden, damit die Spannung gerade genug und nicht zu viel abnahm. Die Federn mußten massenweise hergestellt werden, da gewöhnlich mehrere, oft sogar ein kompletter Satz, bestehend aus zehn Federn, für jeden einzelnen Indikator gebraucht wurden. Diese Prüfvorrichtung war bequem und zuverlässig, und die Arbeiter wurden sehr gewandt in ihrer Handhabung.

Die Feder war im Betrieb stets Dampf von atmosphärischer Spannung ausgesetzt. Durch sorgfältige Versuche fanden wir, daß bei der entsprechenden Temperatur von 100^0 C alle Federn in gleichem Maße schwächer waren, nämlich um $^1/_{40}$. Die Federn wurden deshalb so hergestellt, daß sie in kaltem Zustand bei 40 Pfund Belastung 39 anzeigten; in gleichem Verhältnis stand die Kaltanzeige zur Warmanzeige bei allen Federstärken. Dieses Herstellungs- und Prüfverfahren wurde auf Wunsch jedem Ingenieur, der einen Indikator bestellte, im Betrieb vorgeführt; die Werkstatt in St. Martins Lane lag hierfür sehr bequem. Man verlangte gewöhnlich, der Indikator solle mittels Quecksilbermanometer geprüft werden. Da Elliotts auch Barometer im großen herstellten, hatten sie stets einen gehörigen Vorrat von reinem Quecksilber, so daß solchem Ersuchen mit Leichtigkeit entsprochen werden konnte, und die Federn ergaben sich stets als unbedingt genau. Wir gebrauchten bei der Fabrikation niemals Quecksilbermanometer, aber waren stets mit Vergnügen bereit, es anzuwenden, wenn den Kunden damit ein Gefallen geschah.

In folgender Weise prüfte ich die Indikatoren auf Reibungsfreiheit. Der fertige Indikator wurde in der Werkstatt auf einen festen Bock gesetzt. Die Feder wurde soweit wie zulässig niedergedrückt und dann äußerst langsam in ihre Ruhestellung zurückgeführt. Die Bewegung des Federendes war dabei so langsam, daß sie kaum wahrgenommen werden konnte. Dabei wurde mit einem scharf zugespitzten Messingdraht eine zarte Linie auf metallempfindlichem Papier auf der Indikatortrommel verzeichnet. Hierauf wurde die Feder soweit als möglich ausgezogen und wieder mit derselben Sorgfalt langsam in die Ruhestellung zurückgeführt. Die Spitze mußte dann genau auf derselben Linie verbleiben. Kein Indikator, der dieser Probe nicht genügte, durfte herausgehen. Die Güte der Herstellung war so ausgezeichnet, daß sie stets der Prüfung entsprachen, als verstände sich das von selbst.

Henry R. Worthington hat mir viele Jahre darnach einmal erzählt, daß ihn gelegentlich der Prüfung einer seiner Pumpenanlagen in Philadelphia das Prüfkomitee ersucht habe, sie die Pumpe auch mit ihrem eigenen Indikator untersuchen zu lassen, nachdem er selbst sie schon an beiden Dampf- und Wasserseiten indiziert hatte. Sie taten es am folgenden Tag, und zwar mit einem anderen Indikator, gleichfalls Elliottschen Fabrikates, jedoch ging aus der Fabriknummer hervor, daß er ein paar Jahre später fabriziert war.

„Und wollen Sie es mir glauben,“ sagte er, „die Diagramme waren eins wie das andere absolut identisch mit den meinen!“ Ich erwiderte, daß es bei der Art und Weise, wie sie fabriziert würden, gar nicht anders hätte sein können.

Ich möchte hier anerkennen, wie sehr ich Elliott Brothers für ihre freundschaftliche Mitarbeit, ihre vorzügliche Fabrikation und die Intelligenz und Geschicklichkeit ihrer Arbeiter zu danken habe, deren einer übrigens die drehbare Verbindung der Hebel mit der Kolbenstange konstruiert hat.

Der Indikator wurde noch in anderen wichtigen Beziehungen verbessert, aber ich möchte mich hier auf das Gesagte beschränken, da hiervon vor allem die Genauigkeit abhing, und diese verhalf ihm bald zum Vertrauen der Öffentlichkeit. Während meines Aufenthaltes in England, der sich noch auf weitere fünf Jahre ausdehnte, verkauften sich so etwa durchschnittlich 300 Indikatoren jährlich. Es blieb sich ziemlich gleich. Darauf sagten mir Elliotts, nach ihrer Meinung müßte der Markt jetzt etwa gesättigt sein, und sie erwarteten einen beträchtlichen Rückgang in der Nachfrage und hätten schon ihre Aufträge auf Rohmaterial dementsprechend vermindert. Acht Jahre nach meiner Rückkehr bestellte ich bei ihnen zwei Indikatoren zur Indizierung von Maschinen auf unserer Hundertjahr-Ausstellung in Philadelphia. Die Indikatoren waren von Anfang an in der Reihenfolge ihrer Fabrikation nummeriert worden. Als meine beiden ankamen, bemerkte ich auf ihnen Fabriknummern über 10000.

Die Indikatoren wurden im Frühjahr 1863 auf den Markt gebracht, und ich bemühte mich darum, sie bei Lokomotiven zu verwenden. Hierfür fand ich den wirksamen Beistand Zerah Colburns, des damaligen Herausgebers des „Engineer“. Die erste Anwendung fanden sie an einer Lokomotive der London and South-Western Eisenbahn, und wir nahmen Diagramme auf zwei Fahrten von London nach Southampton und zurück. Der Indikator brachte Enthüllungen, die Mr. Beattie, dem Oberingenieur der Linie, sehr wenig behagten. Mr. Beattie hatte seine Kessel mit Rauchrohren von 22 mm Durchmesser durchzogen. Die Diagramme zeigten, daß der Blasrohrdruck, der nötig war, um die Feuergase durch diese Rohre zu saugen, durchschnittlich ungefähr 0,7 Atm. (Überdruck!) betrug, denn die notwendige Blasrohrverengung erzeugte während des ganzen Hubes einen Rückdruck von dieser Höhe. Eine zweite Enthüllung war ebenso unangenehm: es zeigte sich, daß der Dampf sehr naß war. Wir brachten folgendes heraus: Mr. Beattie umgab seine Zylinder mit einem „Heizmantel“, einem großen gewellten Gußstück, in das der Zylinder als Futter eingesetzt war. Zur Heizung strich der Abdampf durch diesen Mantel. Mr. Colburn ließ über beide Wahrnehmungen im „Engineer“ redaktionelle Notizen erscheinen, die in seinem gewohnten bissigen Stil geschrieben waren. Die zweite war betitelt: „Mr. Beatties Eisschränke“ und erregte viel Aufsehen.

Unsere nächsten Fahrten fanden auf der Great Eastern Strecke statt, die eine von London nach Norwich und die andere von London nach Great Yarmouth. Auf diesen Fahrten wurden wir von Mr. W. H. Maw, dem damaligen Chefkonstrukteur des Lokomotivkonstruktionsbureaus der Great Eastern Eisenbahn unter Mr. Sinclair als Oberingenieur, und von Mr. Pendred begleitet. Diese beiden Herren wurden später die Herausgeber — der eine vom „Engineering“ und der andere vom „Engineer“.

Die Diagramme von den Great-Eastern-Maschinen waren im ganzen die besten von uns aufgenommenen. Auf einer dieser Fahrten konnte ich das hier abgebildete sehr interessante Diagrammpaar erzielen, das von mir in dem Anhang zu meinem Aufsatz

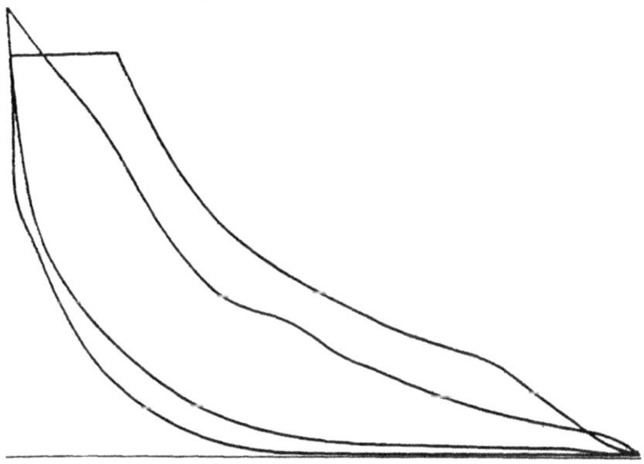

An einer englischen Lokomotive mit dem Richards-Indikator aufgenommenes Diagrammpaar.

über den Indikator veröffentlicht wurde. Das eine der beiden Diagramme wurde bei 50, das andere bei 260 Touren aufgenommen, während der Regulator in derselben Kerbe, nämlich weit offen stand. Die Dampfspannung war höher bei der hohen Tourenzahl. Sie regen in mancher Beziehung zum Studium an und zeigen die vollendete Wirkungsweise des Indikators schon in seiner frühesten Konstruktion bei sehr hoher Geschwindigkeit. Ich habe später herausgefunden, daß die fast völlige Erschütterungsfreiheit bei der höchsten Geschwindigkeit dem allmählichen Druckabfall vom Hubbeginn an zuzuschreiben war. Dieser Druckabfall vor dem Expansionspunkt dürfte wohl in der Hauptsache durch ein zu enges Dampfrohr verursacht sein.

Unsere letzten Diagramme nahmen wir an einer Lokomotive der London and North-Western Eisenbahn auf, und zwar waren wir wieder die gleichen Leute, wie auf den Great-Eastern-Fahrten. Wir fuhren von London nach Manchester. Auf unserer Rückfahrt stieg Mr. Webb in Crewe zu uns und begleitete uns nach London. Leider war in einer Hinsicht das, was der Indikator hier enthüllte, geradezu unbegreiflich schlecht. Mr. Ramsbottom schützte seine Zylinder nicht, sondern strich sie und die Dampfkammern schwarz an, und in diesem Zustand ließ er sie durch die feuchte englische Luft rasen. Wenn der in Mr. Beatties „Eisschränken" abgekühlte Dampf feucht war, schien der Dampf in Mr. Ramsbottoms Zylindern überhaupt nur noch Wasser zu sein. Aus beiden Löchern im Deckel der Federbüchse des Indikators spritzte fortgesetzt ein Heißwasserstrahl zu etwa $^1/_2$ m Höhe auf. Wir hatten Schwierigkeiten, uns selbst dagegen zu schützen, und fast immer durchnäßte er das Diagramm. So etwas habe ich niemals vorher oder nachher gesehen. Ich habe wohl den Dampf nach Abnahme der Indikatoren ganz weiß vor Wasser aus den Indikatorhähnen blasen sehen, aber niemals habe ich Wasser durch den Federbüchsendeckel spritzen sehen, außer in diesem Falle. „Weiß Gott," sagten wir zueinander, „Mr. Ramsbottom hat seine Füllrinne und -rüssel nur allzu nötig, um seine Tanks voll Wasser zu halten."

Auf dieser Fahrt konnte ich beobachten, wie fabelhaft die Bewegung einer schwarzen Oberfläche die Fähigkeit der umgebenden Luft, ihr Hitze zu entziehen, vermehrte. Während wir in voller Fahrt waren, legte ich häufig meine Hand an die Tür der Rauchkammer, ohne irgendwie eine starke Wärme zu spüren. Ich wunderte mich darüber, denn ich wußte, daß eine Feuerlohe aus den Rauchröhren gegen die andere Oberfläche dieser nur 6 mm dicken Eisenplatte brandete. Als wir uns Rugby Junction näherten, bemerkte ich, daß ich diese Tür schon nicht mehr berühren konnte, als die Geschwindigkeit noch gar nicht so sehr viel verringert war, und als wir anhielten, konnte ich, obgleich der Schornsteinzug doch größtenteils aufgehört hatte, ihr nicht einmal mehr nahe kommen: so heiß war sie. Bei voller Geschwindigkeit des Luftstroms gegen diese Tür war offenbar die Fähigkeit der Luft, Wärme zu entziehen, größer als die Leitfähigkeit des Metalls.

Neuntes Kapitel.

Konstruktionen horizontaler Dampfmaschinen-Grundplatten. Einzelheiten der Maschinen. Vorlesung über den Indikator auf der Jahresversammlung der „British Association for the Advancement of Science" in Newcastle.

Ich widmete jetzt einen großen Teil meiner Zeit dem Durchkonstruieren von Verbesserungen an meiner Maschine. Auf einige war ich während der Ausstellung gekommen, und ich bemühte mich, sie durchzuführen, bevor ich an Fabrikanten wegen Aufnahme des Baues meiner Maschine herantrat. Zunächst mußte ich der Grundplatte meine Aufmerksamkeit zuwenden. Die horizontale Grundplatte hatte schon drei Entwicklungsstufen durchgemacht. Die alte, in den Vereinigten Staaten allgemein gebräuchliche Form bestand in einem langen schmalen Kasten, der oben und unten offen war. Längs- und Stirnseiten dieses Kastens waren alle gleichmäßig im Doppel-**T**-Querschnitt ausgeführt. In verschiedener Hinsicht war das eine sehr bequeme Form. Die obere Fläche der Grundplatte wurde abgehobelt, so daß jedes Stück mit Leichtigkeit nach dieser Oberfläche ausgerichtet werden konnte. Dem Zylinder gab man an beiden Seiten je zwei Tragpratzen, die auf den gegenüberliegenden Längsbalken der Grundplatte auflagen, so daß der Zylinder nach Bedarf zwischen sie hineingehängt werden konnte. Das Kurbelwellenlager ruhte auf dem einen oder anderen Längsbalken, je nachdem die Maschine „rechts" oder „links" sein sollte. Die Geradführungen wurden an die Längsbalken angeschraubt.

Die erste Unterbrechung dieser Einförmigkeit geht auf Corliss zurück. Es ist bemerkenswert, wie viele und durchgreifend neue Gedanken sie brachte. Der Zylinder wurde an seinen Enden mit breiten Füßen versehen und unmittelbar auf das Fundament gestellt. Ebenso wurde das Kurbelwellenlager auf Füße gestellt und auf das Fundament gesetzt. Die sog. Grundplatte bestand nur noch in einem freischwebenden Verbindungsbalken zwischen Zylinder und Kurbellager und hatte liegenden **T**-Querschnitt. Der wagerechte Steg des T's lag in Maschinenachsenhöhe und war in der Mitte verbreitert, um Durchbiegung zu vermeiden. Der senkrechte Flansch des T erstreckte sich gleich hoch und tief, und trug die Geradführungen, die aus einer oberen und unteren V-Rinne bestanden, zwischen denen der Kreuzkopf lief und die Pleulstange schwang. Der Kreuzkopf war mit Schuhen versehen, die in die V's paßten, und senkrecht zwischen ihnen einstellbar. Die Verbindung mit dem Zylinder bestand in einem zylindrischen, durch gewölbte Konsole unterstützten Kopf. Letzterer war nur an einer Seite befestigt. Die Grundplatte wurde eine rechte oder linke durch alleinige Verdrehung dieses Teils um 180°

Bei der Grundplatte für meine Maschine entwickelte Mr. Richards eine andere Konstruktion, die einige Mängel der Corliss-Grundplatte beseitigte. Die Geradführungen wurden auf das Fundament aufgebracht, und die Verbindung mit dem Zylinder war solider. Dafür mußte jedoch die Umkehrbarkeit geopfert werden.

Mr. Richards Grundplatte, die in der Abbildung auf S. 72 dargestellt ist, war nach dem Kastenprinzip konstruiert, dessen überlegene Starrheit Whitworth wissenschaftlich festgelegt hatte. Das Bett war ein oben geschlossener Kasten mit inneren Flanschen auf dem Fundament, auf dem es in ganzer Länge ruhte. Das Hauptlager war mit dem Bett zusammengegossen und ebenso die unteren Geradführungen. Der Zylinder war nach der alten Methode auf der Plattenoberfläche festgeschraubt.

Ich dachte mir, man müsse die Vorzüge der Corliss- und der Richards-Konstruktion vorteilhaft vereinigen können. Die beifolgende Abbildung zeigt die Grundplatte, die das Ergebnis dieses Gedankenganges ist. Sie entstammt einer von Ormerod, Grierson & Co. in Manchester herausgegebenen Drucksache und wurde nach der Photographie einer Maschine angefertigt, die diese Firma 1865 auf die Internationale Ausstellung in Oporto schickte. Man sieht, es ist die Richards'sche Grundplatte mit dem nach Corliss'scher Manier an ihre Stirnseite geschraubten Zylinder. Die große Stärke der Grundplatte machte eine besondere Unterstützung des Zylinders entbehrlich. Auf diese Weise konnte der Zylinder seine Wärmeausdehnung frei ausführen, und das Dampfeinlaß- oder -auslaßrohr, oder auch beide, konnten bequem von unten an ihn herangeführt werden. Diese Grundplatte ist nicht mehr abgeändert worden, mit Ausnahme einer wichtigen Einzelheit. Ich brachte an den ersten Zylindern eine Stützrippe an, die gegen die Grundleiste der Platte verkeilt wurde. Auf der Abbildung kann man eine Ecke der Rippe sehen. Auf der Pariser Ausstellung von 1867 machte mich Mr. Beyer, von der Lokomotivfirma Beyer & Peacock in Manchester, darauf aufmerksam, daß ich die Rippe gar nicht brauchte.

Grundplatte, konstruiert von Porter. Nach einem alten Holzschnitt.

Ich ließ sie darauf weg, fand jedoch, daß der Zylinder bei jedem Hub ein wenig nickte, wenn der schwere Kolben sich am hinteren Deckel befand. Um die schwache Stelle herauszufinden, stellte ich an einer für die India-Spinnereien in Manchester gebauten Maschine den folgenden Versuch an. Ich feilte zwei Kerben in die Ränder der gewölbten Tragleisten der Grundplatte an gegenüberliegenden Stellen ein, etwa $^1/_4$ m von der hinteren Stirnseite entfernt und steckte ein Stück Draht dazwischen. Dieser Draht bog sich ganz augenfällig bei jeder Umdrehung der Maschine, wenn der Kolben an dem hintersten Punkt seines Hubes war. Daraufhin führte ich diese Tragleisten nach oben zu einer geschlossenen Haube zusammen, und ließ diese recht allmählich in die Oberkante des Bettes auslaufen. So blieb die Anordnung. Sie bietet dem Zylinder einen vollendeten Widerhalt. Versuche, die auf den Cambria-Eisenwerken an einem Zylinder von 1000 mm Bohrung und 1200 mm Hub mit einem 1640 kg schweren Kolben bei 100 Doppelhüben pro Minute angestellt wurden, zeigten, daß das hintere Ende des Zylinders völlig bewegungslos stand. Dieser Versuch wird später beschrieben werden.

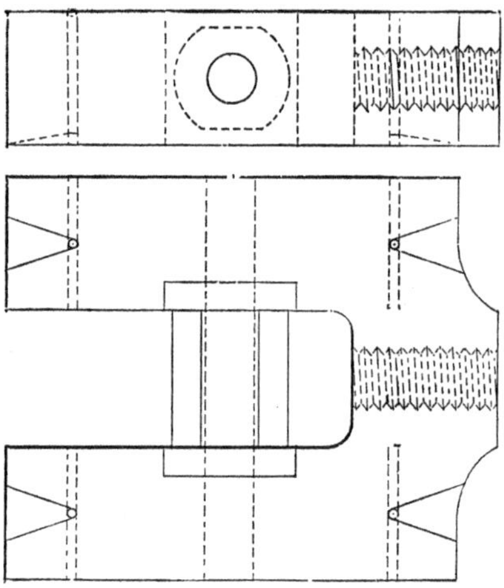

Kreuzkopf, konstruiert von Porter.

Der von mir damals konstruierte Kreuzkopf ist mir immer interessant geblieben, und zwar nicht nur weil er einen Erfolg bedeutete, sondern auch weil man eine wichtige Lehre aus ihm ziehen kann. Ich verzichtete auf jede Nachstellbarkeit. Der Kreuzkopf war ein einfacher Block, der auf den unteren Geradführungen glitt, wenn die Maschine vorwärts lief, wie fast stets, und diese Geradführungen waren an die Grundplatte angegossen. Der Zapfen war aus Stahl, und seine Oberfläche gehärtet und genau zylindrisch geschliffen. Er war mitten in den Kreuzkopf hineingesetzt und besaß beiderseits Vierkantköpfe, deren Seiten größer waren als der Zylinderdurchmesser. Die Vierkante waren parallel in den Kreuzkopf eingelassen und durch das ganze ein besonderer Kernzapfen hindurchgetrieben. Die Abflachungen an dem Zapfen übernahm ich später von einer fremden Abbildung. Sie verhindern, daß sich an den Enden der Schwingungsbögen in den Buchsen

Unrundheiten ausschleißen. Ich möchte wohl wissen, wem wir dieses wertvolle Detail verdanken. Alle Flächen wurden haargenau geschabt. Die Schmierung war eine Innenschmierung, wie abgebildet. Ich weiß von vielen solchen Kreuzköpfen, die bei hohen Tourenzahlen 20 bis 30 Jahre in sauberen Maschinenstuben gearbeitet haben und noch die Schabmarken auf den unteren Gradführungen zeigen.

Die Lehre, die hieraus zu ziehen ist, ist für die Zukunft des Dampfmaschinenbaues äußers wichtig: Zwei flache, genau ebene und starre Gußeisenflächen werden bei gleichmäßiger Verteilung des Druckes über eine ausreichende Fläche und bei Schutz vor Schmutz und geeigneter Schmierung niemals ein Zerreißen oder auch nur eine Dickenänderung der sauberen Ölschicht zwischen ihnen bewirken, und ohne Abnutzung und bei beliebiger Geschwindigkeit fortgesetzt laufen. Die Schlußfolgerung, daß Gefahr des Heißwerdens überall, auch in noch so schnellaufenden Maschinen, mit Leichtigkeit zu vermeiden ist, steht gleichfalls vollkommen fest. Gefahr des Heißlaufens kann stets durch solide Anordnung und Konstruktion und Verwendung des richtigen Materials vermieden werden. Diese Tatsache ist durch die verschiedenartigste Erfahrung mit zylindrischen wie ebenen Flächen über jeden Zweifel erhaben. Sie besteht auch für einige andere Baustoffe in demselben Maße, wie für Gußeisen, aber nicht für alle.

Der bügellose Schubstangenkopf ist für diese Maschine übernommen. Mr. James Gulland, ein schottischer Konstrukteur bei Ormerod, Grierson & Co., machte mich auf ihn aufmerksam. Er behauptete nicht, sein Urheber zu sein, sondern erzählte mir nur, er wäre in Schottland entstanden. Seinen besonderen Wert für Schnelläufermaschinen erkannte ich sofort. Jeder Lokomotivkonstrukteur weiß, wie vorsichtig man bei hohen Tourenzahlen auf die Vermeidung des Spreizens der Bügel an den Kurbelzapfen bedacht sein muß, das durch die Massenquerkräfte der Pleulstange herbeigeführt wird. Der bügellose Kopf befreit die Schubstange in dieser Hinsicht von Gefahr, selbst bei Tausenden von Umdrehungen pro Minute. Für Stirnkurbelmaschinen, bei denen allein er angewendet werden kann, ist er ganz unschätzbar. Der bügellose Stangenkopf besitzt auch noch einen weiteren Vorteil. Der Verschleiß, sowohl der Kurbelzapfenbüchsen, wie auch der Kreuzkopfzapfenbüchsen, wird in der gleichen Richtung ausgeglichen, so daß die Stellung des Kolbens im Zylinder sich nur um den Unterschied zwischen beiden verändert, wenn ein solcher überhaupt besteht. Bei beiderseitigem Bügelkopf wird die Schubstange stets um die Summe der Verschleiße in beiden Büchsen verkürzt. Der bügellose Stangenkopf ermöglichte es mir, das Spiel im Zylinder mit völliger Sicherheit auf 3 mm zu vermindern. Der Kolben hat niemals den Deckel berührt.

In der Konstruktion, wie sie mir gezeigt wurde, hatte der Keil auf beiden Seiten Anzug. Ich hatte den Eindruck, daß es schwierig sein würde, ihn genau einzupassen. Auch entsprang daraus die Notwendigkeit, die Schraubenlöcher in der Stange als Langlöcher zu bohren, damit der Keil bei der Ausgleichung des Verschleißes sich verschieben konnte. Ich änderte das dahin ab, daß ich allen Anzug des Keiles auf die Seite legte, die an der Büchse anlag und die andere Seite parallel zu den Stellschraubenlöchern machte. Die Öffnung im Stangenkopf konnte infolgedessen rechteckig ausgestoßen und die Keilgegenfläche mit Leichtigkeit genau eingepaßt werden.

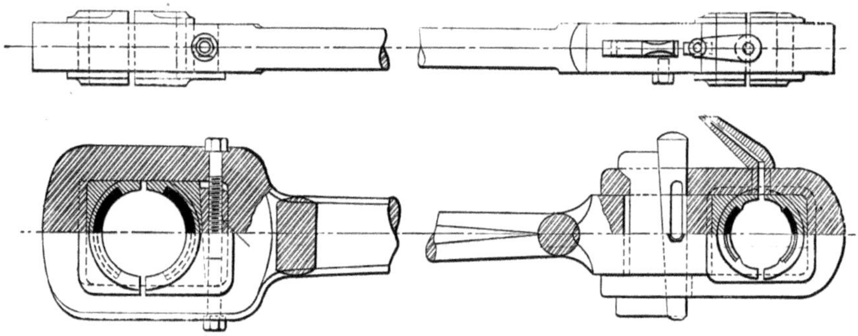

Pleuelstange und Bügelkopf.

Da ich gerade dabei bin, darf ich wohl das Thema der Schubstange gleich ganz erledigen, obgleich die anderen Veränderungen nach und nach dazu kamen; ich weiß nicht mehr genau, wann. Die obige Abbildung zeigt die Stange und den Bügel in einer Form, wie sie lange Zeit ausgeführt wurden. Die Verjüngung der Stange, die ihr die größte Stärke am Kurbelzapfenende verlieh, um die Massenquerkräfte aufzunehmen, wurde, glaube ich, von mir nach einer Lokomotivschubstange kopiert. Die Abrundung des Bügelendes hatte folgenden Ursprung: ich hatte oft von der Neigung der Kreuzkopfzapfenbügel zum Spreizen gehört. Das war noch in der guten alten Zeit, wo diese Zapfen nicht gehärtet, sondern tatsächlich immer ein Teil des Kurbelgußstücks waren. Die Bronzeschalen, die immer ohne Weißmetallausguß verwendet wurden, nutzten diese Zapfen nur an den beiden gegenüberliegenden Seiten ab, wo sie arbeiteten. Später habe ich übrigens erfahren, daß Bronze jeden Zapfen verschleißt, selbst gehärteten Stahl, und selbst nicht abgenutzt wird. Wenn nun jener Verschleiß ausgeglichen wurde, mußten die Bronzebüchsen an den Enden ihrer Schwingungsbögen klemmen, da sie dort in Berührung mit den noch nicht verschlissenen Stellen des Zapfens kamen. Um dieses Klemmen zu beheben, war es bei den Maschinisten üblich, diese Stellen wegzufeilen. Alles was ich damals über die Sache wußte, war, daß die Bügel nachgäben und spreizten. Ich kam auf den Gedanken, diese Formveränderung an einem Bronzefederdraht zu beobachten, der in Bügelform gebogen war. Wenn man auf der Zapfenmittellinie einen Druck ausübte, zeigte sich die größte Formänderung am Bügelrücken, den ich deshalb versteifte. Seit der Einführung der Zapfenabflachungen, die das Entstehen irgendeines Spreizmoments für den Bügel vermeiden, ist die Abrundung eigentlich mehr zum Schmuck als zu einem bestimmten Zweck da.

Ich versah den Bügel mit einem Abstreicher für selbsttätige Schmierung des Kreuzkopfzapfens. Der Öltropfen hing von dem Mittelpunkt einer konvexen Fläche über dem Abstreicher herab. Dieser war schräg vorwärtsgerichtet und sein Rand nahm an der schwingenden Bewegung der Schubstange teil. Bei dem rückwärtigen Hub schwang dieser Rand um den Tropfen herum. Beim Beginn des Vorwärtshubs hob er sich und nahm ihn ab.

Eine Bemerkung über eine Abänderung, die ich damals am Absperrventil vornahm, soll den Bericht über die Neuerungen schließen. Ventil und Sitz waren immer aus Bronze hergestellt worden. Der Sitz wurde in eine gußeiserne Kammer eingepaßt, und da Bronze sich stärker ausdehnt als Eisen, mußte er sich lockern. Ich sah von der Verwendung von Bronze überhaupt ab und verwandte ein gußeisernes Ventil und gußeisernen Sitz. Diese blieben immer vollkommen dicht, so daß sich zeigte, daß es ganz unnütz war, den Mehrpreis und die Mühe für Bronze aufzuwenden. —

Auf der Jahresversammlung der „British Association for the Advancement of Science“ von 1863, die in Newcastle abgehalten wurde, hielt ich vor der Maschinen-Abteilung einen Vortrag über den Richards-Indikator, der durch eins der Instrumente und Diagramme erläutert wurde, die mit seiner Hilfe an Lokomotiven aufgenommen waren. Der Vortrag wurde sehr beifällig aufgenommen. Besonderes Beifallklatschen rief die Wirkungsweise des Schreibstifthebels hervor, der vermöge seiner Elastizität in Verbindung mit einem Anschlag verhinderte, daß ein mehr als ganz zarter Druck auf das Papier ausgeübt wurde. Präsident der Maschinen-Abteilung war in jenem Jahr Professor Willis-Cambridge, der Urheber der „dontographischen“ Zahnform, die es ermöglicht, daß Triebräder der gleichen Teilung gleich gut zusammenarbeiten, wie verschieden auch ihre Durchmesser seien. Ich hatte ein feierliches Gefühl, als ich vor einer großen Versammlung der führenden Maschineningenieure Englands stand, an einer Stelle, wo so viele wichtige Fortschritte zum erstenmal der Welt vorgeführt worden waren, wo Sir William Armstrong seinen Akkumulator beschrieben hatte, durch den ungeheure Leistungen für kurze Dauer von ständig laufenden kleinen Pumpen geliefert werden konnten, und wo Joule seinen experimentellen Nachweis des mechanischen Wärmeäquivalents erläutert hatte.

Zehntes Kapitel.

Vertrag mit Ormerod, Grierson & Co. — Maschine für Evan Leigh, Son & Co. — Maschine für die Internationale Ausstellung in Oporto. Heimkehr aus Portugal.

Ich konnte mit der Maschine in England nichts anfangen, wenn ich sie nicht als Kondensationsmaschine auf den Markt brachte. Diese Tatsache wurde mir schließlich klar, und so machte ich mich denn daran, der Forderung zu entsprechen. Die Frage zeigte sich mir nicht in der Form „Wie treiben Sie Ihre Luftpumpe an?“, sondern „Kannst du sie überhaupt antreiben?“ Meine Freunde Easton, Amos & Sons sagten mir rund heraus, nach ihrer Meinung würde ich es überhaupt nicht können. Sie drückten sehr deutlich die Ansicht aus, daß die Schnelläufermaschine als Kondensationsmaschine undenkbar war. Das war nicht erstaunlich, wenn man bedenkt, daß die Woolffschen Balanciermaschinen, die sie fabrizierten, nur 25 Touren machten, d. h. die allgemein übliche Tourenzahl von Balanciermaschinen, und daß alle ortsfesten Maschinen Balanciermaschinen waren; aber entmutigend war es doch. Ich sagte mir aber, sie wären auch nicht allwissend, und ich würde ihnen „schon zeigen, was 'ne Harke ist,“ wenn es so weit wäre. Es war schneller so weit als ich dachte, und bald war ich zu einem befriedigenden Entwurf für eine Kondensation gelangt. Meine erste Idee war, eine unabhängige Luftpumpe zu verwenden, die mit der üblichen langsamen Geschwindigkeit lief und mit Riemen angetrieben wurde, wobei die Geschwindigkeit ins langsame übersetzt wurde.

Auf dieser Grundlage gelang es mir sehr leicht, mit der Firma Ormerod, Grierson & Co. in Manchester einen Vertrag für die Fabrikation der Maschinen und Regulatoren zu schließen, und wir gingen am 1. Januar 1864 an die Ausführung unserer ersten Bestellung.

Das Gelände, auf dem diese Fabriken standen, grenzte an den Kanal des Herzogs von Bridgewater, der von Liverpool nach Manchester führte, und auf dem ich eines Tages mit ansah, wie eine Kuh und ein Weib ein Schiff treidelten, während der Mann steuerte.

Durch diese Werke führte, parallel mit dem Kanal und etwa 100 m von ihm entfernt, eine Eisenbahn, die jedoch durchaus nicht störend war. Sie war auf gemauerten Bögen geführt, vermöge deren Bauart das Geräusch der Züge kaum zu hören war. Die Bögen wurden für die Radwerkstatt, das Modellager, die Zahnradstoßerei und das Magazin für Alteisen und Zahnradmodelle benutzt. Zahl und Größe der letzteren fiel mir auf.

Bei einem früheren Besuch hatte mir Mr. Grierson verschiedenes sehr Interessantes gezeigt. Das Erwähnenswerteste darunter war eine Vielfachbohrmaschine, die 90 Löcher von $^3/_4$ Zoll Durchmesser auf einmal bohren konnte. Diese war von ihnen selbst zum Bau einer Gitterbrücke konstruiert worden, die bei Delhi über den Jumna geschlagen wurde und unten eine Fahrstraße und oben eine Eisenbahn trug. Die englischen Ingenieure führten damals alle Brückenkonstruktionen nach diesem System aus und trauten dem amerikanischen Fachwerk nicht. Ein Glied dieser Brücke stand noch auf dem Fabriksgelände, wo es für einen Belastungsversuch vollständig zusammengenietet war. Nachher mußten alle Nieten herausgemeißelt werden. Die übrigen Glieder waren zerlegt verschifft worden. Der Vorteil jener Vielfachbohrmaschine war ein zweifacher: einmal konnten viele Löcher auf einmal gebohrt werden, dann wurde die Teilung ohne Fehl sehr genau.

Der massige Aufbau dieser Werkzeugmaschine interessierte mich ganz besonders und machte mir einen sehr nachhaltigen Eindruck. Die Bohrer kreisten ohne Vorschub und der Werktisch wurde von zwei hydraulischen Pressen aufwärts geführt. Der Oberingenieur erzählte mir, daß niemals ein Bohrer dabei brach; sie hätten zur Veranschaulichung der Sicherheit des Arbeitens einmal mit vollem Erfolg ein einziges Loch von 1,6 mm Durchmesser durch eine zolldicke Stahlplatte gebohrt. Dieses Ergebnis führte er nur teilweise auf die sichere Führung, hauptsächlich aber auf die völlige Erzitterungsfreiheit zurück. Er erzählte von einem Werkzeugmaschinenfabrikanten, der einen Auftrag auf eine ähnliche Bohrmaschine gehabt und bei Besichtigung dieser Maschine hier ihre Schwere für übertrieben erklärt hätte. Er baute seine ungefähr halb so leicht. Sie zerbrach alle Bohrer und erwies sich also völlig betriebsunfähig. Hieraus zog ich mir eine der wertvollsten Lehren, die ich je erhalten habe.

Bald hatten wir unsere erste Maschine trotz manchen Ärgers erfolgreich in Betrieb. Ich hatte darauf bestanden, daß die Rohrverbindungen am Schieberkasten und dem Zylinderkopf eingeschliffen wurden, aber der Obermonteur beschmierte sie trotzdem noch mit der gewohnten Kitt- und Mennigpaste, und so war die Paßarbeit umsonst gemacht, und als wir eine Verbindung wieder lösen wollten, konnten wir wieder hübsch den gewohnten Stahlkeil verwenden. Die Rohre waren aus Gußeisen und hatten viereckige Löcher in den Flanschen. Die Enden blieben roh und wurden mit der gleichen Paste zusammengefügt. Um die Rohrverbindungen wurden Schellen gelegt, die verhinderten, daß die Paste beim Zusammenschrauben der Flansche großenteils nach außen gepreßt wurde. Was nach innen trat, mußte sehen, wo es blieb, wenn es von dem hindurchjagenden Dampf und heißen Wasser abgebrochen wurde.

Als die Maschine in Betrieb gesetzt wurde, konnten wir kein ordentliches Vakuum erzielen. Wir nahmen die Rohre los, um nachzusehen, woran es liege und entdeckten, daß die Arbeiter einen hölzernen Pflock in der Kondensatordüse stecken gelassen hatten, in die er hineingesteckt war, damit beim Transport nichts hineinkam. Die richtige Art, sie zu schützen, wäre natürlich ein auf den Flansch geschraubtes Stück Holz gewesen.

Der größte Ärger entstand durch eine Dummheit, die ich selbst gemacht hatte. Bei meiner Ausstellungsmaschine liefen gußeiserne Schieber auf gußeisernen Schiebersitzen und die Reibung zwischen diesen Flächen war unter vollem Dampfdruck so gering, daß sie das Arbeiten des Regulators nicht merklich beeinträchtigte. Aber ich konnte ja meine Finger nicht davon lassen. Mr. Lee hatte mir erzählt, daß sie bei den Dampffeuerspritzen Bronzeschieber auf Stahlsitzen gebrauchten, und ich bildete mir ein, daß das was ganz Feines sein müßte. Ich stattete also mit erheblichen Mehrkosten meine erste Maschine so aus. Der Regulator arbeitete sehr schlecht. Ich hatte den Genuß, den Beweis zu führen, daß Bronze auf Stahl die beste Metallzusammenstellung für Erzeugung möglichst großer Reibung ist. Ich kehrte zu meinen Gußeisenschiebern zurück, und die Schwierigkeiten hörten auf.

Wir bekamen den Auftrag auf eine Betriebsmaschine für die Fabrik von Evan Leigh, Son & Co. Mr. Leigh war ein ganz berühmter Mann und ich hörte, er sei der einzige damals noch lebende Mann, der noch einen der Grundbestandteile der Spinnmaschine erfunden hätte.

Ich schlug hier einen neuen Weg ein, der sich als ein rechter Erfolg erwies. Man wünschte die Haupttransmissionswelle, die oben mitten durch die Werkstätten lief, mit 100 Touren zu treiben. Ich entwarf eine senkrechte Maschine auf einer Grundplatte, die einen **A**-Rahmen trug. Der Maschinenraum lag am Ende der Werkstatt. Die Transmissionswelle lief durch einen Mauerkasten und dann einen Meter weiter zu ihrem Hauptlager oben auf dem vertikalen Rahmen. Dieser war gegen die Wand mit zwei starken gußeisernen Spreizen abgesteift, das Schwungrad saß jenseits dieses Rahmens und trug den Kurbelzapfen. Die Welle war weiterhin mit großem Durchmesser bis zum Mauerkasten geführt, wo sie in langem Lager geführt war. Durch diese Anordnung vermied ich ein Zahnradgetriebe. Riemen waren damals als Kraftübertragungsmittel an Betriebsmaschinen in England noch unbekannt. Das Schwungrad hatte einen Durchmesser von nur 3 m und einen Kranz von 200×250 mm und war natürlich in einem Stück gegossen. Es erwies sich als mehr als ausreichend. Die Maschine war die größte, die ich bisher gebaut hatte, und machte 100 Touren bei 555 mm Zylinderdurchmesser und 910 mm Hub. Ich hielt noch an einer mittleren Kolbengeschwindigkeit von 3 m fest und wagte nicht, eine größere Geschwindigkeit vorzuschlagen, hätte auch in Lancashire sonst keine Maschine verkauft.

Ich verband diese Maschine mit einem Zubehör, das ich später gern weggewünscht hätte. Das war ein Oberflächenkondensator. Er arbeitete gut und erzeugte dauernd ein gutes Vakuum. Ich werde aber später von dieser Maschine noch mehr zu erzählen haben, woraus sich mein Bedauern über den Kondensator erklärt. Ich hatte um jene Zeit das Vergnügen, von zwei amerikanischen Ingenieuren, Robert Briggs und Henry R. Towne, besucht zu werden, die zusammen in England umherreisten und die Mühe nicht scheuten, mich aufzusuchen. Ich fuhr mit ihnen zu dieser Maschine hinüber, aber leider waren sie nicht so begeistert von der neuen Konstruktion wie ich. Selbst wenn ich's aber heute nochmal machen müßte, — ich glaube, ich könnte es nicht besser.

Als ich diese Maschine das letzte Mal sah, fand ich niemanden im Maschinenraum. Ich fragte jemandem, wo denn der Maschinist steckte, und erfuhr, ich würde ihn wohl in der Rohrschlosserei finden. Dort fand ich ihn denn auch beschäftigt. Er erzählte mir, er bliebe schon seit längerer Zeit nicht mehr im Maschinenraum, er hätte da „nischt zu dun", und man hätte ihm deshalb hier etwas zu tun gegeben. —

Als ich zu Ormerod, Grierson & Co. kam, hatten sie alle Hände voll mit der Ausführung eines großen Auftrags zu tun, der als der „Krystallpalast" von Oporto bezeichnet wurde. Portugal war in Kunst und Industrie hinter allen Ländern in Europa weit zurück, oder besser, es hatte überhaupt keine. In Oporto war eine große Kolonie englischer Kaufleute, die den ganzen Portweinhandel in der Hand hatten. Diese waren auf den Gedanken gekommen, in Oporto eine internationale Ausstellung abzuhalten, und diese Idee wurde auch ausgeführt. Unsere Firma hatte sich den Auftrag für die gesamte Eisenkonstruktion eines ziemlich großen

Eisen- und Glashauses und für die Betriebskraft und Transmissionen der Maschinenhalle verschafft.

Ich wurde bald aufgefordert, eine Allen-Maschine zu konstruieren, die dort ausgestellt werden sollte. Sie sollte eine 350 ×600 mm Auspuffmaschine werden und 150 Touren machen. Sie wurde dementsprechend gebaut und zusammen mit zwei Lancashirekesseln hingeschickt. Ich reiste hin, um bei der Eröffnung der Ausstellung am 1. Mai 1865 dabei zu sein, und danach zu sehen, daß die Maschine in guter Form in Betrieb käme.

Ich reiste von London nach Oporto auf einem Frachtdampfer und lernte auf der Reise verschiedenes dazu, z. B. wie man Portwein macht. Ich fragte den Kapitän, woraus seine Ladung bestände, und er antwortete: „900 halbe Fässer Cognac.“ „Wozu bringen Sie denn Cognac nach Portugal?“ „Um Wein zu machen.“ „Aber was ist denn das für ein Cognac, den Sie aus England ausführen?“ „Englischer Cognac.“ „Woraus ist er denn gemacht?“ „Aus Korn.“

In Oporto hatten wir das Vergnügen, einen portugiesischen Erfinder kennen zu lernen. In England war damals für die Anzeige des genauen Mittags in jedem größeren Seehafen die recht rohe Methode üblich, eine Kanone durch einen elektrischen Strom von der Greenwicher Sternwarte aus abzufeuern. Die heutige genauere Methode wendet sich statt an das Gehör an das Gesicht. Dieser Erfinder nun schlug vor, die Kanonen auf den Loggien von Kirchtürmen aufzupflanzen, die es in ausreichender Menge in Portugal gibt. Die Kanone sollte mittels Zündhütchen durch den Fall eines Hammers abgefeuert werden, der von einem Faden gehalten werden sollte. Die Sonnenstrahlen wurden durch ein Brennglas auf einen Punkt konzentriert, der in dem Augenblick, wo die Sonne durch den Meridian ging, mit diesem Faden zusammenfiel. Der Faden wurde abgesengt und die Kanone ging los. In dem für Oporto seltenen Fall eines wolkigen Tages, oder wenn aus irgendeinem Grunde die automatische Wirkung versagen sollte, sollte statt dessen ein Priester nach einigen Minuten, wenn er ganz sicher wäre, daß es heute nicht funktionierte, hinaufgehen und die Kanone abfeuern. Der begeisterte Erfinder wollte die Erfindung durchaus den Engländern aufdrängen. Man erwog jedoch, daß die größere Schwäche der Sonnenstrahlen in der höheren Breite Englands die Wirksamkeit dieser genialen Erfindung in Frage stellen würde, außerdem waren dort weder Kirchtürme mit Loggien, noch Priester verfüglich, die nichts besseres zu tun hatten.

Um die folgende Geschichte ganz verstehen zu können, muß man sich vergegenwärtigen, daß es zu jener Zeit überhaupt noch keine ortsfeste Dampfmaschine in Portugal gab. Englischer Unternehmungsgeist und englisches Kapital hatten kurz vorher eine Eisenbahnlinie zwischen Lissabon und Oporto geschaffen, und die auf ihr laufenden Lokomotiven stellten die einzigen Vertreter der Dampfkraft im Lande dar. Für die gebildeten Gesellschaftsschichten in Portugal war daher die Dampfmaschine, die im Oportoer Krystallpalast ausgestellt werden sollte, Gegenstand allergrößten Interesses.

In einer Beziehung war die Art, wie man auf dem Kontinent solche Ausstellungen behandelte, unserer Methode überlegen: die Ausstellungen waren am Eröffnungstage vollständig fertig. Z. B. begann auf der französischen Weltausstellung von 1867, der letzten, bei der ich dabei war, die Jury ihr Werk am Tag nach der Eröffnung und vollendete es in drei Wochen. Die einzige Ausnahme wurde, glaube ich, bei der Gruppe der landwirtschaftlichen Maschinen gemacht, wo man mit der Begutachtung warten mußte, bis das Korn gewachsen war. Das konnte kein kaiserliches Dekret beschleunigen. So sollte auch die Ausstellung in Oporto in allen Abteilungen fertig sein, wenn der König von Portugal sie eröffnete.

Ich kam eine Woche vor dem Eröffnungstage in Oporto an und fand einen seltsamen Stand der Dinge in der Maschinenabteilung vor. Unsere Firma hatte einen sehr fähigen und energischen jungen Mann mit ihrer Vertretung auf der Ausstellung betraut. Sein Werk fand ich vollbracht. Maschine und Transmissionswellen waren betriebsbereit. Nur die Kessel waren nicht fertig, und hierfür gab man mir folgende Erklärung: Vor einiger Zeit war ein Engländer aufgetaucht und hatte eine Bestallung vorgezeigt, die ordnungsmäßig vom Ausstellungskomitee unterzeichnet war, und wonach er „Chefingenieur der Ausstellung von Oporto“ war. Er verlangte, daß man ihm die Maschine und Kessel übergäbe, — denn worüber sollte er sonst Chefingenieur sein? Unser Mann weigerte sich sehr vernünftigerweise ihn anzuerkennen und sagte ihm gerade heraus, er wäre den Eigentümern dieser Ausstellungsgegenstände dafür verantwortlich, und er würde niemandem die Maschine ausliefern. Aber der neue Herr hatte das Übergewicht. Die Ausstellungsdirektoren waren wütend, daß man ihnen so zu trotzen wagte. Auf der anderen Seite blieb der Wahrer unserer Interessen fest. Schließlich kam man nach viel Zank und Streit und Briefwechsel mit Manchester zu einem Vergleich, durch den unser Vertreter die Oberaufsicht über die Maschine und Transmission behielt, während die Kessel dem „Chefingenieur“ preisgegeben wurden.

Ich wurde diesem Würdenträger vorgestellt und erhielt die Versicherung, daß die Kessel „morgen soweit sein würden.“ Dieses

Versprechen wurde täglich wiederholt. Schließlich brach der Morgen des Eröffnungstages an. Die Stadt prangte im Festschmuck. Flaggen und Banner, wohin man sah! Das Volk wurde festlich geweckt durch Böllerschüsse und das Prasseln von Raketen, die die Portugiesen bei hellem Tage aufsteigen und explodieren ließen. Der König, die Königin und der ganze Hof fuhren von Lissabon hinauf und eine große Eröffnungsfeierlichkeit fand statt, an die sich ein Rundgang des Königs und des Gefolges durch die Halle anschloß.

Um die für die Eröffnung festgesetzte Stunde ließ der „Chefingenieur" gerade zum erstenmal anheizen. Ich war natürlich ziemlich nervös, aber unser Mann meinte: „Gehen Sie nur und sehen Sie sich die Eröffnungsfeierlichkeiten mit an. Sie dauern ja volle zwei Stunden, und wir sind ohne Zweifel im Betrieb, wenn Sie zurückkommen." Als ich nach Schluß derselben mir durch die Menge den Weg zur Maschinenhalle zurück bahnte, stand meine Maschine bewegungslos. Die Tür zum Kesselraum war so dicht wie möglich verschlossen, aber Dampf drang aus jeder ihrer Fugen. Ich war sprachlos und blickte nur auf unseren Mann um Erklärung. „Der Affe", sagte er, „verstand noch nicht einmal soviel, daß er die Köpfe seiner Dampfdomschrauben verpacken mußte; er kann bloß auf $^1/_7$ Atm. Dampfdruck kommen, dann bläst der Dampf rings um alle Bolzen herum derartig ab, daß die Heizer aus dem Kesselraum laufen." Es war nichts zu wollen. Die Kessel mußten abgeblasen und kalt werden, bevor ein Mann hineinkriechen und die Bolzenköpfe verpacken konnte.

Ich muß hier einen Augenblick innehalten und erklären, wie ein Dampfdom an einem Lancashirekessel festgemacht wird, oder wenigstens, wie er es damals wurde. Die beifolgende Schnittskizze soll es ermöglichen, die Beschreibung zu verstehen. Der „Dom" war aus Gußeisen. Der obere, hier nicht gezeigte Teil war mit drei Augen versehen, an deren zwei je ein Rohrstutzen geschraubt wurde, der ein Sicherheitsventil trug, während das Dampfrohr an das dritte angeschlossen war. Oben war das Mannloch. Ein gußeisernes Sattelstück war auf den Kessel genietet, und trug oben einen breiten Flansch nach innen, dieser und der Flansch unten am Dom waren bearbeitet, und sie wurden mittels der Paste dampfdicht gemacht. In den Flansch des Sattels waren viereckige Bolzenlöcher ein-

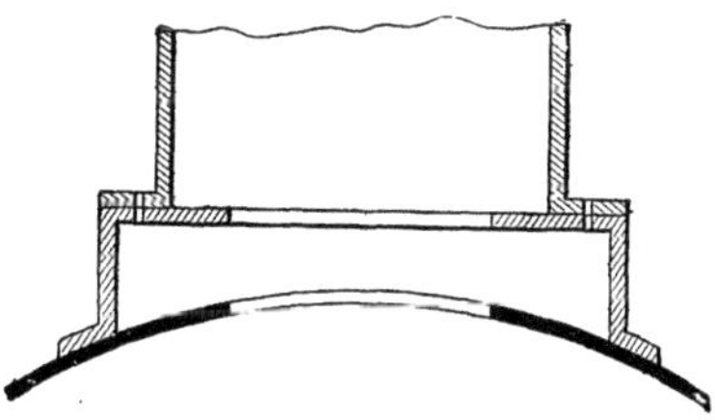

Befestigung eines Dampfdoms an einem Lancashire-Kessel.

gegossen und entsprechende runde Löcher wurden in den Domflansch gebohrt. Die Bolzen waren unterhalb der Köpfe noch ein kurzes Stück vierkantig geschmiedet, so daß sie in den Vierkantlöchern gegen Drehung gesichert waren. Diese Bolzen wurden von der Innenseite des Sattels aus hineingesteckt und dadurch verpackt, daß sie unter ihren Köpfen mit langem, gut mit Paste beschmiertem Hanf umwunden wurden. Wenn dann die Mutter außen angezogen wurde, quetschte sich die Paste rings um den Bolzen herum in das Vierkantloch und erhärtete bald. Diese Abdichtung hatte der „Chefingenieur“ vergessen. Jetzt kann jeder sich ein Bild machen.

Nicht lange danach erschien der königliche Zug am äußersten Ende der Halle, voran der König und die Königin, hinterdrein in respektvollem Abstand eine lange Reihe staatlicher und kirchlicher Würdenträger, hier und da durch eine Dame angenehm unterbrochen. Langsam, aber unaufhaltsam kam der Zug näher, zwischen Reihen schweigender Maschinen und aufgeregter Aussteller bis schließlich der König nahe bei uns stehen blieb. Sofort erschien ein Beamter, den der König fragte, wer für diese Maschine hier zu sorgen hätte, — so wenigstens vermute ich, denn als Antwort zeigte man auf mich. Er kam lebhaft zu mir herüber, und was glauben Sie wohl, was er sagte? Ich wette, kein lebender Yankee läßt sich's träumen. Mit der größten Herzlichkeit und in einem Englisch, als wäre es seine Muttersprache, sagte er: „Es tut mir außerordentlich leid, daß Sie infolge der Nachlässigkeit eines Dritten heute enttäuscht worden sind.“ — Ich — enttäuscht! Es benahm mir fast den Atem. Ohne abzuwarten, bis ich eine Antwort fand (ich glaube, er hätte recht lange warten müssen) fuhr Seine Majestät fröhlich fort: „Ich zweifle nicht, daß der Schaden sofort behoben wird, und morgen wird Ihre Maschine laufen können.“ Dann sah er sich die Maschine in aller Ruhe an und bemerkte: „Soviel steht fest: aussehen tut sie vorzüglich. Ich gedenke, die Ausstellung in einigen Tagen noch einmal mit mehr Muße zu besichtigen und werde Sie dann bitten, mir die Arbeitsweise zu erklären.“ Darauf drehte er sich um und ging wieder zur Königin und der Zug ging weiter, während ich stehen blieb, mit Stoff zum Nachdenken für eine ganze Weile versorgt. Ich hatte einen Gentleman kennen gelernt, einen Mann, der in einem äußerst kritischen Augenblick ohne jedes Bedenken mit so feinem Takt gehandelt hatte, daß man sehen konnte, er hegte in seinem Herzen nur freundliche Gesinnung gegen jedermann. Wäre seine Freundlichkeit nur eine äußerliche gewesen, sie wäre bei einer so schwierigen Gelegenheit entgleist. Beim Nachdenken über den Vorfall wurde mir klar, daß der König, als er stehen blieb und mich ansprach, nur einen Gedanken hatte: zu sagen, was er nur konnte, um mir das Gefühl der Enttäuschung und der tödlichen Verlegenheit zu benehmen. Offenbar war er davon unterrichtet worden, daß ich keinen Dampf bekommen konnte, und da nahm er sich die Mühe und kam eigens zu mir herüber und gab einem liebenswürdigen und anteilnehmenden Gefühl Ausdruck, das sich bei ihm in Wort und Tat äußern mußte, selbst einem Fremden gegenüber. Als ich am nächsten Tag nach England abreiste, nahm ich eine neue Anschauung über die „altersschwachen Monarchien" mit und bedauerte aufrichtig, daß ich Seine Majestät nicht wiedersehen sollte. —

Ein paar Bemerkungen über die portugiesischen Bauern sind vielleicht von Interesse. Von ihnen hatte ich keinen so vorteilhaften Eindruck, wie von ihrem König. Sofort nach meiner Ankunft wollte ich die Maschine ein paarmal herumdrehen lassen, um zu sehen, ob die Schieberbewegungen stimmten. Der Maschinist beauftragte damit ein paar Männer, die dort gerade herumstanden. Ihrer sechs machten sich ans Schwungrad, an jeder Seite drei und fingen anscheinend ganz ernstlich an zu ziehen. Es bewegte sich aber nicht. Erstaunt sah ich den Maschinisten an. „Ich will Ihnen gleich zeigen, woran es liegt," sagte der, schickte sie alle weg und drehte dann allein das Rad mit einer Hand herum. Dann erklärte er mir: „Ich wollte bloß mal, daß Sie selbst sähen, was die wert sind. Jeden Arbeiter mußten wir uns von England holen. Die Kerls stehen auf der Lohnliste und bringen ihre Zeit mit Lungern herum, — aber arbeiten wird der Portugiese doch nicht! Hier zu Lande tuen die Frauen alle Arbeit."

Die Ausstellungsgebäude lagen auf einer Hochebene über dem Douro, nach meiner Schätzung ungefähr 70 m hoch. Man wollte sie mit Rasenflächen umgeben. Doch bei der Hitze und dem leichten Boden konnte das Gras nur gedeihen, wenn es ständig bewässert wurde, und das machten sie so: ungefähr 400 Weiber und Kinder brachten in Tongefäßen auf ihrem Kopf Wasser vom Fluß herauf. Den ganzen Tag stieg diese Prozession den Berg hinauf und hinab und begoß die Erde. Sie ersetzten eine kleine Dampfpumpe und ein zweizölliges Rohr.

Ich war ohne Paß nach Portugal gereist. Unser kaufmännischer Teilhaber meinte, er wäre ganz unnötig. Er war selbst gerade von Oporto zurückgekommen und war auch ohne einen Paß hingefahren. Er hatte gefunden, daß dritthalb Schilling für den Zollinspektor bei Ankunft und Abfahrt durchaus genügten. Man ließ durchblicken, daß, wenn ich mir einen Paß verschaffte, mir die Gebühr von 21 sh nicht erstattet werden würde. So unterließ ich es, obgleich ich über London reiste und mir mit Leichtigkeit einen Paß von der amerikanischen Gesandschaft hätte verschaffen können.

Bei der Landung in Oporto öffnete mir das Dritthalb-Schillingstück das Königreich Portugal ohne weiteres. Herauszukommen war weniger einfach. Ich erfuhr, daß der Dampfer, mit dem ich aus London gekommen war, erst eine Woche oder noch später nach der Eröffnung der Ausstellung zurückfahren würde, und ich war ungeduldig, wieder heimzukehren. Eine Dampfschifflinie zwischen Liverpool und Buenos Ayres legte in Lissabon an, und ein Dampfer wurde in Richtung nach Liverpool etwa drei oder vier Tage nach der Eröffnung erwartet: ich entschloß mich also, mit diesem zu fahren. Am Morgen nach der Eröffnung wurde ich in aller Frühe durch ein Telegramm geweckt, das meldete, daß der Dampfer schon diese Nacht nach einer unerwartet schnellen Reise durch den Südatlantischen Ozean in Lissabon angekommen wäre und bereits am Abend nach Liverpool weiterfahren würde. Die Eisenbahn fuhr nur zweimal am Tage, und die einzige Möglichkeit, noch zur Zeit in Lissabon anzukommen, war, den 9-Uhr-Zug zu nehmen. Die Station lag auf einem Hügel jenseits des Douro. Nur eine Brücke führte über den Fluß, und die war beinah einen Kilometer stromaufwärts vom Hotel und der Station. Oporto erfreute sich noch nicht eines öffentlichen Fuhrwesens. Ich nahm mir also ein paar Jungens, die meinen Koffer zum Fluß hinuntertrugen, mich und ihn hinüberruderten und ihn bergauf zur Station schleppten. Zwei Minuten vor Abgang erreichte ich den Zug.

Als ich im Dampfschiffahrtsbureau in Lissabon mein Billet lösen wollte, wurde mir von dem äußerst liebenswürdigen englischen Angestellten mitgeteilt, daß es ihnen verboten sei, Personen ohne Paß ein Billet zu verkaufen. „Das wird Ihnen jedoch keine Schwierigkeiten machen," fügte er hinzu. „Die Gesandtschaft der Vereinigten Staaten ist in der zweiten Querstraße von hier. Ich will Ihnen den Weg zeigen, und Sie bekommen dort ohne weiteres einen Paß." Übrigens, wie konnte er mir den Amerikaner anmerken, und wieso wurde ich überhaupt immer für einen Amerikaner gehalten? Dies Rätsel habe ich nie gelöst.

Als wir bei der Gesandtschaft anklopften, machte ein Farbiger die Tür auf, der mir mitteilte, es wäre heute Festtag, und der Gesandte wäre zu einem Empfang im Schloß. (Auch das erstemal, daß ich von einem königlichen Empfang am Vormittag hörte!) Aber wenn ich um 3 Uhr wieder vorspräche, würde der Paß für mich bereit sein. Ich ließ also meine Karte da und versuchte, mir bis 3 Uhr so gut wie möglich die Zeit zu vertreiben.

Wie ich mich um diese Zeit wieder einstellte, wurde mir von demselben Schwarzen mitgeteilt, daß der Gesandte mir keinen Paß geben würde. Er sei beauftragt, mir zu sagen, der Gesandte kenne mich ja gar nicht; ich könnte ein Amerikaner sein, oder auch nicht: jedenfalls würde er mir nicht bestätigen, daß ich einer wäre. Ich wäre ohne Paß ins Land gekommen und sollte nur auch, soweit es an ihm läge, sehen, wie ich ohne einen wieder hinauskäme. Ich fragte, ob der Gesandte zu Hause wäre? „Jawohl, er ist zu Haus, aber er wird Sie nicht empfangen. Ich sollte Ihnen das bestellen.“ Und damit geleitete er mich höflich hinaus und machte die Tür zu.

Ich kehrte nach dem Dampfschiffsbureau zurück und berichtete meinem Freund dort mein Mißgeschick. Der ließ einen gedehnten Pfiff hören. „Sie nicht empfangen! Wozu ist er denn da? Er muß betrunken sein. Ja, ja, der ist betrunken!“ Er dachte einen Augenblick nach, und fuhr fort: „Wir müssen den Staatssekretär des Auswärtigen aufsuchen, ich kenne ihn gut, und er wird Ihnen sofort aus der Patsche helfen. Bitte warten Sie ein Weilchen, ich bin gleich fertig, meine Korrespondenz nimmt mich nur noch höchstens eine halbe Stunde in Anspruch, und dann nehme ich Sie mit zu seinem Bureau. Vertreiben Sie sich derweile die Zeit mit der ‚Times‘.“

Als wir an dem Bureau des Staatssekretärs ankamen, fanden wir die Tür verschlossen. „Ach“, sagte er, „ich habe ja ganz vergessen, es ist heute katholischer Feiertag, und die öffentlichen Bureaus sind geschlossen. Wir müssen nach seiner Privatwohnung gehen.“ Wir trafen den Sekretär zu Haus. Ich wurde vorgestellt und der Engländer trug meinen Fall vor, natürlich auf Portugiesisch. Im Verlauf seines Berichtes verfinsterte sich der Blick des Beamten. Jetzt wurde mir erst die furchtbare Schwere meiner Gesetzesverachtung klar. Je kleiner das Reich, desto schärfer die Etikette. Ich hatte ihre Gesetze mißachtet und ihren Beamten bestochen. Der Fall war ernst. In der Tat fand ihn der Sekretär so ernst, daß er allein die Verantwortlichkeit für seine Entscheidung nicht auf sich nehmen wollte, sondern zwei andere Räte Seiner Majestät zur Beratung holen ließ. Bis dieser Gerichtshof zusammen war, verging noch mal eine halbe Stunde. Ich hatte derweile Zeit, vor meinem geistigen Auge alle möglichen Bilder heraufzubeschwören, wie Gefangenschaft in einem Schloß auf unbestimmte Zeit und diplomatische Korrespondenz über den Fall, während mein Geschäft zu Hause zum Teufel ging.

Endlich kamen die Herren Räte an. Als sie das Zimmer betraten, wurde ich augenblicklich von einem von ihnen wiedererkannt. Er hatte den König gestern bei der Eröffnung der Ausstellung begleitet, woran die Last der Staatsgeschäfte oder irgendeine Intrigue den Staatssekretär verhindert hatte. Der Rat hatte sogar den Zug hinter dem Königspaar angeführt und war so Augenzeuge der gnädigen Gunstbezeugung des Königs gegen mich gewesen.

Er sagte ein paar Worte zum Staatssekretär, worauf sich im Nu das Blättchen wandte. Der Gerichtshof trat gar nicht erst zusammen; statt dessen herzliches Händeschütteln mit dem Mann, auf den der Strahl der königlichen Gnadensonne gefallen war.

Ich verließ meine Freunde mit einem Paß oder so etwas ähnlichem, machte die Schiffahrtsgesellschaft um 250 Mark reicher und hatte noch Zeit, vor Abfahrt des Dampfers ein schlemmerhaftes Mahl im Hotel einzunehmen. Ich war ja im Land der Oliven und aß nach Herzenslust von der ungewohnten Delikatesse. Infolgedessen war ich mein Diner schon wieder los, als das Schiff noch nicht mal ganz aus dem Tajo heraus war, und seitdem frage ich nicht mehr viel nach Oliven.

Voller Wut gegen den Gesandten der Vereinigten Staaten faßte ich den festen Entschluß, sofort nach meiner Ankunft in Manchester eine Beschwerde an unser Auswärtiges Amt einzureichen. Aber da gab es Wichtigeres zu tun, und ich kam dann davon ab. Aber ein paar Monate später las ich zu meiner größten Befriedigung, daß der Posten „Gehalt unseres Gesandten in Portugal“ im Repräsentantenhaus aus dem Budget gestrichen worden war.

Elftes Kapitel.

Schwierigkeiten mit der Maschine für Evan Leigh. Arbeitsschablonen aus den Whitworthwerken. Erster Auftrag für einen Regulator. Einführung des Regulators in Baumwollspinnereien. Erfindung meines Kondensators. Zusammenbruch der Firma Ormerod, Grierson & Co.

Die Maschine für Evan Leigh war bei meiner Abreise von England noch nicht ganz betriebsfertig gewesen. Als ich zurückkehrte, fand ich wider Erwarten eine Reklamation und eine äußerst gereizte Stimmung vor. Die Maschine war während meiner Abwesenheit in Betrieb gesetzt worden und lief gut, aber es stellte sich heraus, daß man kaum Wasser genug in die Kessel speisen konnte. Zwei Injektoren waren nötig und zwei Mann mußten ständig die Roste beschicken, und es war eine Stimme, daß die Maschine schuld war. Die Kessel waren zwei Harrisonkessel, von denen man sich einen großen Erfolg versprochen hatte. Sie bestanden aus gußeisernen Kugeln von 200 mm Lichtweite mit 75 mm weiten Verbindungshälsen. Je eine Reihe dieser Kugeln war auf einen Längsanker aufgefädelt, der sie zusammenhielt. Es war eine amerikanische Erfindung und deshalb hielten natürlich Mr. Luders (der sie in England einführte) und ich kameradschaftlich zusammen. Ich war recht enttäuscht. Mr. Leigh sprach ich damals noch nicht, hatte aber das Vergnügen, mit seinem Sohn zu verhandeln. Dieser feine junge Herr nannte mich auf gut angelsächsisch einen Lügner und Betrüger und versicherte mir, er würde schon dafür sorgen, daß ich keine weitere Maschine in England verkaufte. Er wüßte, daß es an den Kesseln nicht läge. Sein Freund, Mr. Hetherington, ein bedeutender Fabrikant von Spinn- und Webmaschinen, hätte die Agentur für diese Kessel übernommen, und der hätte lange Zeit einen Seite an Seite mit einem Lancashirekessel betrieben und beide hätten gleich gut gearbeitet. Schließlich teilte er mir noch mit, sie würden die Maschine so schnell hinauswerfen, wie sie nur eine andere bekommen könnten.

Ich indizierte die Maschine und gebe hier die aufgenommenen Diagramme wieder. Ich konnte an ihnen nicht viel Fehlerhaftes entdecken. Mr. Leigh sen. sah sie sich an, sagte nichts, aber handelte. Er ging zu einem Dampfkesselhändler und kaufte einen gebrauchten Lancashirekessel, lud ihn auf einen Wagen und fuhr ihn auf seinen Hof, wo er unter einem improvisierten Schuppen neben dem Kesselhaus aufgestellt wurde. Zwei oder drei Tage danach lieferte er den Dampf für meine Maschine — und alle Schwierigkeiten waren verschwunden. Dampf- und Kohlenverbrauch fielen auf genau den berechneten Betrag, und alle waren vergnügt, außer zweien: meinem Freund, Mr. Luders, der trotz der grausamen Enttäuschung für ihn niemals die Schuld auf mich wälzte, und Mr. Leigh jun., der mir

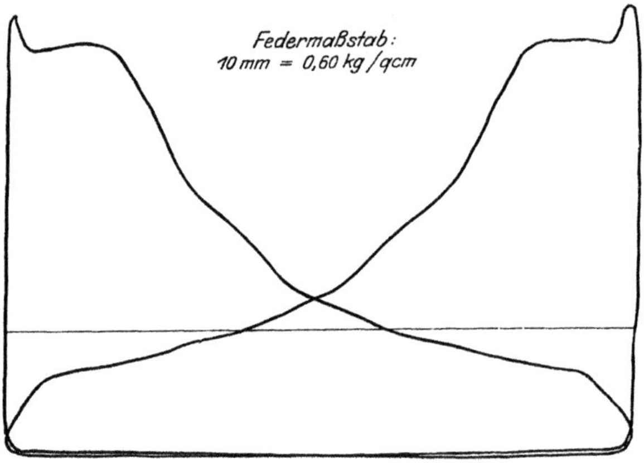

Diagramm der Maschine für Evan Leigh, Son & Co.

eine Abbitte schuldig war, zu der ihm die Charakterstärke fehlte. Man versuchte dann noch mehrmals mit allen möglichen Anstrengungen, die Harrisonkessel doch noch zu einem Erfolg zu machen, aber das Ergebnis war immer dasselbe, und man ging schließlich von ihnen ab.

Und schließlich hat dennoch die Schuld auf meiner Seite gelegen. Erst viel später ist mir das klar geworden, und es ist auch sonst niemandem eingefallen, nicht einmal denen, die an dem Kessel das allergrößte Interesse hatten. Mein Oberflächenkondensator war die Wurzel des Übels, und das war der oben angedeutete Grund, warum ich bis auf den heutigen Tag schmerzlich bedauert habe, daß ich ihn angewandt hatte. Das ganze Zylinderöl schwamm in die Kessel und sammelte sich dort an, wurde verseift und bildete einen Schaum, der den ganzen Kessel ausfüllte und verursachte, daß das Wasser mit dem Dampf in so großen Mengen überkochte, wie es nur gerade nachgespeist werden konnte. Ich habe mich immer gefragt, wieso die Maschine, die doch vertikal war, niemals am oberen Zylinderende durch das viele mitgerissene Wasser einen Wasserschlag ergeben hat. Die Erklärung hierfür ist aber schließlich doch ganz einfach. Beim Eintritt in den Schieberkasten fiel das Wasser größtenteils nach unten und nur wenig wurde in die oberen Kanäle mitgerissen. In dem Lancashirekessel machten sich die Schwierigkeiten mit dem Öl nicht geltend, und ich glaube, das war auf drei Gründe zurückzuführen: sein Wasserraum, seine dampfbildende Oberfläche und sein Dampfraum waren alle drei viel größer. Ich habe stets bedauert, daß ich dem Harrisonkessel nicht habe eine bessere Möglichkeit zur Entfaltung seiner Vorzüge bieten können, wie er sie etwa in Verbindung mit einem Düsenkondensator gehabt hätte.

Bei dem Diagrammpaar, das hier aus dem Katalog von Ormerod, Grierson & Co. abgedruckt ist, dürfte die niedrige Dampfspannung, nämlich kaum mehr als 2 Atm. Überdruck, auffallen. Das war der damals allgemein übliche Druck. Der Druck von 5,25 Atm. in den Ausstellungskesseln wurde denn auch von Mr. John Hick-Bolton als ein entscheidender Fortschritt gegenüber dem bestehenden Brauch bezeichnet.

Bei meinen Vorbereitungen zu der Fabrikation der Regulatoren in England machte ich zum erstenmal die Erfahrung, wie furchtbar wenig hinter dem Ruhm der Whitworthwerke steckte. Wir brauchten eiserne Arbeitsschablonen, genau solche, wie sie zuhause von Mr. Pratt für mich ausgeschnitten worden waren. Die Matrizen für diese Radschablonen wurden nach meiner Ankunft in Manchester sobald als möglich abgedreht und zum Ausschneiden an die Whitworthwerke gesandt. Zunächst sah es aus, als sollten wir sie überhaupt nicht wiederbekommen. Schließlich, nach wiederholtem Anmahnen, kamen die Schablonen. Man holte mich in die Werkstatt hinunter, ich sollte sie mir ansehen. Sie waren dem besten Monteur übergeben, den wir hatten, der nebenbei gesagt Swedenborgischer Prediger war und jeden Sonntag predigte. Der Meister meinte, er hätte sie diesem Manne übergeben, um zu sehen, ob überhaupt etwas mit ihnen anzufangen sei, und er hätte gedacht, ich sollte sie mir erst einmal ansehen, bevor der Mann dranginge. Ich traute meinen Augen kaum; sie stimmten weder vorn noch hinten. Die Lücken und die Zähne waren so verschieden, daß derselbe Zahn für die einen Lücken zu klein war und in die andern nicht hineingezwängt werden konnte; einige waren einseitig zu dick oder zu dünn. Sie waren alle durchweg schlecht und zeigten alle Arten Fehler. Wir entschlossen uns schließlich, soviel aus ihnen zu machen, wie wir konnten, und unser sorgsamer Schlosser arbeitete mehr als zwei Tage an ihnen herum, um sie halbwegs brauchbar zu machen.

Der erste Regulatorauftrag, der hereinkam, war der einzige, bei dem ich mich je habe als geschlagen bekennen müssen. Ich fuhr hin und sah mir die Maschine an. Es war eine ganz gehörige Balanciermaschine mit Kondensation von Ormerod, Grierson & Co., die in einem Rohr, das zwei Telegraphenbureaus in Manchester verband, ein Vakuum aufrecht erhalten mußte und nach dem Entwurf und den genauen Angaben des Ingenieurs der Telegraphengesellschaft gebaut war. Die Maschine hatte buchstäblich keine Belastung. Eine kleine Dampfluftpumpe, die zwei Männer auf einen Tisch stellen können, wäre gerade passend für diesen Zweck gewesen. Sie konnten den Dampfdruck und die Tourenzahl gar nicht niedrig genug halten. Nach Besichtigung berichtete ich, daß wir daran auch nichts ändern könnten.

Die Gepflogenheit zu bauen, was nur ein Kunde bestellen mag, und sich um die Folgen nicht zu kümmern, lernte ich an folgendem eigentümlichen Beispiel zum erstenmal kennen. Ich sah, wie man in der Kesselschmiede einen seltsam aussehenden Kessel herstellte. Als ich mich erkundigte, wofür er bestimmt sei, erzählte mir der Meister, sie machten diesen Kessel für einen Baumwollspinnereibesitzer nach dessen eigener Idee. Er bestand aus zwei Kesseln, von denen der eine in den andern hineingebaut war. Der Besitzer beabsichtigte, in dem äußeren Kessel Dampf von gewöhnlicher Spannung und im inneren solchen von doppelter Spannung zu erzeugen, so daß dann der innere Kessel nur die halbe Beanspruchung erführe, als seinem Drucke eigentlich entsprach.

Ich fragte nachher den Oberingenieur, warum sie denn dem Mann nicht erzählten, daß er nicht auf den beiden Seiten eines und desselben Blechs Dampf von zwei verschiedenen Temperaturen halten könnte. Der antwortete nur: „Weil wir es einträglicher finden, uns mit unsern Kunden nicht in Diskussionen einzulassen. Das ist seine eigene Erfindung. Hätten wir ihm erzählt, sie tauge nichts, hätte er uns nicht geglaubt, sondern hätte ihn wo anders bauen lassen."

Wohl die merkwürdigsten Erfahrungen, die ich je gemacht habe, sammelte ich bei den Versuchen, den Regulator in den Baumwollspinnereien einzuführen. Wir lagen ja mitten in einem gewaltigen Verbrauchsgebiet und durften auf reichliche Aufträge rechnen. Aber jedesmal war es dasselbe Lied: wenn mich so ein Baumwollkönig empfing, hörte er sich ruhig an, was ich zu sagen hatte, um ihn für meinen Plan zu gewinnen, und brachte die Unterredung mit der

Frage zum jähen Ende: „Schön, haben Sie schon einen Regulator in einer großen Baumwollspinnerei laufen?" Antwortete ich dann in verneinendem Sinn, so bekam ich meine verabschiedende Verbeugung. Ich hatte gleich zuerst von Titus Salt & Son in Saltaire einen Auftrag auf zwei große Regulatoren bekommen, aber das machte auf einen Baumwollspinner gar keinen Eindruck, denn das waren Alpaka-Fabrikanten.

Am merkwürdigsten ist aber die Geschichte, wie ich den Regulator nun schließlich doch bei den Baumwollspinnereien einführte, wo er hernach ganz allgemein in Aufnahme kam. Eine Spinnerei hatte alle Augenblicke Betriebsstörungen, weil der Regulator immer in Stücke flog. Als sie mal wieder dies Mißgeschick gehabt hatten, dachten sie, man könnte es ja mal mit einem von meinen Regulatoren probieren. Nach einer Woche flog der auch in Stücke. Darauf sah ich mir die Maschine an. Der Grund aller Schwierigkeiten war auf den ersten Blick zu sehen. Das Schwungrad saß auf der zweiten Getriebewelle, die mit der doppelten Geschwindigkeit der Hauptwelle lief, und die Zahnübertragung zwischen beiden machte einen Lärm, daß man taub werden konnte. Der Regulator wurde durch Zahnräder angetrieben. Von den auf den Regulator übertragenen Schwingungen mußten die Arme bald geschwächt werden. Ich sprach den Sohn des Hauptteilhabers und erklärte ihm die Ursache, warum jeder Regulator, den sie probiert hatten, zu Bruch gegangen wäre, und gab ihm den Rat, den Regulator mit einem Riemen anzutreiben. Das sei das einzige, aber zuverlässige Gegenmittel. Daran könne auch nicht einen Augenblick gedacht werden, meinte er. Ich hielt ihm vor, er wisse doch selbst, daß ein Regulator nicht halten könne, wenn er in irgendeiner anderen Weise angetrieben würde, und daß hunderte von meinen Regulatoren mit Riemen angetrieben würden, und daß sich dieser Antrieb in jedem einzigen Fall vollkommen bewährt hätte. „Aber," wandte er ein, „wenn nun der Riemen abgleitet?" „Da kann auch nichts Schlimmeres passieren, als wenn der Regulator in Stücke fliegt." Nachdem er noch eine gute Zeit mit Hin- und Herreden verschwendet hatte, schlug er vor: „Na, wir wollen das noch lassen, bis mein Vater nach Hause kommt, der ein paar Tage verreist ist." „Nein," sagte ich, „wenn ich schon einen jungen Mann nicht überzeugen kann, versuche ich es gar nicht erst bei einem alten." Schließlich rang ich ihm durch das Zugeständnis aller nur denkbaren Vorsichtsmaßregeln gegen das Abgleiten des Riemens seine Einwilligung ab und baute den Regulator mit kürzester Lieferfrist an, wobei ich den Riemen persönlich zusammenfügte, um ganz sicher zu gehen, daß er nach amerikanischer Manier überlascht und gesteppt war.

Mehr als drei Jahre später, zwei Tage vor meiner Abreise nach Hause, traf ich diesen Herrn auf der Highstreet in Manchester. Es war während der Pfingstfeiertage, und die Straße war beinah leer. Er kam zu mir herüber, streckte schon von weitem beide Hände aus und schüttelte die meine herzlich. „Wissen Sie auch," rief er, „daß wir unsere Produktion um 10% haben vermehren können und nicht mehr halb so viel Fadenbrüche haben wie früher? — Und alles nur wegen des Riemens!"

In England begann sich um diese Zeit eine ganz ausgesprochene Tendenz zum Ersatz der Balanciermaschine durch die liegende Maschine geltend zu machen. Das war für die Einführung der Allen-Maschine günstig. Das einzige, was ihr noch zu einem vollen Erfolg fehlte, war die unmittelbare Verbindung mit einem Einspritzkondensator. Niemand glaubte, daß man eine Luftpumpe bei 150 Touren erfolgreich betreiben könnte. Diese Aufgabe mußte jedoch gelöst werden, wenn ich überhaupt auf eine nennenswerte Verbreitung der Schnelläufermaschine rechnen wollte. Ich war im Geiste unablässig mit dieser Frage beschäftigt. Als ich aus Oporto zurückkehrte, hatte ich den Entwurf zu diesem Kondensator fertig im Kopf und ging sofort daran, ihn in Zeichnungen umzusetzen. Niemals ist von dieser ersten Konstruktion meines Kondensators abgewichen worden, die ich damals in Verbindung mit meiner Maschine auf der bevorstehenden Pariser Weltausstellung von 1867 ausstellen wollte und auch schließlich in der Tat ausstellen konnte, wenn auch unter ganz anderen und unverhofften Umständen.

Die Wirkungsweise dieses Kondensators ist aus dem nebenstehenden Querschnitt ausreichend klar ersichtlich. Ein hohler Plunger, der nicht mehr wog als das Wasser, das er verdrängte, lief durch eine Stopfbüchse am vorderen Ende der Kammer und war mit der verlängerten Kolbenstange der Dampfmaschine gekuppelt. Er bewegte sich inmitten eines Wasserraums, dessen Spiegel beim Rückgang des Plungers fiel und beim Vorwärtsgang stieg. Eine ruhige Wasserbewegung war durch drei Hilfsmittel gesichert: erstens stand die Bewegung des Plungers unter dem unmittelbaren Einfluß der Maschinenkurbel, begann und endete also ganz sanft. Zweitens entsprach dem 600 mm großen Hub des Plungers ein Steigen oder Fallen des Wasserspiegels um nur etwa 25 mm. Drittens war das Ende des Plungers zugespitzt — was man natürlich in dieser Schnittzeichnung nicht sehen kann — so daß er in das Wasser überall ohne Stoß eindrang und es ebenso verließ. Sowohl der Kondensator wie auch der Warmwassertank lagen oberhalb der Kammer, in der der Plunger arbeitete.

Die Schwierigkeit lag darin, zu erreichen, daß der Plunger nur ganz luftfreies Wasser verdrängte, da die Expansion von Luft beim

Rückhub den Wirkungsgrad der Luftpumpe verringert hätte. Zu diesem Zweck mußte verhindert werden, daß die Luft sich mit dem Wasser mischte, und es war weiter nötig, daß zuerst die Luft in den Warmwassertank befördert wurde. Dies wurde durch zwei Mittel erreicht:

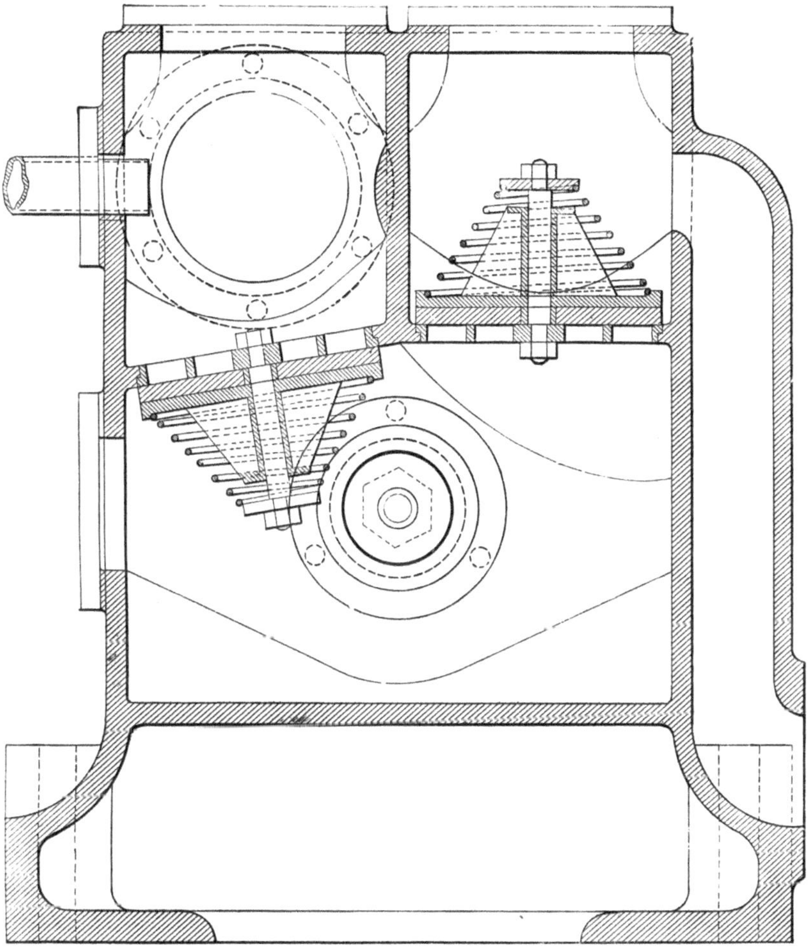

Kondensator und Luftpumpe, Konstruktion Porter. (Querschnitt.)

erstens dadurch, daß ich den Kondensator sowohl wie den Warmwassertank über die Luftpumpenkammer setzte, wie schon bemerkt, und zweitens dadurch, daß ich den Boden des Kondensators schräg machte, so daß das Wasser an der von dem Warmwassertank am weitesten entfernten Stelle des Einlaßventils eintrat, während die Luft an der gegenüberliegenden Seite hereinkam. Auf diese Weise blieb die Luft immer über dem Wasser, und wenn letzteres sich hob, so drückte es die Luft bis zu den Druckventilen heraus vor sich her. Mit großer Sorgfalt wurden Lufttaschen vermieden, so daß ich sicher sein konnte, daß bei jedem Hub zuerst die Luft durch die Druckventile gepreßt wurde, darauf ein Gemisch von Luft und Wasser, sofern sich ein solches überhaupt bildete, und schließlich luftfreies Wasser, so daß der volumetrische Wirkungsgrad ein Maximum war.

Ich habe einen Freund, der mich oft mit einer Haltung gefragt hat, die zeigte, er sei überzeugt, seine Frage könne nicht beantwortet werden: „Wie können Sie überhaupt wissen, daß eine Sache geht, bevor Sie sie ausprobiert haben?“ Hier in diesem Falle wußte ich aber doch, daß dieser Kondensator bei hohen Tourenzahlen arbeiten würde, ehe ich ihn ausprobiert hatte. Der Erfolg gab mir recht, und jeder Ingenieur konnte ja sehen, daß er funktionieren mußte. Das einzige, was ich mich fragte, war, ob die Federn hinter den Druckventilen unentbehrlich seien. Diese Frage ließ sich nur durch den Versuch entscheiden und war auch sehr bald geklärt. Bei der Tourenzahl der Maschine verbesserten leichte Federn das Vakuum um rund $^1/_{10}$ Atm., womit erwiesen war, daß ohne sie die Ventile nicht rechtzeitig schlossen.

Die folgende wichtige Einzelheit darf nicht übersehen werden. Die Gummischeibenventile waren durch gußeiserne Platten versteift, die sehr wirksam vorbeugten, daß die scharfen Ränder der Bronzesitze in sie einschnitten oder sich auch nur auf ihnen markierten. Die Platten waren gegen Rohre gestützt, die, wie abgebildet, in ihrer Mittelachse standen. Hierdurch wurde eine lange Führung an den Bolzen erreicht und durch eine Fortsetzung der Rohre auf den Unterseiten der Platten wurden die Gummiventile in der richtigen Lage gehalten, ohne einem Verschleiß unterworfen zu sein. Die Rohre begrenzten zugleich oben den Ventilhub. Die Ventilkammern waren lang und schmal und boten Platz für drei Einlaß- und drei Auslaßventile. Der Wasserstrahl traf die gegenüberliegende Wand so kräftig, daß die ganze Kammer mit Sprühwasser erfüllt war.

Als die Entwürfe für diesen Kondensator vollendet waren und die Maschine für Evan Leigh das Feld behauptet hatte, fühlte ich, daß der Schnelläufermaschine der Erfolg sicher war, und traf Vorsorge für eine schnell zunehmende Nachfrage nach diesen Maschinen. Wir gaben einen illustrierten Katalog unserer Normalgrößen heraus, in den ich auch den Kondensator mit aufgenommen hätte, wenn nicht die Firma entschieden hätte, daß es besser sein würde, damit zu warten, bis er der Maschine ganz gleichwertig als vollendete Tatsache zur Seite stände.

Plötzlich kam wie ein Blitz aus heiterem Himmel die Mitteilung, daß Ormerod, Grierson & Co. in Schwierigkeiten wären, ihre Zahlungen eingestellt, ihre Bücher einer Treuhandgesesellschaft übergeben und ihre Gläubiger versammelt hätten, und ihre Fabrik wurde geschlossen. Einige ihrer riesigen Kontrakte waren Fehlschläge gewesen. Ich hatte in meinem Vertrag mit ihnen die Klausel, daß im Falle ihres Bankrottes ihre Lizenz auf meine Erfindung erlosch; sonst wäre sie wohl mit in die Konkursmasse gegangen.

Zwölftes Kapitel.

Fühlungnahme mit den Whitworth-Werken. Charakterskizze Whitworths. Erfahrungen mit den Whitworth-Werken. Unser Abkommen, das niemals zum Vertrag wurde. Erste Antriebsmaschine in England mit Riemenkraftübertragung.

Ich erwog noch bei mir selbst, was ich nun anfangen sollte, als ich einen Brief von Mr. W. J. Hoyle, dem kaufmännischen Direktor der Whitworth-Gesellschaft, erhielt, in dem er anfragte, ob ich durch die Geschichte mit Ormerod, Grierson & Co. irgendwie in Mitleidenschaft gezogen wäre, worauf ich eine beruhigende Antwort geben konnte. Mr. Hoyle war mir damals ganz fremd. Es stellte sich dann heraus, daß er ursprünglich reiner Dampfmaschineningenieur gewesen und als Autorität zu den Abnahmeversuchen an einer meiner Maschinen hinzugezogen worden war, die wir für einen Fabrikbesitzer in Bradford gebaut hatten. Er hatte einen sehr günstigen Eindruck von der Maschine bekommen, so günstig, daß er sich entschloß, der Sache näherzutreten. Er war erst seit kurzer Zeit bei der Whitworth-Gesellschaft und ganz überrascht, wie wenig ihre Werkzeugmaschinenabteilung zu tun hatte. Als er dann nach Prüfung der Maschine in Bradford von der Betriebseinstellung bei Ormerod, Grierson & Co. hörte, kam es ihm in den Sinn, daß es für seine Gesellschaft gerade das geeignete wäre, diese Maschinen zu fabrizieren. Nachdem er meine Antwort auf seine Voranfrage erhalten hatte, gelang es ihm, Whitworth auf einer Reise von London nach Manchester mal in Ruhe zu sprechen: „Da konnte er mir nicht davonlaufen", erzählte er mir später einmal. Er unterbreitete ihm den Plan und beschwatzte ihn. Unmittelbar darauf wurde ich eingeladen, mit Mr. Whitworth in seinem Bureau zusammenzutreffen, und hiermit begann für mich nach meiner festen Überzeugung eine der merkwürdigsten Erfahrungen, die je ein Mensch gemacht hat.

Im Verlauf unserer ziemlich langen Unterredung, die in dem Abschluß eines mündlichen Vertrages gipfelte, sprach Whitworth ganz offen zu mir und machte mir ein paar erstaunliche Mitteilungen. So gestand er z. B. ganz offen, daß er alle andern Werkzeugmaschinenfabrikanten in der Welt in zwei Klassen teilte; die einen kopierten ihn, ohne ihn deshalb anzuerkennen, und die andern besäßen die Selbstüberhebung, sich einzubilden, daß sie es besser könnten als er. Seine Gefühle gegen alle beiden Gruppen machten ihm aber offenbar das Leben auch nicht leichter. Eine andere Äußerung, die ich ohne mit der Wimper zu zucken mit anhörte, war, daß er schon lange den Plan mit sich herumtrüge, der Welt die vollkommene Dampfmaschine zu schenken, „d. h. eine Maschine," erklärte er, „die alle die wesentlichen Grundzüge in sich vereinigt, auf die die Dampfmaschinenbauer früher oder später einmal kommen müssen." Dieser Plan hätte aber notgedrungen in den Hintergrund treten müssen, so lange er damit beschäftigt wäre, sein neues Schießwaffensystem zu entwickeln; er wäre jetzt aber der Vollendung dieses Werkes nahe und würde dann imstande sein, sich jenem Plan zu widmen.

Es ist wohl am besten, ich verweile hier einen Augenblick und schreibe meine persönlichen Eindrücke von Whitworth nieder. Er war in jeder Beziehung ein phänomenaler Mann. Als Ingenieur oder besser: als Werkzeugmaschinenbauer beschäftigte er sich mit allen grundlegenden Maschinenelementen und konstruktiven Aufgaben. Er durchdachte alles, was in seinem Felde und in der Reichweite seiner Gedanken lag, und war stets noch begierig, sich neue Arbeitsfelder zu erobern. Lange noch nach der Periode seines Lebens, von der ich jetzt spreche, schloß er seine lange und wunderbare Laufbahn durch zwei Geschenke ab, die er der Welt gab: die hohle Maschinenwelle und das Verfahren des Schmiedens mittels der hydraulischen Presse. Damals war er voller Zuversicht, daß alle Nationen seine neuen Schießwaffen einführen würden. Er hatte einen ungeheuren Schritt vorwärts getan. Vom Bogenschuß, der für genaues Zielen nicht geeignet war und eine hohe Flugbahn hatte, war er zum Flachschuß mit schneller Rotation des fliegenden Geschosses und vergleichsweise flacher Flugbahn übergegangen. Diese Schüsse konnten wirklich das Ziel treffen und noch in Abständen von einigen Kilometern durchschlagen. Diese Grundzüge der modernen Ballistik haben somit Whitworth zum Urheber. Alle seine anderen Gedanken sind überflügelt worden, aber sein rotierendes Geschoß mit ogivaler Spitze wird bestehen bleiben, bis die Völker das Kriegshandwerk nicht mehr treiben, ein Zeitalter, von dem wir in der allmählichen Entwickelung menschlicher Kultur nicht mehr fern sein können. Doch noch bevor ich England verließ, hatte er seine artilleristischen Pläne in bitterster Enttäuschung aufgegeben. Er war auf den englischen Beamtengeist gestoßen. Einstimmig hatten die großen Lichter des Kriegs- und Marineministeriums entschieden, daß England nicht Genauigkeit des Zielens und Durchschlagskraft auf weite Entfernungen brauchte, sondern vernichtende Wirkung im Nahkampf. Hierfür ist der amtliche Beleg in den Verhandlungen des Unterhauses aus dem Jahre 1868 zu finden, es ist also erst 39 Jahre her. Man denke!

Whitworth war nicht bloß das eigenartigste technische Genie, das jemals lebte, er war auch ein Egoist im größten Maßstab. Stets konnte man ihm anmerken, daß seine Grundanschauung die war, daß er der Welt nicht nur alles gelehrt hatte, was sie technisch verstand, sondern alles, was sie je würde verstehen können. Seine Wut gegen Werkzeugmaschinenbauer, die Verbesserungen an seinen Vorrichtungen erdacht hatten, war äußerst spaßhaft mit anzusehen. Er machte keinen Unterschied zwischen Grundgedanken und Ausführungseinzelheiten. Von seinen Angaben durfte auch nicht in einem einzigen Punkte abgewichen werden. Niemand in seiner Fabrik wagte zu denken. Diese seine Veranlagung war erst kurze Zeit, — weniger als ein Jahr —, bevor ich hinkam, in einem krassen Beispiel zum Ausdruck gekommen. Er hatte keine Kinder. Seine nächsten Verwandten waren zwei Neffen, W. W. und J. E. Hulse. Letzterer war Werkzeugmaschinenfabrikant in Salford. W. W. Hulse war Whitworths Oberingenieur und hatte 24 Jahre mit ihm gearbeitet, lange Zeit sogar als sein Teilhaber unter der Firma Joseph Whitworth & Co. Erst neuerdings war das Geschäft unter dem Namen „Whitworth-Company" in eine Kommanditgesellschaft umgewandelt worden und Mr. Hulse wurde technischer Generaldirektor.

Whitworth erkrankte, und eine Zeitlang wurde an seinem Aufkommen gezweifelt, und jedenfalls dachte niemand, daß er, selbst wenn er sich wieder erholte, jemals imstande sein würde, seine Werke wieder aufzusuchen. Mr. Hulse, froh, den verhaßten Zwang los zu sein, machte sich während Whitworths Abwesenheit daran, ein paar dringend nötige Verbesserungen an ihren Werkzeugmaschinen vorzunehmen, so z. B. den Tisch ihrer Shaping-Maschine zu verstärken, um eine Durchbiegung beim Schneiden zu verhindern. Zu allgemeinem Erstaunen wurde Whitworth wieder gesund und erschien nach mehr als sechsmonatlicher Abwesenheit wieder in der Fabrik. Er ging durch die Werkstatt, bemerkte die gemachten Veränderungen, ließ Mr. Hulse kommen, entließ ihn auf der Stelle und ließ alles wieder in den ursprünglichen Zustand zurückversetzen.

Aber nun zurück zu meinen eigenen Erlebnissen. Seit Whitworth in seinen artilleristischen Erfindungen aufgegangen war, hatte er der Werkzeugmaschinenfabrikation nur noch oberflächliche Aufmerksamkeit geschenkt. Mr. Hulses Nachfolger war ein Mann namens Widdowson geworden, dessen einzige Qualifikation für seinen Posten seine kriechende Unterwürfigkeit vor Whitworth war.

Meine Zeichnungen und Modelle waren von der Whitworth-Company angekauft worden, und ich wurde mit einem Zeichner in einem besonderen Bureau untergebracht und traf Anstalten, sofort eine 300 × 600-mm-Maschine für die Pariser Weltausstellung in Angriff zu nehmen, auf der Ormerod, Grierson & Co. sich einen Stand gesichert hatten. Die Zeichnungen dafür waren bereits fertig, und, wenn ich mich recht erinnere, die Modelle auch. Während ich meine Sachen einordnete, kam Mr. Widdowson auf mein Bureau und sagte mit einem sehr wichtigen Gesicht: „Sie müssen aber berücksichtigen, daß wir hier nach dem Dezimalsystem arbeiten und alle Zeichnungen dem zu entsprechen haben.“ Ich nahm diesen Befehl ganz sanftmütig hin, und wir machten uns an die Arbeit, unsere Zeichnungen alle nochmal zu machen, lediglich zu dem Zweck, ihre Maße aus 2^{-n}ten in 10^{-n}te Zolle umzuwandeln. Es waren natürlich eine ganze Menge Werkzeichnungen von Einzelteilen dabei, und diese nochmal zu machen, — und zwar mit der peinlichen Sorgfalt, die bei diesem Übergang in ein ungewohntes Maßsystem erforderlich war, — und sie zu pausen und aufzuziehen, dauerte beinahe drei Wochen. Als wir fertig waren, brachte ich die Rolle Pausen in Mr. Widdowsons Bureau. Er war nicht da, und ich ließ sie für ihn zurück. Etwa eine Stunde darauf kam er mit den Zeichnungen in mein Bureau, pustend und schnaubend. Er war ein untersetzter Mann, und das Treppensteigen brachte ihn außer Atem. Als er sich wieder erholt hatte, stieß er hervor: „Können wir nichts mit anfangen. Haben in der ganzen Werkstatt kein Dezimalkaliber.“ „Sie haben mir ausdrücklich befohlen, meine Zeichnungen nach dem Dezimalsystem zu machen.“ „Deibel auch, ich meinte Halbe, Viertel usw., bloß in Dezimalen geschrieben.“ Die ganze Arbeit und die ganze Zeit waren also weggeworfen, und wir mußten abermals einen neuen Satz Pausen von den Zeichnungen machen, die ich mitgebracht hatte, um die Maße in Dezimalen einzuschreiben. Er erzählte mir später, daß Whitworth die Kaliber, als er ihre Fabrikation aufnahm, zunächst in Dezimalteilen des Zolles herstellte, da er sich einbildete, daß dies eine bessere Teilung wäre, als die fortgesetzte Zweiteilung, und weil er annahm, daß sein Einfluß groß genug wäre, um die Änderung durchzudrücken. Aber niemand wollte seine Kaliber kaufen. Er mußte sie deshalb wieder abschaffen und fabrizieren, was die Leute brauchten. „Und jetzt gibts überhaupt keine Dezimalkaliber in der ganzen Welt,“ schloß Mr. Widdowson. Auch Whitworth konnte also irren, und ich fand, daß das noch nicht sein schlimmster Irrtum war.

Während auf diese Weise die Zeit verschwendet wurde, trat die Frage der Regulatorenfabrikation an uns heran. Whitworth war dafür, erst mal einen an seiner eigenen Betriebsmaschine zu probieren; wir kauften also einen von Ormerod, Grierson & Co. Mr. Widdowson ließ mich bitten, in die Werkstatt hinunterzukommen und mir meinen Regulator anzusehen. Er arbeitete, wie ich ihn schon früher hatte arbeiten sehen, nämlich mit tanzendem Gegengewicht, das für jede ganze Riemenrunde zweimal hüpfte. „Glatter Mißerfolg; sehen Sie selbst!“ sagte Mr. Widdowson, „und ich habe noch dazu einen neuen Riemen für ihn auflegen lassen.“ Ich sah hier eine Gelegenheit, eine interessante Beobachtung zu machen, und bat ihn, doch mal einen alten Riemen zu nehmen und es mit dem zu versuchen. Das tat er und überlappte die Enden wieder ungefähr 450 mm nach der allgemeinen englischen Sitte, die ich schon längst als eine Unsitte erkannt hatte. Wie ich vorher wußte, war die Arbeitsweise um nichts gebessert. Darauf schnitt ich die Lasche weg, schrägte die Riemenenden ab und versteppte sie nach der amerikanischen Art, und eins, zwei, drei war alles gut. Der Regulator verharrte bewegungslos und schwebte nur langsam auf und nieder, wenn stärkere Belastungswechsel eintraten. Whitworth war sehr entzückt und ging sofort an die Fabrikation aller Größen.

Er machte auch die schon erwähnte Änderung und ersetzte die Urnenform des Gegengewichts durch eine halbkugelige. Bei dieser Gelegenheit predigte er mir folgendes Dogma: „Niemand bringe mir einen Maschinenteil, für dessen Form er mir keinen konstruktiven Grund angeben kann.“ Aber selbst Zeus macht bisweilen ein Nickerchen. Whitworths hatten in Paris eine große Nutenstoßmaschine auszustellen. Die Form des Ständers paßte Whitworth nicht ganz. Er ließ das Modell in der Montagehalle aufstellen und an die Seite ein Brett nageln, das nach seinen Angaben profiliert wurde. Eine Woche lang kam er jeden Tag und sah sich's an und ließ hier oder dort eine Linie abändern. Schließlich war es nach seinem Sinn geraten, das Modell wurde entsprechend abgeändert und neu abgegossen. Das Gußstück wurde in der Werkstatt aufgestellt, und ich war zufällig gerade dabei, als er kam, es sich anzusehen. „Sieht aus wie ein Pferd, dem die richtige Kopfhaltung beigebracht ist,“ sagte er. „Konstruktiver Grund,“ dachte ich, meiner Lektion eingedenk. Als die Nutenstoßmaschine fertig war, wurde sie in der Werkstatt probiert, und es stellte sich heraus, daß die Rückseite des Ständers sich durchbog. Der Stahl ederte ab und ging um die Ecke. Whitworth hatte das Modell verschnitzelt und verdorben. Es wurde nicht nach Paris gesandt, sondern in Stücke gebrochen.

Mein Versuch mit dem Regulator hatte den Beweis für die Minderwertigkeit der englischen Riemenverbindung erbracht. Jede Maschine im ganzen Land, sei es Werkzeugmaschine oder mechanischer Webstuhl oder Spinn- oder Zwirnmaschine, was nur immer mit Riemen getrieben wurde, hielt jedesmal in seinem Lauf inne, wenn die Riemenlasche über eine Riemenscheibe lief und verlangsamte sich genügend, um meinen Regulator zu völligem Zusammenklappen der Schwunggewichte zu bringen, wenn er die gleiche Bewegung mitmachte — und niemand hatte je diese Unregelmäßigkeit beachtet!

Ich glaubte schließlich, sie würden bei Whitworth überhaupt nicht mehr so weit kommen, daß sie an meine Maschine herangingen. Zunächst ordnete Mr. Widdowson an, daß jedes Guß- und Schmiedestück, ob groß oder klein, in der Werkstatt sein mußte, bevor eins von ihnen bearbeitet würde. Als das schließlich der Fall war, sah ich eine Anzahl Leute damit beschäftigt, Blechschablonen von all und jedem Teil anzufertigen. Ich sah sogar einen die Gewindegänge in den Rand einer Schablone für eine $^3/_8$ zöllige Schraube feilen! Als sie alle fertig und gestempelt waren, was eine ganze Woche dauerte, wurde mit großer Feierlichkeit an allen Stücken gleichzeitig die Arbeit begonnen.

Ich ging in die Werkstatt, um zu sehen, was vor sich ging. Das erste, was meine Aufmerksamkeit erregte, war der Schieberkasten, der damals getrennt vom Zylinder ausgeführt wurde. Ein Arbeiter — wie ich später erfuhr: ihr bester Monteur — war damit beschäftigt, die Vertiefungen für die Auslaßschieber anzureißen. Ich sah keine Achse vorgerissen und fragte ihn, wo sie wäre. Von so etwas hatte er noch nie gehört. „Von wo aus messen Sie denn aber?" „Von der Seite des Gußstücks aus." Ich machte ihn nun auf die Achse auf der Zeichnung aufmerksam, auf die alle Maße bezogen seien und erklärte ihm das alles. Er machte einen sehr intelligenten Eindruck und stellte unter meiner Anleitung den Schieberkasten auf einen Anreißtisch, riß einen Umriß an und legte eine Achse quer durch und riß dann alles nach diesen Rissen an. Als ich wegging, konnte er es schon ganz schön. Eine Stunde später guckte ich wieder mit vor. Da machte er es wieder nach der alten Manier. Auf meine Frage erklärte er mir, sein Meister wäre darüber zugekommen und hätte gemeint, die Werkstatt ginge mich gar nichts an, und er hätte hier zu befehlen, und er sollte seine Arbeit zu Ende machen, wie er sie angefangen hätte.

Ich antwortete nichts, sondern ging schnurstracks auf Mr. Hoyles Bureau und fragte ihn, ob er wüßte, was sie in der Werkstatt machten. Er lächelte ein bischen und sagte: „Ich vermute, sie machen Ihnen nun endlich Ihre Maschine.“ „Nein, das tun sie nicht.“ „Was machen Sie denn?“ „Schrott.“ „Was wollen Sie damit sagen?“ Ich schilderte ihm die Lage. Er setzte den Hut auf und ging mit den Worten hinunter: „Das muß ich selbst sehen.“

Ein paar Stunden später ließ er mich kommen, um mir folgendes zu berichten: „Ich bin durch die ganze Fabrik gegangen und habe alles gesehen, was sie machen. Es ist alles über einen Leisten. Ich habe eine lange Unterredung mit Mr. Widdowson gehabt und muß Ihnen zu meinem Bedauern bekennen, daß wir Ihre Maschine nicht bauen können; wir verstehen es nicht. Anscheinend verträgt sich die Fabrikation mit unserer ganz und gar nicht. In unserer Fabrik hat man nicht das nötige Verständnis für die Bedürfnisse des Dampfmaschinenbaus. Niemand weiß die Sache recht anzufassen. Ich habe die Arbeit daran einstellen lassen und möchte Ihre Meinung hören, wie wir einen Ausweg finden?“ Ich bat ihn um Bedenkzeit bis zum nächsten Morgen.

Dann suchte ich ihn auf und schlug ihm vor, er sollte mir die Erlaubnis geben, einen geschickten Lokomotivmonteur anzustellen, der gleichzeitig konstruktive Vorbildung besaß. Es sollte dann eine besondere Abteilung für Dampfmaschinen und Regulatoren geschaffen werden, an deren Spitze dieser Mann träte. Er sollte sie leiten, ohne daß ihm jemand hereinreden dürfe. Dieser Vorschlag fand freudige Zustimmung. Ich fand auch einen jungen Mann, Mr. John Watts, der, wie sich zeigte, ganz der richtige Mann für die Stellung war. Eine Woche später waren wir unter Mr. Watts Leitung in Betrieb und die Maschine war gerettet. Aber was hatte der arme Kerl für ein schweres Leben! Es wurde ja so ziemlich alles falsch gemacht. Es war kaum zu glauben. Er konnte keine Stange rund gedreht, kein Loch rund gebohrt bekommen.

Ihre Werkzeugmaschinenbauerei nahm immer wieder Zuflucht zum Schleifen mit „türkischem Pulver“. Einmal sah ich eine Kolonne von einem Dutzend Arbeitern einen großen Schleifstock in der 250×2400 mm messenden Bohrung des Reitstocks einer riesigen Drehbank hin- und herbewegen. Ich visierte durch diese Bohrung, als der Schleifstock herausgezogen war. Sie sah aus wie ein gepflügtes Feld. Hier und da waren Flächen darüber verstreut, die von den Arbeitern abgeschliffen waren. Andererseits war die Hobelarbeit in dieser Fabrik ganz großartig. Ich habe niemals ähnliches gesehen. Aber für alle Dreharbeit versagten sie vollständig. Ich fand heraus, daß die Dreher niemals überhaupt auf den Gedanken kamen, daß man ein genaues Stück Arbeit durch einfaches Abdrehen mit Hilfe der Zugspindeln erzielen könnte. Sie gingen immer danach mit groben Feilen über die Fläche und nahmen zur Erzielung so angenäherter Genauigkeit, wie damit überhaupt möglich, ihre Zuflucht zu dem alleinseligmachenden „türkischen Pulver".

Whitworth hatte die Doppelstahldrehbank erfunden, aber ich nahm wahr, daß sie in seinen Werkstätten nie gebraucht wurde. Ich fragte Mr. Widdowson nach dem Grund. „Weil der Doppelstahl nicht rund dreht," gab er zur Antwort. Nach einiger Zeit merkte ich, wieso das kam. Als unsere Maschine fertig war, ließ Mr. Widdowson sie quer auf zwei Drehbanktische setzen und das Triebwerk herumdrehen. Das war auch ein Glück. Die Grundplatte der Maschine war gehobelt und konnte sehr schön auf den ebenen Drehbanktischen wagerecht ausgewogen werden. Das Schwungrad schlug um beinahe 6 mm. Darauf ließ er denn ein paar Supporte auf die eine Drehbank setzen und den Schwungkranz in der fertigmontierten Stellung nochmal abdrehen, und zwar sowohl am Umfang als auch seitlich, denn es schlug in beiden Richtungen. Jetzt lief es natürlich ganz genau. Ich fragte den Dreher, wie er es denn anstellte, solch Zeug zusammenzudrehen. Er erwiderte nur: „Bitte kommen Sie mit und sehen Sie sich meine Drehbank an." Dort fand ich denn, daß die Spindel volle 3 mm im Spindelstock schlenkerte, eine Folge des Verschleißes von 20 oder 30 Jahren. Er erzählte mir, alle Drehbänke in der Fabrik wären in einer ähnlichen Verfassung. Das erklärte manches. Das Geheimnis jener Matrizen für die Regulatorteile war gelöst. Jede Spindel in der Zahnradschneidmaschine schlotterte lose in ihren Löchern; Lager kann ich sie nicht nennen. Jetzt wurde es auch klar, warum sie keine Doppelstähle verwenden konnten. Wenn ein Stahl einseitig angriff, konnten sie sich damit helfen, — wenn's auch ein armseliger Notbehelf war —, daß sie die Drehbankspindel durch den Stahl gegen die gegenüberliegende Seite des Lagers im Spindelkasten drückten. Aber man stelle sich vor, was geschah, wenn an beiden Seiten ein Stahl angriff! Dann war es selbstverständlich unmöglich, eine genaue Bohrung zu bohren. Die Arbeiter waren gleichgültig dagegen geworden. Reibahlen hatten sie nicht; ihre einzige Zuflucht war Schleifen. Ich fragte, warum sie denn die ausgeschlissenen Büchsen nicht erneuerten, konnte aber niemals eine Antwort auf diese Frage bekommen. Offenbar verbot das eine geheimnisvolle Macht, und die Wahrheit war, daß keiner in der Fabrik an eine solche Vermessenheit zu denken wagte, Mr. Whitworth etwa nahezulegen, daß eins von seinen Drehbanklagern adjustiert werden müsse, oder daß es nicht absolut vollkommen wäre oder auch nur sein könnte. Er, Whitworth, hatte es vollkommen konstruiert, ergo war es vollkommen, und keiner seiner Leute wagte etwas anderes zu behaupten.

Unsere Maschinen wurden schließlich als letzte Rettung von Mr. Watts auf neuen Drehbänken fertiggestellt, die für Kunden angefertigt waren und ein oder zwei Monate benutzt wurden, bevor sie hinausgingen. Nicht nur in England, sondern auch auf dem Kontinent und in Amerika hielt man die Whitworth-Werke für „die" Maschinenfabrik. Ich entsinne mich, daß ich auf der Pariser Weltausstellung den Besuch Mr. Elwells, in Firma Varrell, Elwell & Poulot erhielt, der die größte Maschinenfabrik in Paris besaß. Nachdem er seine unbegrenzte Bewunderung für den Gang der Maschine ausgedrückt hatte, sagte er noch: „Ich garantiere, Ihr Schwungrad läuft ganz genau." Er beobachtete es kritisch und rief dann aus: „Ja, bei Whitworths verstehen sie es!"

Whitworth hatte über England den Fluch des einteiligen konischen Drehbankspindellagers gebracht. Das Lager war vollkommen für Drehbänke von mittlerer Größe und hatte etwas äußerst Bestechendes — solange es neu war. Diese gehärteten Stahlkonusse liefen in ihren gehärteten Stahlsitzen ganz entzückend. Aber sie verschlissen im Hauptlager von Tag zu Tag mehr, und es war nichts vorgesehen, um den Verschleiß auszugleichen. Dieser bildete sich unmerklich aus und niemand achtete darauf. Das Drollige an der Sache war, daß die Leute von diesem Lager so bezaubert waren, daß sich damals außer für ganz große Bänke überhaupt kein anderes Lager in England verkaufte. Alle Werkzeugmaschinenfabrikanten mußten es bauen. Ich erinnere mich übrigens jetzt, daß Mr. Freeland, unser bester amerikanischer Werkzeugmaschinenfabrikant, der, wie schon erwähnt, nach England gegangen und einige Jahre Reiseingenieur für die Whitworth-Werke gewesen war, um dort zu lernen, was er nur lernen konnte, das konische Lager *nicht* mit nach Amerika zurückgebracht hatte.

Die Firma Smith & Coventry war die erste, die ihre Drehbänke mit Vorrichtungen ausrüstete, um diesen Verschleiß auszugleichen, der nur im Hauptlager auftrat, wo der Schnittdruck und das Gewicht des Werkstücks gleichzeitig aufgenommen werden mußten. Sie machten den konischen Sitz für das Ende der Spindel im Spindelkasten verschiebbar und sicherten ihn beiderseitig durch eine schmale Mutter. Dieser Sitz konnte dann genügend weit nach rückwärts verschoben werden, um den vorderen Konus wieder auf seinen Sitz zu bringen. Auf diese Weise konnte man das einteilige Lager beibehalten, jedoch lief die Ungenauigkeit mit unter, daß nach solcher Adjustierung die Spindelachse nicht mehr mit der Verbindungslinie der beiden Spitzen zusammenfiel; die beiden bildeten einen Winkel miteinander, der bei jeder Nachstellung ausgesprochener wurde. Immerhin war das unendlich viel besser, als den Verschleiß überhaupt nicht auszugleichen.

Die Whitworth-Werke bestanden damals aus vier Abteilungen, der für Schrauben, Kaliber, Kanonen und Werkzeugmaschinen. Die ersten drei waren verschlossen. Ich bin niemals in eine von ihnen hineingekommen. Auch die vierte war, wie die meisten Fabriken in England, Fremden verschlossen. Kein Kunde konnte seinen Auftrag im Werden besichtigen. Diese Abteilung besaß keinen Vorsteher und auch kein Konstruktionsbureau. Sie arbeitete offenbar nach Herkommen so weiter dahin. Ich sagte mal zu Mr. Hoyle: „Hier muß vor Zeiten einmal technische Intelligenz der besten Art geherrscht haben, aber wohin ist sie verschwunden?" Hin und wieder kam einmal ein Auftrag auf etwas, das außerhalb ihrer alten Modelle lag, und ihre Versuche, solchen Aufträgen zu entsprechen, endeten immer kläglich. Folgendes ist ein treffendes Beispiel: Sie bekamen einen Auftrag auf eine Radialbohrmaschine mit Wechselgetriebe, die stark genug sein sollte, ein 200er Loch zu bohren. Mr. Widdowson ließ das Ständermodell mit den nötigen Angüssen versehen und dachte, die Abänderung wäre ihm so gut gelungen, daß er gleich zwei Abgüsse machen lassen wollte. Die erste fertiggestellte Maschine wurde in der Werkstatt probiert, wobei alle Zahnräder im Ausleger weggeschoren wurden. Da ging ihm ein Licht auf, daß er vergessen hatte, die kraftübertragenden Teile zu verstärken, und schlimmer, daß die Konstruktion stärkere Teile überhaupt nicht zuließ. Es war nichts zu machen, der Auftrag mußte abgelehnt, die angegossenen Konsolen abgemeißelt und eine Bohrmaschine mit unverstellbarer Geschwindigkeit daraus gemacht werden. Die Geschichte passierte während meiner Anwesenheit.

Mr. Widdowson erzählte mir die folgende ergötzliche Geschichte. Die Londoner „Times" hatte von der wunderbaren Leistungsfähigkeit von Hoes Vielzylinderpresse gehört und beschloß, sich eine solche größten Modells, mit zehn Zylindern, zu kaufen. Natürlich verstand ja Mr. Hoe nichts davon, wie seine eigenen Pressen gebaut werden mußten. Seine Bauerei genügte allenfalls für dumme Amerikaner, aber nicht für eine englische Zeitung. Die Presse mußte in England gebaut werden, und zwar in den weltberühmten Whitworth-Werken.

Mr. Hoe sandte einen seiner geschicktesten Leute herüber, um ihnen Bescheid zu sagen, wo es nötig wäre, aber sie ließen ihn gar nicht in die Werkstatt. Mr. Hulse meinte, sie hätten die Zeichnungen und die Beschreibung und mehr brauchten sie nicht. Als die Presse fertig war, wurde sie in der Werkstatt montiert und zu betreiben versucht. Beim Anfahren liefen augenblicklich sämtliche Riemen von den Scheiben herunter, und beim Nachforschen nach dem Grund ergab sich, daß nicht eine Spindel oder Welle mit der andern parallel war. Sie hatten nicht die leiseste Vorstellung davon, wie man es anfangen mußte, um die nötige Parallelität aller Achsen zu erzielen. Nach fabelhafter Anstrengung brachten sie es so weit, daß sie einen zweiten Versuch wagten, bei dem dann nach ein paar Umdrehungen alle Spindeln in ihren Lagern festsaßen.

Whitworth, der von seiner Artilleriereform ganz in Anspruch genommen war und seine meiste Zeit in London zubrachte, wußte natürlich nichts davon, wie es in seiner Fabrik aussah, und daß dort der einfachste gesunde Menschenverstand fehlte.

Ich hatte mir eine Anwendung von Whitworths Endmaßsystem für die Erzeugung einer theoretisch einwandsfreien Teilscheibe ausgedacht. Whitworth verwandte bei seinem System das von ihm so genannte „Schwerkraft-Stück". Es war das eine kleine, ungefähr 3 mm starke Stahlplatte, deren Flächen vollkommen planparallel und so glatt waren, wie das durch Schaben überhaupt erreichbar war. Die Enden des zu messenden Stückes wurden mittels einer Methode, deren Beschreibung hier zu weit führen würde, genau winklig zur Achse gemacht und in gleicher Weise poliert. Das Schwerkraft-Stück wurde zwischen zwei solchen Endflächen festgehalten. Keins der Stücke durfte während des Verlaufs einer Beobachtung mit der Hand berührt werden. Wenn jetzt eins von diesen Stücken um den vierten Teil eines zehntausendstel Millimeters gelüpft wurde, glitt das Schwerkraft-Stück langsam abwärts. Wenn um den doppelten Betrag gelüpft, mußte das Schwerkraft-Stück zweimal so schnell abwärts gleiten u. s. f. Ich plante nun die Anwendung dieses Systems auf die Korrektur der Teilscheibe, so daß ein Unterschied in der Teilung von dem vierten Teil eines zehntausendstel Millimeters nachgewiesen und behoben werden konnte. Das Schwerkraft-Stück mußte einfach mit der gleichen Geschwindigkeit abwärtsgleiten, für welchen Zahn es auch angelegt wurde. Ich hatte erwartet, Whitworth würde sich für diese neuartige und wichtige Anwendung seiner Methode interessieren und zeigte ihm meinen Entwurf. Folgendes war die ermutigende und gönnerhafte Antwort, die ich erhielt: „Sie sollten sich lieber darüber unterrichten, Verehrtester, was schon vorhanden ist. Sie werden in meiner Werkstatt eine vollkommene Teilscheibe finden. Was wollen Sie noch mehr?" Mit dieser Teilscheibe waren die Arbeitsschablonen für meine Regulatortriebräder geteilt worden; allerdings trugen schlotterige Drehspindeln die größte Schuld an ihren Fehlern.

Was ich hier berichtet habe, dürfte genügen, die Bedingungen zu veranschaulichen, die ich rings um mich vorfand, und den Mann zu kennzeichnen, mit dem ich es zu tun hatte.

Daß bei Abschluß meines Abkommens mit Whitworth die Enttäuschung über den Zusammenbruch der Firma Ormerod, Grierson & Co. vergessen war, ist nicht der richtige Ausdruck. Der Umschwung in meiner Gemütsverfassung war in Wirklichkeit kaum zu beschreiben. Ich glaubte, ein geradezu beispielloses Glück zu haben. Da war ich also in die berühmteste Maschinenfabrik der Welt gekommen, eine Fabrik, in der in früheren Jahren fast alles geschaffen worden war, was damals als die Grundlage des Maschinenbaues galt. Niemand hatte je vorher eine Erfindung in diese Fabrik eingebracht. Die Produktion ihrer mannigfaltigen Abteilungen beschränkte sich lediglich auf Whitworths persönliche Schöpfungen. Da hineinkommen zu wollen, wäre mir nie auch nur im Traume eingefallen. Ich war jetzt drin und war sogar sehr herzlich aufgenommen worden, und das verwirrte mich geradezu. Ich konnte es kaum fassen

Auch wußte ich, daß Whitworths bloßer Name schon eine starke Position bedeute. Sein Einfluß auf die große Masse des technischen Publikums grenzte in der Tat ans Zauberhafte. Ich fühlte, daß die bloße Tatsache, daß Whitworth ihre Fabrikation in die Hand genommen hatte, meiner Maschine und meinem Regulator mit einem Schlage eine hervorragende Bedeutung verlieh.

Gleichzeitig war ich mir bewußt, daß ich wohl vorbereitet war, aus dieser günstigen Gelegenheit, so vielversprechend sie an sich war, doch noch mehr zu machen. Die Maschine hatte sich mehr als ausreichend bewährt. Auch des Erfolges meines Kondensators fühlte ich mich sicher, ein Vertrauen, das sich als völlig gerechtfertigt erwies. Meinerseits war alles bereit. Die Zeichnungen und Modelle für mehrere Größen der Maschinen waren komplett. Es war wohl verzeihlich, wenn ich erwartete, auf der Stelle zu einem einträglichen Geschäft zu kommen und es schnell wachsen zu sehen.

Ich habe schon berichtet, wie ich aus diesem schönen Traum zu einer nur zu rauhen Wirklichkeit erwachte. Welche inneren Ursachen diese Fabrik, wenigstens so weit es ihre Werkzeugmaschinenabteilung anlangte, eigentlich von solchem Gipfel der Vortrefflichkeit, wie sie lange Zeit behauptet haben muß, zu solchem Abgrund der Unwissenheit und Hilflosigkeit heruntergebracht haben, wie ich ihn bei meinem Eintritt vorfand, das habe ich niemals ganz erfahren. Ich hörte nur, daß einige Jahre vorher ein ausgedehnter Streik in der Fabrik gewütet und Whitworth eine große Anzahl gelernter Arbeiter entlassen und ihre Stellen durch ungelernte Arbeiter ausgefüllt hatte. Ein ziemlich großes Konstruktionsbureau war vorhanden, stand aber leer. Man erzählte mir, daß bis kurz vor meinem Kommen auch ein Konstrukteur angestellt gewesen wäre, aber niemand hätte seinen Zeichnungen irgendwelche Aufmerksamkeit geschenkt. Mr. Widdowson hätte sie lediglich als Vorschläge betrachtet und der Modelltischlermeister hätte sie nach Gutdünken abgeändert, und schließlich wäre die ganze Zeichnerei nur noch eine Farce gewesen und wäre ganz aufgegeben worden. Es zeigte sich, daß es nicht weiter schwer war, diese hermetisch abgeschlossene Fabrik lange Zeit lediglich von ihrem guten Rufe zehren zu lassen.

Der Stand der Dinge war niederdrückend genug. Die paar Maschinen, die wir mit Not und Mühe fertig bekamen, konnten wir in vielen ihrer Teile nur auf neuen Drehbänken bauen, die von den Werkstätten solange benutzt wurden, wie sie es sich unterstehen durften, sie ihren Eigentümern vorzuenthalten. Aber ich behielt den Kopf oben. Immerhin blieb ja der persönliche Einfluß des Namens Whitworth bestehen. Ich fühlte tatsächlich in mehr als einer Richtung, was er wert war. Weiter entsprachen Modelltischlerei, Gießerei und Schmiede unseren Ansprüchen, und ich hatte das Vertrauen, daß Mr. Hoyle Whitworth zu Verbesserungen und Abänderungen besonders an den Drehbänken und Bohrmaschinen bewegen könnte, die es uns ermöglichten, unsere Arbeiten auszuführen. Mr. Hoyle hatte eine gewisse Berümtheit dafür in der Fabrik erlangt, daß er der einzige wäre, der jemals imstande war, Whitworth zu beeinflussen. Erst kürzlich hatte er einen schlagenden Beweis seiner Macht geliefert. Whitworth war vor Jahren der Konstrukteur des Kastenrahmens gewesen, der vielen Werkzeugmaschinen eine unvergleichlich größere Starrheit verlieh, als sie durch irgendwelches Rippengefüge erreicht werden konnte. Dieses Kastensystem war damals in allgemeine Anwendung, sowohl in England wie auch auf dem Kontinent, übergegangen. Nicht lange bevor ich kam, hatte Whitworth die Kosten der Kerne nachgeprüft, die für diese Kasten nötig waren und war zu dem Schluß gekommen, er könnte diesen Luxus nicht länger mit ansehen. Er befahl die Rückkehr zur Rippenversteifung. Der Oberingenieur und die Meister waren, als ihnen dieser Befehl zuging, über einen so verderblichen und geradezu verrückten Schritt außer sich. Niemand wagte den Mund aufzutun; aber da unternahm es Mr. Hoyle, ihn davon abzubringen, und nach langem Ringen gelang es ihm, ihn zur Zurücknahme dieses Befehls zu bewegen. Ich blickte also vertrauensvoll auf ihn, als den, von dem mir die Rettung meiner Maschine kommen sollte.

Da entstand plötzlich eine neue Schwierigkeit. Nach einer Verzögerung von einigen Monaten wurde mir der Vertrag zwischen

Whitworth und mir fein verklausuliert von Whitworths Rechtsanwalt zur Unterschrift übergeben. Ich fand ihn mit unserm mündlichen Abkommen übereinstimmend, bis auf den Punkt, daß Whitworth sich das Recht vorbehielt, nach seinem Gutdünken in jeder Hinsicht Änderungen an der Maschine vorzunehmen. Daß ich zögerte, solche Preisgabe zu unterzeichnen, ist nicht der richtige Ausdruck: Ich hätte niemals auch nur daran gedacht, so etwas zu unterzeichnen. Whitworth war wahrscheinlich der einzige Mann auf der ganzen Welt, der auf den Gedanken kam, solch ein Ansinnen zu stellen, und war sicherlich der allerletzte, dem man es gewähren durfte.

Das erste, was er vermutlich getan hätte, wäre gewesen, daß er die Kurbel- und Kreuzkopfzapfen in einteilige Lager gebettet hätte. Ich hatte sein Geschwätz von der „vollkommenen Dampfmaschine" bei unserer ersten Unterredung als müßige Rederei aufgefaßt; hier aber sah er eine Handhabe vor, um diese Worte in Taten umzusetzen. Er versicherte mir denn auch jetzt, daß er sich lediglich veranlaßt gesehen hätte, meine Maschine zu fabrizieren, weil sie ihm Gelegenheit bot, seine Pläne zu verwirklichen, und er hätte erwartet, daß ich das nach seinen damaligen Worten auch so verstanden hätte. Das war eine nette Lage! Ich wußte bestimmt, daß die Dampfmaschine in den vielfältig gewundenen Gängen seines rastlosen Grüblergeistes niemals zu finden gewesen war. In alle mögliche Richtungen, nur nicht in diese, hatten jene Gänge geführt. Ich war sicher, daß er nicht die leiseste Ahnung von der Dampfmaschine und ihren „wesentlichen Grundzügen" hatte, ausgenommen gewisse rein konstruktiven Ähnlichkeiten mit anderen Maschinen im allgemeinen. Sein Plan war kindisch. Ich mußte an den kleinen Jungen denken, der einen Penny haben wollte, um Besorgungen zu machen. „Was willst du denn kaufen?" fragte sein Vater, dem das Spaß machte. „Ich weiß noch nicht; ich werde schon was sehen, was ich gerne haben möchte, wenn ich in die Stadt komme." Hiermit schienen mir — und mit Recht, wie ich später zu meiner Genugtuung erfuhr — Mr. Whitworths „Pläne" in dieser Richtung zu vergleichen.

Nun war nichts gefährlicher, als daß man einem Mann wie Whitworth solche Macht vertrauensvoll in die Hände legte. Er konnte nicht Seite an Seite mit irgend jemand anders arbeiten. Er war von Natur ein Despot. Es war ihm nur um sklavischen Gehorsam auf seine Befehle zu tun. Andererseits hatte er kein Verständnis für das Gesetz der Entwicklung. Nach seiner Auffassung hatte er sowohl Werkzeugmaschinenbau wie auch die ballistische Technik so fest verankert, daß sie in Ewigkeit in diesem Zustand verharren würden, und er hatte das Gleiche bei der Dampfmaschine vor, sobald er nur Zeit hatte, sich ihr zu widmen.

So wurde denn unser Abkommen nie ein Vertrag. Ich erwartete bestimmt, daß er in diesem einen Punkt, den ich entschlossen war, niemals preiszugeben, nachgeben würde, und fand zum Schluß, daß er genau so bestimmt von mir erwartete, daß ich nachgäbe, wo er entschlossen war, keinen Zoll preiszugeben. Derweile halfen wir uns so durch, ein modus vivendi, der nur notgedrungen aufrecht erhalten wurde, und währenddessen natürlich nichts getan werden konnte, um das Geschäft auf eine gesunde Grundlage zu stellen. Der Zwang war in diesem Falle durch die Pariser Weltausstellung gegeben. Doch bevor ich auf diese zu sprechen komme, habe ich noch von etwas anderem zu berichten.

Wir erhielten einen Auftrag von Pooley & Son, den Besitzern der India-Spinnereien in Manchester. Es handelte sich um eine horizontale Kondensationsmaschine zum Antrieb der Maschinerie ihres „Blasraums“, in dem die Baumwollkapseln geöffnet und die Baumwolle gereinigt und das erstemal gekratzt wird. Die Ausdehnung ihres Geschäftes hatte sie gezwungen, die Leistung ihrer Maschinerie im ganzen zu vergrößern und sie wollten dies durch gesonderten Antrieb dieser Maschinengruppe erreichen. Diese Maschine war aus zwei Gründen interessant. Sie war die erste in England bestellte Maschine, die mit meinem horizontalen Kondensator ausgestattet war, und es war zweitens die erste Spinnereimaschine in England, deren Leistung durch einen Riemen übertragen wurde.

Mein Geschäft wickelte sich lediglich mit Mr. Pooley jun. ab, der der eigentliche Leiter der Gesellschaft zu sein schien. Unser erstes Zusammentreffen ist mir als kennzeichnend für die kurz angebundene Weise der Engländer noch lebhaft im Gedächtnis.

Als ich auf eine briefliche Aufforderung hin auf seinem Bureau vorsprach, schallte mir beim Öffnen der Tür nach dem „Herein!“ die unvermittelte Frage entgegen: „Was wollen Sie?“ Ich war diese Art der Begrüßung nicht mehr ganz ungewohnt, erzählte ihm also, wer ich war und was ich wollte, und dann änderte sich sein Benehmen natürlich sofort. Wir wurden sehr gute Freunde, und sollte er noch leben und diese Zeilen vor sein Auge kommen, so sende ich ihm hiermit meinen Gruß.

Wir gerieten in ein lebhaftes Wortgefecht über die Frage, ob ein Riemen zu verwenden sei. Ich drang darauf, und er wollte nichts davon hören. Meine Versicherung, daß Riemen in den amerikanischen Baumwollspinnereien überhaupt ausschließlich im Gebrauch seien, machte keinen Eindruck. Ich machte die Erfahrung, daß, wenn zwei dasselbe erzählen, die Wirkung ganz verschieden sein kann. Nachdem er, wie wir beide glaubten, den endgültigen Entschluß gefaßt hatten, beim Hergebrachten zu bleiben und Zahnradantrieb zu verwenden, traf er zufällig seinen Freund, Mr. Hetherington, denselben, der schon in Verbindung mit dem Harrison-Kessel oben genannt wurde. Mr. Hetherington war gerade von einer Reise nach den Vereinigten Staaten zurückgekommen und hatte die Spinnereien im Lowell-Distrikt und am Lorenzstrom besucht. Folgendes ist ein Teil ihrer Unterhaltung:

„Haben Sie irgendwo gesehen, daß die Leistung mit Riemen von der Antriebsmaschine abgenommen wurde?"

„Ich habe es überhaupt nicht anders gesehen."

„Sooo? — Das hat mir nämlich Porter auch erzählt, aber ich wollte es nicht glauben. Liefen sie denn gut?"

„Darüber war nur eine Stimme. Sie wollten gar keinen anderen Antrieb."

So erhielt ich denn den Auftrag auf einen 600 mm breiten Riemen, der von Amerika importiert werden sollte, komplett mit Spannklammern, Riemennieten und Leim, um ihn endlos zu machen, ein Verfahren, von dem kein englischer Arbeiter etwas verstand, so daß ich es selbst ausführen mußte. Ich schickte den Auftrag an Allen, damit er ihn vergeben sollte, und erhielt sehr pünktlich einen sehr sorgfältig ausgewählten Riemen, aus genau gleichmäßig dicken Häuten, der sich hervorragend bewährte. Ich bestellte auch gleich einen kleinen Vorrat von Lederstreifen zum Steppen, um ihnen zu ermöglichen, einmal die amerikanische Manier zu versuchen, Riemen zu nähen. Diese Lederstreifen bestanden aus Pferdehaut, da das in England übliche Schafleder nicht stark genug gewesen wäre.

Ich legte diesen Riemen ganz lose auf. Das untere Trum war das ziehende und das obere hing nahezu einen Meter durch. Hierdurch kam der gleichmäßige Gang der Maschine zum augenfälligsten Ausdruck. Bekanntlich erzeugen Geschwindigkeitsschwankungen in einem solchen Durchhang Wellen, deren Höhe ein Maß für den Betrag der Schwankungen gibt. Dieser Riemen hing bewegungslos. So genau man auch hinsah: der Durchhang ließ nicht erkennen, ob der Riemen überhaupt lief. Die Maschine hatte kein Schwungrad; die 3100 mm große Riemenscheibe erfüllte den gleichen Zweck. Hieraus ging der Wert der hohen Geschwindigkeit (150 Touren) auch in dieser Richtung hervor. Diese völlige Gleichförmigkeit der Bewegung überraschte mich selbst; wußte ich doch nichts von der ausgleichenden Wirkung der hin- und hergehenden Massen, auf die dieses hervorragende Ergebnis hauptsächlich zurückzuführen war. Ich hatte damals noch mein ganzes Augenmerk auf Massenausgleich durch Gegenmassen gerichtet, — weiter war ich noch nicht. Auch in diesem Falle, wie schon früher beim Regulator, hatte ich besser konstruiert, als ich mir bewußt war.

Die hier wiedergegebenen Diagramme entstammen einer Schwestermaschine der Pooleyschen, die gleichzeitig für einen Papierfabrikanten in Nordengland, Mr. Adams, gebaut wurde. Ich wurde von Paris zurückgerufen, um nach Mr. Adams' Fabrik zu reisen und die

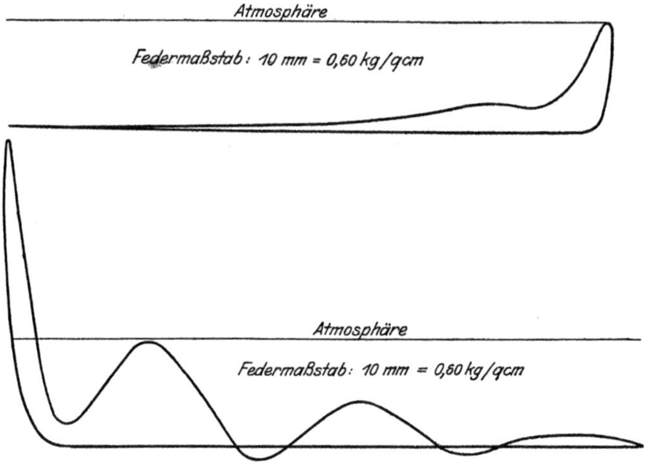

Diagramm der Maschine für Mr. Adams.

Maschine in Betrieb zu setzen. Mr. Adams' Maschinerie war noch nicht an die Maschine angeschlossen, und so war ich gezwungen, nach Paris zurückzukehren, nachdem ich nur Leerlaufdiagramme aufgenommen hatte, von denen die beifolgenden ein paar Beispiele sind.

Dreizehntes Kapitel.

Die französische Weltausstellung von 1867. Endgültiger Bruch mit Whitworth.

Die französische Weltausstellung von 1867 war die zweite in der Reihe der in elfjährigen Abständen in Paris abgehaltenen Weltausstellungen, deren erste im Jahre 1856, und deren vorläufig letzte im Jahre 1900 stattfand. Kaiser Napoleon beabsichtigte, mit dieser Ausstellung seinen ohne Einladung erfolgten Eintritt in den auserwählten Kreis gekrönter Häupter insofern zu feiern, als sie alle seine neuen Vettern bewegen sollte, ihn in seiner Hauptstadt zu besuchen. Das gelang ihm auch ganz gut. Asien war durch den türkischen Sultan und den Schah von Persien vertreten. Alle Souveräne Europas waren da (aber nicht alle gleichzeitig), mit Ausnahme von Viktor Emanuel, der angab, er wäre zu arm dazu, und Königin Viktoria, die nicht dazu zu bewegen war, ihre Zurückgezogenheit aufzugeben. Das souveräne Volk der Vereinigten Staaten war gleichfalls ganz gut vertreten. Ein anderer „Kaiser" war nicht da. Mit dem Eifer eines Neubekehrten hatte Louis Napoleon versucht, den Umstand, daß die Vereinigten Staaten im eigenen Hause genug zu tun hatten, auszunutzen und die günstige Gelegenheit dazu zu verwenden, monarchistische Einrichtungen auf unsern Kontinent zu verpflanzen. Maximilian, ein Bruder des Kaisers von Österreich, der erste und letzte Kaiser von Mexiko, wurde unter dem Schutze französischer Bajonetts auf den Thron gesetzt. Die Dinge nahmen aber in den Vereinigten Staaten nicht den Verlauf, den Napoleon erhofft hatte, und so entsprachen die Franzosen dem höflichen Ersuchen des Präsidenten, sie möchten doch ihre Truppen aus Mexiko zurückziehen und ihm die unangenehme Notwendigkeit ersparen, sie daraus zu vertreiben. Sie zogen sich zurück und ließen den unglückseligen Maximilian als Gefangenen in den Händen der Mexikaner.

An einem schönen Sommertage des Jahres 1867 wurde im Industriepalast, dem Gebäude an der Avenue des Champs Elysées, in dem die Ausstellung von 1856 abgehalten worden war, die feierliche Handlung der Verteilung goldener Medaillen an die erfolgreichen Aussteller dieser 1867er Ausstellung vollzogen. Der Kaiser hatte den Vorsitz, umgeben von souveränen Fürsten und ihren Gefolgen und einer Versammlung von 20000 eingeladenen Gästen und Abonnenten. Mitten während der Feierlichkeiten trat ein Beamter ein und überreichte dem Kaiser einen Brief. Nachdem er ihn gelesen hatte, ging er zu dem Platz des österreichischen Gesandten hinüber und gab ihn diesem. Der Gesandte las ihn und zog sich sofort mit seinem gesamten Gefolge zurück, worauf die Feier ihren Fortgang nahm. Am Abend erfuhr das Publikum, was der Briefumschlag enthielt. Es war ein Kabelgramm, daß die Hinrichtung des einstigen Kaisers Maximilian durch die mexikanische Regierung meldete. Von diesem Zeitpunkt an senkte sich Napoleons Stern ständig, bis er schließlich über Sedan unterging. Diese dramatische Szene, die den Wendepunkt seiner Laufbahn bezeichnete, ist, glaube ich, der Beachtung der Geschichtsschreiber entgangen.

Das Hauptgebäude der Weltausstellung von 1867, der ersten auf dem Marsfeld abgehaltenen, war nach einem Plan gebaut, der nicht wiederholt worden ist. Es war ein langer Bau mit halbkreisförmigen Enden, der rings um einen engen offenen Hof herumgebaut war, dessen Länge der seiner parallelen Seiten gleich war. Er wurde unter die Nationen verteilt, wie ein Yankee eine Pastete verteilen würde, die in einer Schüssel von ähnlicher Form gebacken wäre, und die verschiedenen Klassen von Ausstellungsgegenständen nahmen bei den einzelnen Nationen jedesmal Plätze ein, die gleichweit von dem mittleren Ehrenhof entfernt waren. Der Besucher konnte also nach der Absicht des Entwurfs alle Ausstellungsgegenstände eines Landes sehen, wenn er einen radialen Gang hinunterging, während er alle Ausstellungsgegenstände der gleichen Klasse sehen konnte, wenn er einen der Gänge entlang ging, die konzentrisch um den Ehrenhof herumgeführt waren. Die schönen Künste waren in der Mitte, wobei ein großer Teil der Bildhauerarbeiten in dem offenen Hof stand, hierauf folgte die dekorative Kunst und dann weiter Klasse auf Klasse, bis die Maschinenabteilung am äußersten Umfang das Ganze umgab, ausgenommen die Restaurants aller Nationen, die noch weiter nach außen lagen.

In der Praxis war der Entwurf aus mehreren Gründen ein Fehlschlag, einmal weil die Grundflächen der verschiedenen Abteilungen so außerordentlich ungleich in der Länge waren. Beispielsweise war die mittlere Länge der Maschinenhalle 2—3mal so lang wie der den schönen Künsten gewidmete Raum. Und zweitens war für viele Abteilungen die Form äußerst ungeeignet, ihre

Gegenstände zur Geltung zu bringen. Das System war nicht anpassungsfähig genug. Dies hatte die Errichtung einer enormen Anzahl von Sondergebäuden zur Folge, die von allen Nationen auf der geräumigen Fläche des Marsfeldes für bestimmte Klassen von Ausstellungsgegenständen vorgesehen wurden und teilweise sehr groß waren.

Obgleich ich in der englischen Abteilung ausstellte, hatte ich ein tiefes Mitgefühl mit den großen Schwierigkeiten der amerikanischen Aussteller. Mr. Seward hatte zum Kommissar der Vereinigten Staaten einen Amerikaner ernannt, der schon 20 Jahre in Frankreich lebte, amerikanische Anschauungen bis zu einem unglaublichen Grade verlernt hatte und die hilflosen Aussteller derartig gleichgültig und despotisch behandelte, daß ihre Erbitterung soweit gedieh, daß ich es jeden sagen hörte, er würde mit Vergnügen bereit sein, an dem Tau zu ziehen, an dem er gehangen würde. Ich will zwei Beispiele erzählen.

Corliss war von Mr. Pickering überredet worden, eine Maschine zum Antrieb der Transmission für die Ausstellung der Vereinigten Staaten herüberzusenden. Als die Maschine ankam, ergab sich, daß der Kommissar, trotzdem er von dieser Abmachung unterrichtet war, sie in den Wind geschlagen und eine französische Maschine gekauft und auch schon fertig aufgestellt hatte. Die Corliss-Maschine wurde an ihrer Seite aufgestellt und lief während der ganzen Ausstellung leer. Das war aber noch nicht alles; die französische Maschine lief jeden Sonntag, obgleich die gesamten Ausstellungsgegenstände der Vereinigten Staaten verhüllt waren. Da sie aber nicht länger als eine Woche ohne Reparatur laufen konnte, war sie jeden Montag außer Betrieb und die Transmission stand still, — und dieser Stand der Dinge wurde von dem Kommissar gut geheißen.

Weil andere Nationen Sondergebäude für den Überschuß ihrer Ausstellungsgegenstände errichteten, dachte der Kommissar, die Vereinigten Staaten müßten auch eins haben. Er hatte sich also in dem voraufgehenden Winter vom Kongreß einen besonderen Betrag hierfür bewilligen lassen und errichtete sein Gebäude. Als es fertig war, merkte er, daß die ganze Sache Unsinn war: er hatte tatsächlich nichts darin unterzubringen. Die Aussteller der Vereinigten Staaten waren bequem im Hauptgebäude unterzubringen. Was tat er? Er ordnete an, daß genügend viele Aussteller in das Nebengebäude verwiesen würden, um es zu füllen, und im Hauptgebäude blieben Plätze leer. Eine Anzahl unserer bedeutendsten Firmen wurden dorthin vertrieben und es wurde ihnen Unterbringung im Hauptgebäude verweigert. In unserer Maschinenhalle war von dem Kommissar ein gewaltiger leerer Raum an eine Gesellschaft verpachtet worden, die Kragen und Manschetten fabrizierte.

Was Raum anbetraf, so schien die Maschinenabteilung den Ehrenplatz zu haben. Sie umgab alle anderen Gruppen von Ausstellern und war viel weiter und höher als irgendeine andere. In ihrer Mitte lief eine Galerie entlang, die an $1^1/_2$ km lang gewesen sein soll. An dieser Galerie war die Transmissionswelle befestigt. Die Unterbringung dieser Abteilung an der Außenseite war auch deshalb notwendig, um eine geeignete Verbindung mit den Kesseln und Rohrnetzen für Dampf und Wasser herstellen zu können. Mit Ausnahme der amerikanischen Abteilung, die nur halb besetzt war, war sie vollgestopft mit Maschinen. Die vielen im Betrieb vor-

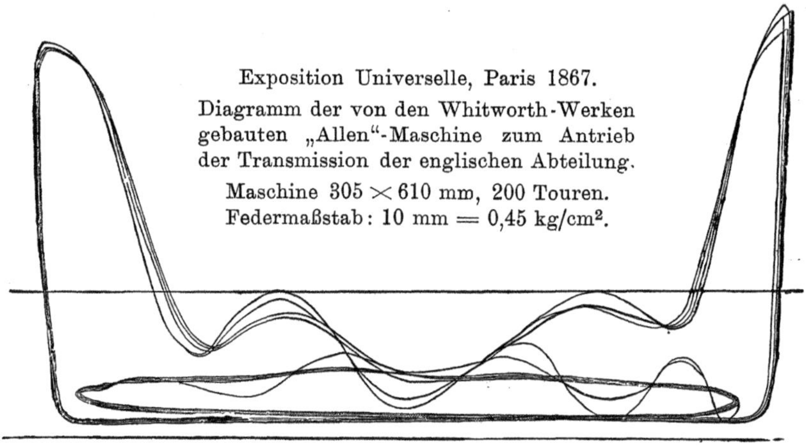

geführten Maschinen des Hauptgebäudes waren alle Kondensationsmaschinen, da in der Seine Wasser bequem zur Verfügung stand.

Ich stellte fünf Maschinen auf dieser Ausstellung aus. Eine davon war eine 305 × 610-mm-Maschine, die 200 Touren machte. Ich hatte die Kolbengeschwindigkeit von 3 auf 4 m gesteigert, um zu zeigen, was sowohl Maschine wie Kondensator leisten konnten. Immerhin zeigte ich damit noch nicht halb das, was bei geeigneten Ventilquerschnitten mit dem Schnelläufersystem zu erreichen war. Die Schieberkanäle waren zu klein, da sie nur für 150 Touren berechnet waren. Es war mir eine besondere Genugtuung, den Kondensator meinen alten Freunden Easton, Amos & Sons vorzuführen, die alle zu verschiedenen Zeiten während der Ausstellung herüberkamen. Vor Eröffnung der Ausstellung hatten wir in der Fabrik vier Kondensatoren in Arbeit, einen für eine Maschine, die die Whitworth-Gesellschaft für eigenen Gebrauch baute, zwei für die oben erwähnten Firmen, und den für die Ausstellungsmaschine. Da dieser zuerst im Betrieb sein mußte, so mußte ich den Kondensator hier in der Öffentlichkeit auf die erste Probe stellen, was mir besonderen Spaß machte.

Durch Whitworths Einfluß erhielten wir von Trinity-House (der englischen Zentralstelle für den Betrieb der Leuchttürme) einen Auftrag auf zwei Maschinen für den Antrieb der Maschinerie eines elektrischen Scheinwerfers. Die englische und die französische Regierung stellten beide einen solchen Scheinwerfer aus, der oben auf einem hohen Turm aufgestellt war. Der Strom wurde durch eine große Anzahl radartig angeordneter und raschkreisender Magneten erzeugt.

Alles war bei dem englischen Scheinwerfer doppelt vorgesehen. Es wurde gefordert, daß jede von beiden Maschinen eine oder beide magnetelektrischen Maschinen antreiben konnte. Das erforderte vier Kupplungen und eine Masse Zahnräder. Ich maß die von einer Maschine verbrauchte Leistung in der Fabrik in London, wo sie gemacht wurden, indem ich die dortige Betriebsmaschine bei eingeschaltetem und ausgeschaltetem Scheinwerfer indizierte. Um ganz sicher zu gehen, wiederholte ich diesen Versuch dreimal. Ich fand, daß eine meiner 150 $\times$ 300-mm-Maschinen die beiden elektrischen Maschinen als Auspuffmaschine bei 300 Touren antreiben konnte, wenn der Dampfdruck, wie beabsichtigt, 5 Atm. betrug. Dabei arbeitete die Maschine mit 25 % Füllung, während sie bis $62\frac{1}{2}$ % Füllung zu geben imstande war. Es wurden also zwei solche Maschinen geliefert. Die Ausstellung war schon ziemlich vorgeschritten, bevor dieser ganze Maschinensatz versuchsfertig war. Eine große Menschenmenge hatte sich angesammelt, um dem Versuch beizuwohnen. Die Maschinen waren zunächst an beide elektrische Maschinen angekuppelt, konnten aber nur gerade im Schneckentempo laufen. Der Oberingenieur der englischen Maschinenabteilung ließ darauf eine elektrische Maschine abkuppeln. Es zeigte sich kaum eine Verbesserung. Da erklärte dieser Regierungsingenieur, der von der Armee abkommandiert war und dessen Qualifikation für seine Stellung in völliger Unwissenheit in technischen Dingen bestand, den Versuch für beendet und trabte mit der Bemerkung davon: „Man hat mit der Auswahl dieser Antriebsmaschine eine große Dummheit gemacht." Die Maschinisten sahen mich sprachlos an. Ich ersuchte sie, auch die andere elektrische Maschine noch abzukuppeln. Das geschah; worauf sich herausstellte, daß beide Maschinen mit 62,5 % Füllung arbeitend (ich hatte an ihnen beiden Indikatoren angebracht, die den Beweis lieferten) die Zahnräder nur im Schneckentempo treiben konnten. Jetzt waren die Leute gezwungen, im Zahnradantrieb nach den Widerständen zu suchen. Sie entdeckten, daß sich die Zähne durchweg in den Lücken festkeilten. Dieses Getriebe wurde entfernt und ein richtig arbeitendes an seine Stelle gesetzt, und nach zehn Tagen liefen die Maschinen fröhlich mit voller Tourenzahl. Bei diesem zweiten Versuch konnte eine Dampfmaschine beide Magnetmaschinen mit 25 % Füllung treiben, genau wie meine Leistungsmessung seinerzeit ergeben hatte. Sie liefen dann vollkommen störungsfrei während der ganzen Ausstellung und wurden von der Trinity-House-Behörde abgenommen. Hat sich der Oberingenieur für sein voreiliges Urteil bei mir entschuldigt oder mich zu meinem Erfolg beglückwünscht? Niemals hat er auch nur die leiseste Anspielung darauf gemacht.

Meine vierte gleichgroße Maschine war durch Entfernung der oberen Zylinderhälfte und des Schieberdeckels gebrauchsunfähig gemacht worden und sollte nur Zylinder und Schieber im Schnitt zeigen. Sie wurde von der großen Maschine ganz langsam mit einem Riemen angetrieben und veranschaulichte somit Schieber und Steuerung in der Bewegung. Als die Ausstellung zu Ende war, schlug Whitworth seinem Freunde Owen vor, dieses Modell für das South-Kensington-Museum anzukaufen, aber Mr. Owen war der entschiedenen Ansicht, daß Whitworth es dem Museum schenken müsse. Soviel erfuhr ich von Mr. Hoyle. Was schließlich aus dem Modell geworden ist, habe ich, wenn ich es überhaupt jemals erfahren habe, vergessen.

Meine fünfte Maschine, die gleichfalls die Hauptmaße 150 × 300 mm hatte, stellte ich lediglich zu dem Zweck aus, um die wahre Leistungsfähigkeit der Schnelläufermaschine mit Bezug auf ruhigen und sicheren Gang zu zeigen. Die hin und her gehenden Teile, die zusammen nur wenig über 18 kg wogen, waren genau ausgewuchtet. Das machte ich folgendermaßen: die Kurbelscheibe wurde auf dem Tisch einer Bohrmaschine hin und her gerollt, während etwas über 18 kg Gewicht an dem Kurbelzapfen hingen. Ich hatte absichtlich gegenüber dem Zapfen eine Höhlung in der Scheibe mit einer reichlichen Menge Blei ausgießen lassen und schnitt nun soviel davon heraus, bis beim Rollen der Kurbelzapfen auch in der horizontalen Stellung stehen blieb. Hiermit war die Trägheit der hin und her gehenden Teile der Maschine an jedem Punkt des Kreislaufs in's Gleichgewicht mit der Horizontalkomponente der Zentrifugalkraft des umlaufenden Gegengewichts gebracht. Nur die Vertikalkomponente dieser Kraft — oder besser: nur die aufwärtsgerichtete Beanspruchung aus ihr, denn abwärts widerstand ja die ganze Erde — blieb noch aufzunehmen. Es wäre möglich gewesen, durch ein schweres Schwungrad zu verhindern, daß die ganze Maschine durch diese Aufwärtskräfte an der Kurbelseite in die Höhe gehoben wurde; aber für meinen Zweck brauchte ich gerade ein kleines Schwungrad. Das Schwungrad, das ich auf die Welle aufkeilte, war eine volle Scheibe von 460 mm Durchmesser und 12 mm Dicke mit einem Kranz von 25 × 25 mm Querschnitt. Ich goß die Grundplatte der Maschine mit Blei aus und setzte sie auf einen 900 mm starken und breiten und 1500 mm langen Caener Sandstein. Die Maschine wurde fest in diesem Stein verankert, und nun konnte es losgehen. Der Regulator wurde so angetrieben, daß er die Maschine auf 500 Touren hielt. Da es für manchen schwierig gewesen wäre, diese Tourenzahl zu zählen, keilte ich ein kleines Ritzel auf das Wellenende, das mit einem großen Rad unter der Übersetzung 1 : 10 in Angriff stand. 50 Umdr. per Minute konnten genau gezählt werden, und somit war die Geschwindigkeitsfrage außer Zweifel gestellt. Ich machte mich jedoch einer Unterlassungssünde schuldig; ich hatte dies Zahnradpaar nicht mit einer Schutzvorrichtung umgeben. Der Zipfel des Gehrocks eines Franzosen verfing sich darein und ich dachte, wir würden ihn überhaupt nicht wieder frei bekommen. Die Maschine war nur 2 oder 3 Tage im Betrieb gewesen, aber da die Tourenzahl schon zweifelsfrei festgestellt war, so nahm ich die Zahnräder weg. Ich hätte sie lieber mit einer Schutzvorrichtung umgeben sollen, damit ich Belege für die Mordsgeschichte hatte, die ich jetzt erzählen will. Aber leider kam ich nicht auf den Gedanken.

Da die Maschine leer lief, schritt ich sehr bald zu der Schaustellung, für die ich all diese Vorbereitungen getroffen hatte. Sie bestand darin, daß ich den Regulator durch Heraufziehen des Hebelendes niederhielt und die Maschine durchgehen ließ. Sie tat das ohne ein Klirren oder einen Ton von sich zu geben, und Kreuzkopf und Pleulstange waren nur noch gespensterhaft sichtbar. Das war mein tägliches Vergnügen und dürfte sich wohl im Laufe der Ausstellung hunderte von Malen wiederholt haben; natürlich lockte das Schauspiel stets eine Menge Zuschauer an.

Wir besaßen kein Mittel, die Touren zu zählen, aber ich schätzte ihre Zahl auf mehr als 2000 per Minute. Wenn ich dann den Regulator wieder freigab und die Geschwindigkeit allmählich auf 500 Touren abfiel, hatte jedermann den Eindruck, als wollte die Maschine stehen bleiben. Aber der Regulator pendelte niemals hin und her, und bald gewöhnte sich das Auge an die geringere Geschwindigkeit: eine ganz eigenartige Erscheinung. Die Pleulstange war dadurch besonders für diese gewaltige Geschwindigkeit geeignet, daß ich ihr die bereits abgebildete verjüngte Form gegeben hatte, die ich später bei allen meinen Maschinen anwandte.

Diese Maschine gab niemals irgendeine Betriebsschwierigkeit und wurde verkauft, und zwar glaube ich an Ducommun & Co., die Käufer der großen Maschine. Der elektrische Scheinwerfer wurde mitsamt seinen Maschinen in den South-Foreland-Leuchtturm auf dem Shakespeare Cliff östlich von Dover eingebaut, wenn ich mich recht erinnere. Wir nahmen nichts wieder nach England mit zurück.

Ich kam ein paar Tage vor Eröffnung der Ausstellung nach Paris und fand meine Hauptmaschine bereits betriebsfertig vor. Sie stand neben der Whitworthschen Werkzeugmaschinen-Ausstellung und war von dem kaiserlichen Komitee zu einer der Maschinen bestimmt, die die ausgestellte Maschinerie antreiben sollten.

Auf kaiserlichen Befehl sollte die feierliche Eröffnung der Ausstellung am Montag den 2. April nachmittags 2 Uhr stattfinden und alles mußte vor diesem Zeitpunkt vollständig fertig sein. Die Antriebsmaschinen sollten am voraufgehenden Sonnabend Probe laufen. Jede Maschine im ganzen Gebäude war fertig, aber das kaiserliche Komitee selbst war rückständig. Wir hatten keinen Dampf. Das erste Mal, daß ich mit dem Oberingenieur der englischen Maschinenabteilung zusammentraf, war an jenem Sonnabend, wo er bei den verschiedenen englischen Ausstellern von Betriebsmaschinen herumging, um ihnen mitzuteilen, sie sollten sich bereit halten, ihre Maschinen am nächsten Tage, dem Sonntag, in Betrieb zu setzen, um die Sicherheit zu haben, daß am Montag alles glatt ginge. Ich verkündigte ihm, ich würde meine Maschine nicht an einem Sonntag in Betrieb setzen. „Gut“, sagte er, „dann setzen wir sie statt Ihrer in Betrieb,“ und stelzte davon. Bevor ich wegging, nahm ich das Zäpfchen an dem einen Ende des Regulatorhebels heraus, das den Regulator mit dem Schieberantrieb verband und steckte es in die Tasche. Ich bekam niemals einen Verweis dafür zu hören, steckte das Zäpfchen am Montag wieder an seinen Platz, und als wir Dampf bekamen, lief die Maschine los, als hätte sie von jeher gelaufen und lief weiter bis zum Schlußsignal um 5 Uhr. Ich hatte gerade meine Hand am Handrad des Absperrventils, um stillzusetzen, als sich plötzlich alle Schieberstangen der Maschine verbogen und durch einander gerieten. Auf allen Seiten ertönte der Ruf: „Die Schnelläufermaschine ist schon am ersten Tag zum Teufel.“ Die Untersuchung ergab, daß die gußeiserne Stopfbuchsbrille an einer der Schieberstangen heißgelaufen war und sich auf der Stange festgefressen hatte. Eine unserer Schwierigkeiten in den Whitworth-Werken war die Gewohnheit der Arbeiter (die wohl bei den Werkzeugmaschinenbauern allgemein war), stramm einzupassen. Wir hatten keine Normalreibahlen noch sonst ein Paßsystem, und da Mr. Watts bei seiner Nachprüfung alle Passungen für den Betrieb zu stramm fand, mußte er durch Schleifen mit „türkischem Pulver“ die Bohrungen erweitern und die Stangen verschwächen lassen. Bisweilen hatte das so und so oft wiederholt werden müssen. Er war sehr gründlich, aber dieses eine Mal war es ihm doch entgangen, und das Ergebnis war dieser Vorfall. Die Sache sah recht schlimm aus, aber glücklicherweise war nichts gebrochen und als die Ausstellung am nächsten Morgen um 9 Uhr ihre Tore wieder öffnete, war jede Spur des Unfalles verschwunden, und die Maschine lief, als wäre gar nichts geschehen, und lief weiter so monatelang, bis zum Schluß der Ausstellung. Wir hatten uns in der Nacht, die wir darüber zubrachten, schon vorgesehen, daß uns so etwas nicht noch mal passierte.

Ich hätte beinahe vergessen, eine kleine Überraschung zu erwähnen, die ich damals hatte: Am Tage nach meiner Ankunft sagte ein Bekannter von mir, der ein paar Tage vor mir angekommen war: „Kommen Sie einmal mit; ich will Ihnen etwas zeigen.“ Er führte mich rings die ganze Maschinenhalle entlang und zeigte mir Maschinen, die aus allen Teilen Europas auf diese Ausstellung geschickt waren und alle meinen Regulator mit zentralem Gegengewicht hatten. Ich hörte später gesprächsweise, daß dieser Regulator nach seiner Ausstellung in London vor fünf Jahren auf dem Kontinent ganz allgemein gebräuchlich geworden war.

Am Tage nach der Eröffnung fragte ich den Oberingenieur, wann ich den Besuch der Jury erwarten dürfte. Ich setzte ihm auseinander, ich müßte nach Manchester zurück, um meine Familie herüberzuholen, wollte aber die Jury um keinen Preis versäumen. „Dann möchte ich Ihnen raten,“ sagte er, „sofort zu reisen. Es wird mindestens noch eine Woche dauern, bis die Jury zusammentritt.“ Ich reiste denselben Abend ab, überließ den Betrieb der Maschine einem jungen Franzosen und war fünf Tage später zurück. Das erste, was mein Mann mir meldete, war: „Die Jury war gestern hier. Sie blieben nur ein paar Minuten. Alle Bemerkungen, die ich von ihnen hörte, waren auf französisch und ich glaube daher, daß sie alle Franzosen waren. Ich hörte, wie sie sagten: „Eine Maschine, die so schnell läuft (200 Touren), wird sich selbst kurz und klein schlagen, bevor die Ausstellung zu Ende ist.“ Dabei lief die Maschine vor ihren Augen völlig lautlos. „Sie fragten mich nach nichts.“ „Was sagten sie denn über den Kondensator?“ (Das Bourdon-Vakuummeter zeigte die ganze Zeit mehr als 710 mm Quecksilber Unterdruck.) „Darüber haben sie nur gelacht; meinten, keine Maschine habe je solch ein Vakuum gehalten“ — und das war ja auch ganz richtig. Eiligst suchte ich den Oberingenieur auf. Er sagte auf meine Beschwerde nur so obenhin: „Ach dieser

Besuch war ja nur ein vorläufiger. In ein paar Tagen machen sie ihre Runde nochmals.“ Ich warte noch heute auf diesen Besuch. Hörte noch sah je wieder etwas von der Jury, aber als die Liste der Auszeichnungen mit goldenen Medaillen veröffentlicht wurde, war mein Name nicht darunter.

Später erfuhr ich, daß alle Abteilungjurys die Anweisung bekommen hatten, ihr Werk am Morgen nach der Eröffnung zu beginnen und ihre Berichte innerhalb dreier Wochen vorzulegen. Der Oberingenieur muß amtlich von dieser Anordnung Kenntnis gehabt haben und hat mich vorsätzlich falsch beraten. Ich habe mich immer gefragt, ob das wohl seine Rache dafür gewesen sein mag, daß ich die Maschine nicht am Sonntag in Betrieb setzte, wie er befohlen hatte.

Was nun die Richtigkeit des Urteils der Jury über die Maschine betrifft, so hatte diese, „noch bevor die Ausstellung zu Ende war“, die Bewunderung eines jeden Ingenieurs in Europa errungen. Mr. John Hick aus Bolton, damals der tonangebende Erbauer ortsfester Maschinen in England und später Chef der großen Ingenieurfirma Hick, Hargreaves & Co., machte der Maschine jeden Nachmittag, solange er dort war, seinen Besuch und beobachtete sie bisweilen lange Zeit. Sie besaß einen gewissen Zauber für ihn. Er gestand mir, nicht alle Zeugnisse der Welt hätten ihn überzeugen können, daß es möglich sei, eine Dampfmaschine bei so hoher Tourenzahl so glatt und ruhig laufen zu lassen, oder ein solches Vakuum mit ihr zu halten. Er meinte, wenn meine in London ausgestellte Maschine einen nur halb so günstigen Eindruck auf ihn gemacht hätte, so würde er mir angetragen haben, sie zu fabrizieren; aber das hätte sie nicht getan. Den Grund dafür wußte ich längst, den Grund, warum sie auf niemanden einen guten Eindruck gemacht hatte: Sie war eine Auspuffmaschine. Er fügte hinzu, inzwischen hätte er andere Abmachungen getroffen, die ihm heute ein solches Anerbieten nicht mehr ermöglichten. Ich kannte diese Abmachungen. Er hatte vor zwei Jahren die Fabrikation der Corliss-Maschine übernommen. Mr. William Inglis, ein kanadischer Ingenieur, der diese Maschine erfolgreich in England eingeführt hatte, war sein Direktor. Ich kannte Mr. Inglis gut und freute mich über seinen Erfolg, wie sich wohl jeder gefreut hat, der ihn kannte. Eifersucht war etwas, woran zwischen uns nicht zu denken war. Der Markt war groß genug für uns alle beide, groß genug für zwanzig wie wir.

Ein französischer Ingenieur machte mir in den höflichsten Formen seine Aufwartung und fragte mich, ob ich das Deluel-Vakuummeter kenne. Ich verneinte. Es sei ihm ein Vergnügen, mich damit bekannt zu machen. Das von dem Bourdon-Vakuummeter auf meinem Kondensator angezeigte Vakuum wäre so außerordentlich hoch und besonders bei einer so schnellaufenden Luftpumpe, daß es Ingenieuren nicht glaubhaft erscheinen könnte, es sei denn, es könne tatsächlich mittels Quecksilbersäule abgelesen werden. Das Deluel-Vakuummeter wäre das einzige, bei dem eine solche benutzt würde. Er sei so frei vorzuschlagen, daß ein Deluel-Vakuummeter an dem Kondensator angebracht würde. Er entschuldigte sich noch vielmals, während es doch in der Tat sehr freundlich von ihm war. Er gab mir liebenswürdigerweise die Adresse der Firma in Paris. Ein geriebener Yankee wird wahrscheinlich sofort herausfinden, daß er ein geübter Reklametrommler der Firma war. Ich kam nicht darauf und bin ihm auch deswegen nicht weniger dankbar.

Ich verschaffte mir ohne Säumen ein Deluel-Vakuummeter und ließ noch denselben Abend den Kondensator anbohren, um es anzuschließen. Zu meinem größten Ärger war kein Gewindebohrer zu finden, der für sein Gewinde paßte. Ich mußte also einen hölzernen Pflock in die Bohrung treiben. Am nächsten Tag suchte ich das Lager der Firma, das beinahe 5 km vom Marsfeld entfernt war, auf und klagte ihnen meine Not. Unter einer Flut von Entschuldigungen für die Verlegenheit, in die ich gekommen wäre und die er ja hätte voraussehen müssen, holte der Herr einen Satz Gewindebohrer heraus und war so freundlich, sie mir zu leihen, indem er noch mit sichtlichem Stolz bemerkte, daß dieses Gewinde „eine Spezialität ihres Hauses sei". Das Deluel-Vakuummeter wurde am selben Abend angeschlossen und am nächsten Morgen hatte ich die große Genugtuung, daß es genau dieselbe Ablesung ergab, wie das Bourdon-Vakuummeter.

Ich hatte es versäumt, mir diesen Kondensator patentieren zu lassen. So verband mich nichts mit ihm, und als ich im Jahr darauf heimgekehrt war, verlor ich ihn ganz aus dem Auge, weil ich keine Gelegenheit mehr hatte, ihn anzuwenden. Aber neun Jahre später erblickte ich auf unserer Hundertjahr-Ausstellung eine große horizontale Dampfmaschine, die aus Belgien herübergeschickt worden und mit dem altvertrauten Kasten hinter dem Zylinder versehen war. Und wieder etwa 20 Jahre später hatte ich das Vergnügen, daß mir der Kondensator von Mr. F. M. Wheeler beschrieben wurde, als ob ich niemals von ihm gehört hätte. Er wies besonders auf den geneigten Boden des Kondensationsraumes als das Mittel hin, das es verhinderte, daß sich die Luft mit dem Wasser mischte. Er teilte mir mit, daß dieser Kondensator damals durchweg in Europa gebräuchlich und in allen Abbildungen horizontaler Kondensationsmaschinen zu finden war. Ich habe vergessen, ob ich ihm erzählt habe, was ich von dem Ursprunge dieses Kondensators wußte.

Auf dieser Ausstellung hatten nur die Engländer ein Gebäude, das ganz der Ausstellung von Schußwaffen und Geschossen gewidmet war. Die hauptsächlichsten Systeme, deren ich mich noch erinnere, waren die von Whitworth und Armstrong, die hervorragend vertreten waren. Ich sagte damals immer, der britische Löwe lüde hier die andern Viecher zur Prüfung seiner Zähne ein.

Franzosen und Engländer hatten je ein großes Gebäude am Seine-Ufer für ihre Flottenausstellungen. In jenem wurde ich zufällig Zeuge eines Empfanges, auf dem der junge Kronprinz die Glückwünsche, unter anderen auch von vielen bedeutenden Engländern, entgegennahm, von denen ich einige wieder erkannte. Wie strahlend schien damals seine Zukunft vor ihm zu liegen! Wie traurig war sein Ende! Und doch wie herrlich war für Frankreich die Rückkehr zu einer freien Republik; lang möge sie leben!

In der englischen Flottenausstellung stellten drei Leute ihre Ideen in einem kindischen Luxus zur Schau. Es wurden Modelle einer Flotte von acht Schiffen ausgestellt; jedes war ganze 3 m lang, und vollständig und in der feinsten Weise, innen und außen ausgestattet. Sie waren betitelt: „Englands Flotte der Zukunft.“ Die vollaufgetakelten Schiffe waren von Robert Napier gebaut, mit Maschinen von John Penn ausgerüstet und trugen Breitseiten von Whitworth-Geschützen. Wenn man heute daran zurückdenkt, erscheint diese kostspielige Schaustellung im höchsten Maße lächerlich. Sie zeigte auch nicht eine einzige Grundlinie, die nicht längst dahingeschwunden und beinah vergessen wäre. Sowohl der Prinz, wie die Spielsachen lehren den Ethiker eine Lehre. Wie schnell ist alles, was sie beide vorstellten, weggefegt worden, wie von einem Wirbelsturm, auf immer! Was von dem, was heute Staaten oder die Technik beherrscht, wird von Dauer sein?

Eines Tages hatte ich in dem zweiten Gebäude das Glück, Admiral Farragut zu treffen. Ich hörte mit an, wie er mit Bezug auf jene stolze Flotte sagte: „Wenn sie fertig ist, dann wird so ein Yankee mit einem Torpedo kommen und sie in die Luft sprengen.“ Eine andere prägnante Antwort des alten Seehelden, die ich damals mit anhörte, ist gleichfalls erzählenswert. Er wurde nach seiner Meinung über das Unterseeboot „Monitor“ gefragt. „Eine Maschine, Menschen wie die Ratzen zu ersäufen, mein Bester,“ war seine ganze Antwort.

Ungefähr um Johanni erhielt ich von der Firma Ducommun & Co. in Mühlhausen i. Els. eine Bewerbung um eine Lizenz für die Fabrikation meiner Maschinen in Frankreich. Die Einwohner dieses wichtigen Industriezentrums hatten auch damals noch keine Vorahnung von dem, was so bald über sie hereinbrechen sollte. Ducommun & Co. hatten in großem Umfang in Paris ausgestellt, und mein Eindruck von ihnen war recht günstig. Ich beriet mich mit Mr. Hoyle und gab ihnen eine Antwort, die eine Entscheidung auf einen späteren Zeitpunkt, aber noch während der Ausstellung hinausschob. Da ich dann im September noch keine andere Bewerbung erhalten hatte, nahm ich diese an. Das war ein Fehler. Unmittelbar vor Schluß der Ausstellung erhielt ich einen sehr schmeichelhaften Brief der Firma Farcot & Co., den bedeutendsten Erbauern ortsfester Maschinen in Frankreich, die auch die größte Maschine auf der ganzen Ausstellung geliefert hatten. Ihre Werke lagen nahe bei Paris und ich hatte diese in Begleitung von Mr. Hoyle auf ihre Einladung hin besucht. Sie sagten in ihrem Brief, sie hätten nun diese ganzen Monate hindurch den Betrieb der Maschine aufmerksam beobachtet und wären zu der Überzeugung gelangt, daß sie eine ausgezeichnete und dauerhafte Maschine sei. Sie baten dringend um das Fabrikationsrecht für Frankreich. Nun mußte ich für meine voreilige Entscheidung büßen und ihnen mit tiefem Bedauern mitteilen, daß über dieses Recht schon anderweitig verfügt sei. Mein Bedauern wurde aber noch größer, als ich im Laufe des folgenden Winters in Manchester Kopien der Zeichnungen erhielt, nach denen Ducommun & Co. ihre Maschinen zu konstruieren vorschlugen. Alle ihre Abänderungen machten die Maschine nur komplizierter. Ich war ganz außer mir. Die Zeichnungen sahen aus, als hätte es Schrauben und Muttern geregnet. Ohne es zu wissen, hatten sie alle konstruktiven Anforderungen für einen erfolgreichen Schnelläufer mißachtet. Nachdem wir hin und her beratschlagt hatten, waren Mr. Hoyle und ich einig, daß der Fall hoffnungslos wäre; sie würden es damit niemals zu etwas bringen. Das traf auch ein.

Ich besitze keine Photographien von der Pariser Weltausstellung. Es war ganz eigenartig, daß, soweit ich je gehört, dort keine aufgenommen wurden.

Gegen den Schluß der Ausstellung erhielt ich noch einen Besuch von Allen. Er war von unsern Teilhabern herübergesandt worden, um selbst zu sehen und ihnen zu berichten, was ich tatsächlich geschaffen hätte. Er blieb nach unserer Rückkehr nach Manchester noch ein Weilchen bei mir. Whitworth behandelte uns mit der größten Aufmerksamkeit. Auf seine Einladung fuhren wir auf seinen Landsitz hinaus und verbrachten einen Tag mit ihm. Dieser Besuch ist erzählenswert. Sein Gut lag in Derbyshire, neben Chatsworth, dem bekannten Landsitz des Herzogs von Devonshire. Es lag in einem ziemlich breiten Tal, dehnte sich allseitig bis zum Kamm der hohen Hügel aus und war etwa 750 ha groß. Er erzählte mir, daß drei nebeneinanderliegende Güter nach und nach verkäuflich geworden waren und es ihm gelungen sei, alle drei zu kaufen. In der Mitte dieses Tales lag ein weniger hoher Hügel für sich allein, der Steinbrüche enthielt, die seit undenklichen Zeiten ausgebeutet worden waren. Als er das Gut kaufte, war dieser Hügel von häßlichen Trümmerhaufen umgeben. Whitworth hatte die Steinbrüche stillgesetzt, die Steinhaufen mit Erde bedeckt, auf der jetzt Bäume wuchsen und das ganze in sehr malerische Schmuckanlagen verwandelt. Nach dem Gabelfrühstück nahm Whitworth seinen Stock und führte uns, leicht wie ein Schuljunge dahinschreitend, durch sein Gebiet. In den Steinbrüchen hatte er auf verschiedenen Höhen Gallerien ausbilden lassen. Schließlich hatte er auf dem Gipfel des Hügels, von wo man seine ganze Besitzung überblicken konnte, einen Platz von ungefähr 30×60 m einebnen und mit einer ländlichen Brustwehr von Felssteinen umgeben lassen. Hier diente ein Rasenplatz, so glatt und eben wie ein Billardtisch, als Croquette-Wiese. Croquette war damals das beliebteste Freiluftspiel in England. Er hatte einen demokratischen Park, der keine Mauer besaß. Stacheldrahtzäune waren noch unbekannt, also konnte er kein Hochwild hegen. Aber auf seinen Feldern sahen wir viel Vieh grasen. Er erzählte uns, er züchte Stammbaumvieh und beabsichtige, vom nächsten Jahr ab alljährlich davon zu verkaufen. Wir blickten auf das riesig behagliche Haus, das eine so wundervolle Lage im Tal hatte. Er äußerte jedoch, er ginge damit um, es abzureißen und ein Schloß an seiner Stelle zu errichten. Später erfuhr ich von Mr. Hoyle, daß er eine Zeitlang zwei Londoner Architekten hatte Entwürfe zu diesem Schloß machen lassen, die er dann durch einen anderen Zeichner zu einem neuen Entwurf nach seinem Geschmack vereinen ließ; doch hätte er noch keinen entscheidenden Entschluß gefaßt. Da er ein alter Mann war und niemanden in der Welt hatte, dem er diesen Besitz hinterlassen konnte, so konnte ich sein Aufgehen in neuen Plänen dafür nur auf seinen ruhelosen Geist schieben, der immerzu irgendeinen neuen Kanal für seine Tatkraft finden mußte.

Ich jedoch hatte kein Verlangen danach, daß er auch nur einen Teil dieser Tatkraft dazu verwandte, eine Dampfmaschine „nach seinem Geschmack“ zu schaffen, und so vergingen die Monate, ohne uns einer Verständigung näher zu bringen. Meine Erfahrungen mit Ducommun & Co. bestärkten mich in meinem Entschluß, die Kontrolle über die mechanische Ausgestaltung meiner Maschine in England nicht aus der Hand zu lassen, und auch Mr. Hoyle meinte, er könne mir nicht dazu raten. Whitworths Artilleriereform lag damals in den letzten Zügen und nahm ihn ganz in Anspruch. Ich kam daher nicht wieder mit ihm zusammen, aber erfuhr durch Mr. Hoyle, daß er höchst empört war, daß ich mir anmaßte, den Standpunkt einzunehmen, von dem ich nicht abgehen wollte. Er blieb unerschütterlich auf dem seinen.

Vierzehntes Kapitel.

Studium der Wirkung der hin und her gehenden Teile. Wichtiger Beistand Mr. Frederick J. Slades. Vortrag vor der Institution of Mechanical Engineers. Zerah Colburns Würdigung. Die Dampffeuerspritze in England.

Nach dem Schluß der Pariser Ausstellung widmete ich mich ernstlich dem Studium der Wirkung der hin und her gehenden Teile in der Maschine, und will hier seinen Verlauf kurz skizzieren. Es ergab sich, daß in der Schnelläufer-Dampfmaschine die hin und her gehenden Teile eine höchst bedeutsame Rolle spielen. Neben der Übertragung des Dampfdrucks auf die Kurbel erfüllen sie noch eine ganz andere Aufgabe. Ihr Beharrungsvermögen entlastet die Kurbel von Stößen an den Totpunkten, verteilt den Druck gleichmäßiger auf sie durch den ganzen Hub und macht so die Schnellläufermaschine überhaupt erst möglich. Ich nützte dieses Beharrungsvermögen aus, bevor ich überhaupt etwas davon wußte. Ich hatte meine ganze Aufmerksamkeit auf den Ausgleich durch Gegengewicht gerichtet und durch die Praxis nachgewiesen, daß die Zentrifugalkraft einer dem Gewicht der hin und her gehenden Teile gleichen Masse, die entgegengesetzt zur Kurbelrichtung und in gleicher Entfernung vom Mittelpunkt angreift, wie der Kurbelzapfen, eine horizontale Maschine vollkommen auswuchtet und hatte hierfür einen in die Augen springenden Nachweis auf dieser Ausstellung erbracht.

Die Aufgabe, die ich vor mir hatte, war die Frage: „Was bringt den weichen Gang meiner Maschine hervor?“ Ich bin kein Mathematiker, konnte also seine Methoden nicht anwenden. Ich faßte die Sache graphisch an und verfolgte Punkt für Punkt die Bewegung des Kolbens, wie sie von der Kurbel erzwungen wird. Ich erinnere mich heute nur noch ganz undeutlich der verschiedenen Stufen meines Fortschritts. Eines Ereignisses erinnere ich mich jedoch ganz deutlich, und das ist die Hilfe, die ich von meinem Freunde Frederick J. Slade erfuhr, der jünger war als ich, aber schon vor einigen Jahren gestorben ist. Slade war ein mathematisches Genie. Die Firma Cooper, Hewitt & Co., die später in den Vereinigten Staaten Bahnbrecher für schmiedeeiserne Brückenbalken und andere Formen von Eisenkonstruktionen wurde, hatte alle ihre Entwürfe und Berechnungen von Mr. Slade. Ich hatte seine Bekanntschaft 1863 in London gemacht und traf ihn 1867 in Paris wieder. Er war damals im Auftrage von Abram S. Hewitt in Frankreich, um den Siemens-Martin-Stahlerzeugungsprozeß zu studieren. Er interessierte sich sehr für meine Maschine. Eines Tages brachte er mir ein Schaubild, auf dem die beiden heute berühmten Dreiecke zu sehen waren und eine Erläuterung dazu, die er geschrieben hatte, und durch die er nachwies, daß, wenn man die Beschleunigungen oder Verzögerungen des Kolbens in jedem Punkt seines Hubes als Ordinaten auf der Maschinenachse als Abszissenachse aufträgt, sich eine Diagonale ergibt, die bei unendlicher Länge der Pleulstange die Maschinenachse genau in der Mitte schneiden würde.

Das veranschaulichte mit einem Schlage die ausgleichende Wirkung der hin und her gehenden Teile in einer Expansionsmaschine, die demnach also die überschüssige Dampfkraft am Hubbeginn aufnehmen und erst am Hubende an die Kurbel weitergeben. Ich fühle mich stärker in Mr. Slade's Schuld, als in irgend jemandes sonst, und möchte hier dem Gefühl Worte geben, wie dankbar ich das anerkenne.

Am 30. Januar 1868 hatte ich die Ehre, vor der Institution of Mechanical Engineers einen Vortrag über die Allen-Maschine zu halten. Die Diskussion des Vortrags wurde bis zur nächsten Sitzung am 30. April verschoben, der Vortrag inzwischen gedruckt und den Mitgliedern übersandt. Demzufolge hatten wir dann im April eine sehr interessante Diskussion. Ich möchte zwei Zwischenfälle erwähnen, die bei der ersten Sitzung vorkamen, aber im Sitzungsbericht der Vereinszeitschrift nicht erschienen. Als der Sekretär, der den Vortrag verlas, an die Behauptung kam, daß die Beschleunigung des Kolbens am Hubbeginn am größten sei, unterbrach der Vorsitzende, Mr. Sampson Lloyd, einer der stellvertretenden Vorsitzenden der Institution, die Vorlesung und sagte zu mir: „Sie meinen natürlich nicht im Hubwechsel, Mr. Porter, sondern an einem Punkte in der Nachbarschaft des Hubwechsels." Ich sah mich genötigt, ihm zu antworten, es wäre meine Absicht, auszudrücken, daß genau im Totpunkt, an dem Punkt, wo die Herbewegung aufhört und die Hinbewegung noch nicht begonnen hat, — daß an diesem Punkt die auf die Kurbel ausgeübte Kraft am größten sei, da die Kurbel die hin und her gehenden Teile bis zur Ruhe verzögert habe und sie nun, ihre Kraft weiter in der gleichen Richtung ausübend, in der entgegengesetzten Richtung in Bewegung setzte.

Nach Schluß des Vortrags erhob sich Mr. E. A. Cowper und behauptete, meine Erklärung des Vorganges sei vollkommen irrig; ein Herr, dessen Namen er angab und den ich vergessen habe, habe ihn untersucht und nachgewiesen, daß diese Verzögerungen und Beschleunigungen durch eine Kurve darzustellen seien, die er ungefähr auf die Tafel skizzierte. Er bäte um Entschuldigung, daß er sie nicht Punkt für Punkt entwickelte; das müßte durch Rechnung geschehen und erfordere zu lange Zeit. Aus diesem Grunde wurde die Diskussion verschoben. In der nächsten Sitzung lieferte Mr. Cowper die Entwicklung der Kurve nicht, und lange Zeit danach schrieb er einen Brief an die Redaktion des „Engineering", in dem er erklärte, bei genauerer Untersuchung habe er gefunden, daß die Verzögerung und Beschleunigung des Kolbens durch Dreiecke und nicht durch eine Kurve darzustellen seien. Bei der Diskussion des Vortrags wurde meine Ansicht von allen, die zu diesem Punkt das Wort ergriffen, bestätigt, mit Ausnahme von Mr. Cowper. Eine besonders sorgfältige und wertvolle Darstellung der Wirkung der hin und her gehenden Teile wurde von Mr. Edwin Reynolds gegeben, der damals bei den Don-Stahlwerken in Sheffield war.

Zerah Colburn, der Herausgeber des „Engineering", hatte sich schon immer warm für meine Maschine interessiert, und im Winter nach der Pariser Ausstellung forderte er mich auf, ihm die Zeichnungen und Unterlagen für ihre Beschreibung in seiner Zeitschrift zu liefern. Das tat ich, und er arbeitete auf dieser Grundlage eine Reihe von Artikeln in gewohnter Klarheit und Schärfe des Stils aus. Sie sind im Band V des „Engineering" zu finden, und zwar die Stiche hinter Seite 92 und die Artikel auf Seite 119, 143, 158, 184 und 200.

Mr. Colburns Artikel im „Engineering" sind selbst so interessant, daß ich glaube, es bedarf keiner Bitte um Entschuldigung, wenn ich aus ihnen seine Bemerkungen über das Thema des Beharrungsvermögens der hin und her gehenden Teile, sowie diejenigen Sätze zitiere, in denen die Umwälzung geschildert ist, die die Schnellläufermaschine grundsätzlich in den Augen der Zeitgenossen damals mit sich brachte.

Nach einer Einleitung, deren Inhalt größtenteils hier als bekannt vorausgesetzt werden darf, fährt Mr. Colburn fort:

„Wenn eine Dampfmaschine von jenseits des Ozeans in das Geburtsland der Dampfmaschine gebracht wird, in dasselbe Land, wo sie wenigstens der Anzahl nach ihre bedeutendste Entwicklung durchgemacht hat, — wenn die Behauptung aufgestellt wird, sie sei den hier geschaffenen Maschinen überlegen und entwickle bei einer Tourenzahl ihre größten Vorteile, die bisher überhaupt für undurchführbar galt, so dürfen ihre Freunde nicht erwarten, daß man den neuen Behauptungen irgendwelche Aufmerksamkeit schenkt, bevor die Öffentlichkeit geradezu gezwungen ist, sich ihnen zuzuwenden; und dann müssen sie sich darauf gefaßt machen, die Prüfung schärfster Kritik über sich ergehen zu lassen . . .

„Wenn man zu weitgetriebener Expansion schreitet, so muß man, besonders bei der erheblichen Dampfspannung, die heute bei ortsfesten Kesseln gebräuchlich ist, mit zwei ernstlichen praktischen Schwierigkeiten rechnen. Die erste liegt in der nachteiligen Wirkung, die es haben muß, wenn plötzlich eine so große Kraft in den Totpunkten ausgeübt wird. Es ist in der Tat gar nicht möglich, eine Balanciermaschine so zu konstruieren, daß sie diese Kraftwirkungen dauernd aushält. Die zweite Schwierigkeit ergibt sich aus dem äußerst starken Unterschied zwischen den Drücken für beide Hubenden. Sie geht so weit, daß die Kurbel, statt unter der Einwirkung einer halbwegs gleichmäßigen Kraft zu stehen, durch eine Reihe heftiger Stöße herumgedreht wird, die noch dazu gerade dann auf sie ausgeübt werden, wenn sie in ihrer mindest günstigen Stellung steht . . .

„In der „Allen-Maschine“ fallen alle die praktischen Schwierigkeiten, die sich der erfolgreichen Anwendung weitgetriebener Expansion bei Dampf von hoher Anfangsspannung entgegenstellen, vollständig fort, und zwar durch die Wirkung der hohen Tourenzahlen. Die Kurbel wird in den Totpunkten nur einer beliebig klein zu haltenden Druckkraft ausgesetzt, sogar überhaupt keiner, wenn wir keine haben wollen. Die Kraft wird im weiteren Hubverlauf allmählicher auf sie übertragen, als die Verfechter langsamer Schiebereröffnung und verzögerter Admission jemals erträumt haben, und wir nähern uns dem Ziel eines während des ganzen Hubes gleichförmigen Drehmoments ziemlich weit. In einer richtig konstruierten Maschine wird daher der Betrieb um so sanfter, gleichförmiger und geräuschloser sein, je höher die Tourenzahl ist.“

Mr. Colburn widmet dann eine Seite oder mehr der Auseinandersetzung dieser Wirkung und faßt schließlich die Vorteile des Schnellbetriebs in folgendem zusammen:

„Setzen wir voraus, daß in einer Maschine, die 75 Touren macht, die hin und her gehenden Teile ein solches Gewicht haben, daß die am Hubbeginn für ihre Beschleunigung erforderliche Kraft einem Druck von 1,4 kg pro qcm Kolbenfläche entspricht. Das würde das Druckdiagramm noch nicht genügend beeinflussen, um viel praktischen Nutzen zu ergeben. Lassen wir jedoch die Tourenzahl auf 150 anwachsen, so ist die Zentrifugalkraft derselben Teile im Augenblick des Durchgangs der Kurbel durch die Totpunkte nunmehr gleich 5,6 kg auf den Quadratzentimeter Kolbenfläche. Eine Dampfspannung von weniger als 5,6 Atm. wirkt dann nur teilweise entlastend. Es ist gleichgültig, wie plötzlich der Dampf in den Zylinder gelassen wird: nicht ein Gramm seiner Kraft kann bis an die Kurbel vordringen. Aber in dem Grade, wie diese sich weiter dreht und die Beschleunigung der hin und her gehenden Teile abnimmt, beginnt der für die Beschleunigung nicht erforderliche Kraftüberschuß vollkommen allmählich auf die Kurbel zu wirken.

„Man sieht, wie vollständig der Konstrukteur diese Wirkung der hin und her gehenden Teile in der Hand hat. Er kann ihre Geschwindigkeit und ihr Gewicht so gegen die Dampfspannung abstimmen, daß er die Kurbel von Stößen in den Totpunkten in ganz beliebigem Grade entlasten kann. Die Ansicht, die hin und her gehenden Teile von Schnelläufermaschinen müßten sehr leicht sein, ist folglich völlig verkehrt. Sie sollten möglichst schwer konstruiert werden, je schwerer, desto besser.

„Die Vorteile schnellerer Rotation machen sich auch bei der Kraftübertragung angenehm fühlbar. Es liegt Ingenieuren im Gefühl, daß es theoretisch anzustreben ist, daß die krafterzeugende Maschine durch ihren Schwung über die Widerstände hinwegkommen soll. Die Tourenzahl sollte durch die Transmission nicht erhöht, sondern vermindert werden. Das ist in der Praxis selten durchzuführen, aber auch hier bietet der Schnellbetrieb der Antriebsmaschine den großen Vorteil, daß man sich dem theoretischen Ideal viel weiter nähern kann. Auf der andern Seite haben die langsamlaufenden Maschinen jeden Nachteil gegen sich. Gekuppelte Maschinen und gewaltige Schwungräder müssen zu Hilfe genommen werden, um eine halbwegs gleichförmige Rotation zu erzielen; oft läßt man sich notgedrungen einen schlechten Ungleichförmigkeitsgrad gefallen, wenn man nicht zu der streng zu verurteilenden Aushilfe eines Schwungrades auf der Transmissionswelle greift. In Verbindung damit stellt sich dann die Aufgabe ein, die Tourenzahl ins hohe zu übersetzen, die zu schwerem Getriebe und hohen Beanspruchungen führt. Der Langsambetrieb verhindert ferner die Anwendung von Riemen als kraftübertragendem Maschinenelement von Krafterzeuger auf Kraftverbraucher, das den unbedingten Vorzug verdient.

„Wie steht es nun aber mit dem Verschleiß? Diese Frage ertönt aus Freundes wie aus Gegners Munde, nur mit dem Unterschied, daß sie hier triumphierend, dort teilnahmsvoll klingt. Der bloße Gedanke an hohe Tourenzahlen läßt vor jedermanns Augen das Bild heißer und verschlissener Lager, festgefressener Kolben und Zylinder, von Schlägen und Betriebsstörungen und Maschinen erscheinen, die sich selbst in tausend Stücke zerarbeiten. Es ist wirklich schwer verständlich, wie in unserer aufgeklärten Zeit so viel Unwissenheit und Vorurteil hierüber herrschen kann. Tatsache ist, daß der Schnellbetrieb die große Prüfung und Aufdeckung alles dessen darstellt, was schlecht entworfen und konstruiert ist. Die nachteilige Wirkung aller unausgeglichenen Kräfte, einseitigen Beanspruchungen, geschwächten Querschnitte, aller unkonstruktiven Formen und schlecht bearbeiteten Flächen nimmt im Quadrat der Betriebsgeschwindigkeit zu. Man lasse eine gewöhnliche Dampfmaschine einmal ordentlich schnell laufen: sofort beginnt sie von Fehlern zu strotzen. Das Schwungrad schlägt und schreit: „Balanciere mich aus, balanciere mich aus!" Die sich krümmende Welle und der zitternde Frähm rufen: „Sieh mich an, ich bin zu schwach." Das glühende Lager ächzt: „Mach mich rund, mach mich rund!" Und der Fabrikant steht dabei und sagt: „Na nu sehen Sie, mein Bester, was bei Ihrem Schnellbetrieb herauskommt! Es geht eben nicht!"

„Nun, nichts ist klarer, als daß wir — und zwar mit Leichtigkeit — Dampfmaschinen bauen können, in denen keine unausgeglichenen Kräfte, keine einseitigen Beanspruchungen, keine geschwächten Querschnitte, keine unkonstruktiven Formen und schlecht bearbeiteten Flächen sind, kurz, die keinen Fabrikationsfehler aufweisen, der im Quadrat der Geschwindigkeit wachsen könnte; und bei solchen Maschinen können wir auf beliebig hohe Geschwindigkeiten gehen. „Aber," wendet ein Freund ein, „da setzen Sie Vollkommenheit voraus, und wissen doch selbst, daß sie unerreichbar ist." „Nein," entgegnen wir, „nichts Unerreichbares, ja nicht einmal etwas Schwieriges verlangen wir da, sondern lediglich die Abstellung handgreiflicher Mängel, die leicht vermeidlich sind, wenn wir nur den Mut haben, ihr Vorhandensein einzugestehen und den guten Willen, ihnen ein Ende zu machen. Wir müssen eben jegliche Selbsttäuschung über die vermeintliche Vortrefflichkeit unserer Arbeit über Bord werfen und uns entschlossen zu dem Grundsatz bekennen, daß, wenn immer etwas schief geht, nicht der Schnellbetrieb, sondern wir selbst die Schuld tragen. Wir müssen im Schnellbetrieb unsern Lehrmeister erblicken."

Unter den vielen Einwendungen gegen hohe Touren hören wir auch oft, daß die Balanciermaschine sich nicht dafür eigne — und, bitte, die Balanciermaschine sei von Watt erfunden! Trotz schuldiger Ehrfurcht vor diesem großen Mann beugen wir uns doch vor keinem bloßen Namen. Die Balanciermaschine wurde für eine Kolbengeschwindigkeit von 1,1 m und 1 bis 2 Atm. Druck konstruiert, und für diese Bedingungen kam sie der Vollkommenheit so nahe, wie nur je Menschenwerk gekommen ist, oder kommen wird. Aber will denn nicht Watts Geist voll Wut den Männern erscheinen, die an der ererbten Form auch dann noch immer kleben, wenn die Bedingungen, denen sie dienen sollte, längst überlebt sind, — den Männern, die seinen Sicherheitsfaktor bis zur Grenze ausgenutzt haben und jetzt zwischen ihren zitternden und zerbrechenden Maschinenteilen stehen, feindlich gegen allen Fortschritt, dem die alten Teile nicht gewachsen sind?

Zapfen und Lager brauchen nicht bloß niemals heiß zu werden, sondern sogar niemals zu verschleißen und werden das auch nicht tun, wenn sie in geeigneter Weise gebaut und gehörig (keineswegs ängstlich!) gepflegt werden, unabhängig von der Tourenzahl. Es ist wohlbekannt, daß in dieser Hinsicht zwischen Lager und Lager ein großer Unterschied ist; eins hält oft länger, als ein Dutzend andere. Es steckt aber kein großes Geheimnis dahinter. Die wenigen Bedingungen für korrekte Lagerung sind so einfach, daß es beinah müßig ist, sie aufzuzählen. Die erste ist die Starrheit einer Welle oder Spindel zwischen ihren Lagern. Jeder weiß doch, daß, wenn sie federt, die Zapfen sich genau in dem Grade, wie sie sich durchbiegt, ins Lager einarbeiten müssen, und doch kommt man in der heutigen Praxis dem Ziel völliger Starrheit nicht ein unter tausend Malen auch nur nahe. Daß das berühmte Sellerslager sich so ausgezeichnet als Transmissionslager bewährt, liegt daran, daß es allseitig nachgiebig ist und sich deshalb der Durchbiegung der Welle gemäß einstellt. Der Erfolg ist eine fast unverwüstliche Dauerhaftigkeit.

Das zweite Erfordernis, nachdem die Bedingung vollständiger Starrheit einer Welle gegen alle für sie möglichen Beanspruchungen erfüllt ist, besteht in reichlicher Bemessung der tragenden Fläche, sowohl nach Länge wie nach Durchmesser. Man sieht: diese Forderung verträgt sich mit der ersten sehr gut. Es ist falsch, die Zapfen dünn zu machen und zu denken, daß ihre Verstärkung Kraftverlust durch vergrößerte Umfangsgeschwindigkeit mit sich bringen müsse, denn in Wirklichkeit nimmt der Reibungskoeffizient schneller ab, als die Geschwindigkeit zunimmt. In der Allen-Maschine wollte der Konstrukteur alle Wellen und Zapfen bewußt zu groß machen.

„Doch alles das nützt wenig, wenn der Zapfen nicht rund ist. Bei hoher Tourenzahl in Verbindung mit starkem Druck kommt die Wirkung eines unrunden Zapfens in einer ganz bestimmten Weise zum Ausdruck, und das ist wohl auch wieder ein „Fehler" des Schnellbetriebs. Es ist nun schon unglaublich, wie groß der Unterschied zwischen einer korrekten Zylinderoberfläche und der

Annäherung an dieses Ideal ist, die eine gute Drehbank bei Bearbeitung eines Metalls von üblicher Homogenität erzeugt. Aber wenn wir mit dieser angenäherten Form nun wiederum die Form der Zapfen vergleichen, wie sie im Durchschnitt heute erzeugt werden, so ist es geradezu ein Wunder, wie es bei vielen Zapfen möglich ist, daß sie überhaupt bei irgend einer Geschwindigkeit kühl laufen. Wenn man einen solchen Zapfen mit einem geradgeführten Schleifrad zwischen Körnerspitzen abschleift, die selbst mit dem gleichen Rad konisch geschliffen sind — die einzige bekannte Methode, mit der eine genaue Zylinderoberfläche erzeugt werden kann — so markieren sich ihre Ungenauigkeiten und es zeigt sich im allgemeinen, daß sie größer, oft um ein Vielfaches größer sind, als die Dicke der Ölschicht, die beim Laufen aufrecht erhalten werden kann. Kommt ein solcher Zapfen dann unter Beanspruchung, so zertrennt sich diese Schicht leicht, die Flächen kommen in metallische Berührung, und der Verschleiß beginnt. Ein genau zylindrischer Zapfen jedoch schwimmt in einem Ölbad und ist von seinem Lager an jedem Punkt durch eine Ölschicht durchweg gleicher Dicke getrennt, die einen durchweg gleichen Druck erfährt, so daß sie nirgends das Bestreben hat, sich zu zertrennen oder seitlich zu entweichen. Und wenn der Zapfen sich bei der Drehung nicht durchbiegt und der Druck pro Quadratzentimeter Oberfläche nicht hinreicht, das Schmiermittel beiseite zu pressen, so ist die Lagergeschwindigkeit völlig belanglos und ein Verschleiß unmöglich, wenn man von dem absieht, den das Öl selbst erzeugt, und der ist bei gehärteten Oberflächen nicht wahrnehmbar."

Aus den mit diesen Artikeln veröffentlichten Abbildungen gebe ich hier nur das folgende Diagrammpaar nebst Notiz dazu wieder.

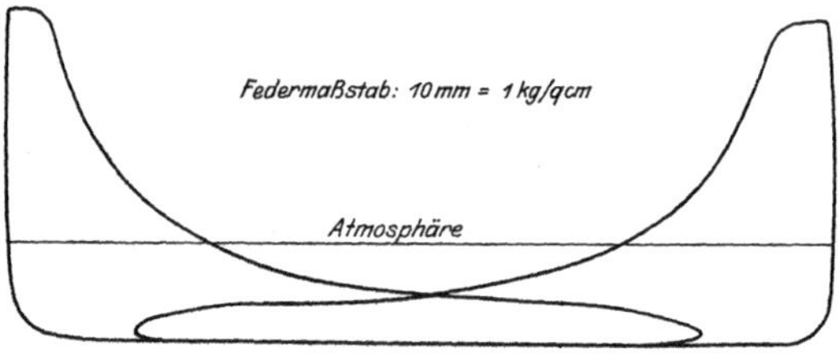

Diagrammpaar der 400 × 760 mm-Allen-Maschine der South Tyne Papierfabrik.
108 Touren, 92 % Vakuum. Maschine nur halb belastet.

Der Winter 1867—68 wurde von mir zum Teil dazu gebraucht, um mir darüber klar zu werden, daß meine Aussichten als Maschinenbauer in England allmählich zu Wasser wurden. Es wurde immer klarer, daß durch meine Differenz mit Whitworth alle meine Anstrengungen und Erfolge zunichte werden würden. Und so kam es auch.

Aber meinem Freund, Mr. Lee, ging es noch viel schlechter. Es dürfte zwischen meinen einförmigen Berichten eine Abwechslung bieten, wenn ich hier ein bißchen zurückgreife und von dem Mißgeschick erzähle, das einen anderen traf. Merkwürdig genug hatte der Umschwung in Mr. Lees Schicksal seinen Ursprung in seinem allzu überwältigenden Erfolg. Den englischen Ingenieuren stand so sehr der Atem still, daß sie den Kopf verloren, und Mr. Lee seine Stellung. Er hatte den Ehrgeiz gehabt, seine Dampffeuerspritze zu ihrer höchsten Leistungsfähigkeit zu bringen. Wäre er vernünftiger gewesen und hätte die Grenze dessen erkannt, was er seinen Kritikern zumuten durfte, so würde er sie nur in etwa ihrer halben Leistungsfähigkeit vorgeführt haben, und alle Beteiligten wären vergnügt gewesen.

Um zu verstehen, wie es zu diesem gänzlich unerwarteten Ausgang kam, müssen wir uns vergegenwärtigen, was die Leute in England bisher gewohnt waren. In London waren Feuer selten und von geringer Ausdehnung. Die Häuser waren niedrig und aus Backsteinen mit Ziegeldächern erbaut. Für Kochen und Heizen reichten bei diesem Klima offene Feuer aus. Jeder Hausbewohner, der die Feuerwehr alarmierte, hatte 5 £ Strafe zu zahlen, so daß sich jeder in acht nahm. Die Löscheinrichtungen selbst waren geradezu lächerlich. Sie bestanden aus kleinen Handspritzen, an denen etwa ein Dutzend Männer angriffen. Gelegentlich sah man an der Seite von Eckhäusern eine Entfernung in Fuß und Zoll angeschrieben. Das bedeutete, daß, wenn man in diesem Abstand von der Ecke in der Straße ein bißchen in dem Macadampflaster grub, sich ein Anschluß an die Wasserleitung zeigen würde. Aus ihr ließ man dann das Wasser gemütlich in ein Gummischüsselchen von ungefähr 2 m Durchmesser sprudeln, das auf der Erde ausgebreitet wurde. Aus diesem Schüsselchen saugte die Spritze ihr Wasser und gab einen dünnen kleinen Strahl.

Als Mr. Lees Maschine, mit einer Worthington-Duplexpumpe ausgerüstet, fertig war, wurde sie vor einer großen Versammlung geladener Gäste, hauptsächlich Feuerwehrbeamten und bekannten Ingenieuren, vorgeführt. Die Maschine unterhielt ständig einen vertikalen Wasserstrahl, der aus einer viel größeren Düse, als je vorher in England benutzt, beträchtlich über 30 m hoch spritzte. Gleichzeitig flog eine Funkengarbe aus dem Schornstein der Dampfpumpe. Die Vorführung geschah am Spätnachmittag eines kurzen Wintertags, und gegen ihr Ende kam die Garbe glühender Aschenteilchen in der anbrechenden Dunkelheit besonders gut zur Geltung. Den paar Amerikanern, die dabei waren, machte dieser Vesuv im kleinen riesigen Spaß. Die Engländer verloren vor Schreck den Verstand. Ihr einstimmiges Urteil war, daß die Maschine augenscheinlich ein, ja meinetwegen ein halbes Dutzend Feuer löschen könnte, aber sie würde dafür zwanzig neue anstiften. Und dabei wußten sie alle, daß die Maschine zur Höchstleistung angefacht war und nie einen einzigen Brand verursacht hatte. Easton, Amos & Sons setzten sich sofort in den Kopf, daß sie unter Mr. Lee niemals eine Dampffeuerspritze verkaufen könnten und entließen ihn am folgenden Morgen.

Während des folgenden Halbjahres trat die Frage nach einer guten Dampffeuerspritze in den Mittelpunkt des öffentlichen Interesses. Irgend jemand — ich habe vergessen wer, es war der Herzog von Sutherland, glaube ich — machte eine öffentliche Ausschreibung von 1000 £ für die beste Dampffeuerspritze. Der Wettbewerb stand jedermann offen. Die Maschinen sollten während sechs Tagen des kommenden Juli im Park des Krystallpalastes in Sydenham vorgeführt werden. In Verbindung mit dieser Vorführung ereignete sich eine ganze Anzahl ergötzlicher Zwischenfälle. Einer war folgender: Der Magistrat der Stadt New York kam überein, daß ihre Stadt diesen Preis gewinnen müßte. Sie sandten also Maschine Nr. 7, die besonders populär und von Lee gebaut war, hinüber. Sie hatte schon drei oder vier Jahre Dienst getan. Ein Festkomitee von Stadtvätern mußte natürlich mit auf die Spritztour nach England. Die Londoner Feuerwehr bereitete dieser Abordnung einen begeisterten Empfang und tat ihr bestes, die Gäste zu feiern. Sie bemächtigten sich ihrer Dampfspritze und stellten sie in London vor einer staunenden Menge zur Schau. Ein paar Tage vor der Zeit, wo die Vorführung beginnen sollte, brachten sie die Maschine nach Sydenham, wo sie auf dem Wege nach ihrem Schuppen zufällig einen Hügel hinunter rollte und so ziemlich völlig zerstört wurde. Da Mr. Lee in London war, wurde Hals über Kopf nach ihm geschickt, um zu versuchen, sie noch rechtzeitig für die Vorführung zu reparieren. Er fand, daß die Beschädigungen so schwer waren, daß sie nicht in weniger als drei Wochen ausgebessert werden konnten. Der Preisbewerber war erledigt. Ihren teilnahmsvollen Freunden tat die Sache furchtbar leid und sie übernahmen die gesamten Reparaturkosten. Zudem schlugen sie vor, sie wollten, wenn die Maschine wieder instandgesetzt sei, einen Ausflug die Themse hinunter nach Greenwich machen und dort vorführen, was sie leisten könnte. Es wurde also ein Dampfer gemietet und die Maschine von einer großen Gesellschaft nach Greenwich begleitet. Bei der Ankunft dort stellte es sich heraus, daß die beiden Schlauchmundstücke — ein großes, und ein kleineres für Weitspritzen — die unter die besondere Obhut der Herren einer Kompagnie der Feuerwehr gegeben waren, zufällig in die Themse gefallen waren. Die New Yorker Abordnung war froh, ihre Spritze ohne weitere Fährlichkeiten nach New York zurückzukriegen.

Auch Easton, Amos & Sons hätten den Preis gar zu gerne gehabt. Nachdem sie den Bau der Spritze selbständig in die Hand genommen hatten, fanden sie heraus, daß sie eine ganze Menge Einzelheiten selbst viel besser konstruieren könnten; sie trafen also eine Reihe einschneidender Abänderungen. Am zweiten Versuchstage versagte die Maschine und mußte vom Wettbewerb zurücktreten.

Ich habe vergessen, wie viele Bewerber das Feld behaupteten; jedenfalls ging der Preis an eine Londoner Handspritzenfirma, die erst seit kurzem diesen neuen Fabrikationszweig aufgenommen hatte. Diese erfolgreiche Firma bewarb sich bei der Regierung um den Auftrag auf Dampffeuerspritzen für den Schutz der öffentlichen Gebäude. Ihre Bewerbung wurde Easton, Amos & Sons, den beratenden Ingenieuren der Regierung, vorgelegt. Diese Firma beschloß darauf, sich diesen Auftrag möglichst selbst zu sichern und wandte sich an Mr. Lee, er möchte ihnen seinen Rat geben, was an ihrer Maschine umgeändert werden müsse, um sie in brauchbaren Zustand zu setzen. Mr. Lee antwortete, sie sollten sie nur genau in den Zustand zurückversetzen, in dem er sie verlassen hätte. Schließlich entschlossen sie sich hierzu und ließen Mr. Lee die Arbeiten leiten. Als die Maschine fertig war, wurde sie in den Gärten des Königlichen Schlosses im Wettbewerb mit der preisgekrönten Spritze einer großen Versammlung von Regierungsbeamten vorgeführt. Die Maschine von Easton, Amos & Sons bewies auf der ganzen Linie eine so entscheidende Überlegenheit, daß die Regierung sie sofort ankaufte.

Mr. Lee hatte sich jedoch schon einige Zeit vorher mit einem Kapitalisten zur Fabrikation von Dampffeuerspritzen in England zusammengetan und war dabei, sie zu konstruieren. Sein finanzieller Partner war „Richter Winter“; wir kannten ihn alle nur unter diesem Namen. Er war Amerikaner, und vor dem Bürgerkrieg hatte er die Winter-Eisenwerke in Georgia besessen. (Ich habe vergessen, wie der Ort hieß, wo sie lagen.) Sie galten als die bedeutendste Maschinenbaufirma in den Südstaaten, und Winter war bei dem Geschäft reich geworden. Der eine oder andere Graukopf entsinnt sich seiner vielleicht noch als eines Ausstellers im New Yorker Krystallpalast im Jahre 1853. Er beschickte jene Ausstellung mit einer Dampfmaschine, die den Namen „Die Schöne aus dem Süden“ (The

Southern Belle) trug. Sie stand in der Maschinenbauabteilung dicht bei einer Corliss-Maschine, und die beiden waren die einzigen Maschinen von erheblicher Größe, die dort ausgestellt waren. Seine Maschine war wundervoll gearbeitet, von Kopf zu Fuß blitzblank poliert, aber im übrigen war sie eine ganz gewöhnliche Maschine. Technisch war sie wertlos.

Richter Winter war ein entschiedener Gegner der Sezessionsbewegung und mußte, als der Staat Georgia sich ihr anschloß, aus dem Lande fliehen. Er nahm dann seinen Wohnsitz in London, wohin er soviel von seinem Reichtum mitnahm, wie er zu Geld machen konnte.

Für die neue Dampffeuerspritze interessierte er sich sehr und war fast jeden Tag ein paar Stunden in dem Bureau, in dem Mr. Lee und Mr. Taylor, ein amerikanischer Ingenieur, mit dem sich Mr. Lee assoziiert hatte, an den Entwürfen arbeiteten.

Was für mich hierbei von persönlichem Interesse war, ist das: der alte Richter hatte keine gediegene technische Ausbildung, aber steckte voller Ideen. Fast jeden Morgen brachte er wieder einen neuen Gedanken, den er ausgeführt sehen wollte. Es war immer Unsinn. Meist widersprach er auf das heftigste dagegen, daß man ihn nicht anhören wollte. Wenn er das ganze Geld gäbe, sähe er nicht ein, wieso er nicht den Mund auftun dürfte. Ich war zufällig eines Morgens dabei, als er in ihrem Bureau über ihren Widerstand ganz besonders in Harnisch geriet. Er war ein dicker Kerl und ich erinnere mich noch, wie ich bei dieser Gelegenheit fröhlich mitlachte, als er nach schweigsamem Auf- und Abgehen schließlich, die Hand auf seinem geliebten Schmerbäuchlein, ausrief: „Weiß der Himmel! Eins bin ich nicht: — aufgebläht.“

Was ich von Easton, Amos & Sons Haltung und von Richter Winter sah und hörte, trug wesentlich zu dem Bilde bei, das ich mir von der Lage machte, in die ich kommen würde, wenn ich Whitworth das Recht abträte, an meiner Maschine Abänderungen nach seinem Gutdünken vorzunehmen.

Fünfzehntes Kapitel.

Vorbereitungen für die Rückkehr nach Amerika. Glänzende Aussichten.

Da ich in jenem Winter nur wenig mit dem Bau meiner Maschine zu tun hatte, widmete ich mich der Redaktion einer zweiten Auflage meines Beibuchs zum Richards-Indikator für Elliott Brothers, sowie meines Vortrags vor der Institution of Mechanical Engineers und der Abbildungen und Unterlagen für Mr. Colburns Artikel über die Allen-Maschine im „Engineering“.

In der Bibliothek der Manchester Philosophical Society fand ich ein Exemplar des 20. Bandes der Berichte der französischen Akademie der Wissenschaften, der den Bericht über Regnaults Versuche über die Eigenschaften des Dampfes enthielt, dessen Seiten aber noch nicht aufgeschnitten waren. Ich konnte ihn damals gerade gut gebrauchen und bemühte mich, selbst ein Exemplar dieses und auch des 21. Bandes zu erwerben, der weitere Berichte von Regnault enthielt. Es gelang mir, diesen Wunsch im selben Winter in Paris durch die freundliche Verwendung M. Trescas, des bekannten Subdirektors der Ecole des Arts et Métiers, erfüllt zu sehen. Es war das nämlich so schwierig, daß ein Brief von M. Tresca an den Verleger sich als nicht ausreichend erwies. M. Tresca mußte mich persönlich als den „savant“ identifizieren, dem er den Brief gegeben hätte. Darauf gelang es mir, beide Bände zu erhalten, die ich bei meiner Rückkehr nach Amerika mit heimbrachte.

Nun ward der Winter meines Mißvergnügens glorreicher Sommer, die Wolken alle, die mein Haus bedräut, waren in des Weltmeers tiefem Schoß begraben, — und zwar durch einen Brief von Mr. Hope, der mir mitteilte, daß Allens Bericht nach seiner Inspektionsreise so völlig befriedigt habe, daß man sich nach reiflicher Erwägung entschlossen hätte, mir zu schreiben, ich solle alles in England stehen und liegen lassen und heimkehren, um gemeinsam mit Mr. Allen die Fabrikation der Maschinen aufzunehmen, wofür reichlich Kapital zur Verfügung stehe. So verstieg ich mich in meiner überglücklichen

Laune dazu, die obigen Verse Shakespeares zu zitieren und auf meines eigenen Schicksals günstige Wendung anzuwenden. Mr. Hope beglückwünschte mich warm, da er selbst ganz klar darüber sah, daß ich es bei Whitworth nie zu etwas bringen würde, es sei denn nach Unterwerfung unter dessen unannehmbare Bedingungen.

Nachdem ich mich von meiner Glückstrunkenheit erholt hatte, ging ich daran, mir die Sache sorgfältig zu überlegen und über die Vorbereitungen schlüssig zu werden, die den Grundstein für ein Geschäft abgeben sollten, das wir durch vernünftige Leitung groß und gewinnbringend gestalten wollten. Ich war mir völlig klar darüber, was für eine Verantwortlichkeit auf mich geladen wurde und war entschlossen, daß ich mich durch Weite des Blicks und Vorsicht des Handelns meiner Aufgabe gewachsen zeigen wollte.

Ich schrieb freudig zu und verbreitete mich des weiteren darüber, wie großen Vorteil wir aus dem ziehen würden, was ich in England gelernt hatte. Ich betonte, daß die Auswahl eines passenden Fabrikgebäudes in erster Linie von Wichtigkeit sei und schlug vor, sie sollten einen Komplex von 8—12 ha in der Umgegend einer großen Fabrikstadt kaufen, wo die Arbeit billig und die Eisenbahnverbindungen gut und das Land zu ländlichen Preisen erhältlich war. Ich würde Werkstätten entwerfen, die großzügig genug für ein großes Unternehmen und in solcher Form angelegt werden sollten, daß sie nach und nach vergrößert werden könnten. Wir würden zuerst nur einen kleinen Teil bebauen, zu dem mit wachsender Ausdehnung des Geschäfts Teile ohne Änderung des ersten Kerns hinzugefügt werden könnten. Ich bat sie, sich nach der besten Lage umzusehen, aber nichts weiter zu unternehmen, bis ich zurückgekehrt wäre, denn ich würde ihnen sorgfältig durchdachte Pläne vorlegen können, die die neuesten Errungenschaften in Werkstattbau und -Ausstattung darstellten.

Darauf machte ich mich mit Begeisterung an meine Vorarbeiten. Die Musterwerkstätte, die heute allgemein üblich ist, war damals erst seit kurzem von der Firma Smith & Coventry geschaffen worden. Das waren Werkzeugmaschinenfabrikanten in Salford, einer Vorstadt von Manchester und nur durch einen schmalen Fluß, den Irwell, davon getrennt. Ihr Entwurf war sofort von der Firma Craven Brothers, gleichfalls Werkzeugmaschinenfabrikanten in Manchester, nachgebaut worden. Er war natürlich in den Vereinigten Staaten noch unbekannt.

Die allgemeine Anlage dieser Werkstatt war der Grundform von Schiff und Seitenflügel einer gothischen Kathedrale entlehnt. Der mittlere und breitere Teil, den wir das Schiff nennen wollen, war einstöckig und wurde von den Laufkränen beherrscht; seine

Bodenfläche wurde nur für die schweren Werkzeugmaschinen und zur Montage verwendet. Die Seitenschiffe waren zweistöckig. Die kleinsten Teile wurden natürlich im oberen Stockwerk hergestellt, und Werkzeugmaschinen und Werkstücke von mittlerer Größe waren im unteren Stockwerk untergebracht, wobei die letzteren mit Laufkatzen transportiert wurden, die auf den Trägern des darüberliegenden Stockwerks liefen. Auf keinem Stockwerk lagen Schienen oder waren Gänge ausgespart. Jeglicher Transport schwerer Stücke geschah durch die Luft. Der große Wert der Verbesserung, den diese Firma damit in der Anlage von Werkstätten schuf und der diesem Entwurf seine allgemeine Verbreitung verschafft hat, lag darin, daß die Arbeit ganz von selbst klassifiziert wurde. Laufkräne waren in England schon ganz allgemein eingeführt, aber auf der von ihnen bestrichenen Fläche fanden sich schwere und leichte Werkzeug-

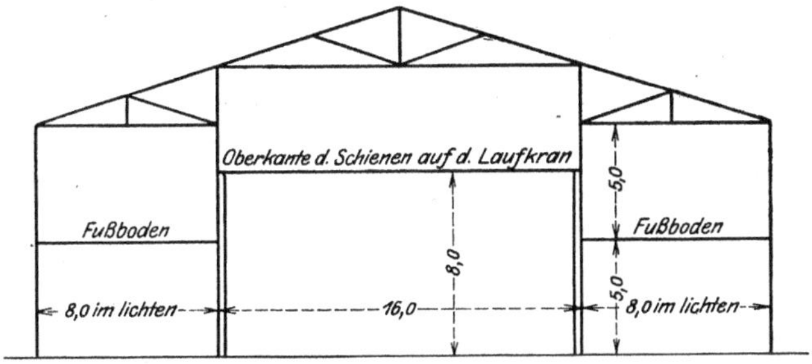

Querschnitt der von Porter 1868 projektierten Werkstatt nach dem Vorbild von Smith & Coventry.

maschinen, oft die kleinsten Größen, in buntestem Durcheinander. Smith & Coventrys Werkstatt hatte ein ganz aus Glas bestehendes Dach, das nach dem „First- und Furchensystem“ hergestellt war, das zum erstenmal bei dem Krystallpalast im Hyde-Park für die Weltausstellung 1851 angewandt wurde. Dieses Dach würde sich jedoch für das amerikanische Klima nicht eignen, da wir so viel Schnee im Winter haben. Ich mußte das also abändern. Aber in jeder anderen Beziehung war ihr Entwurf vollendet. Die Säulen bestanden damals natürlich aus Gußeisen. Sie waren paarweise und mit einem Gitterwerk dazwischen gegossen. Die längeren Säulen dieser Paare trugen immer das Dach und die kürzeren die Schienen für den Laufkran.

In Smith & Coventrys Werkstatt wurde der Laufkran vom Fußboden aus durch eine Seilschleife angetrieben, die von einem Rad auf der Katze herabhing. Diese Anordnung war in jeder Hinsicht äußerst bequem.

Ich verschaffte mir genaue Werkzeichnungen von Smith & Coventrys Werkstatt. Ich beabsichtigte, die Halle nur 23 m lang auszubauen, sie nach und nach aber wenn nötig bis auf 152 m zu verlängern. Obendrein sah der erste Entwurf vor, daß das Verwaltungsbureau, das technische Bureau, das Modellager und Magazin, außerdem die ganze Maschinenwerkstatt, kurz alles mit alleiniger Ausnahme von Betriebsmaschine und Kessel, Schmiede und Gießerei in diesem einen Gebäude untergebracht werden sollte. Ich war sehr zufrieden mit meinem Entwurf und sicher, daß er sich meinen Teilhabern ganz von selbst empfehlen würde, da keine Werkstatt damals in den Vereinigten Staaten existierte, die so viel Vorzüge in sich vereinigte. Ich hatte jedoch noch eine Abänderung gegenüber den englischen Werkstätten bei meinem Entwurf eingeführt, oder besser noch etwas hinzugefügt. Ich hatte nämlich beobachtet, daß es viel Zeit kostete, wenn die Arbeiter auf den Laufkran warten mußten, der gerade an einer andern Stelle gebraucht wurde. Ich hatte in verschiedenen Werkstätten mit angesehen, wie Arbeiter manchmal viertel und halbe Stunden untätig dastanden und warten mußten, bis der Laufkran frei wurde und bei ihnen heben konnte. Es erschien mir selbstverständlich, daß der Wirkungskreis des Laufkrans im Heranholen und Transportieren, nicht aber in der Verrichtung von Arbeit an einer einzigen Stelle bestand, es sei denn, daß einmal ein ganz besonders schweres Stück Arbeit zu leisten wäre. Ich sah daher für die letzteren Verrichtungen Drehkräne vor, die vom Arbeiter selbst ohne Beihilfe betätigt werden konnten. Auf diese Weise wurde es auch möglich, mit einem Laufkran eine viel größere Bodenfläche zu bestreichen.

Smith & Coventry hatten zahlreiche Verbesserungen an Whitworths Werkzeugmaschinen vorgenommen. Ich erwähnte schon früher ihre Einrichtung, die es erlaubte, den Verschleiß in den Drehbankspindellagern auszugleichen. Bei den von Whitworth erfundenen Radialbohrmaschinen in der ursprünglichen Form mußte der Arbeiter, wenn er den Bohrer horizontal in die richtige Stellung bringen wollte, an das Armende laufen und die Spindel drehen. Von da aus konnte er aber sein Werkstück nicht übersehen und mußte auf Gutdünken einstellen. Ich habe in den Whitworth-Werken mit angesehen, wie er zu diesem Zwecke drei- und viermal hin- und herging und war stets zweifelhaft, ob er den Bohrer selbst dann ganz genau richtig zu stehen bekam. Smith & Coventry führten eine elegante Konstruktion ein, vermöge derer der Arbeiter diese Einstellung vornehmen konnte, ohne von der Stelle zu gehen. Auch waren sie die ersten, die die Auf- und Abbewegung des Arms der Radialmaschine durch Maschinenkraft vollzogen. Durch einfache Umkehrung der bogenförmigen Konsole unter den Spanntischen der Whitworthschen Shaping-Maschine erreichten sie, daß diese nicht mehr unter dem Schneiddruck nachgaben. Diese Firma verwandte auch zum ersten Male kleine Schneidstähle, die in einen im Stichelhaus eingespannten Stahlhalter gesteckt wurden und räumten mit der Stahlzurichtung durch den Schmied auf, die gewaltigen Zeitverlust verursacht und auch eine gewisse Müßiggängerei bei den Arbeitern begünstigt hatte. Seither ist diese Verbesserung ganz allgemein gebräuchlich geworden. Es interessierte mich sehr, wie sie das Schleifen dieser kleinen Werkzeuge organisiert hatten. Der Arbeiter verließ niemals seine Maschine. Er verfügte über eine Anzahl Stähle, die in den Fächern eines kleinen Kastens steckten. Wenn ein Stahl stumpf wurde, nahm er ihn heraus, steckte ihn verkehrt herum in den Kasten und ersetzte ihn durch einen andern. Ein Junge machte fortgesetzt die Runde durch die Werkstatt, nahm alle verkehrt herum stehenden Stähle an sich, ließ sie schleifen und brachte sie zurück. An den Schleifsteinen waren Stahlhalter mit einstellbaren Schraubenvorschüben angebracht, die den Stahl immer im gleichen korrekten Winkel an den Stein heranbrachten und verhinderten, daß der Stein ungleichmäßig verschliß, etwa indem die Stähle Furchen schnitten oder in weicheren Stellen hängen blieben. Die ganze Oberfläche des Steins wurde gleichmäßig abgenutzt und blieb stets genau gerade.

In dieser Werkstatt sah ich mir auch den verbesserten Schraubenschlüssel an, bei dem in geschickter Weise der Griff in einem Winkel von 15^0 zu den Mutterflanken stand, so daß man mit ihm eine Mutter anziehen oder lösen konnte, ohne mehr als 30^0 Zentriwinkel zu bestreichen, wenn man ihn einfach jedesmal umwendete. Hierdurch wurde er auch an engen Stellen verwendbar. Ich nahm die Idee mit nach Amerika und rüstete meine Maschinenlieferungen immer mit derartigen Schraubenschlüsseln aus. Ich bot Billings & Spencer das Muster an, ohne einen Pfennig dafür zu verlangen, aber sie hielten es nicht mal für wert, die Gesenke dafür herzustellen. Mr. Williams war weitblickender. Heute ist dieser Schraubenschlüssel wohl der allgemein übliche.

Damals war der Werkzeugmaschinenbau in Amerika, der sich seitdem so großartig entwickelt hat, in vieler Hinsicht und in wichtigen Punkten noch in ganz primitiver Verfassung, und ich war darauf aus, in meiner Werkstatt alle besten Werkzeuge und Arbeitsverfahren einzuführen, die ich nur in England finden konnte — natürlich in einer meinen besonderen Bedingungen angepaßten Form. Zu diesem Zwecke besuchte und prüfte ich sorgfältig alle Werkzeugmaschinenfabriken von gutem Namen und kam schließlich zu dem Schluß, daß die besten Werkzeugmaschinen, nach Konstruktion, Stärke, Dauerhaftigkeit, leichter Bedienbarkeit und Genauigkeit die von Smith & Coventry waren. Schon aus den wenigen Beispielen, die ich angeführt habe, wird man auf die Fruchtbarkeit ihres erfinderischen Geistes und ihre vorgeschrittenen Ideen schließen können. Ich stellte mir also sorgfältig eine Liste von Werkzeugmaschinen und Werkzeugen zusammen und nahm mir vor, sie dann rechtzeitig zu bestellen, um sie fertig zur Hand zu haben, sobald meine Werkstatt fertig sein würde. Dabei fand ich heraus, daß ich merkwürdigerweise diese Maschinen einschließlich Zoll und Fracht erheblich billiger erhalten konnte, als zu jener Zeit die entsprechenden aber weniger guten Werkzeugmaschinen bei amerikanischen Fabrikanten erhältlich waren.

Vor meinem Abschied aus England muß ich noch erzählen, was für ein Glück ich mit meinen Bemühungen hatte, Allens Schieber mit doppelter Eröffnung einzuführen, der in der Photographie meiner Londoner Ausstellung zu sehen und heute in der ganzen Welt die übliche Ausführungsform ist. Kein Lokomotivbauer hatte auch nur einen Blick dafür übrig. Schließlich erhielt ich von Mr. Thomas Aveling einen Auftrag auf einen solchen Schieber mit einfacher Exzentersteuerung, die er an einer von seinen Straßenlokomotiven probieren wollte. Mr. Aveling ist der Geschichte als der Erfinder der Straßenlokomotive und der Dampfstraßenwalze bekannt. Er erzählte mir einmal, wie er dazu kam, diese Erfindung zu machen. Er fabrizierte transportable Dampfmaschinen in Rochester, dem Mittelpunkt eines Landstrichs, wo viel Weizen gebaut wurde. Seine Maschinen wurden allgemein für den Antrieb von Dreschmaschinen gebraucht. Um die Dreschmaschine und die Antriebsmaschine von Gut zu Gut zu schaffen, spannte man Pferde davor. Er kam auf den Gedanken, daß das beinahe so töricht wäre, wie der Brauch der spanischen Maultiertreiber, die zu befördernden Güter auf einer Seite des Maultiers zu verladen, auf der andern aber einen Sack Steine zum Gegengewicht. Warum nicht die Maschine so bauen, daß sie sich selbst vom Fleck bewegen und die Dreschmaschine mitschleppen könnte, so daß die Pferde ganz überflüssig würden? Er machte sich also dran und brachte es auch fertig, worauf sich ergab, daß die automobilen Dreschmaschinen noch eine ganze Menge anderes schleppen konnten außer sich selbst. Das Geschäft nahm rasch an Umfang zu.

Mr. Aveling baute nach meinen Zeichnungen eine Maschine mit Schieber und Schiebersteuerung, und ich machte auf dieser mit ihm eine Fahrt von Rochester nach London, wobei die Maschine zwei Beiwagen schleppte, die mit den beiden Hälften eines Schwungrades beladen waren. Das Ergebnis war völlig zufriedenstellend. Er meinte, die Maschine wäre besser zu regieren als irgend eine, die er je vorher gebaut hatte und hielte beim Berganfahren ihre Geschwindigkeit mit einer Leichtigkeit aufrecht, über die er sich sehr wunderte. Das lag an der doppelten Schiebereröffnung. Die kleine Maschine lief sehr rasch, ungefähr 300 Touren, und diese Tourenzahl wurde für die Vorwärtsbewegung der Räder ins Langsame übertragen, so daß sich etwa $6^1/_2$ km Reisegeschwindigkeit per Stunde ergab. Mit einfacher Dampfzulaß-Eröffnung hatte der Dampf im Zylinder nur noch einen Teil der Kesselspannung behalten, aber mit dem doppelt eröffnenden Schieber kam fast die ganze Kesselspannung im Zylinder zur Geltung. Ich wies das durch den Indikator nach, ebenso wie den schnellen Kanalabschluß am Expansionspunkt. Er erzählte mir, er hätte gerade einen großen Auftrag an Straßenlokomotiven für Australien in der Hand, und dieser Schieber und seine Steuerung wären genau, was er dafür brauchte. Ich kehrte nach Manchester zurück, vergnügt in dem zufriedenen Bewußtsein, daß ich wenigstens etwas im Dampfmaschinenbau ausgerichtet hätte.

Als ich ein paar Wochen später in London war, fuhr ich nach Rochester, um zu sehen, wie sich die neue Schiebersteuerung entwickelte. Das erste, was ich sah, war, daß mein Schieber nebst Steuerung im Lagerraum lag. Mr. Aveling erklärte mir, er wäre von Ingenieuren, deren Rat er durch den Vertrag mit seinen finanziellen Teilhabern zu folgen verpflichtet wäre, darauf hingewiesen worden, daß die schmalen Stege an meinem Schieber schneller verschleißen würden als breite; der Schieber würde bald anfangen, undicht zu werden, und wenn er ihn in seine Maschinen einbaute, so würde das sein Geschäft zugrunde richten. Er glaubte es nicht; es erschiene ihm lächerlich, aber er wäre machtlos.

Näher bin ich an die tatsächliche Einführung dieses Schiebers nie herangekommen. Im Jahre 1875 schien sich mir eine vielversprechende Gelegenheit zu bieten. Ich erhielt von Mr. M. N. Forney, dem damaligen Herausgeber der Railway Gazette, einen Brief, der meine Aufmerksamkeit darauf lenkte, daß dieser Schieber in seinem gerade veröffentlichten Katechismus der Lokomotive beschrieben sei und mir mitteilte, daß dieser Schieber die einzige patentierte Erfindung wäre, die in diesem Buche beschrieben würde. Er fügte hinzu, er hätte mit Mr. Buchanan, dem Leiter der Reparaturwerkstätten der New York Central and Hudson River Railroad in New York City, Besprechungen mit dem Ziel gehabt, diesen Schieber versuchsweise an ihren Lokomotiven einzuführen, und Mr. Buchanan möchte mich gern sprechen.

Bei meinem Besuch fragte mich Mr. Buchanan, was für ein Übereinkommen ich vorschlüge. Ich erwiderte, sie könnten den Schieber an sechs Lokomotiven abgabenfrei montieren. Wenn er zufriedenstellend arbeitete, würde ich ihnen unter entgegenkommenden Bedingungen eine Lizenz erteilen. Darauf sagte er, er hätte gerade eine Schnellzugslokomotive in den Werkstätten, für die er neue Zylinder anfertigte; sie wären bereits gebohrt und die Schieberspiegel seien schon gehobelt, aber noch nicht mit den Schiebern zusammengepaßt. In diesem Stadium wäre noch Raum vorhanden, die Schieber einzubauen, und das wollte er tun. Sie würden in etwa 14 Tagen fertig sein, und er wollte mir dann ein Zeilchen senden und sähe es gern, wenn ich einmal mit der Lokomotive nach Albany und zurück führe und Indikatordiagramme aufnähme. Sein „Zeilchen“ erwarte ich noch heute.

Einige Tage später traf ich auf der Straße einen Bekannten, der mich fragte, ob denn wirklich Mr. Buchanan versprochen hätte, den Allenschieber in eine Lokomotive einzubauen. Ich antwortete: „Ja.“ — „Na, hören Sie,“ meinte er darauf, „Buchanan wird sich eher den Hals abschneiden, als daß er wagte, den Schieber ohne die besondere Weisung von Commodore Vanderbilt einzubauen. Da er aber den Alten nie und nimmer überreden wird, diese Weisung zu geben, so werden Sie nie wieder davon hören.“ So kam es denn auch.

Ich habe oft lachen müssen, wenn ich noch an eine andere Erfahrung dachte, die ich zusammen mit Mr. Aveling machte. Er hatte von der Dockverwaltung in Chatham einen Auftrag auf eine ortsfeste Maschine von etwa 100 PS bekommen. Vor Abnahme durch die Regierung sollte sie im Betrieb geprüft werden. Er schrieb mir, ich möchte doch herunterkommen und meinen Indikator mitbringen, damit ich ihm helfen könnte, die Maschine auf dem Prüffeld seiner Werkstätten abzubremsen.

Zur festgesetzten Stunde erschien der Inspektor in Begleitung von einem halben Dutzend junger Offiziere. Er sprach zu niemandem, musterte die laufende Maschine, nahm mir die Diagramme aus der Hand und stellte keine einzige Frage, sondern ging daran, seiner Begleitung einen Vortrag über die Maschine zu halten. Ich traute meinen Ohren kaum, als ich vernahm, was für Unsinn er mit Würde von sich gab; nicht ein einziger Satz war verständlich. Ich sehe noch Mr. Aveling vor mir, wie er mir verstohlen zuzwinkerte, als wir so voller Ehrfurcht und mit ernstem Gesicht dabei standen, bis er fertig war. Darauf drehte er uns den Rücken und marschierte davon, ohne von irgend jemand Notiz zu nehmen. Dies war mein einziges persönliches Erlebnis mit dem englischen Beamtengeist.

Sechzehntes Kapitel.

Enttäuschung bei der Rückkehr nach Amerika. Meine Fabrik. Die von Mr. Richards konstruierte Maschine für die Coltsche Waffenfabrik. Mr. Goodfellow. Meine Fabrikation von Richtplatten. Gründung einer Gesellschaft.

Im Juni 1868 beendete ich meine Vorbereitungen und nahm Abschied von England, und zwar, wie sich später zeigen sollte, auf lange Zeit. Voll froher Erwartung blickte ich der Heimat entgegen. Unterwegs drehten sich meine Gedanken immer wieder um die glänzende Zukunft, für die ja nun offenbar meine Wanderjahre in England die geeignete Vorbereitung gewesen waren, und immer wieder überdachte ich jede Einzelheit meiner Pläne.

Sofort nach meiner Heimkehr machte ich eine wichtige Entdeckung von der Art, wie jeder sie wieder von neuem machen muß. Die Lehre, die ich erfuhr, war: Bauet nicht auf Reichtümer, vor allem nicht, wenn sie jemandem anders gehören. Mr. Hope hatte den Fehler begangen, sich auf nur einen einzigen Kapitalisten zu verlassen. Ich hatte erwartet, mindestens ein halbes Dutzend Geldleute vorzufinden, die nicht weniger als 400000 M. gezeichnet hätten. Sein einziger finanzieller Partner, ja seine einzige finanzielle Beziehung war ein reicher Herr, der sich vom Geschäftsleben zurückgezogen hatte, und den ich hier als Mr. Smith einführen will. Auf seine Veranlassung hatte Mr. Hope den Brief mit der Einladung und dem Versprechen an mich geschrieben, von dem ich schon berichtet habe. Der Reichtum und die Intelligenz des Mr. Smith schienen umgekehrt proportional zueinander zu sein. So groß der eine, so gering war die andere. Er machte sich mit Ernst und Eifer an unser Werk — nach seinen Ideen. Meine Vorschläge beachtete er nicht, und anstatt mein Ersuchen zu beachten, man möchte keine entscheidenden Schritte tun, bevor ich zurückgekehrt wäre, hatte er seine Pläne schleunigst in Tatsachen umgesetzt, damit ich alles fertig vorfände und nicht mehr die Möglichkeit hätte, selbst ein Wort mitzureden.

In Harlem, damals einer ziemlich abgelegenen und ganz geschäftstoten Vorstadt von New York, hatte er an der Vierten Avenue zwischen der 130. und 131. Straße, ungefähr einen oder zwei Häuserblocks vom Ende der Avenue am Harlem-Fluß entfernt, eine kleine verlassene Gießerei gefunden, ungefähr zwölf Meter im Geviert und mit einem überdeckten Hof dahinter, der als Putzerei gebraucht worden war. Sie war vor einigen Jahren ausgeräumt worden und hatte seitdem leer gestanden, hatte natürlich niemals einen Fußboden besessen, besaß dafür aber zerbrochene Fenster. Er rief begeistert aus, das sei gerade, was er suchte, und pachtete sie sofort auf fünf Jahre für eine geringe Summe, zusammen mit dem dazu gehörigen Gelände, das sich von der 130. bis zur 131. Straße erstreckte, 62 m Front bei 30 m Tiefe besaß und unbebaut war. Nur dieses Haus und ein kleines Bureau von 3 × 5 m Grundriß an der oberen Ecke standen darauf.

Nun wandte er sein Augenmerk auf die Beschaffung des „reichlichen Kapitals“. Meine Regulatorfabrik in der westlichen 13. Straße war während meiner langen Abwesenheit recht erfolgreich von meinem treuen Betriebsleiter Nelson Aldrich verwaltet worden. Mr. Smith plante, diese Fabrik nach Harlem zu verlegen und Mr. Allen Geld genug zur Verfügung zu stellen, um ihn zu befähigen, mein Teilhaber zu gleichen Teilen zu werden und den Dampfmaschinenbau mit meiner Regulatorenfabrikation zu verbinden. Die gesamte Ausstattung meiner Fabrik wurde auf die runde Summe von 40000 M. bewertet, und diesen nach seiner Meinung großartigen Betrag schoß er Mr. Allen als Darlehn vor! Mr. Allen hatte die Ersparnisse von Jahren in seinem kleinen Heim in Tremont festgelegt, einem Dorf an der Eisenbahnlinie etwa drei bis vier Meilen jenseits des Harlem-Flusses. Die Besitzung hatte 10000 M. gekostet. Mr. Smith machte Mr. Allen klar, er müßte ihm die Rückzahlung seines Darlehns durch eine Hypothek auf sein Haus und Grundstück sicher stellen, soweit es in seinen Kräften stünde. Dieses Verlangen machte Mr. Allen sehr unglücklich und brachte seine Frau an den Rand des Grabes. Mr. Smith war unerbittlich — ohne Hypothek kein Geld. Mr. Allen dachte sich einen Plan aus, um ihn zu überlisten; die Hypothek wurde ausgestellt und das Geld bezahlt. Dies verwendete er zunächst dazu, das Gebäude bewohnbar zu machen, einen Fußboden zu legen und eine neue Decke einzuziehen, die noch ein zweites Stockwerk unter dem Dach schuf und deren Träger die Transmissionswelle für den Antrieb der Werkzeugmaschinen tragen sollten. Er ließ die zerbrochenen Fenster wieder herstellen und in den vorderen Giebel Fenster setzen, um Licht in das neue Obergeschoß zu bekommen, sorgte für ein neues Dach, stellte eine Lokomobile auf und machte den überdeckten Hof zu einer kleinen Schmiede. Meine Werkzeugmaschinen usw. wurden dann in ihr neues Quartier geschafft. Sie waren alle klein. Für den Bau von Maschinen brauchte man größere. Allen besorgte von der Firma Hewes & Phillips, Newark, New Jersey, eine sehr gute Hobelmaschine, auf der Werkstücke von 1200 mm Breite und Höhe bearbeitet werden konnten, und eine Drehbank von 500 mm Spitzenhöhe. Als die Ausstattung soweit war, hatte Allen 30000 M. ausgegeben. Darauf machte er keine weiteren Einkäufe, sagte aber keinen Ton. Die Fabrikation meiner Regulatoren wurde wieder aufgenommen, aber an sonstiges nicht herangegangen. Das war die Lage der Dinge, als ich zurückkehrte; es war mir wie ein Schlag ins Gesicht. Die Fabrik war schon seit etwa 14 Tagen im Betrieb. Mr. Smith verkündete mir, mehr Geld gedächte er nicht hineinzustecken. Allen meinte, er hätte sich nicht verpflichtet gefühlt, alles ihm geliehene Geld ins Geschäft zu stecken, und der Betrag der Hypothek wäre sicher aufgehoben und sofort verfügbar, wenn er zur Auszahlung der Hypothek gebraucht würde.

Ich war wie betäubt. Als mir meine völlige Hilflosigkeit allmählich klar wurde, brach ich ganz zusammen. Was für einen vernünftigen Grund konnte denn nur ein Mann gehabt haben, mich zurückzurufen und mich machtlos zu machen, irgend etwas auszurichten? Hätte ich eine Vorstellung von der Natur seines Vorhabens gehabt, ich wäre in England geblieben, hätte soviel unterzeichnet, wie Whitworth nur gewollt hätte, und meine Sache auf die Vorsehung und Mr. Hoyle gestellt. Die Verrücktheit der ganzen Lage erschien mir bald in erniedrigendem, bald in lächerlichem Licht, je nach Stimmung. Nach einiger Zeit sah ich ein, daß ich mich wohl oder übel mit der Lage aussöhnen und zusehen mußte, was unter diesen Umständen getan werden könnte. Wir konnten nur ein kleines Geschäft mit der Fabrikation kleiner Auspuffmaschinen machen. Nicht mehr als 15 bis 20 Mann konnten in der Werkstatt arbeiten. Mittel zur Bewältigung schwerer Maschinenteile waren nicht vorhanden. Auch brauchten wir noch einige teure Werkzeugmaschinen. Wir mußten Modelle machen. Wir brauchten Geld, um die Fabrik zu betreiben, bis die ersten Zahlungen hereinkamen. Ich trug Mr. Smith die Lage vor. Zunächst müsse einmal die Hypothek wieder gelöscht werden: ich würde nicht einen Finger rühren, ehe das geschehen wäre. Er hatte sich doch ein bißchen verrechnet. Ich frohlockte, daß Allen ihn an der Nase herumgeführt hatte. Es lohnte nicht das Anfangen, ohne mindestens noch weitere 40000 M. Betriebskapital. Die bekam ich denn auch schließlich, und sogar zinsfrei, und konvertierte auch das

Darlehen an Mr. Allen in ein zinsfreies. Dafür mußte ich aber die gesamten Indikatorpatente an Mr. Smith und Mr. Hope zedieren. Wie sich später ergab, hatten wir das Kapital um einen ungeheuerlichen Preis erkauft; aber das wußten wir damals nicht. Wir brauchten durchaus Geld, und dies war der einzige Weg, dazu zu gelangen. Wir beglückwünschten uns, daß es uns überhaupt durch irgendein Opfer gelungen war, uns 80000 M. zu sichern, und zwar ohne Belastung durch Zinsen.

Jetzt faßte ich wieder Mut und ging ernstlich ans Werk, wobei ich überzeugt war, daß ich bald die Maschine zu einem solchen Ruf bringen würde, daß ihr die Mittel zuflossen, die nötig waren, um ihr gerecht zu werden. Ich bestellte bei Smith & Coventry eine ortsfeste Bohrmaschine, eine sechszöllige Nutenziehmaschine, eine Gewindeschneidemaschine und einen Satz Kaliber, und hatte sie alle zur Hand, als wir so weit waren, daß wir sie brauchten. Diese Gewindeschneidmaschine war ein wahres Wunder und ist auch heute noch nicht übertroffen. Das Rundeisen wurde durch eine hohle Spindel zugeführt, von den Spannbacken eines selbstzentrierenden Spannfutters gefaßt und dann das vorstehende Ende bearbeitet. Die Gewindesträhler wurden von exzentrischen Keilen vorgeschoben, die während des Nachschubs des Rundeisens beiseite geschoben wurden. Sie wurden durch einen Hebel los- und festgespannt, der einen in einer kreisförmigen Nut gleitenden Stift trug. Dieser Stift legte sich gegen einen Anschlag, der für Gewinde jeder Tiefe einstellbar war. Die Gewinde wurden in einem einzigen Arbeitsgang fertig gemacht. Bei Stiftschrauben versahen wir das eine Ende mit solchem Gewinde, daß es sich schwer in das Fleisch des Flansches schraubte; dann verschoben wir den Anschlag ein ganz klein wenig, so daß das Gewinde auf dem andern Ende tiefer geschnitten wurde, damit die Muttern leicht darauf gingen. Die Schnelligkeit, Gleichmäßigkeit und Genauigkeit, mit der die Maschine diese Arbeiten ausführte, war nicht mehr zu übertreffen.

Smith & Coventry hatten neuerdings die Fabrikation von Kalibern aufgenommen, für die bis dahin Whitworth das Monopol gehabt hatte. Plane Lehren gab es damals noch nicht. Die oben erwähnten Werkzeugmaschinen waren den damals in Amerika gebauten geradezu unglaublich überlegen. Sehr gern hätte ich eine ihrer Radialbohrmaschinen gehabt, hatte aber keinen Platz, wo ich sie hätte aufstellen können. Ich verwandte das Normalgewinde des Franklin-Institutes und ließ mir einen Satz Gewindebohrer von William Sellers & Co. kommen.

Ich richtete unser kleines Bureau für nur einen Zeichner, außer mir, ein und stellte bald einen tüchtigen Menschen an, der hauptsächlich mit dem Anfertigen von Zeichnungen nach den aus England mitgebrachten Pausen zu tun hatte. Das Geschoß über der Werkstatt, in dessen mittlerer Hälfte ein Mann aufrecht stehen konnte, wurde zur Modelltischlerei gemacht, und bald waren zwei Modelltischler dort bei der Arbeit. Sie fanden ihre Werkstatt sehr heiß. Das Dach war mit Dachpappe gedeckt. Ich konnte meine Hand nicht lange an die Unterseite des Daches halten, so heiß war es. Ich ließ das Dach weiß anstreichen und firnißte die weiße Farbe regensicher, worauf die Hitze ganz verschwand. Dieses interessante Ergebnis: die vollständige Beseitigung der Wärmeabsorption durch Umwandlung der Oberflächenfarbe in ein völliges Weiß, habe ich gut im Gedächtnis behalten und möchte hier den Vorschlag machen, etwas Ähnliches für die Ziegelverkleidung von Dampfkesseln und für Schornsteine durchzuführen, die bei Gebrauch weiß emaillierter Ziegel außerdem gegen das Durchsickern der Außenluft besser geschützt sind. —

Während wir darauf warten, daß alle diese Vorbereitungen beendet werden, will ich die Zeit benutzen, um von zwei Allenmaschinen zu erzählen, die bereits in den Vereinigten Staaten liefen und dort gebaut waren. Die erste war von meinem alten Freund Mr. Richards, dem Erfinder des Indikators, gebaut worden. Er war damals beratender Ingenieur der Waffenfabrik von Colt in Hartford. Sie bauten ein neues 4 Stock hohes und 150 m langes Fabrikgebäude. Mr. Richards projektierte und installierte die Kraftversorgung und -Übertragung dafür. Er wählte die Allenmaschine, mit der im ganzen Lande er allein vertraut war. Ich habe Professor Richards schriftlich um eine Beschreibung dieser Maschinen gebeten und die folgende Antwort erhalten:

227 Edwards Street, New Haven, Ct.
9. Oktober 1903.

Verehrter Mr. Porter!

Sie sind mir durch Ihren Brief zuvorgekommen, denn ich hatte schon seit Wochen vor, Ihnen zu schreiben und Ihnen für die häufige Erwähnung meines Namens in Ihren „Lebenserinnerungen“ und für die Wärme, mit der Sie von mir sprechen, zu danken. Ihre Aufsätze haben mich sehr interessiert und rufen in mir Erinnerungen an die schönen Zeiten wach, als ich Sie zuerst kennen lernte und Ihnen dann allmählich menschlich näher treten durfte.

Daß ich immer noch nicht geschrieben habe, erklärt sich durch meine fast unüberwindliche Abneigung gegen Briefschreiben, die mit den Jahren eher noch zunimmt.

Ich bin so nervös wie je, fühle mich aber trotzdem ausgezeichnet und bin anscheinend meinen Rheumatismus dadurch ziemlich los, daß ich Schwefel in meine Schuhe streue (und die Schuhe auch anziehe). Meine Studenten und ich vertragen uns sehr gut; ich habe jedoch jetzt so viele, daß ich mich ihnen zuweilen kaum gewachsen fühle. Ungefähr 50 Mann kommen in meine Übungen, und meine Abteilung umfaßt im ganzen ungefähr 140.

Nun zu den Maschinen in Colts Waffenfabrik. Dort laufen zwei nebeneinander aufgestellte vertikale Maschinenpaare, System Porter-Allen, im zweiten Stock in der Mitte des Gebäudes, das 150 m lang ist. Die Transmissionswelle, die sich beiderseitig 75 m weit von den Maschinen aus erstreckt, bildet die Verlängerung der Maschinenkurbelwelle. Zwischen den Maschinen sind die Riemenscheiben angeordnet, die die Transmissionswelle unten im ersten Stock und oben im dritten Stock antreiben. Jede ist 150 m lang. Zylinderbohrung 318 mm, Hub 610 mm, Tourenzahl 130.

Abmessungen und Grundform des Kraftgetriebes wurden Zeichnungen entnommen, die mir von Ihnen übersandt worden waren. Die Steuerung weicht nur insofern ab, als die Auslaßschieber von den Einlaßschiebern getrennt auf die entgegengesetzte Seite des Zylinders verlegt und durch ein besonderes Exzenter auf dieser Seite angetrieben wurden, nicht von der Kulisse aus.

Der Rahmen jeder einzelnen Maschine entspricht einer Porterschen Grundplatte, die hochkant gestellt ist und bei der zwei Streben den bei der liegenden Anordnung untersten Teil der Grundplatte ersetzen. Die beiden Maschinenpaare weisen demnach acht Streben auf, die gleichzeitig als Stützsäulen des zweiten Stockwerks dienen, so daß der ganze Maschinenrahmen mit der Gebäudekonstruktion eins und mit den Trägern der feuersicheren Decken aller drei Flure starr verbunden ist. Das Gebäude ist vier Stock hoch.

Die Maschinen wurden im Jahre 1867 in Betrieb gesetzt. Seitdem haben sie ununterbrochen Dienst getan. Vor etwa 10 oder 12 Jahren hatte ich Gelegenheit, die Dicke der oberen Schalen der Kurbelzapfenbüchsen zu messen. Sie wichen nicht wahrnehmbar von dem Maß auf der Zeichnung ab, nach der sie hergestellt worden waren. Da ich weiß, wie außerordentlich genau die Werkstücke mit den Zeichnungen übereinstimmten (Waffenfabrikarbeit!), so kann ich getrost behaupten, daß die Büchse nach 26jährigem Betrieb nicht mehr als um 0,125 mm verschlissen war. Alle Teile liefern den Beweis einer fast unbegrenzten Dauerhaftigkeit.

Alle Bearbeitung, mit Ausnahme der an den Regulatoren, wurde in den Werkstätten der Colt-Gesellschaft ausgeführt. Die Grundplatten wurden in der Gießerei einer der berühmten alten

Maschinenbaufirmen in Hartford gegossen, die sich verpflichtet fühlten, General Franklin, den Generaldirektor der Gesellschaft, persönlich zu warnen, daß wenn man Richards erlaubte, eine Anzahl 75pferdiger Maschinen mit 100 Touren in dem zweiten Stock eines so großen Hauses, wie der Waffenfabrik, laufen zu lassen, eine Katastrophe unvermeidlich wäre; so schrecklich würde das Gebäude erschüttert werden. Tatsächlich kann jemand, der im dritten Stockwerk unmittelbar über den Kurbeln steht, aus Fußbodenbewegungen oder nach dem Gehör nicht angeben, ob die Maschinen laufen. Die zu meiner Zeit in der Waffenfabrik gewöhnlich eingehaltene Dampfspannung schwankte zwischen 3,5 und 4,2 Atm. Die Kessel waren groß und hatten geneigte Rauchrohre.

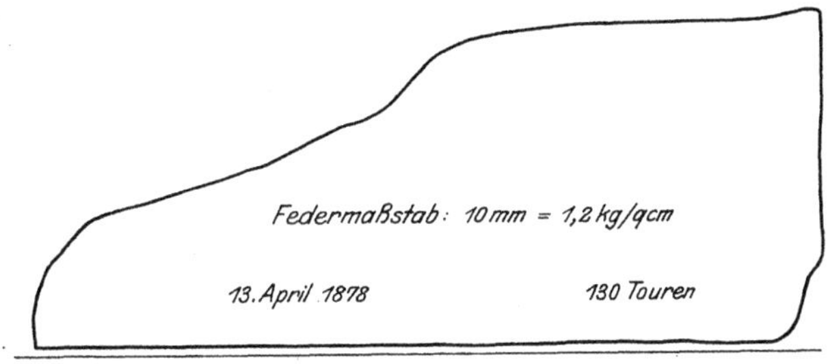

Diagramm der Allen-Maschine in der Coltschen Waffenfabrik.

Beigefügt ist ein Diagramm, das im Jahre 1878 mit dem „pantographischen" Indikator aufgenommen wurde, für den mir in demselben Jahr in Paris die silberne Medaille zuerkannt wurde. Der Indikator selbst, mit dem dieses Diagramm aufgenommen wurde, befindet sich im Museum des Conservatoire des Arts et Métiers.

Ihr sehr ergebener

C. B. Richards.

Dieses kühne und erfolgreiche Probestück des Maschinenbaues hätte die Einführung dieser Maschinen in den Neu-England-Staaten leicht ermöglicht.

Die zweite Dampfmaschine war nach Allens Zeichnungen von einem bedeutenden Eisenwerk in New York für eine Farbenfabrik in Süd-Brooklyn gebaut worden; beide Namen habe ich vergessen. Mr. Allen nahm mich bald nach meiner Heimkehr mit, um sie zu besichtigen. Sie hatte damals ein Jahr oder länger gelaufen und sich die vollste Zufriedenheit ihres Besitzers erworben. Ihr Einfluß erwies sich als recht wertvoll für uns in diesem Bezirk. Diese

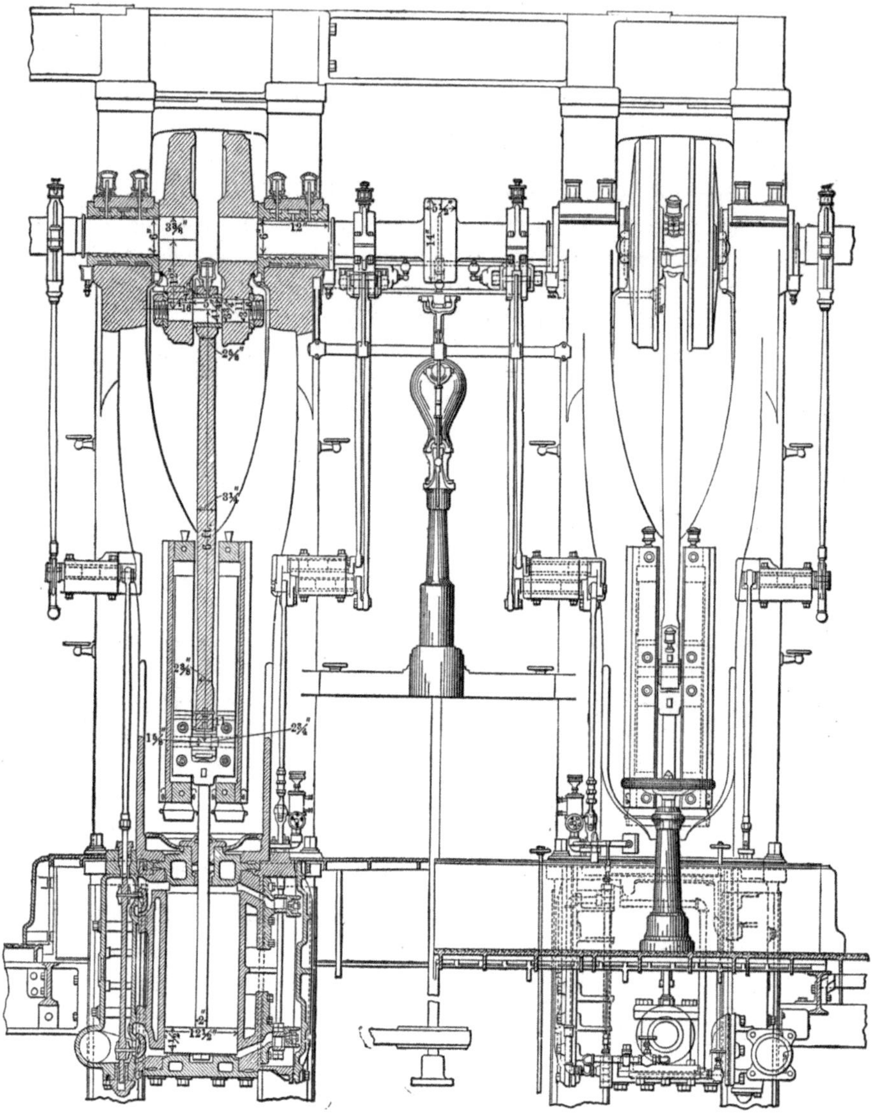

Schnitt und Vorderansicht einer der beiden Porter-Allen-Maschinenpaare in der Coltschen Waffenfabrik zu Hartford, Connecticut.

Porter-Allen-Maschinen in der Coltschen Waffenfabrik zu Hartford, Connecticut. Hinteransicht.

Maschine ist aus folgendem Grunde denkwürdig: Als ich 10 Jahre später in Newark Dampfmaschinen baute, erhielt ich einen Brief von Mr. Mathieson, dem Direktor der National-Röhrenwerke in McKeesport,

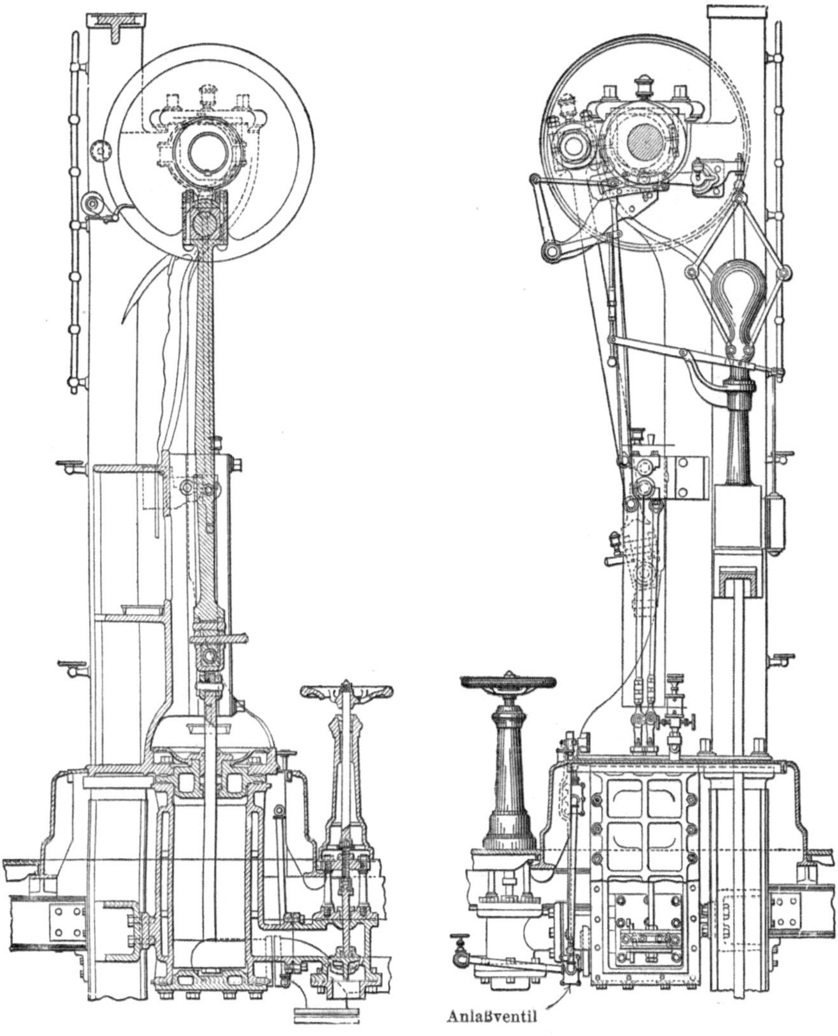

Schnitt und Seitenansicht der einen der beiden Porter-Allen-Maschinenpaare in der Coltschen Waffenfabrik zu Hartford, Connecticut.

Pennsylvania, in dem er mich aufforderte, ihm ein Angebot auf zwei große Allen-Maschinen, die größten, die ich bis dahin zu bauen unternommen hatte, zu machen, und in dessen Verfolg ich auch tatsächlich diese Maschinen von ihm in Auftrag bekam. Nachdem sie erfolgreich in Betrieb gekommen waren, erzählte mir Mr. Mathieson, wieso er dazu gekommen sei, mir zu schreiben. Er wäre Betriebsingenieur in dem Eisenwerk in New York gewesen, wo Allen jene Maschine hätte bauen lassen, deren Vorteile ihm sehr eingeleuchtet hätten, besonders als er sie nachher im Betrieb sah. Als er diese Fabrik hier entworfen hätte, habe er gewußt, diese Maschinen wären gerade was er brauchte. —

Bei den Vorbereitungen für die Dampfmaschinenfabrikation war eins meiner vornehmsten Ziele das, genaue Richtplatten zu erzeugen, auf denen ich meine Geradführungen, Kreuzköpfe, Schieber

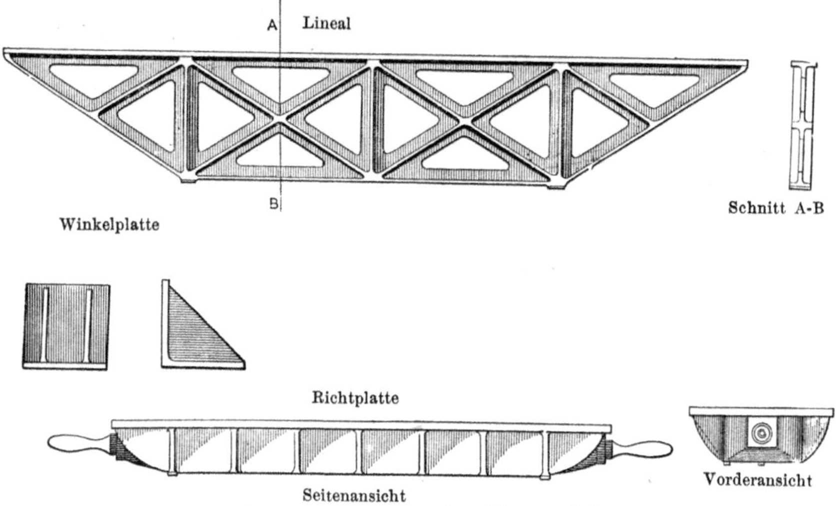

Richtplatten Porterscher Konstruktion.

nebst Spiegel und Zylinder und Schieberkastenflansche einschaben konnte, da ich sie alle ohne Packung dampfdicht bekommen wollte. Das war ein ganz neuer Ausgangspunkt für die Dampfmaschinenfabrikation in Amerika. Ich bildete mir ein, Meister in dieser Kunst zu sein, machte aber die Erfahrung, daß ich zum mindesten den höchsten Grad darin noch nicht erworben hatte. Ich konstruierte Richtplatten verschiedener Größe, die in erster Linie für die Geradführungen der Maschine bestimmt waren, und ferner 1800 mm lange und 63 mm breite Lineale. Diese sind in den beigefügten Stichen abgebildet.

In meiner Regulatorfabrik arbeitete schon von jeher ein Mann, namens Meyers. Er war der beste Montageschlosser, den ich je gehabt habe, hatte jeden Regulator zusammengestellt, der aus meiner Fabrik hervorgegangen war, ebenso die kleine Dampfmaschine, oder vielmehr ihre Teile, die ich mit herüber nach England nahm, und hatte schon lange vordem meine Steinbehaumaschine in Mr. Banks' Werkstatt montiert. Diesen Mann lehrte ich alles, was ich von der Kunst, genau ebene Flächen durch Schaben herzustellen, wußte, und er stellte darauf Richtplatten und Lineale her, die ich für vollendet genau hielt.

Das folgende Vorkommnis gibt ein Bild davon, wie viel die gelernten Arbeiter damals in Amerika von dieser Frage verstanden. Als ich Meyers' erstes geschabtes Stück nachprüfte, kam mein Werkmeister vorbei und bemerkte, nachdem er eine ganze Weile zugesehen hatte: „Nach meiner Meinung kann das nie etwas Vernünftiges werden, wenn Sie die Platte nicht auf die Hobelmaschine spannen und sie leicht überschlichten."

Eines Tages, nicht lange nach Aufnahme des Betriebes, stand George Goodfellow in meiner Werkstatt. Er war aus den Whitworth-Werken herübergekommen, wo er Meister in der Werkstatt im ersten Stock gewesen war, in der größtenteils das Einschaben der Werkzeugmaschinen vor sich ging. Ich kannte ihn oberflächlich, aber konnte mich kaum erinnern, jemals in seiner Werkstatt gewesen zu sein, außer einem einzigen kurzen Aufenthalt von ein oder zwei Minuten. Er hatte Mr. Widdowson und die ganze Wirtschaft unter dessen Direktion gründlich satt bekommen, hatte seine Stellung aufgegeben und war in die Vereinigten Staaten ausgewandert. Hier fand er heraus, wo ich steckte, — wie, das habe ich nie erfahren, — und wandte sich an mich um Arbeit, die ich ihm mit Freuden gab. Ich kann mir nicht gut einen größeren Gegensatz vorstellen, als zwischen Goodfellow und irgendeinem andern Arbeiter aus Whitworths Fabrik.

Ich hatte gerade zwei Aufträge auf normale Richtplatten und Lineale in Arbeit, den einen von der Coltschen Waffenfabrik und den andern von Pratt & Whitney. Meyers war gerade damit fertig, als Goodfellow in die Erscheinung trat. Er war erst ein oder zwei Tage in der Werkstatt beschäftigt, da fragte er mich, ob die Lineale auch nicht windschief wären.

Ich gab ihm die harmlose Antwort, sie wären so schmal, daß die Frage der Windschiefe nicht wichtig erschienen wäre, zumal unsere Hobelmaschine schon sehr genau hobelte. Als Antwort zupfte er sich ein Haar aus und legte es quer über die Mitte eines Lineals. Darauf legte er ein zweites Lineal umgekehrt darauf und ließ es auf diesem Haar wie auf einem Drehzapfen nach beiden Seiten ausschwingen. In einer Richtung schwang es frei aus, aber in der andern bremsten die Ecken; es zeigte sich also, daß die Oberflächen gewunden waren. Ich stellte ihm die Aufgabe, diese

Verwindung wegzuschaffen. Er hatte ungefähr zwei Tage damit zu tun, die drei austauschbaren Lineale vollkommen eben zu machen. Als er damit fertig war, untersuchte ich sie und fand zu meiner größten Freude, daß nunmehr die Probe ergab, daß sie auch vollkommen frei von Verwindung war. Das erste Ausschwingen auf dem Haar als Zapfen ging nach jeder Seite so frei vor sich, als ob das obere Lineal in der Luft hinge. Bei wiederholtem Hin- und Widerschwingen fühlte ich dann, wie die Oberflächen allmählich einander immer näher kamen, wobei in beiden Richtungen des Schwingens der Widerstand ganz gleichmäßig zunahm — und schließlich berührten sie sich ganz. Was aus dem Haar geworden war, konnte ich nicht ermitteln. Diese höchste Verfeinerung der Genauigkeit, erreicht und nachgewiesen auf eine verhältnismäßig so einfache Weise, war natürlich eine unbedingte Notwendigkeit. Ich baute damals meine Maschinen mit einem besonderen, mit dem Zylinder nicht aus einem Stück gegossenen Schieberkasten, so daß sich zwei lange Fugen zwischen Zylinder und Schieberkasten und diesem und den Deckel ergaben, die dampfdicht sein mußten.

Ich versah diese Kontrollgeräte, sowohl die Richtplatten wie die Lineale, auch mit genau eben geschabten Seitenflächen und machte alle Ecken absolut rechtwinklig. Hierfür und auch noch für andere Zwecke ließ ich zwei Winkelplatten von 200 mm Seitenlänge in jeder Richtung anfertigen, die durch schräge Rippen versteift waren. Diese wurden so genau geschabt, daß, wenn sie alle beide auf eine Richtplatte gesetzt wurden, jede Fläche der einen jede Fläche der andern in jedem Punkte deckend berührten, und ebenso wenn eine oder die andere auf ihre schmalen Kanten gekippt wurde. Diese Winkelplatten sind ebenfalls oben abgebildet.

Für unsere Schraubengewinde ließ ich ein paar stählerne 60 Grad-Schablonen machen, deren Genauigkeit auf folgende Weise nachgewiesen wurde: Wenn die Bolzengewindeschablone auf eine Richtplatte gelegt wurde, so paßte die Muttergewindeschablone in sie völlig genau hinein, gleichgültig, welche ihrer drei Kanten nach vorne stand oder auf welcher Stirnfläche sie stand. Nach den Kalibern von Smith & Coventry machte ich flache Außen- und Innenlehren aus Stahl mit gehärteten Meßflächen und behielt die Kaliber selbst nur für Nachprüfung zurück. Ich habe mich damals gewundert, warum man das nicht auch in England getan hatte. Vermutlich haben die Engländer inzwischen schon lange denselben Vorteil herausgefunden. —

Wir konnten keine Reklame machen — die Wahrheit zu gestehen: ich genierte mich. Aber wir erhielten soviel Aufträge, wie wir mit unsern beschränkten Fabrikationsmitteln bewältigen konnten.

Tatsächlich hatten wir häufig Anfragen auf so große Maschinen, daß wir nicht daran denken konnten, auf sie einzugehen. Wir erhielten Anfragen von Firmen, die an Betriebskraft Mangel hatten, und fanden bei Untersuchung ihrer Maschinen mit dem Indikator stets, daß wir ihren Bedürfnissen durch Einbau kleinerer Maschinen genügen konnten. In einem Falle, erinnere ich mich, ersetzten wir eine Maschine durch eine gerade halb so große, deren Schwungrad nur den vierten Teil wog, und erzielten damit alle die Mehrleistung, die man brauchte, und obendrein noch einen besseren Gleichförmigkeitsgrad. Das würde wie Aufschneiderei klingen, wäre es nicht durch die Erfahrung aller Fabrikanten von Schnellläufermaschinen ganz allgemein bestätigt. Manchmal wies der Indikator geradezu lächerliche Druckverluste zwischen Kessel und Maschine nach.

Wegen seiner Vertrautheit mit den Erfordernissen des Präzisionsmaschinenbaues machte ich Mr. Goodfellow nach kurzer Zeit zu meinem Werkmeister, und es zeigte sich, daß er der richtige Mann für diesen Posten war. Er hat alle meine Maschinen in Harlem und später in Newark gebaut, und ich hatte meine Erfolge großenteils ihm mit zu verdanken.

Vor Abschluß unseres ersten Geschäftsjahres schlug Mr. Smith vor, wir sollten unser Unternehmen in eine Aktiengesellschaft umwandeln, deren Kapital er durch eine kleine weitere Einzahlung verstärken wollte. Hierfür, und in Ansehung seiner früheren Einlagen ins Geschäft, verlangte er einen kontrollierenden Einfluß in der Gesellschaft. Ich mochte den Vorschlag nicht, aber Mr. Hope und Mr. Allen waren dafür, und so stimmte ich zu. Die Gesellschaft wurde also gegründet. Mr. Smith wurde zu ihrem Generaldirektor und einer seiner Söhne zum finanziellen Direktor gemacht. Er überschrieb diesem und noch einem andern Sohn die genügende Anzahl Aktien, so daß beide ins Direktorium aufzunehmen waren, wodurch wir im ganzen sechs wurden. Wie herrlich diese Verwaltungsmaschinerie arbeitete, wird sich bald zeigen.

Mr. Smith schritt sofort zur Herausgabe eines Katalogs und erbaute auf dem freien Gelände ein neues Geschäftsbureau von ganz anständiger Größe und zwei Stock hoch. Das zweite Stockwerk richtete er für Mr. Goodfellow und seine Familie zum Wohnen ein. Als dieses Gebäude fertig war, richtete sich Mr. Smith einen eigenen Tisch im Bureau ein und machte sich zu schaffen, mischte sich in alles mögliche ein und kommandierte herum. Stets hielt er mir vor, was für ein großer Vorteil es für das Geschäft wäre, wenn ein richtiger Geschäftsmann an der Spitze stände. Wenn ich mir erlaubte, ein Wort über Geschäftssachen zu äußern, so erhielt ich immer die hohnlächelnde Antwort: „Was verstehen Sie denn überhaupt vom Geschäft?"

Der folgende Vorfall dürfte die Leser ebenso erheitern, wie mich. Ich muß zuerst erwähnen, daß, als er zusammen mit Mr. Hope die gesamten Rechte an den Indikatorpatenten, wie schon berichtet, übernahm und sich dabei für sich persönlich ihre geschäftliche Verwaltung, d. h. meiner Meinung nach den Löwenanteil sicherte, sein erster Schritt war, meine Abmachung mit Richards, wonach ich diesem 10 Prozent der Einkünfte aus den Patenten zahlte, nicht zu beachten, da dies nur eine mündliche Vereinbarung wäre (wie die ganze Abmachung!), so daß Mr. Richards weiterhin keinen Pfennig mehr erhielt.

Eines Morgens kam Mr. Smith in mein Bureau und sagte: „Wissen Sie auch, daß Elliott Brothers' Indikatorlizenz abgelaufen ist?" Ich hatte ihnen die Lizenz nämlich nur für sieben Jahre erteilt, da ich noch nicht wußte, ob sie sich als die geeigneten Lizenzinhaber bewähren würden. „Nun," sagte ich, „und wenn schon!?" „Na wollen Sie sie etwa ohne Lizenz weiterarbeiten lassen?" fuhr er mich an; „das beweist mal wieder, wieviel Sie vom Geschäft verstehen." „Wenn es meine Sache wäre," erwiderte ich, „würde ich nicht dran rühren. Mir scheint alles dafür zu sprechen, daß man die Frage in Ruhe läßt. Es ist ja Sache des Lizenzinhabers, sich um die Verlängerung seiner Lizenz zu bewerben, wenn er glaubt, seiner Sache nicht sicher zu sein." Mit einem verächtlichen Lächeln ging Mr. Smith aus dem Zimmer und schrieb sofort an Elliott Brothers, daß ihre Lizenz abgelaufen wäre und er um ihre postwendende Antwort bäte, ob sie ihre Verlängerung wünschten.

Er bekam die Antwort, die ich voraussah, denn welcher gute Geschäftsmann ließe sich solch eine schöne Gelegenheit entgehen? Sie schrieben, sie wären gerade im Begriff gewesen ihm mitzuteilen, daß sie sich nur unter sehr veränderten Bedingungen für eine Verlängerung der Lizenz interessierten. Nach dem mit mir gemachten Vertrag zahlten sie eine Abgabe von etwa 41 Mark (2 £) auf jeden im Detailverkauf und 10 Mark weniger auf jeden im Engrosverkauf abgegebenen Indikator. Der Verkaufspreis betrug etwa 173 Mark (£ 8.10.0). Sie verdienten viel Geld mit einzeln verkauften Federn, die sie in großer Zahl zu je 10 Mark absetzten, während sie ihnen in Wirklichkeit etwa 2 Mark kosteten. Sie schrieben des längeren und breiteren, wie schwierig es wäre, den Markt gegen den Wettbewerb billiger Indikatoren zu behaupten, die man schon zu 81 Mark kaufen könnte (ein Wettbewerb, gegen den der Indikator schon bei seiner Einführung aufzukommen hatte, der aber seitdem längst seine Bedeutung verloren hatte), und schlossen damit, daß, wenn

Mr. Smith sich dazu verstehen würde, die bisherige Abgabe auf die Hälfte herabzusetzen, sie ihrerseits eine entsprechende Herabsetzung ihres Verdienstes vornehmen und dadurch in der Lage sein würden, die Indikatoren zu einem Preise auf den Markt zu werfen, der vermutlich das Geschäft lohnend gestalten würde. Andernfalls würden sie sich genötigt sehen, die Fabrikation ganz aufzugeben und würden die entscheidenden Schritte in dieser Richtung tun, wenn sie nicht umgehend eine zustimmende Antwort bekämen. Natürlich bekamen sie die zustimmende Antwort. Mr. Smith hatte ja keine Wahl. Sie haben niemals den Verkaufspreis um einen Pfennig herabgesetzt. Solange das Patent in Kraft war, blieben sie ohne Wettbewerb und ihr Umsatz war ein riesiger. Der Betrag, der Mr. Smith in den restlichen sieben Jahren, die das Patent noch lief, verloren ging, war sicherlich nicht geringer als 140000 Mark.

Folgendes ist eine Geschichte mit einer Moral. Die Moral lautet: Nach Kalibern arbeiten ist eine ganz schöne Sache, aber man muß außer mit den Kalibern auch noch mit seinem Kopf arbeiten. Keine Fabrikorganisation ist vollkommen, die nicht „dummheitssicher“ ist. Wenn eine Dummheit gemacht werden kann, findet sich auch im allgemeinen jemand, der sie macht.

Eine Gesellschaft von englischen Kapitalisten verwandte an der Westküste von Südamerika ein gut Stück Geld auf den Bau von Eisenbahnen nach den Anden und drüber hinweg. Eine dieser Linien sollte ein berühmtes Silberbergwerk erschließen, aus dem die Spanier vor 200 bis 300 Jahren große Mengen Edelmetall gewonnen hatten, das aber seit langen Jahren aufgegeben und ersoffen war. Die Eisenbahn sollte Pumpen heraufschaffen, die das Bergwerk sümpften, und das Erz in Wagenladungen herunterschaffen. Für irgend einen Zweck brauchten sie in diesen großen Höhen eine ortsfeste Dampfmaschine, und ihr Newyorker Agent bestellte sie bei mir. Ich ließ meine Schwungräder und Riemenscheiben von Ferguson gießen, dessen Gießerei in der 13. Straße, westlich von der Neunten Avenue und etwa 12 km von meiner Fabrik in Harlem entfernt war. Er hatte eine Karusseldrehbank, auf der ich sie abdrehen und bohren lassen konnte, und sie wurden immer nach Kalibern gebohrt und direkt nach ihrem Bestimmungsort verfrachtet. Diesmal mußte ich zwei Schwungräder bearbeiten lassen und sandte daher die Stichmaße mit angebundenen Fahnen, die angaben, für welches Rad jede wäre, versäumte aber leider, selbst hinzugehen und die Arbeit nachzuprüfen. Einige Monate später erhielt ich einen groben Brief aus Südamerika, in dem Klage geführt wurde, man hätte gefunden, daß die Bohrung des Rades 12 mm enger war als die Welle; man hätte rings um die Bohrung herum 6 mm abmeißeln müssen, und das bei 430 mm Barometerstand, wo körperliche Anstrengung streng zu vermeiden wäre! Der Fall wurde dadurch etwas gemildert, daß ich immer den Kern in der Nabenmitte verstärkte, um die Bildung eines Metallklumpens zu vermeiden, der die Abkühlung der Nabe zu sehr verzögert hätte. So blieben nur 50 mm an jedem Ende der Nabenbohrung, die 250 oder 300 mm lang war, zu bearbeiten. Da die Maschine bei Lieferung an Bord bezahlt war und, einmal montiert, gut lief, so war schließlich der Schaden nicht so groß, aber die armen Kerls, die die Arbeit hatten machen müssen, taten mir doch leid. Mit Ausnahme des einen Paßfehlers bei meiner ersten Regulatorriemenscheibe, zehn oder zwölf Jahre früher, den ich schon erwähnt habe, war dies der einzige, auf den ich mich aus meiner ganzen Praxis besinnen kann.

Mr. Ferguson erzählte mir die beste Akkordarbeitsgeschichte, die ich je gehört habe. Er hatte einen Auftrag auf eine große Anzahl Säulenuntersätze für die Hochbahn, recht große und verwickelte Gußstücke. Er gab die Arbeit seinem besten Former, aber der Mann konnte jeden Tag nur einen einzigen Untersatz fertig bringen. Er glaubte, das sei Bummelei, und sprach ihn darauf hin an, aber der Mann beteuerte, mehr könne er nicht tun. Mr. Ferguson sah, daß er in diesem Tempo seine Lieferung niemals rechtzeitig würde machen können, und da er dem Mann 12,50 Mark (3 $) pro Tag bezahlte, versprach er ihm, er wollte ihm für jedes gesunde Gußstück 12,50 Mark zahlen und ersuchte ihn, sein Bestes zu tun und zuzusehen, daß er recht viele Stücke fertig brächte. Der Mann stellte sich einen Jungen zur Hilfe an, arbeitete ganz planmäßig und brachte sechs gesunde Gußstücke pro Tag fertig. Seine 75 Mark steckte er kaltlächelnd ein. Es klingt fast, als hätte er mir einen Bären aufgebunden. Die Geschichte war aber damals erst kürzlich passiert, und ich habe die Erzählung aus Mr. Fergusons eigenem Munde. Er war ein grundehrlicher, zuverlässiger Mann, so daß ich wirklich nicht an der Wahrheit seiner Worte zweifeln konnte.

Siebzehntes Kapitel.

Allen erfindet seinen Dampfkessel. Ausstellung auf der Maschinenschau des American Institute 1870.

Damals erregten die „Field-Kessel-Rohre“ viel Aufmerksamkeit in London. Ihre Konstruktion sollte verhindern, daß sich das Wasser von dem geschlossenen Boden senkrecht im Feuer hängender Rohre ablöste, wodurch diese verbrennen würden. Die Field-Rohre waren eingesetzte Rohre von kleinerem Durchmesser, die an dem oberen Ende drei Flügelrippen besaßen, die ihre zentrale Lage gegenüber dem Außenrohr sicherten, in dem sie bis nahe auf den Boden reichten. Oben hatten sie ein etwas erweitertes Mundstück. Die Wasserströmung ging im inneren Rohre abwärts und in dem Ringraum aufwärts. Das Mundstück verhinderte, daß diese Strömungen sich gegenseitig störten. Eines Morgens erzählte mir Allen, er wäre auf den Gedanken gekommen, daß man durch eine leicht gegen die Senkrechte geneigte Stellung der Rohre eine bessere Wasserströmung erzielen könnte, als in den Field-Rohren. Er glaubte nämlich, der Dampf würde im Moment des Entstehens sofort zu der oberen Seite der geneigten Rohre aufsteigen und an dieser Fläche entlang in die Höhe schießen, ohne das Wasser vor sich herzutreiben. Das Wasser würde also immer auf der Unterseite des Rohres bleiben, wie scharf auch der Kessel gefeuert würde. Der Gedanke leuchtete mir sofort ein, und ich beschloß, die Probe zu machen. Ich verschaffte mir das größte gläserne Reagensrohr, das ich finden konnte (31 mm weit und 375 mm lang), klemmte es in einen einstellbaren Halter und richtete die Flamme vierer zu einem Bündel vereinigter Bunsenbrenner gegen den Boden. Bei senkrechter Stellung wurde das Wasser augenblicklich vollständig aus dem Rohr hinausgeschleudert. Bei einer Neigung um ungefähr 20^0 wurde Allens Vermutung in vollem Umfang bestätigt. Die Dampfblasen vereinigten sich in einem ununterbrochenen Strom auf der oberen Seite und schossen aufwärts, ohne Wasser vor sich herzutreiben. Selbst bei stürmischster

Dampfentwicklung blieb das Wasser ungestört auf dem Boden des Rohrs. Der Anblick war sehr interessant. Ich überlegte mir, daß, wenn man solch befriedigendes Ergebnis schon unter dem Druck einer kurzen Wassersäule und nur unter atmosphärischer Pressung in einem kleinen Rohr erzielen konnte, es erst recht zuverlässig unter einer mehreremal so langen Wassersäule und einem Druck von mehreren Atmosphären in einem viel größeren Rohre eintreten müßte. Je größer die Pressung, desto kleiner würden die Dampfblasen sein; die bei 1 Atm. Pressung sich bildenden waren etwa so groß wie bunte Bohnen.

Mr. Smith drang darauf, daß wir unsere Dampfmaschine Ende 1870 auf der Maschinenschau des American Institute in New York ausstellen sollten. Dieses Institut war damals auf der Höhe seiner Bedeutung und seine jährlichen Ausstellungen waren mit Ausstellungsgegenständen überfüllt und lenkten die Aufmerksamkeit weiter Kreise auf sich. Allen und ich gingen mit uns zu Rate, und da es sicher war, daß wir von all den etwa dort ausgestellten sonderbaren Kesseln mehr heißes Wasser als Dampf erwarten durften, waren wir uns einig, daß es, da die Maschine auf Dampfverbrauch geprüft werden würde, nicht sicher wäre auszustellen, wenn wir nicht einen Kessel nach Allens Entwurf für unsere Dampfversorgung bauen könnten. Mit diesem Kessel würden wir sicher trockenen Dampf erzeugen, ja wir hatten alle Hoffnung, überhitzten zu erhalten.

Unser dahingehender Vorschlag wurde angenommen, und wir trafen Vorbereitungen, zwei Maschinen auszustellen; die eine sollte bei 400 mm Zylinderdurchmesser und 750 mm Hub 150 Touren und die andere bei 150 mm Durchmesser und 305 mm Hub 300 Touren machen. Ferner machten wir uns an den Bau des Kessels. Wir bauten weiter für den Betrieb unserer eigenen Werkstätte und zum Ersatz der Lokomobile eine Maschine von der gleichen Größe, wie die kleinere eben erwähnte; nur war der Zylinder infolge Verstärkung der Wandung nur 125 mm weit. Wir taten das, weil diese Größe für die benötigte Leistung reichlich war und uns erlaubte, die Wirkung der Trägheit der schweren hin und her gehenden Teile zur Erzeugung weichen und geräuschlosen Ganges viel besser vorzuführen, als an einem 150er Zylinder, der etwa 50 Prozent größeren Querschnitt hätte, ohne größeres Gewicht der hin und her gehenden Teile zu ergeben, außer höchstens für den Kolben. Es wird sich zeigen, daß diese Ausstellung von großer Bedeutung wurde. Wir bauten weiter einen Allen-Kessel mit vier Rohrsätzen für uns selbst, der, wie sich zeigte, in Wirklichkeit drei- bis viermal so groß war, wie nötig, aber wir konnten nicht gut einen kleineren bauen.

Diese Ausstellung im American Institute war in jeder Beziehung ein großer Erfolg, der in keiner Weise durch irgend etwas beeinträchtigt wurde. Die kleine Maschine wurde von Merrill & Sons benutzt, um ihre Ausstellung von Schmiedemaschinen, Hämmern und Fallbären anzutreiben. Die große Maschine lieferte die Kraft für die Vorführung verschiedenster Ausstellungsgegenstände in Bewegung. Die Ausstellung von Maschinen im Betrieb war täglich von 12 bis 1 und nochmal von 6 bis 7 geschlossen, aber ich ließ meine Maschinen von morgens 9 bis abends 10 durchlaufen, um zu zeigen, daß der Schnellbetrieb durchaus keine schonendere Behandlung voraussetze. Zunächst waren einschließlich dem unseren fünf Kessel vorhanden. Ein weiterer Kessel, der größte von allen außer unserem, wurde später in Betrieb gesetzt, wie noch geschildert werden soll. Unserer hatte einen Fuchs und Schornstein aus Ziegelsteinen, letzterer war aber nur 9 m hoch. Die Schornsteine der anderen waren aus Eisen. Es waren da noch eine ganze Anzahl anderer Maschinen und Pumpen und Pulsometer, alles Dampffresser.

Es zeigte sich unmöglich, Dampf zu halten. Der Druck fiel täglich auf die Hälfte, bevor die Pause kam.

Als ich eines Morgens, ungefähr eine Woche nach der Eröffnung, in der Ausstellung war, kam mein Freund Mr. Lee, der Oberingenieur der Maschinenabteilung war, zu mir und sagte: „Wissen Sie, was die Leute hier alle reden?“ „Nein“, antwortete ich. „Nun,“ sagte er, „Sie sollten es aber wissen. Sie sagen, daß Ihre Maschinen den ganzen Dampf verbrauchen und Ihr Kessel keinen erzeugt, und daher die ganze Not.“ Ich erwiderte: „Laß sie nur kommen. Sehen Sie dort oben das Ventil! Ich habe es eigens dazu eingebaut, um allen Möglichkeiten zu begegnen. Wenn ich es schließe, trenne ich meine Anlagen von der gemeinsamen Dampfleitung ab und betreibe meine beiden Maschinen mit meinem eigenen Kessel, und ich will nun versuchen, ohne den Beistand dieser Herren fertig zu werden.“ Es wurde also eine Leiter geholt, und ich kletterte hinauf und schloß das Ventil. Sofort stieg mein Druck auf 5 Atm., die zulässige Pressung. Mein selbsttätiger Essenschieber schloß sich so weit er konnte, und der Dampf begann abzublasen. Um dies zu vermeiden, mußte der Heizer die Feuertür ein wenig öffnen, und in dieser Form liefen meine Maschinen den ganzen Tag. In der übrigen Dampfleitung der Ausstellung ging die Dampfspannung herunter, bis am Mittag kaum mehr als 1 Atm. Druck vorhanden war, aber dafür stieg der Zorn der Aussteller von Maschinen, die von den anderen Dampfmaschinen angetrieben wurden, bedenklich. Nach der Mittagspause wurde der große Hilfskessel in Betrieb gesetzt und half ihnen beträchtlich, so daß sie, nach Wiederinbetriebsetzung unter 5 Atm. Druck um 1 Uhr, noch um 5 Uhr beinah 2 Atm. Druck hatten.

Mr. Lee bat mich mehrmals während des Tages, das Ventil zu öffnen, aber ich weigerte mich. Schließlich sagte er ungefähr um 5 Uhr: „Wenn Sie jetzt nicht das Ventil öffnen, tue ich es.“ „Schön,“ sagte ich, „um diese Zeit müssen eine Anzahl der Direktoren des Institutes hier sein, glaube ich, und wenn Sie so freundlich sein wollen, sie holen zu lassen, damit sie den Fall mit eigenen Augen begutachten können, dann will ich das Ventil wieder aufmachen.“ Das geschah. Ein halbes Dutzend der Herren kam, besichtigte die Kessel und sagte dann zu mir: „Wir sind vollkommen befriedigt. Es ist erwiesen, daß Sie den größten Teil des Dampfes erzeugt und nur sehr wenig verbraucht haben.“ Darauf öffnete ich das Ventil, und die Not hatte ein Ende. Durch den Beistand des an jenem Tage hinzugekommenen großen Kessels wurde weiterhin jede beträchtliche Druckabnahme vermieden.

Ein paar Tage danach suchte mich ein Komitee der Direktoren auf. Sie erzählten mir: „Wir haben bisher stets viel Schwierigkeiten mit unserer Dampfversorgung gehabt und möchten gerne nächstes Jahr einen Kessel haben, auf den wir uns verlassen können. Was verlangen Sie dafür, wenn Sie uns diesen Kessel hier für unsern Gebrauch in der nächsten Saison überlassen?“ Ich wurde mit ihnen für 1250 Mark einig, und der Kessel blieb also bis zur nächsten Ausstellung dort. Bei der Gelegenheit wird noch mehr von ihm zu berichten sein und werden auch Zeichnungen von ihm vorgeführt werden. Im selben Winter brachte Barnum seine Menagerie in der Halle unter und zahlte mir weitere 1250 Mark für den Gebrauch des Kessels als Heizkessel. Bei meiner „geschäftlichen Untüchtigkeit“ kamen mir diese beiden Zufallseinnahmen gerade recht. Allen meinte, er hätte noch nie gehört, daß eine neue Sache von Anfang an so erfolgreich gewesen wäre.

Die obige Bemerkung, daß mein Erfolg auf dieser Ausstellung keine Trübung erfahren hätte, bedarf übrigens noch einer Einschränkung. Ich war nicht imstande, meine 400×750 mm Maschine wie beabsichtigt mit 150 Touren laufen zu lassen. Bei der Bemessung der getriebenen Riemenscheibe auf der Transmissionswelle war ein Versehen vorgekommen. Sie war kleiner als angegeben, weil der Unternehmer, der die Transmission ausgeführt hatte, eine vorrätige Riemenscheibe verwendet hatte und dies erst zu spät für eine Abänderung gemerkt worden war. Die Aussteller von in Betrieb vorgeführten Maschinen beklagten sich alle, daß ihre Maschinen zu schnell liefen, und nach ein paar Tagen wiesen mich die Direktoren an, die Tourenzahl meiner Maschine auf 125 zu vermindern, auf der sie dann für den Rest der Dauer der Maschinenschau verblieb. Ich war recht enttäuscht, tröstete mich aber mit dem Gedanken, daß diese Tourenzahl vielleicht dem großen Publikum besser gefallen würde als die höhere, und daß die Maschine selbst jetzt noch drei- bis viermal zu groß für die verlangte Leistung sei.

Der Kessel lieferte mir die ganze Zeit um 13° C überhitzten Dampf an die Maschine. Ich wies das durch Vertauschung der Thermometer nach. Ich hatte ein Thermometer am Schieberkasten und ein Duplikat davon am ersten Sammelraum des Kessels, in dem der Dampf noch nicht überhitzt war. Das erstere zeigte eine um 13° C höhere Temperatur an. Nach Vertauschung beider zeigte sich wieder der gleiche Unterschied.

Es interessierte mich sehr, bei meiner und anderen Maschinen die Kondensation beim Eintritt des Dampfs in den Zylinder zu vergleichen, was nach dem aus den Indikatorhähnen blasenden Dampf beurteilt werden konnte. Ich hatte einen solchen Hahn auf meinem Schieberkasten, und der aus ihm blasende Dampf wurde erst 8 bis 10 cm darüber sichtbar. Der aus den Indikatorhähnen an meinem Zylinder ausblasende Dampf zeigte einen Stich ins Weiße, einen Beweis, daß die Überhitzung verschwunden und die Kondensation gerade im Entstehen war. Mit fortschreitendem Kolben wurde der abblasende Dampf wieder unsichtbar, ein Beweis für Wiederverdampfung infolge Sinkens des Siedepunkts mit fortschreitender Expansion.

An anderen Dampfmaschinen, deren mehrere ausgestellt waren, ergab die Beobachtung starke Eintrittskondensation. Ich entsinne mich, daß bei einer der abblasende Dampf wie ein weiß angestrichener Stock aussah.

Ich beobachtete, daß der Dampf beim Durchströmen des $8^1/_2$ m langen 150er Rohrs zwischen Kessel und Maschine nur 1,5° C an Überhitzung verlor. Um das festzustellen, steckte ich ein Thermometer in den zweiten Dampfsammler, wo der Dampf überhitzt war. Hier zeigte es sich, daß der Dampf um 14,5° C überhitzt war. Dies lieferte ein Maß für den Wärmeverlust durch die Filzhülle des Rohres und zeigte den Weg für einen Vergleich des Schutzwertes verschiedener Rohrumhüllungen unter völlig gleichen Bedingungen.

Die Überhitzung des Dampfes für unsere Maschine wurde von dem Anschluß unseres Dampfrohres an die der übrigen Maschinen nicht beeinflußt. Die Erklärung für diese Erscheinung war wohl, daß unser Kessel weit über unsern eigenen Bedarf hinaus Dampf erzeugte, so daß der Dampfstrom immer von unserem Rohr in die angeschlossenen ging.

Hier drängte sich mir zum erstenmal die gewaltige Dampfverschwendung in den Speisepumpen auf. Es war für jeden Kessel, auch unseren, eine besondere vorhanden. Der Dampf muß in ihnen auf dem ganzen Hube auf der größeren Fläche des Dampfkolbens mit genügendem Druck lasten, um die Kesselspannung zu überwinden. Obendrein entsteht aus dem scharfen Wärmesturz zwischen den Temperaturen des eintretenden und des Auspuffdampfs und aus der langsamen Bewegung, die den Zylinderwandungen, Kolben- und Deckelflächen Zeit gibt, sich bis tief herunter zur Auspufftemperatur abzukühlen, die Kondensation einer wahrscheinlich 5 bis 10mal so großen Dampfmenge wie nutzbar verwendet wird, je nach der Kolbengeschwindigkeit. Ich begann die englische Methode zu würdigen, die von Kesselspeisepumpen nichts wissen will, es sei denn, sie sind direkt mit der Dampfmaschine verbunden, und ich wundere mich wirklich, daß das Genie nicht schon viel früher auftrat, das da zum erstenmal daran dachte, die Speisepumpe ihren

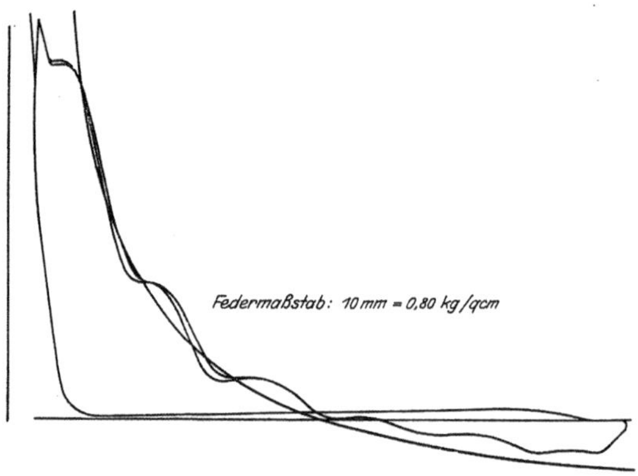

Deckelseiten-Diagramm der Allen-Maschine auf der Maschinenschau des American Institute im Jahre 1870.

Abdampf unter atmosphärischer Pressung in das Speisewasser ausblasen zu lassen und auf diese Weise alle der Pumpe zugeführte Wärme, die nicht zur Überwindung des Kesselgegendrucks und des Widerstands der Atmosphäre aufgewandt oder durch Strahlung verloren gegangen ist, dem Kessel wieder zuzuführen.

Das obige Diagramm stellt die Arbeit dieser Maschine bei der damaligen Belastung dar. Es zeigt die Kompressionskurve, Expansions- und Auspuffpunkt und den Rückdruck für die Entleerung des Zylinderinhalts ganz deutlich. Ich habe noch eine Linie hinzugefügt, die den schädlichen Raum im Zylinder und den Schieberkanälen veranschaulicht, sowie die theoretische Expansionskurve nach dem Mariotteschen Gesetz, aus der sich ergibt, daß die tatsächliche Expansion bei etwa um $^1/_5$ Atm. höheren Druck endet, und zwar infolge der schon erwähnten Wiederverdampfung und der Wärmeabgabe des Dampfes bei abnehmendem Druck.

Nach dem Schluß der Maschinenschau wurde die Maschine an mehreren Tagen unter verschiedenen Belastungen mittels Pronyschen Zaumes in Gegenwart einer Anzahl von Ingenieuren und anderer für diese Versuche geladener Gäste betrieben. Ich sehe, daß ich von den bei diesen Versuchen aufgenommenen Diagrammen

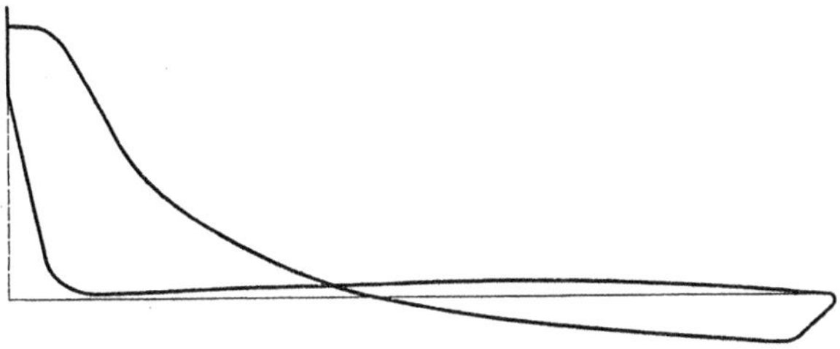

Leerlauf-Diagramm der Allen-Maschine auf der Maschinenschau des American Institute im Jahre 1870.

nur die beiden hier wiedergegebenen übrig behalten habe, nämlich ein einzelnes Leerlaufsdiagramm von der Deckelseite des Zylinders, Federmaßstab: 7,5 mm = 0,55 kg/qcm, und ein Vollastdiagramm von der Kurbelseite, Federmaßstab: 7,5 mm = 0,667 kg/qcm.

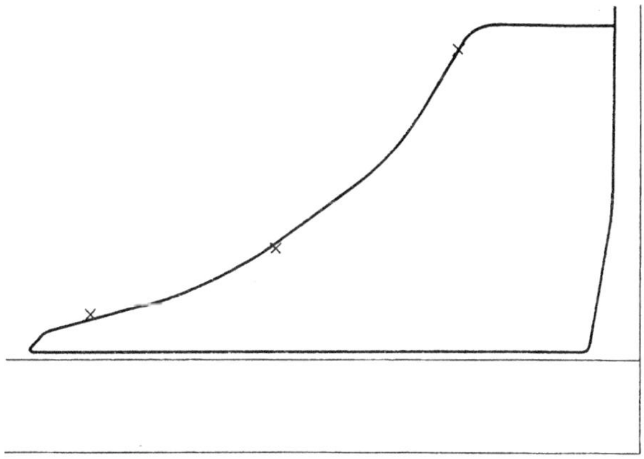

Diagramm der Allen-Maschine auf der Maschinenschau des American Institute im Jahre 1870 bei 25 % Füllung.

Das erste zeigt, wie verschwindend der Reibungsverlust in dieser Maschine war. Ich habe die Fläche planimetriert und finde, daß der mittlere Druck, oder der Überschuß der Arbeitsfläche des positiven Drucks über die des Rückdrucks, 0,077 kg pro qcm ergibt, der also unter der Voraussetzung, daß das vordere Diagramm dem rückwärtigen flächengleich war, den Reibungswiderstand der Maschine darstellt. Die Auspufflinie zeigt, welche Kraft erforderlich war, um die Strömungsrichtung des Auspuffdampfes, der beim Hubende in den Zylinder zurückwirkte, umzukehren.

Das zweite Diagramm ist dadurch besonders interessant, daß es die Übereinstimmung der tatsächlichen Expansionskurve mit der theoretischen zeigt, von der drei Punkte durch Kreuze angedeutet sind. Der scharfe Rückprall des Indikators beim Durchschreiten des Totpunktes mit der Kurbel ist ebenfalls bemerkenswert.

Nach diesem Versuch unterzog ich die unter verschiedener Belastung aufgenommenen Diagramme einem sorgfältigen Vergleich mit den Leerlaufsdiagrammen und fand als übereinstimmendes Ergebnis, daß die Subtraktion der Leerlaufsdiagramme von den Belastungsdiagrammen in jedem der sechs verschiedenen Belastungsfälle ganz genau die gleiche effektive Arbeit ergab, wie der Zaum.

Hieraus schloß ich, daß bei diesen Maschinen die Verwendung eines Bremszaums unnötig ist; die Reibung ist für alle Belastungen praktisch die gleiche, und das Leerlaufsdiagramm braucht lediglich von dem betreffenden Diagramm abgezogen zu werden, um aus dem Diagramm die effektive Arbeit ablesen zu können.

Die Jury bestand aus Präsident Barnard vom Columbia College, Thomas J. Sloane, der als erster die heute allgemein gebräuchliche Holzschraube mit Bohrerspitze, statt der früher üblichen stumpfen vorschlug und die Spezialmaschine für ihre Fabrikation erfand, und Robert Weir, Ingenieur für den Bau des Aquädukts von Croton. Ihr Urteil kann in dem einen Satz ihres Berichtes zusammengefaßt werden: „So etwas wie diese Maschine ist noch nie dagewesen.“ Ihren Erfolg verdankte ich hauptsächlich einmal der hervorragenden Dampferzeugung und Wasserzirkulation des Kessels, sodann der Überhitzung des Dampfes im zweiten Dampfsammler.

Achtzehntes Kapitel.

Vorführung der Wirkung der hin und hergehenden Teile vor der Jury. Erklärung dieser Wirkung. Mr. Williams' Apparat zur Veranschaulichung dieser Wirkung.

Die Frage der ausgleichenden Wirkung der hin und hergehenden Teile der Dampfmaschine war im Bericht der Jury nicht angeschnitten worden. Die Tourenzahl der untersuchten Dampfmaschine: 125 Umdrehungen pro Minute, war ja auch wirklich nicht hinreichend. um diese Wirkung in augenfälliger Weise zu zeigen. Aber es sprach auch noch ein anderer Grund mit. Ich lud die Preisrichter unmittelbar nach Schluß der Maschinenschau, aber vor Abgabe ihres Berichtes ein, einer Vorführung dieser Wirkung an meiner kleinen Betriebsmaschine beizuwohnen. Diese Einladung wurde von ihnen angenommen und die im folgenden beschriebene Vorführung fand statt, jedoch aus einem Grunde, den ich später angeben werde, spielen sie in ihrem Bericht hierauf in keiner Weise an.

Die Maschine hatte einen 150er Zylinder bei 300 mm Hub, und ihre normale Tourenzahl war 300. Ich ließ Sonnabend nachmittags nicht arbeiten, eine der Errungenschaften, die ich von England mitgebracht hatte, hatte also am Sonnabend Nachmittag freies Feld für eine solche Vorführung.

Ich hatte im voraus zwei größere Regulatorriemscheiben vorbereitet, um die Maschine mit den höheren Tourenzahlen laufen lassen zu können, die ich nach meiner Berechnung brauchte. Ich war so sicher, daß meine Rechnung stimmte, daß ich gar keinen Vorversuch machte, ja gar nicht auf den Gedanken kam, es zu tun.

Nachdem ich die Maschine eine kurze Zeit mit ihrer normalen Tourenzahl hatte laufen lassen, wechselte ich die Regulatorriemenscheibe gegen die kleinere der beiden vorbereiteten aus, wodurch sich die Geschwindigkeit auf ungefähr 400 Touren steigern mußte, und lockerte die Kurbelzapfenschale so weit, daß sie um volle $^{8}/_{10}$ mm schlotterte. Als wir die Maschine in diesem Zustand anfuhren, schlug sie natürlich heftig am Kurbelzapfen. Als die

Tourenzahl allmählich stieg, wurde der Schlag weicher, und unmittelbar bevor der Regulator zu spielen begann, verschwand er ganz und gar, so daß die Maschine bei der berechneten Geschwindigkeit vollkommen geräuschlos lief.

Nachdem ich sie in dieser Weise eine Weile hatte laufen lassen, schritt ich zu dem zweiten Teil meiner Vorführung. Ich zog die Kurbelzapfenschalen wieder bis zu ihrer gewohnten Einstellung an, lockerte die Schalen des Kreuzkopfzapfens um volle $^8/_{10}$ mm und keilte noch eine größere Regulatorriemenscheibe auf, mit der, wenn ich mich recht erinnere, die Maschine 550 Touren lief. Unter diesen Verhältnissen nutzten wir nur die Trägheit von Kolben, Stange und Kreuzkopf, aber nicht der Pleulstange aus.

Beim Anfahren schlug die Maschine natürlich heftig am Kreuzkopfzapfen. Mit wachsender Geschwindigkeit trat dieselbe Abnahme des Geräusches ein, wie bei dem ersten Versuch, nur noch etwas später in dem ganzen Beschleunigungsvorgang, und wiederum war gerade vor Beginn des Regulatorspiels das schlagende Geräusch ganz erstorben, so daß bei der berechneten Tourenzahl die Maschine abermals völlig unhörbar lief.

Wie alles andere auf dieser Welt, erscheint dieser Vorgang geheimnisvoll nur solange, bis man ihn versteht. Dann sieht man, daß der Zusammenhang ganz einfach ist, wie die folgende Erklärung zeigt.

Erklärung der Wirkung der hin und her gehenden Teile einer liegenden Dampfmaschine.

Als Beispiel wollen wir einmal eine liegende Dampfmaschine von 610 mm Hub und 200 Touren annehmen, wobei sich eine Kolbengeschwindigkeit von 4,06 m pro Sekunde ergibt. Diesen Verhältnissen entsprach meine Maschine auf der Pariser Weltausstellung von 1867.

Wir wollen voraussetzen, daß der Kolben durch die Kurbel angetrieben wird, die seine Bewegung beherrscht, etwa indem ein anderer Motor die Kraft auf die Maschine überträgt, und daß die Zylinderdeckel abgeschraubt seien, so daß sich dem Kolben kein Widerstand entgegensetzt. Wir wollen ebenfalls den Einfluß des Ausschwingens der Pleulstange nach oben und unten vernachlässigen und annehmen, die Bewegung des Kolbens sei an beiden Enden des Zylinders die gleiche.

Bei jedem Hub tut die Kurbel zweierlei: erstens steigert sie die Kolbenbewegung von einem Zustand der Ruhe auf eine Geschwindigkeit, die der gleichförmigen Geschwindigkeit des Kurbelzapfens auf seiner Kreisbahn gleich ist; und zweitens bringt sie den Kolben wieder zur Ruhe, so daß er bereit ist, während des Rückhubs demselben Vorgang in umgekehrter Richtung ausgesetzt zu werden.

In der Hubmitte steht die Kurbel rechtwinklig zur Verbindungslinie der Totpunkte, und die Kolbengeschwindigkeit ist $4{,}06 \times \frac{1}{2}\pi = 6{,}37$ m per Sekunde, wobei keine Kraft auf den Kolben ausgeübt wird, weder zur Beschleunigung, noch zur Verzögerung seiner Bewegung.

Die während eines Hubes von der Kurbel zunächst zur Übertragung von Bewegung an den Kolben und hernach zur Vernichtung dieser Bewegung aufgewandte Kraft kann man durch zwei entgegengesetzte und gleiche Dreiecke darstellen. In der Figur hier sei die Gerade *AB* die Zylinderachse und ihre Länge stelle den Hub dar. Die auf der Geraden *AB* senkrechte Strecke *AC* stelle die Kraft dar, die nötig ist, um den Kolben aus der Ruhe heraus in Bewegung zu setzen. Dann wird das Dreieck *AOC* ein Bild der Beschleunigungskraft darstellen, die auf den Kolben an jedem Punkte des halben Hubes ausgeübt werden muß, um seine Geschwindigkeit zu steigern, bis diese bei *O* die des Kurbelzapfens auf seinem Drehkreis erreicht hat und die Beschleunigungskraft nach gleichförmiger Abnahme aufgehört hat. Das entgegengesetzte gleiche Dreieck *BOD* veranschaulicht den Widerstand, den die Kurbel aufwenden muß, um den Kolben wieder in Ruhe zu versetzen.

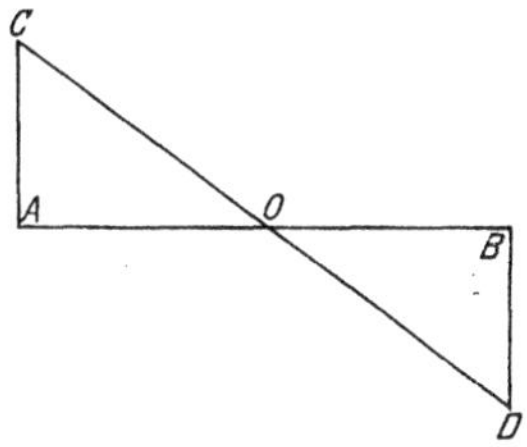

Wie können wir das wissen?

Ich will diese Frage durch ein Schaubild beantworten, d. h. auf die einzige Weise, auf die ich es kann, und die hoffentlich allgemein verständlich ist.

Wir sehen zunächst, daß die Strecke, um die sich der Kolben vom Totpunkt zu irgendeinem Punkte der ersten Hubhälfte bewegen muß, um mit der Kurbel Schritt zu halten, die Bogenprojektion (sinus versus) des Winkels ist, den die Kurbel im gleichen Augenblick mit der Maschinenachse bildet. Die Sinus-versus-Tabelle gibt also an, wo der Kolben steht, wenn die Kurbel auf irgendeinem Punkte ihrer Kreisbahn zwischen 0 und 90° steht.

Stellt z. B. der Viertelkreisbogen *AB* in der folgenden Figur den Kurbelzapfenweg dar, und die Linie *AO* den Weg des Kolbens, und ist etwa *OF* die augenblicklich von der Kurbel eingenommene Stellung, so ist *AOF* der von der Kurbel mit der Maschinenachse gebildete Winkel. Er sei z. B. gerade 60°. *FE* senkrecht auf *AO* ist der sinus dieses Winkels und *AE* der sinus versus. Die letztere Strecke stellt die vom Kolben seit dem Totpunkt *A* zurückgelegte Strecke dar und ist 0,5, wenn der Kurbelradius 1 ist.

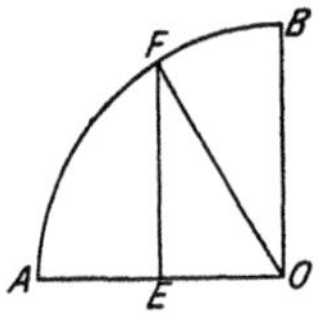

Zweitens stellen wir fest, um wieviel der Kolben für jeden Grad oder jede Minute oder Sekunde der Kurbelumdrehung in ihrem Viertelskreis vorrücken muß, indem wir einfach den sinus versus der vorhergehenden Stellung von dem der nunmehr erreichten abziehen. So ist bei einem sinus versus von 0,5 für 60° und 0,485 für 59° die Differenz von 0,015 das Vorrücken des Kolbens oder seine mittlere Geschwindigkeit, während die Kurbel den 60. Grad ihres Drehkreises durchläuft.

Drittens müssen wir den Grad der Beschleunigung der Kolbenbewegung für jeden Zeitpunkt kennen.

Sie ergibt sich durch Subtraktion der Geschwindigkeit, die im vorhergehenden Moment herrschte, von der gegenwärtigen. Da z. B. die Geschwindigkeit des Kolbens, wie schon berechnet, beim Durchlaufen des 60. Grades 0,015 beträgt, während die des 59. Grades 0,01488 ist, so stellt die Differenz: 0,00012 die Beschleunigung oder die Zunahme der Geschwindigkeit beim Durchlaufen des 60. Grades dar.

Durch diesen einfachen Rechnungsvorgang finden wir, daß die Beschleunigung des Kolbens bei Durchlaufen des 1. Grades der Kurbeldrehung 0,000305, während des 90. Grades, 0,00000532 ist. Das letztere jedoch ist der Betrag, auf den die Beschleunigung während des dem rechten Winkel vorhergehenden Grades gesunken ist. Am Ende dieses Grades hat daher die Beschleunigung ganz aufgehört.

Wenn wir jetzt auf der Verbindungslinie der Todtpunkte *AB* am Ende eines jeden Grades Ordinaten errichten, die mit dem sinus des Winkels zusammenfallen und sie so lang machen, wie die Beschleunigungen während der betreffenden Grade, so finden wir, daß ihre Endpunkte alle auf der Diagonale *CO* liegen. Wenn also die Kurbel den 60. Grad erreicht und der Kolben den halben Abstand zwischen Totpunkt und Hubmitte erreicht hat (*E* auf dieser Seite), so ist die Beschleunigung während des 60. Grades 0,0152 oder halb so groß, wie bei Durchmessen des 1. Grades.

Wie finden wir aber den Betrag der Beschleunigungskraft, die von der Kurbel beim Hubbeginn ausgeübt wird? Diese Frage beantwortet sich wie folgt:

Wir finden, daß während der ersten drei Grade die Beschleunigungskraft für den Zweck unserer Untersuchung so gut wie konstant ist, da die Verringerung erst in der 7. Dezimale auftritt.

Nehmen wir nun einen Kurbelradius von 1 m Länge an, der 1 Umdr. in der Minute macht, so bewegt sich die Kurbel in 1 Sekunde durch 6 Bogengrade. Während dessen durchmißt der gleichförmig beschleunigte Kolben den sinus versus von 6^0, nämlich 0,005483 m.

Ein gleichförmig durch die Kraft seines Gewichtes beschleunigter fallender Körper durchmißt in einer Sekunde 4,9065 m. Es entspricht daher dieser gleichförmigen Beschleunigung des Kolbens eine gleichförmige Beanspruchung der Kurbel mit

$$\frac{0,005483}{4,9065} = 0,001118 \text{ kg}.$$

Diese Zahl ist der einwandsfrei feststehende „Koeffizient der Zentrifugalkraft“ — d. h. die Zentrifugalkraft eines Kilogramms, das in der Minute 1 mal einen Kreis von 1 m Radius durchmißt.

Wir finden also, daß die Höhe AC dieses Dreiecks die „Zentrifugalkraft der hin und her gehenden Teile“ darstellt, die wir für jede Stellung durch die Formel

$$W R n^2 C$$

darstellen können, worin:

W das Gewicht des Körpers;
R der Kurbelradius;
n Tourenzahl und
C der Koeffizient 0,001118.

Hieraus erklärt sich die Tatsache, daß die hin und her gehenden Teile durch ein gleichgroßes, dem Kurbelzapfen entgegengesetzt angebrachtes und mitkreisendes Gewicht vollkommen ausbalanciert werden können.

In meiner Abhandlung über den Richards-Indikator und die Kraftentstehung und -Verwendung in der Dampfmaschine, habe ich die hier nur skizzenhaft beschriebene Wirkung eingehend behandelt und möchte hier darauf verweisen.

Ich habe nur noch hinzuzufügen, daß diese Überlegung nur für liegende Maschinen gilt. Bei stehenden muß der Einfluß der Schwerkraft berücksichtigt werden, die beim Aufwärtshub hinzukommt und beim Abwärtshub entlastet. Daher muß denn auch der Massenausgleich in der Kurbelscheibe stehender Maschinen auf die horizontalen Schwungkräfte des Kurbelendes der Pleulstange beschränkt bleiben und der ganze Ausgleich möglichst in einer einzigen Ebene stattfinden.

In dieser Hinsicht haben Maschinen mit zweifach gekröpfter Kurbel den Vorteil, daß je eine Hälfte des Gegengewichts an jede Seite der Maschinenachse verlegt werden kann.

Es ist klar, daß die Sicherheit weichen und leisen Ganges um so größer ist, je schwerer die hin und her gehenden Teile, und je höher die Geschwindigkeit. Wie schlotterig auch die Lagerbüchsen und wie plötzlich auch der Stoß des Dampfes auf den Kolben und wie früh oder spät auch der Admissionspunkt liegen mag, — kein Ton oder Geräusch kann entstehen, so lange die Trägheit der hin und her gehenden Teile hinreicht, der Kraft des einströmenden Dampfes das Gegengewicht zu halten, und selbst wenn diese größer ist, kann sie kein Unheil anrichten. Es ist ferner klar, daß unter diesen Bedingungen der Kraftwechsel von einer zur andern Seite des Kurbelzapfens unmerkbar verlaufen muß, an welchem Punkt des Hubes er auch stattfindet. —

Etwa 2 oder 3 Wochen nach dieser Vorführung erhielt ich einen Brief von Präsident Barnard, in dem er mich bat, ihn zu besuchen. Als ich dieser Einladung entsprach, erzählte er mir, er hätte meiner Erklärung dieser Vorgänge vor dem technischen Klub des Institutes aufmerksam zugehört, aber sie nicht verstanden; er hätte den Versuchen mit meiner Betriebsmaschine beigewohnt, aber obgleich er das Verstummen alles Schlagens in den Totpunkten nicht leugnen könne, hätte er trotzdem immer noch nicht verstanden, wie das zu erklären wäre, bis er schließlich das Problem auf seine eigene Art: mit Zuhilfenahme der Rechnung, untersucht hätte. Erst dann wäre es ihm klar geworden, und es wäre ihm unbegreiflich, wie ich überhaupt imstande gewesen wäre, die Vorgänge in dieser Weise zu erläutern, ohne die Rechnung anzuwenden. Hieraus erklärt sich, warum dieser Gegenstand in dem Bericht der Jury nicht behandelt worden war. Präsident Barnard hatte nachher die Freundlichkeit, mir eine Abschrift seines Nachweises für Aufnahme in mein Buch über den Richards-Indikator zu überlassen.

Hier paßt der folgende Brief her, den ich lange Zeit danach von einem der hervorragendsten Ingenieure jener Tage erhielt:

Long Branch, N. Y.
7. August 1872.

Herrn Charles T. Porter.

Hochverehrter Herr!

Seit ich das Vergnügen hatte, den Vortrag zu lesen, den Sie letzten Winter vor dem Technischen Klub gehalten haben, erscheint mir Ihr Nachweis nicht nur durchaus eigenartig, sondern geradezu epochemachend. Hier wird zum erstenmal, glaube ich, erfaßt und klar gemacht, daß die vis inertiae der hin und her gehenden Teile nicht nur der Wirtschaftlichkeit der Kurbelmaschine nicht hindernd im Wege steht, sondern daß ein gewisser Betrag von Masse im Kolben und seinen Stangen — bei Schnelläufermaschinen sogar ein sehr erheblicher Betrag — geradezu ein unumgängliches theoretisches Erfordernis ist.

Da Leute, die sich sogar zu Skelettkolben aus Schmiedeeisen verstiegen haben, das geradezu als widerwärtige Ketzerei verschreien werden, ist es wohl recht gut, daß sie sich von Anfang an hinter dem experimentum crucis der gelockerten Lagerschalen in uneinnehmbare Stellung verschanzt haben.

Ihr sehr ergebener

Joseph Nason.

Die folgenden Abbildungen stellen eine elegante Erfindung von Edwin F. Williams dar, die die Beschleunigung und Verzögerung der hin und her gehenden Teile einer Maschine aufzeichnet.

Bei diesen Abbildungen ist *A* der Kreuzkopf in seiner mittleren Stellung. *B* ist die Latte, durch die die Papiertrommel eines Indikators *b* mittels der Schnur *n* betätigt wird. Das untere Ende dieser Latte ist am Kreuzkopf durch die Stiftschraube *j* befestigt, um die sie frei drehbar ist; *y* ist das Ende eines schwingenden Armes, durch den es ermöglicht ist, daß der obere Endpunkt der Latte *B* verschiedene Höhenlagen einnimmt, wie bei der Befestigung am Kreuzkopf in der beschriebenen Weise unvermeidlich; *d* ist eine teilweise offene zylindrische Büchse, die an der Seite des Kreuzkopfes parallel mit der Bewegungsrichtung durch den Arm *P* festgeschraubt ist. Das Ende dieses Armes ist zwischen Latte *B* und Kreuzkopf über die Stiftschraube *j* gefädelt. Das Fixierschräubchen *K* verhindert seine Drehung auf dieser Stiftschraube, und ferner sichert die Stiftschraube *r* die Lage des Armes.

In der Büchse *d* befindet sich das zylindrische Gewicht *h*, das reibungsfrei auf Rollen läuft, die hier nicht gezeigt sind und in einer Bohrung die Feder *e* birgt, deren Stärke bekannt ist. Diese ist mit ihrem einen Kopf an der Büchse und mit dem anderen am Gewicht befestigt. Die zur Bewegung des Gewichts *h* erforderliche Kraft wird somit durch die Feder auf dieses übertragen.

Die Wirkungsweise dieses Instruments ist wie folgt: Der in der Mittellage wie abgebildet befindliche Kreuzkopf besitzt gerade seine höchste Geschwindigkeit. In dieser Lage wird keine Kraft, weder zur Erteilung noch zur Hemmung seiner Geschwindigkeit ausgeübt. Dasselbe ist der Fall an dem freien Gewicht *h*: auch hier wird keine Kraft, weder zur Zusammendrückung noch zur Verlängerung der Feder *e* ausgeübt.

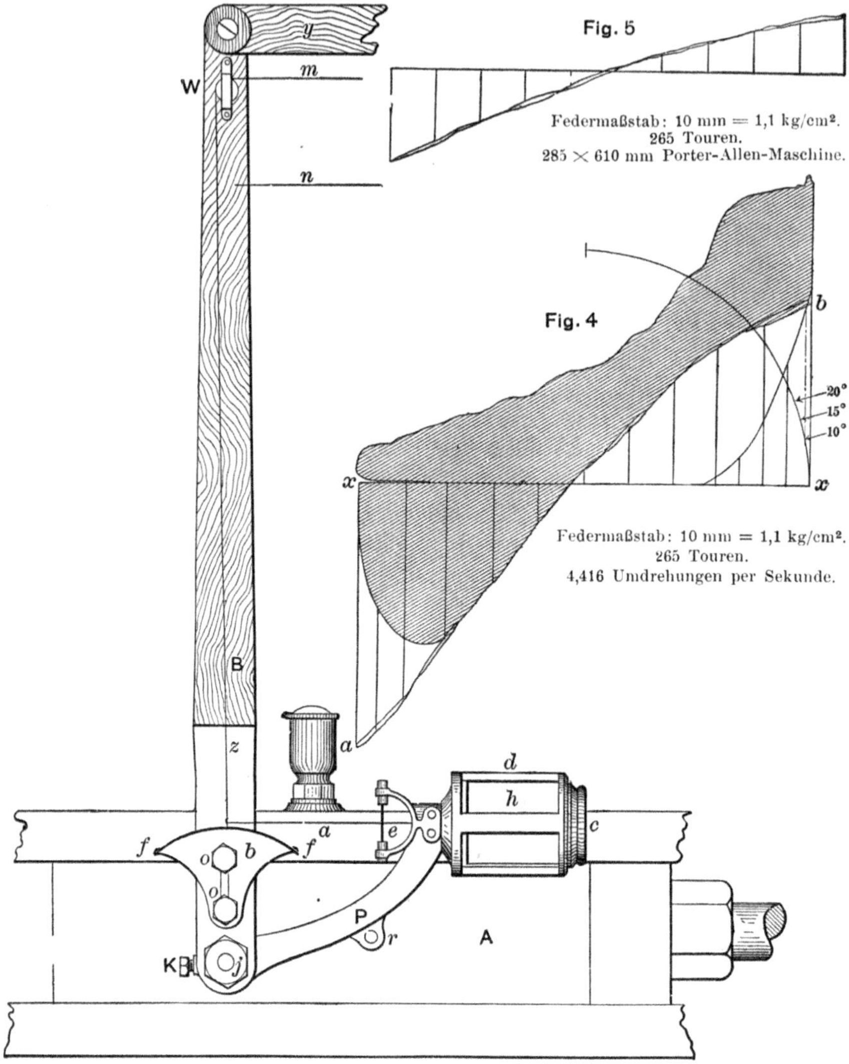

Federmaßstab: 10 mm = 1,1 kg/cm².
265 Touren.
285 × 610 mm Porter-Allen-Maschine.

Federmaßstab: 10 mm = 1,1 kg/cm².
265 Touren.
4,416 Umdrehungen per Sekunde.

Fig. 1

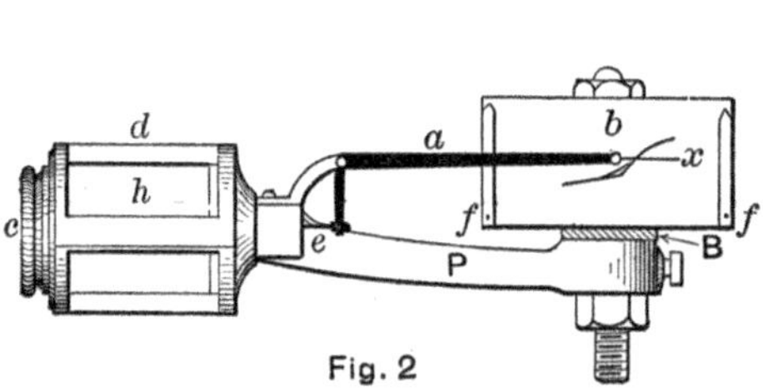

Fig. 2

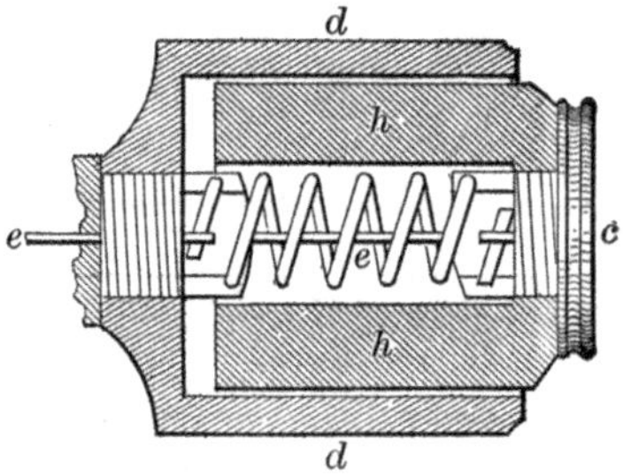

Fig. 3

Apparat zur graphischen Aufzeichnung der Beschleunigung und Verzögerung der hin und her gehenden Teile einer Maschine.

Der Kreuzkopf bewege sich von der Kurbel weg. Jetzt beginnt die Kurbel ganz unmerklich die Bewegung des Gewichtes *h* durch Zug an der Feder *e* zu hemmen. Diese Zugkraft wächst an Stärke bis zum Hubende, wo das Gewicht zur Ruhe gebracht und die Feder entsprechend gedehnt ist. Durch fortdauernden Zug in der gleichen Richtung setzt darauf die Kurbel den Kreuzkopf und das frei rollende Gewichtchen in umgekehrter Richtung in Bewegung. Der Zug nimmt allmählich ab, bis er in der Hubmitte aufhört. Das Gewicht *h* hat seine volle Geschwindigkeit wieder angenommen; die Feder ist ganz entlastet, und sie sowohl wie das Gewicht befinden sich wieder in der Stellung der Büchse *d*, in der wir sie zuerst sahen. Derselbe Vorgang wiederholt sich während der anderen Hälfte der Umdrehung, nur in entgegengesetzter Richtung, wobei sich der Zug in Druck verwandelt und die Feder verkürzt statt verlängert wird. An jedem Punkt des Hubes zeigt daher die Verlängerung oder Verkürzung der Feder die Größe der beschleunigenden oder verzögernden Kraft an, die gerade auf das Gewicht wirkt.

Diese veränderliche Kraft wird auf folgende Weise aufgezeichnet: Auf die Oberfläche *ff* ist ein Papierstreifen gespannt. Sie ist nach dem Bogen eines um den Mittelpunkt von *j* geschlagenen Kreises gebogen und an der Latte *B* festgemacht, so daß bei dem Hin- und Herschwingen dieser Latte infolge der Kreuzkopfbewegung der Papierstreifen der Länge nach unter dem Schreibstift vorbeigleitet. Dieser sitzt am Ende des langen Armes *a* eines Kniehebels mit der Übersetzung 4 zu 1, den man in der Fig. 2 sieht, und der durch die kleine Stange *e* betätigt wird, die axial durch die Feder führt und in dem Kopf *c* festgeschraubt ist. Diesem Schreibstift wird somit eine viermal so große Querbewegung erteilt, als das Gewicht *h* sich gegen die Büchse *d* in der Längsrichtung verschiebt. Der Schreibstift wird bei der Biegsamkeit des Arms *a* vermittels der Schnur *m* leicht vom Papier abgehoben. Man verzeichnet mit aufliegendem Schreibstift die neutrale Linie *x*, Fig. 2, während die Maschine von Hand gedreht wird. Wenn dann die Maschine läuft, läßt man den Schreibstift wieder auf die Trommel sinken, worauf die in Fig. 2 vorgeführten schrägen Kurven aufgezeichnet werden.

Liefe die Welle ganz gleichförmig um und wäre kein toter Gang bei Welle oder Pleulstange, so würde diese schräge Kurve sich haarscharf wiederholen und wäre eine grade Linie, abgesehen von den Abweichungen, die die endliche Länge der Pleulstange mit sich bringt. Andererseits müssen toter Gang und Ungleichförmigkeiten sich genau verzeichnet finden, ja diese müssen sich mit einem Genauigkeitsgrad zeigen, der durch Berechnung und

Auslegung nicht erreichbar wäre, da sie automatisch richtig aufgezeichnet werden. Für diesen Zweck müßte sich das Instrument besonders wertvoll erweisen, wünschte man wirklich diese Abweichungen zu registrieren, statt zu verbergen. Fig. 5 stellt das mit diesem Instrument an einer Porter-Allen-Dampfmaschine aufgenommene Trägheitsdiagramm dar, die im Postamt zu Boston mit 265 Touren lief. Fig. 4 zeigt dasselbe Diagramm, nur mit einer dem Federmaßstab des Indikators entsprechend vergrößerten Querbewegung des Schreibstifts. Die tatsächlich an jedem Punkt auf den Kurbelzapfen wirkende Kraft ist unmittelbar abzulesen und hier durch die schraffierte Fläche veranschaulicht. Hieraus kann das Drehmoment an der Kurbel abgeleitet werden. Die beim Hubbeginn durch die Trägheit der hin- und hergehenden Teile aufgezehrte Dampfkraft ist in der leeren Fläche oberhalb der atmosphärischen Linie xx veranschaulicht. Sie wird am Hubende nicht ganz an die Kurbel weitergegeben: — wegen der Kompression.

Ich habe selbst keine Erfahrungen in der Handhabung dieses Instrumentes gesammelt, aber ich sehe keinen Grund, warum es nicht so eingerichtet werden könnte, daß die schrägen Kurven der Fig. 4 gleich von vornherein aufgezeichnet würden. Die Schwankungen der Bewegung würden dann viel genauer ersichtlich als das durch die Vergrößerung des kleinen Diagramms geschehen kann. Es wäre nur nötig, daß die Feder e in dem gleichen Verhältnis zur Trägheit des Gewichts h stünde, wie die Feder des Indikators zu dem auf seiner Kolbenfläche lastenden Dampfdruck. Dampf- und Trägheitsdiagramm würden dann im gleichen Maßstab aufgezeichnet werden. Allerdings würde für jeden Federmaßstab ein besonderes Instrument gebraucht werden. Es erschiene wünschenswert, daß dieses Instrument, das ja gar nicht teuer ist, in dieser praktischen Form auf den Markt gebracht würde.

Die auf dieser Maschinenschau des American Institute ausgestellte 400 × 750-mm-Maschine wurde von der Ausstellung weg an die Arlington-Werke in Lawrence, Massachusetts, verkauft. Aus Gründen, die sich später zeigen werden, habe ich stets diesen Verkauf für den bedeutungsvollsten gehalten, den ich je gemacht habe.

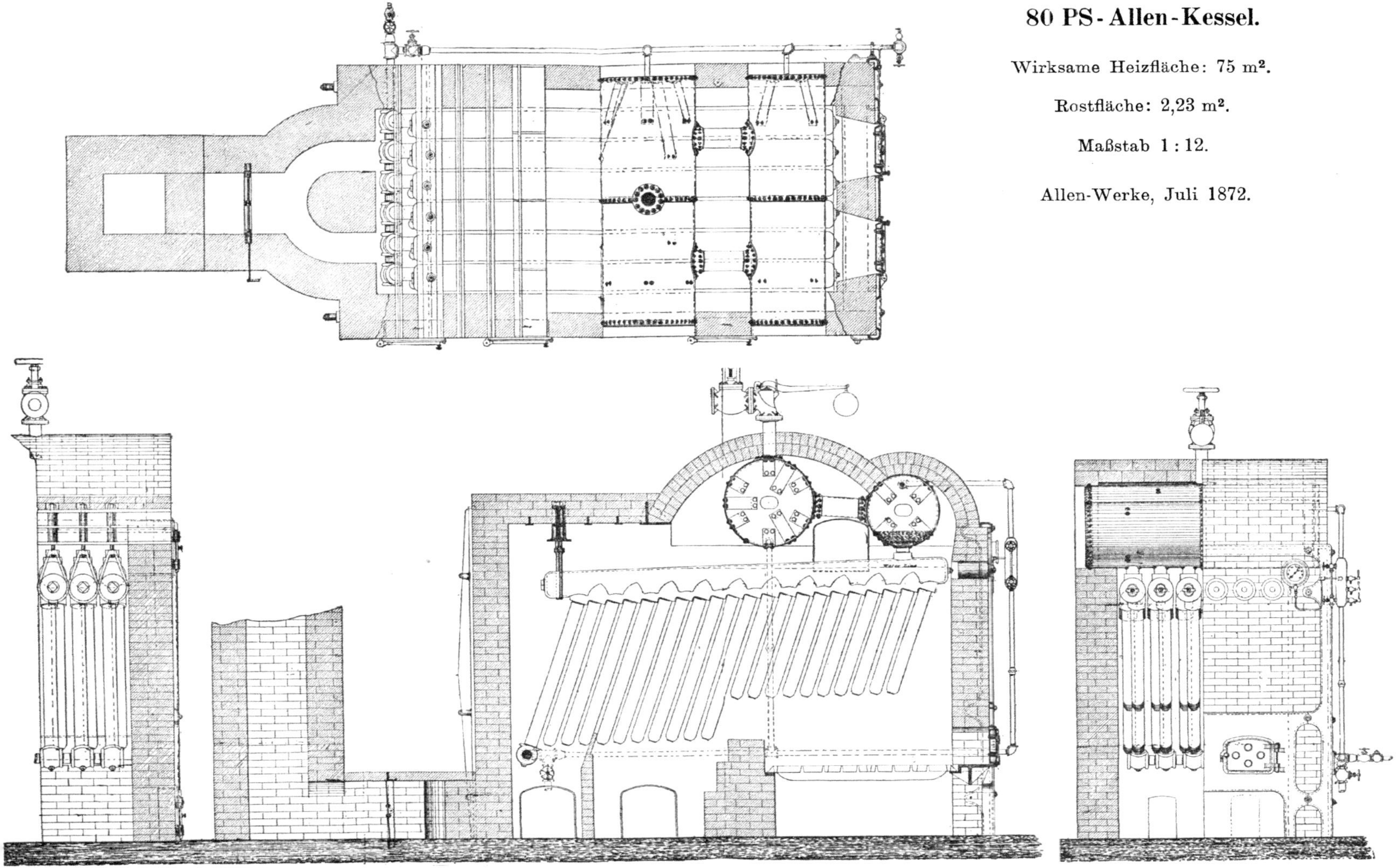

80 PS-Allen-Kessel.

Wirksame Heizfläche: 75 m^2.

Rostfläche: 2,23 m^2.

Maßstab 1 : 12.

Allen-Werke, Juli 1872.

Neunzehntes Kapitel.

Kesselversuche gelegentlich der Maschinenschau von 1871. Wir verlieren Allen. Wie wichtig es ist, einen Geschäftsmann zum Generaldirektor zu haben. Mr. Hope opfert sich auf.

Das nächste Jahr waren wir nicht Aussteller auf der Maschinenschau des Instituts, aber unser Kessel war ja dort verblieben und wurde vom Institut betrieben. Dieser Kessel nebst Einmauerung ist in der beigefügten Abbildung wiedergegeben. Sie ist nach einer Zeichnung gemacht, die damals aufgenommen wurde, und ist genau bis auf die Anzahl der Längsgruppen, die in Wirklichkeit neun statt sechs betrug. Am Schluß der Maschinenschau wurde vom Institut eine Kesselprüfung durch einen Ausschuß veranstaltet, dessen Vorsitzender Professor Thurston war, damals Professor für Maschinenbau am Stevens-Institut, später, bis zu seinem Tode, Direktor des Sibley-College of Mechanic Arts, einer Unterabteilung der Cornell-Universität. Fünf Kessel, einschließlich des Allen-Kessels, wurden geprüft, jeden Tag einer, und zwar zwölf ununterbrochene Betriebsstunden lang. Die vier übrigen waren sämtlich andere, als die im vorhergehenden Jahr ausgestellten.

Die Vorbereitungen für diese Prüfung nahmen eine Woche in Anspruch. Es wurde ein großer hölzerner Behälter errichtet, in den ein Oberflächenkondensator eingebaut wurde, der aus einem Haufen wagerecht gelegter Root-Kesselkammern bestand, die eine totale Kühlfläche von 103 qm besaßen. Der Dampf wurde in diese Kammern geleitet, die von dem Kühlwasser umspült waren; das Ganze war also einfach die Umkehrung des üblichen Oberflächenkondensators.

Jeder Kessel wurde in der Weise geprüft, daß Essenschieber und Dampfventil ganz geöffnet wurden, so daß das Höchstmaß an Kohle verbrannte, das er unter eigenem Zug verbrennen konnte, und aller entstehende Dampf einfach weggeleitet wurde. Er trat in den Kondensator oben ein, und das Kondenswasser wurde unten abgezapft, während das Kühlwasser am Boden des Behälters eintrat und oben abgezapft wurde, so daß in idealer Weise Gegenstrom von Dampf und Wasser erzielt war. Das Kühlwasser floß bei $7^1/_2{}^0$ C aus der städtischen Wasserleitung zu und wurde durch einen Worthington-Wassermesser gemessen. Die Temperatur des abfließenden Kühlwassers wurde gleichfalls abgelesen. Das Kondensat wurde in einem Faß aufgefangen und unter gleichzeitiger Temperaturmessung in Mengen von je 136 kg abgewogen. Die Messungen waren ausgezeichnet genau.

Da hohe Schornsteine nicht zur Verfügung standen, hatte kein Kessel starken Zug, wie aus den per Quadratmeter Rostfläche verbrannten Kohlemengen zu ersehen ist. Unser Zug war der stärkste. Nur der Allen- und der Root-Kessel lieferten überhitzten Dampf, und zwischen ihnen beiden war der Wettbewerb sehr scharf. Wenn das Dampfventil ganz offen stand, so daß der Dampf ungehemmt in den Kondensator abströmte, so fiel die Überhitzung unseres Dampfes auf nur 7,4° C, während Root es auf 9,0° C brachte.

Roots Kessel, der am ersten Tage geprüft wurde, blies aus dem offenen Versuchshahn bei Speisung von 7,8° C warmem Wasser 16 Minuten nach Anzünden des Feuers Dampf ab. Am nächsten Morgen blies unser Kessel bei gleicher Speisetemperatur schon nach zwölf Minuten ab, und Mr. Root konnte, die Uhr in der Hand, den Ausruf: „Ein wundervoller Kessel!“ nicht unterdrücken. Der Allen-Kessel verbrannte 68,1 kg Kohle per Quadratmeter Rostfläche und Stunde und verdampfte dabei 17,53 kg per Quadratmeter Heizfläche und Stunde. Roots Kessel verbrannte 57,3 kg per Quadratmeter Rostfläche und Stunde und verdampfte dabei 12,98 kg per Quadratmeter Heizfläche und Stunde.

Unser stärkerer Zug, der 68,1 kg gegen 57,3 kg Verbrennung erzeugte, war für 2,45 kg bessere Verdampfungsziffer in Anschlag zu setzen; das ließ aber immer noch 2,1 kg zugunsten der schnelleren Wasserströmung im Allen-Kessel übrig. Der große Wert des Neigens der Rohre war somit nachgewiesen. Der Versuchsbericht enthält den folgenden Satz: „Der Ausschuß möchte besonders zum Ausdruck bringen, wie hoch er die ausgezeichnete allgemeine Anordnung und die vorzüglichen Abmessungen würdigt, die dem Allen-Kessel seine bemerkenswert hohe Verdampfungsziffer verleihen.“

Man sieht aus den Schnitten dieses Kessels, wie ängstlich Allen bestrebt war, das Heizgas so durchgehend wie möglich in parallelen Strömungen durch den Kessel fließen und die Abgase unten abziehen zu lassen, so daß alle vom Feuer gleichweit entfernten Heizflächen angenähert gleichen Wirkungsgrad besaßen.

Ergebnisse der Vergleichsversuche an Dampfkesseln auf der Maschinenschau des American Institute im November 1871.

Name des Fabrikats	qm			Gesamtgewichte in kg						Mittlere Temperaturen in ° C						
	Rostfläche	Heizfläche	Verhältnis von Heizfläche zur Rostfläche	Kohle	Brennbare Bestandteile	Speisewasser	Dampf	Mitgerissenes Wasser	Verhältnis des mitgerissenen Wassers zum verdampften Wasser in %	Vor dem Wassermesser	Hinter dem Wassermesser	Kondensat	Kühlwasserabfluß	Dampf	Überhitzung	Fuchs
Root	2,5	81,5	32,5	1725	1447	12650	12650	—	—	7,81	7,75	14,6	61,7	168,1	9,0	213,6
Allen	3,0	85,5	28,5	2440	2053	18020	18020	—	—	7,5	7,5	17,5	68,2	165,9	7,4	174,4
Phleger	2,15	55,7	26,1	1272	1034	9260	8966	294	3,26	7,6	7,6	12,4	49,35	160,6	—	262,0
Lowe	3,5	84,6	24,2	1998	1682	15430	14369	1061	6,9	7,2	7,2	12,7	55,3	159,7	—	198,7
Blanchard	0,79	40,9	51,8	560	477	4610	4475	135	3,0	6,9	6,9	9,7	41,2	162,1	—	105,35

Fortsetzung.

Name des Fabrikats	Gesamte erzeugte Wärmemenge in kg-cal	Gesamte erzeugte Wärmemenge per kg brennbarer Bestandteile	Scheinbare Verdampf.				Tatsächl. Verdampf.		Entsprechende Verdampfung aus 100° warmem Wasser bei atmosphärisch. Druck	Stündlich pro qm Heizfläche verdampfte Wassermenge in kg	Stündlich pro qm Rostfläche verbrannte Kohle in kg	Wirkungsgrad (tatsächliche Verdampfkraft des Brennstoffs dividiert durch d. theoretische)
			Pro kg Kohle	Pro kg brennbarer Bestandteile	Pro qm Rostfläche und Stunde	Pro qm Heizfläche und Stunde	Pro kg Kohle	Pro kg brennbarer Bestandteile				
Root	8 253 462,3	5701	7,34	8,76	421,3	12,97	7,34	8,76	10,64	12,98	57,3	0,709
Allen	11 689 732,4	5698	7,38	8,76	501,0	17,55	7,38	8,76	10,60	17,53	68,1	0,707
Phleger	5 812 800,7	5635	7,26	8,95	360,5	13,85	7,07	8,70	10,49	13,42	49,6	0,699
Lowe	9 381 652,3	5575	7,68	9,12	367,3	15,16	7,20	8,55	10,40	14,10	59,2	0,693
Blanchard	2 894 414,9	6065	8,24	9,69	487,0	9,4	8,00	9,41	11,34	9,13	47,6	0,756

Der Kessel hatte einen Fehler, den man in der Ansicht des Querschnitts sehen kann: Zwischen je zwei Rohrreihen war den Heizgasen eine 50 mm breite gerade Gasse gelassen.

Während in der ersten Woche die Kessel alle einem Vorversuch unterworfen wurden, beobachtete ich, wie vom Wasserspiegel in dem großen Behälter Dampf aufstieg, und zwar in verschiedener Menge bei den verschiedenen Kesseln, und daß dieser nicht mitgemessene Wärmeverlust bei weitem am größten bei der Prüfung des Allen-Kessels war. Ohne etwas zu sagen, ging ich am nächsten Montag Morgen früher von Hause weg und kaufte unterwegs eine gewöhnliche Zinnkasserole von etwa 100 mm Durchmesser und 75 mm Tiefe. Diese befestigte ich an einer Ecke des Behälters so, daß sie bis 6 mm unterhalb des Randes in das Wasser tauchte und selbst gestrichen voll war. Ich hatte diese Anordnung fertig, bevor der Ausschuß zur Stelle war, der sie übrigens sofort billigte. Ich machte es mir zur Aufgabe, jeden Tag den Fall des Wasserspiegels infolge Verdampfung in dieser Kasserole aufzunotieren. Nur bei der Prüfung des Allen-Kessels war das ganze Wasser in der Kasserole verdampft, und ich mußte sie von neuem füllen. Die Temperatur des Wassers in der Kasserole war stets 4,5° C geringer als die des umgebenden Wassers. Somit mußte der Verdampfungsverlust aus dem Wasserbehälter noch größer sein, als das Sinken des Wasserspiegels in der Kasserole angab. Der Ausschuß kam überein, daß die Absenkung des Wasserspiegels in der Kasserole im Verhältnis der Dampfspannungen vergrößert werden sollte.

Als Ergebnis enthielt der Bericht die folgende Zusammenstellung:

Durch Oberflächenverdunstung im Kondensatorbehälter verschwundene Wärmeeinheiten (kg-cal):

Root-Kessel	181 791,5
Allen-Kessel	296 958,0
Phleger-Kessel	95 350,0
Lowe-Kessel	174 398,0
Blanchard-Kessel	67 714,2

In sämtlichen Feuerungen wurde für Messung der Abgastemperaturen dasselbe Bulkley-Pyrometer benutzt. Als am Dienstag Morgen mein Kessel geprüft werden sollte, sah ich, daß vor meiner Ankunft das Pyrometer in dem gemauerten Schornstein untergebracht worden war, wo seine Angaben bequem abgelesen werden konnten, wenn man auf dem Ziegeldach des Kesselhauses stand. Die Ablesungen ergaben im Mittel 126 ½° C. Ich hielt das für unwahrscheinlich. Ungefähr um ½3 Uhr, als schon sieben Ablesungen gemacht worden waren, nahm ich das Pyrometer herunter und füllte das Loch im Mauerwerk mittels bereitgehaltener Werkzeuge mit ein paar Ziegeln und Mörtel aus. Darauf schlug ich ein Loch in das seitliche Mauerwerk an der untersten Stelle, dem Fuchs gegenüber, und setzte das Pyrometer dorthin. Sofort ging es auf die Temperatur, bei der die Gase in den Fuchs eintraten: 207° C und ergab einen Durchschnitt von 196° C während der restlichen 16 Ablesungen. Roots Durchschnitt war 213°, und Phlegers Röhrenkessel ergab durchschnittlich 261°. Es war klar, daß die vor dem Umbau des Pyrometers gemachten Ablesungen hätten verworfen werden müssen, aber die jungen Leute, die diesen Teil der Arbeit erledigten, addierten sie mit, und unsere Durchschnittstemperatur ist mit 174,5° C im gedruckten Bericht niedergelegt, wobei der Kessel um etwa 22° C zu gut wegkam. Ich büßte jedoch durch diesen Eingriff ein wenig ein. Während ich das Loch zumauerte, kam der Heizer herauf und rief mir zu, ich verderbe ihm das ganze Feuer. Als ich die Ziffern für das verdampfte Wasser und die verbrannte Kohle erhielt, fand ich, daß in jener halben Stunde nur drei Fässer voll Wasser (408 kg) als verdampft angegeben waren, statt wie in jeder anderen halben Stunde sechs Fässer (816 kg), was einen Verlust von ungefähr 2,3 % im gesamten verdampften Wassergewicht (17420 kg statt 17828 kg) darstellte. Gleichzeitig ergab sich merkwürdigerweise, daß der Kohlenverbrauch in der halben Stunde eher größer war.

Das Interessante an dem ganzen Vorfall war, daß die Gase sich beim Durchfließen einer Gesamtlänge von weniger als 6 m Fuchs- und Schornsteinkanal um volle 70° abgekühlt hatten. Das scheint fast unglaublich, ist aber Tatsache. Undichtigkeiten waren nicht vorhanden: das bewies der ausgezeichnete Zug deutlich. Ebensowenig ließ sich eine andere Erklärung für die Unstimmigkeit finden. Das Pyrometerrohr war in beiden Stellungen den heißen Gasen in gleicher Länge ausgesetzt. Die Hitze war lediglich durch Ausstrahlung des Mauerwerks verloren gegangen. Ich habe seitdem bis heute vergeblich auf eine Gelegenheit gewartet, diese Kenntnis nützlich zu verwerten, sie hat sich aber noch nicht gefunden. Ich will es jemandem anders überlassen, das Kesselmauerwerk, Fuchs und Esse nicht nur außen, sondern auch innen mit weißemaillierten Ziegeln auszumauern, die die Hitze weder aufsaugen noch merklich ausstrahlen. Das muß sich bezahlt machen, denn wenn die Temperatur bis zur Ausmündung des Schornsteins hoch erhalten wird, so muß der Zug an Stärke zunehmen, ja vielleicht doppelt so stark werden. Ein gewaltiger Wärmebetrag muß ferner durch die ausgedehnte Oberfläche der Kesselmauerung verloren gehen. Es ist eine bekannte Beobachtung, daß je heißer der Kesselraum, desto besser der Kesselwirkungsgrad. Hierin liegt eine kleine Andeutung für den großen Gewinn, der von der Verwirklichung meines Vorschlags zu erwarten ist. —

Vor dieser Kesselprüfung hatten wir Mr. Allen verloren. Er war auf die Idee der Preßluftnietmaschine und des schnellaufenden Luftkompressors gekommen, der die Betriebskraft für diese Maschine liefern sollte. Im letzteren nutzte er die Trägheit der hin- und hergehenden Teile in Verbindung mit zwei Kolben aus, dem Dampf- und dem Luftkolben. Hierzu hatte er meine freudige Einwilligung erhalten, und es war ja auch überhaupt nichts Patentfähiges daran. So wurde Allen der Urheber der wichtigen Druckluftnieterei, und zwar beider Arten, der hämmernden und der pressenden. Allen verkaufte seinen Anteil an der Maschinenbaugesellschaft an Mr. Hope und Mr. Smith und baute sich in Mott Haven eine Werkstatt zur Fabrikation der Nietmaschinen und Kompressoren. Den Kessel auf der Ausstellung nahm er als teilweise Zahlung an und verkaufte ihn sofort an eine Firma weiter, die irgendwo am Harlem-Fluß eine Holzbearbeitungsfabrik errichtet hatte.

Das Crotoner Wasser, mit dem der Kessel gespeist worden war, enthielt keinen Kalk, setzte aber etwas ab. Allen hatte den Kessel demontieren und zum Nachsehen und Reinigen in unsere Werkstatt bringen lassen. Ich nahm mir vor, diese günstige Gelegenheit zu benutzen, um die Wirkung der Zirkulation auf die Bildung von Ablagerungen zu beobachten, und das Ergebnis meiner Untersuchung erwies sich als sehr interessant. Jedes geneigte Rohr war an seinem Ende mit einem Bronzestopfen versehen, nach dessen Entfernung das darin enthaltene Wasser ablief, so daß man es reinigen konnte. Das Wasser war noch nicht abgelassen.

Ich ließ eine ganze Längspartie, im ganzen zehn Rohre, davon fünf im Feuerraum und fünf hinter der Feuerbrücke, herausnehmen und auf der Hobelmaschine der Länge nach aufschlitzen, wobei sich die überraschende Entdeckung ergab, daß die Rohre, die im Feuerraum gehangen hatten, völlig leer waren. In den hinter der Feuerbrücke gelegenen zeigte sich eine Schlammablagerung, die im ersten Rohre nur ungefähr 25 mm hoch war und in regelmäßigen Abstufungen bis auf 450 mm Höhe in dem letzten stieg, wo das Speisewasser eintrat. Das von hinten aus in die Rohrgruppen gespeiste Wasser lagerte also seinen Schlamm hauptsächlich in dem ersten Rohre ab, das es erreichte und in dem die Strömung am schwächsten war, und hatte alle seine festen Bestandteile ausgefällt, bevor es die in der Feuerung hängenden Rohre erreicht hatte. Darauf wurden die übrigen langen Rohre gereinigt, die entzweigeschnittenen durch neue ersetzt und der Kessel an Mr. Allen geliefert. Der nächste Akt in der Geschichte dieses Kessels war Komödie. Der Käufer wollte die Kosten des Crotoner Leitungswassers sparen, speiste daher seinen Kessel aus dem Harlemfluß, und innerhalb eines Monats hatte er sich, wie sich ergab, vollständig mit Salz gefüllt. Was dann mit ihm geschehen ist, habe ich nie mehr erfahren.

Ich dachte, ich könnte diese Kessel überall da verkaufen, wo sie, wie z. B. in der Stadt New York, mit kalkfreiem Wasser gespeist werden könnten, und es gelang mir auch ein paarmal, aber mein Instinkt, der es mir eingegeben hatte, den zweiten Sammelkessel zur Dampfüberhitzung zu benutzen, ließ mich hernach im Stich. Ich gelangte nämlich zu dem Schluß, daß ich durch Vergrößerung des ersten Sammelkessels und Vermeidung hineinragender Rohrenden, denen zufolge in dem ersten Kessel immer eine Lache Wasser stehen blieb, den Dampf in nur einem Sammelkessel überhitzen konnte. Da hatte ich aber einen Bock geschossen. Ich hatte die Gewalt der Zirkulation unterschätzt, die viel Schaum in den Sammelkessel trieb. Ich ließ mich durch den ruhigen Wasserspiegel täuschen, der sich im Wasserstandsglas zeigte. Ich fand, daß der Kessel statt überhitzten Dampfes im Gegenteil sehr nassen Dampf erzeugte. Dieser Fehler hätte natürlich leicht durch Rückkehr zu der ursprünglichen Anordnung behoben werden können.

Ich wurde jedoch durch andere Schwierigkeiten entmutigt. Die erste war natürlich die Unmöglichkeit, den Kesselstein durch irgendwelche mechanischen Mittel zu entfernen. Die ernstlichste Entmutigung kam mir durch einen explodierten Rohrkopf. Welche Konstruktion ich auch bei den damaligen Mitteln den schräghängenden Rohren zu geben vermochte: — gußeiserne Kopfstücke waren unvermeidlich. Ich hatte mir große Mühe gegeben, fehlerfreie Gußstücke zu erhalten, und verwandte das beste Gußeisen, das ich in eisernen Kokillen mittels gebrannter Kerne vergoß; die Gußstücke waren ganz gleichmäßig 16 mm, und nur, wo Gewinde war, 19 mm stark, da die Kerne vollkommen zentrisch gelagert waren und hervorragend gute Entlüftung besaßen. Ich hatte mich dem Glauben hingegeben, daß ich mich auf die Gesundheit dieser Gußköpfe verlassen könnte; aber dieser Gußfehler zeigte, daß ich mich darin täuschte. Wohl oder übel mußte ich also die Fabrikation des Kessels aufgeben.

Ich glaube jedoch, daß das geneigt hängende Kesselrohr mit gesonderter Zirkulation in jedem einzelnen Rohr auch heute noch eine Zukunft hat, wenn es ganz aus geschmiedetem Stahl hergestellt wird, und daß es bessere Ergebnisse zeitigen würde, als je ein Kessel bisher gezeitigt hat. Oberingenieur Melville hat mir erzählt, daß alles in die Kessel der amerikanischen Kriegsflotte verspeiste Wasser medizinisch rein ist. Kann dies in der Flotte durchgeführt werden, wo Seewasser und der Schmutz der Hafenwässer in den Kauf genommen werden muß, so kann es überall geschehen. Kühltürme ermöglichen es, selbst bei Auspuffmaschinen alles Wasser dem Kessel wieder zuzuführen. Nur die Verluste sind dann noch aufzufüllen, und unter solchen Umständen kann schlechthin jedes Wasser rein genug gemacht werden. Öl oder Fett ist leicht genug aus dem Speisewasser abzuscheiden. Nur noch gegen die Elektrolyse muß man Vorkehrungen treffen, was durch Vermeidung der Berührung des Wassers mit irgendwelchen Kupferlegierungen zu erreichen ist. Dann würden wir äußerst dauerhafte Kessel erhalten, die mit Sicherheit jeden gewünschten Druck aushalten. —

Der folgende Vorfall am Vorabend des Abschlusses meiner

Harlemer Erfahrungen wäre zu lächerlich geringfügig zum Drucken, wäre es nicht um seiner Folgen willen. Eines Tages ließ mir Mr. Smith sagen, er möchte mich gern in seinem Bureau sprechen. Als ich eintrat, fragte er mich: „Was zahlen Sie für den Guß für Ihre Regulatorarme und -kugeln?“ Das wußte er natürlich sehr wohl, denn er hatte ja die Rechnungen und die Bücher, aber das war nun mal seine Art und Weise, die Sache aufs Tapet zu bringen. Ich erwiderte: „3,80 Mark pro Kilogramm.“ Er schlug in affektierter Bestürzung die Hände über dem Kopf zusammen und rief aus: „3,80 Mark pro Kilogramm! Na, bester Herr, das eine kann ich Ihnen versichern: das Geld unserer Gesellschaft wird nicht weiter so fortgeworfen.“ Ich sah über seine beleidigende Art und Weise hinweg und sagte ruhig: „Sind Sie auch ganz sicher, Mr. Smith, daß Sie Sachkenntnis genug besitzen, um sich ein zutreffendes Urteil hierüber bilden zu können?“ „Ich weiß genau,“ antwortete er, „wie der Marktpreis von Kupfer und Zinn steht, und daß ich aus unserem eigenen Metall Gußstücke so billig liefern kann, daß sie nicht mehr als 2,20 Mark pro Kilogramm kosten.

„Das ist also anscheinend alles, was Sie von der Sache verstehen,“ sagte ich, „Sie sollten aber noch eine ganze Menge mehr davon verstehen, und das will ich Ihnen jetzt auseinandersetzen. Es ist unerläßlich, daß ich darauf bauen kann, eine reine Kupfer-Zinn-Legierung in der als Rotguß bekannten Zusammensetzung zu erhalten, denn nur diese ist fest und zähe genug und widersteht dem Verschleiß. Die letzte Eigenschaft ist besonders wichtig, weil die Regulatorgelenke sich fortgesetzt unter der Last des schweren Gegengewichtes verstellen. Erfahrung hat gezeigt, daß man sich auf die Reinheit der Legierung nicht verlassen kann, es sei denn, sie werde von einem Gießer gemacht, bei dem es ausgeschlossen ist, daß irgend ein minderwertiges Metall auch nur in geringster Menge der Legierung beigemischt wird. Das muß für uns, die wir nicht selbst gießen, ganz und gar Vertrauenssache sein.

„Noch ein zweites Risiko ist zu vermeiden, nämlich, daß wir fehlerhaften Guß bekommen. Die Gußstücke dürfen auch nicht die leiseste Unvollkommenheit aufweisen. Der Zeitverlust, wenn man hernach Fehler entdeckt, die es nötig machen, Arme zu verwerfen, auf die schon mehr oder weniger Arbeit verwandt worden ist, würde bald den ganzen Profit zunichte machen, auf den Sie aus sind, denn diese Gußstücke kosten bei 3,80 Mark pro Kilogramm nur ungefähr 21 Mark der Satz, wenn man aus allen Größen den Durchschnitt zieht.

„Ich habe diese Frage sorgfältig überlegt, als ich vor ungefähr 15 Jahren die Regulatorfabrikation aufnahm, und gefunden, daß David Francis, der damals erst eine kleine Rotgießerei in der Vestry-

Straße hatte, der Mann war, den ich brauchte. Niemals gelangt minderwertiges Metall überhaupt in seine Gießerei. Er erfreut sich des vollkommenen Vertrauens der Fabrikanten. Er hat meine Regulatorarme und -kugeln bis heute stets gegossen. Ich habe niemals ein schlechtes Gußstück und immer reines Metall von ihm bekommen und ihm den gleichen Preis bezahlt, den jedermann ihm für Kleinguß zahlt. Ich betrachte die Zuverlässigkeit seines Metalls für eine der Grundlagen des großen Erfolgs meiner Regulatoren und glaube, ich müßte verrückt sein, wenn ich irgend einen derartigen Wechsel im Rohstoff zulassen würde, wie Sie ihn vorschlagen.“

Er antwortete nicht und ich verließ ihn in dem Glauben, daß meine Darlegung genügt hätte. Wer beschreibt meine Verblüffung, als er mir ein paar Tage darauf mitteilte, er hätte mit einem Gelbgießer in der Rose-Straße einen Lieferungsvertrag für den Guß unserer Regulatorarme abgeschlossen, „Ihre Zustimmung vorausgesetzt, Verehrtester,“ und mich ersuchte, hinzugehen und mir die Gießerei mal anzusehen.

Ich sagte, ich würde gehen, meine Stellung zu der Frage wäre ihm ja aber genugsam bekannt. Ich entdeckte die Werkstatt in einer kleinen Gasse und fand, daß die Aufträge in Messing-Gußstücken für Klempner bestanden. Der Besitzer erzählte mir, er habe noch niemals Rotgußteile gegossen, aber er könnte jede beliebige Legierung herstellen, und ich könnte mich darauf verlassen, daß er sie mir genau aus dem Metall herstellte, das ich ihm liefern würde.

Ich berichtete Mr. Smith, daß ein Abschluß wie der geplante vernichtend wirken würde, und daß seine Absicht, dem Gießer das Metall zu liefern, äußerst wenig geschäftsklug sei. „Was verstehen Sie vom Geschäft?“ schrie er mich höhnisch lachend an. „Ich verstehe so viel,“ sagte ich, „daß wenn Sie irgend einem gut unterrichteten praktischen Mann diesen Vorschlag unterbreiten würden, er Ihnen ins Gesicht lachen und antworten würde, daß, wenn Sie Ihr Geschäft durchaus zugrunde richten wollen, dies eins der besten Mittel wäre.“ Er erwiderte: „Danach habe ich Sie nicht gefragt! Meine einzige Frage ist: Wollen Sie dem von mir geschlossenen Abkommen Ihre Zustimmung geben oder nicht?“ „Ich will es nicht,“ erwiderte ich und verließ sein Bureau.

Ein paar Tage später erhielt ich eine Notiz von Mr. Hope, ich möchte ihn aufsuchen. Ich sprach am nächsten Tag bei ihm vor, worauf er mir berichtete, Mr. Smith hätte ihn aufgesucht und sich bitter über meine Unbotmäßigkeit und Verachtung seiner Autorität beklagt, die er nicht länger mit ansehen würde. Ich möchte ihm doch erzählen, worüber wir uns gezankt hätten. Ich erzählte ihm den Inhalt des obigen Berichtes, worauf er nur sagte: „Und das ist alles?“ Ich versicherte ihm, daß das, soweit ich wüßte, die ganze Geschichte wäre. Mr. Hope erwiderte: „Ich habe keine Worte für mein Erstaunen über seine Einmischung in Ihr Gebiet. Diese Sachen müssen vollständig Ihnen überlassen werden, und er muß das auch einsehen. Er ist ein vernünftiger Mann, und ich kann ihm leicht nachweisen, daß er hier im Irrtum ist, und daß Sie die Stellung einnehmen mußten, die Sie eingenommen haben. Ich glaube nicht, daß Sie solchen Ärger wieder haben werden.“

Ich hörte 14 Tage lang nichts wieder von Mr. Hope und hatte während dieser Zeit keine Veranlassung, mit Mr. Smith zusammenzutreffen. Schließlich kam ein Brief von Hope, ich sollte mich auf das Schlimmste gefaßt machen. Er hätte alle seine Überredungskünste an Mr. Smith versucht, aber der wäre starrköpfig und erklärte, ich müsse gehen, ich wäre überhaupt hier nichts nütze. Mr. Hope versicherte mir, er hätte ihm vorgestellt, sein Vorgehen wäre empörend und außerdem selbstmörderisch. Wenn ich ginge, dann wäre das Geschäft aus. Er hätte darauf nur seine Finger geschnippt und gesagt: „Mr. Goodfellow kann die Maschinen bauen, und ich kann sie verkaufen. Was wollen Sie mehr?“ Er hätte erklärt, kein Geschäft könne erfolgreich sein, wenn nicht der Wille des Generaldirektors Gesetz wäre. Sie hätten verschiedene äußerst peinliche Besprechungen gehabt, die Mr. Smith stets mit den Worten beendigt hätte: „Gut, zahlen Sie mir heraus, was ich in diese Gesellschaft gesteckt habe“ — 100000 Mark nach seiner Angabe — „und ich überlasse Ihnen meine Anteile“. Er hatte Mr. Hope seinen Entschluß angekündigt, eine Direktionssitzung einzuberufen, um mich zu entlassen, und da er über die Stimmenmehrheit verfügte — er hatte kurze Zeit vorher jedem seiner beiden Söhne die erforderliche Anzahl Anteile gegeben und sie in die Direktion wählen lassen — so hatte er die Macht in der Hand, es auch zu tun.

Unmittelbar danach erhielt ich eine gedruckte, sorgfältig dem Buchstaben des Gesetzes entsprechende Benachrichtigung, daß eine ordentliche Direktionssitzung stattfinden würde. Ich sah keinen Hoffnungsschimmer mehr. In der Nacht vor der Sitzung ging ich die halbe Nacht die Brücke an der Dritten Avenue auf und ab. Die Sitzung trat unter Mr. Smiths Eröffnung zur festgesetzten Stunde in die Geschäftsordnung ein. Mr. Hope fehlte. Mr. Smith verkündigte, Mr. Hope hätte ihm am Tage vorher eine Zeile gesandt, er würde vielleicht am rechtzeitigen Erscheinen verhindert sein, in diesem Falle aber mit dem nächsten Boot eine Stunde später kommen, und bäte Mr. Smith, solange auf ihn zu warten.

Die Sitzung wurde also auf eine Stunde vertagt. Dann kam Mr. Hope.

Mr. Smith leitete den Antrag auf meine Entlassung aus meiner Stellung als Oberingenieur und Wahl Goodfellows an meine Statt durch eine schwungvolle Rede ein, in der er auseinandersetzte, daß seine heilige Christenpflicht ihm keine andere Möglichkeit lasse; Unterordnung wäre in einem Geschäft, das erfolgreich sein sollte, unerläßlich; für meinen Verstoß bilde die beleidigende Form noch besonders erschwerende Umstände, und mein Beispiel müsse demoralisierend wirken.

Er war im Begriff, die Frage nach Annahme seiner Anträge zu stellen, als Mr. Hope sagte: „Bevor Sie diese Frage zur Abstimmung bringen, Mr. Smith, erlauben Sie mir eine Bemerkung. Ich habe mich entschlossen, Ihr Anerbieten anzunehmen. Hier ist mein garantierter Scheck über 100000 Mark auf Ihre Order, und ich fordere hiermit von Ihnen die Übergabe Ihrer Anteile und der Ihrer Söhne an dem Kapital dieser Gesellschaft."

Als die Smiths fort waren (sie fuhren mit dem nächsten Boot), setzten Mr. Hope und ich uns zusammen, um über die Geschäftslage der Gesellschaft zu beraten. Als das Geschäftliche erledigt war, sagte ich zu ihm: „Mr. Hope, wenn Sie sich entschlossen hatten, mir diesen großen Beweis Ihres Vertrauens in die Maschine und mich zu geben, warum haben Sie mir das nicht schon früher gesagt und meiner Frau und mir viel Kummer erspart?"

„Mein lieber Freund," antwortete er, „daß ich das überhaupt könnte, habe ich erst heute morgen erfahren. Und darum kam ich eine Stunde zu spät."

Zwanzigstes Kapitel.

Eingehen der Maschinenfabrik in Harlem. Meine Beschäftigung während einer dreijährigen Wartezeit.

Im Herbst 1872, der auf den geschilderten Zwischenfall folgte, bekamen wir den Beweis, wie riesig schlau Mr. Smith gehandelt hatte, als er meinen Plan zur Errichtung eines Werkes für die Fabrikation von Maschinen verwarf und eine verlassene Baracke auf fünf Jahre gemietet hatte. Das Grundstück war in andere Hände übergegangen, und wir erhielten eine Notiz von dem neuen Besitzer, die besagte, er hätte die Besitzung aus spekulativen Gründen angekauft. Er wäre infolgedessen nicht in der Lage, den Kontrakt mit uns zu erneuern und kündigte uns mit sechsmonatlicher Frist, um uns Zeit zu lassen, uns vor Ablauf unseres Kontraktes anderweitig einzurichten.

Das war eine Lage! — Umzug und Neueinrichtung in einem andern Haus erforderten viel Ausgaben, und wir hatten kein Geld. Das Natürliche wäre gewesen, unser Kapital zu vergrößern. Nach Rücksprache mit verschiedenen Gruppen fand Mr. Hope, daß die damalige finanzielle Lage einen solchen Versuch nicht rechtfertigte. Der Bürgerkrieg war vor sieben bis acht Jahren zu Ende gegangen. Nach seinem Ende hatte man sich allgemein auf schwere Zeiten gefaßt gemacht, die sich aber zum Erstaunen der Kapitalisten nicht einstellten. Das Land schien weiterhin zu blühen. Die feinsten Beobachter waren jedoch überzeugt, daß ein finanzieller Rückschlag unausbleiblich war und um so empfindlicher werden mußte, je länger er hinausgezögert wurde — eine Erwartung, die durch den „Schwarzen Freitag" im September 1873 und den Sturz aller Werte und die Jahre völligen geschäftlichen Stillstandes, die darauf folgten, mehr als bestätigt wurde.

Schon einige Zeit vor jenem schicksalsschweren Tage begannen die Kapitalisten, Befürchtungen zu hegen, und eine zunehmende Zurückhaltung und Abneigung, Geld in irgendwelche Unternehmungen zu stecken, mochten sie auch noch so gesund sein, griff um sich. So blieb uns nichts übrig, als unser Geschäft zu liquidieren und bessere Zeiten für seine Wiederbelebung abzuwarten.

Im Winter 1872/73 besuchte mich mein Freund J. C. Hoadley in Begleitung eines Mr. Charles H. Waters, des Direktors der Drahtgewebe-Gesellschaft zu Clinton. Mr. Waters wünschte eine Maschine von uns zu haben. Ich gab ihm den Bescheid, ich bedauerte sehr, aber wir würden nicht imstande sein, eine für ihn herzustellen und erklärte sodann unsere Lage: Unser Mietsvertrag würde in ein bis zwei Monaten ablaufen und könne nicht erneuert werden. Wir hätten die Liquidation unseres Geschäftes in die Hand genommen, alle unsere Werkzeugmaschinen für Lieferung noch vor Ablauf jener Frist verkauft, stellten noch in aller Eile zwei Maschinen fertig, könnten aber beim besten Willen keinen weiteren Auftrag in Angriff nehmen.

„Hilft nichts," sagte er, „ich muß eine von Ihren Maschinen haben." Er erzählte mir darauf, er stände im Begriff, eine neue Webart für Drahtgaze einzuführen. Diese würde bis jetzt in verschiedenen schmalen Breiten, je nach Verlangen des Kunden, gewoben und bekäme an beiden Seiten eine Webekante. Er hätte sich aber davon überzeugt, daß eine solche unnötig wäre. Da der Draht beim Weben krummgebogen würde, hätte er nicht das Bestreben aufzutröseln. Er hätte daher einen Webstuhl entworfen, der die Gaze 2140 mm breit weben sollte, die dann nach Bedarf in schmale Bahnen zertrennt werden könnte. Bei diesem Webstuhl müßte das Schiffchen allein beinah 70 kg wiegen, abgesehen von dem großen Gewicht an Draht, den es mitschleppen mußte; es müsse gut $3^1/_2$ m weit fliegen, und er beabsichtigte genau so viele Durchschüsse pro Minute zu erreichen, wie nur bei irgend einem schmalen Stuhl. Um diese Schüsse ganz gleichmäßig zu gestalten, brauche er eine völlig gleichförmige Antriebsbewegung. Nach sorgfältiger Musterung langsam laufender Expansionsmaschinen wäre er zu der Überzeugung gelangt, daß ihrer keine ihm den Gleichförmigkeitsgrad liefern könne, den er brauchte. Sie würden durch eine Reihe gewaltsamer Schläge bewegt, und diese überschüssigen Kräfte beim Hubbeginn würden durch das Schwungrad aufgesaugt, dessen Geschwindigkeit sich hierdurch höbe; am Hubende müsse seine Geschwindigkeit sich in gleichem Maße vermindern, um in völliger Abwesenheit jedweder Dampfkraft Leistung abzugeben. Dies bedinge einen Ungleichförmigkeitsgrad, der für gewöhnliche Zwecke nicht beachtet würde, aber das Arbeiten dieses neuen Webstuhls unmöglich machen müsse. In dem Schnellbetrieb meiner Maschine und der Wirkung ihres „hin und her gehenden Schwungrads", das die Ungleichmäßigkeiten des Dampfdrucks ausgleiche, ohne die Gleichförmigkeit des Ganges zu beeinträchtigen, hätte er genau das gefunden, was er brauchte, und so eine Maschine müsse er haben. Ich war überrascht über die durchdringende Erkenntnis dieses Mannes.

Es gelang mir, bei unserem Grundbesitzer und den Käufern unserer Werkzeugmaschinen die nötige Fristverlängerung durchzusetzen, und ich baute ihm die Maschine. Sie wie der Webstuhl waren beide ein durchschlagender Erfolg. Mr. Waters hat mir lange danach erzählt, er hätte niemals auch nur eine einzige Abweichung von der genauen Gleichförmigkeit des Ganges beobachtet, ohne die sein Webstuhl hätte aufgegeben werden müssen.

Eines Tages hatte ich dort das Vergnügen, den Generaldirektor der Lancaster Werke, der einzigen anderen großen Fabrik in Clinton, zu treffen, der eigens herübergekommen war, um unsere Maschine laufen zu sehen. Vor dem Weggehen sagte er zu mir, daß die Maschine unzweifelhaft einen bemerkenswerten Fortschritt im Dampfmaschinenbau darstelle.

Ich sah dort etwas, was mich sehr interessierte: nämlich, wie man Drahtgaze anstreicht. Das wurde in einem großen Turm gemacht, der hoch genug war, um eine ganze Bahn der Gaze von 18 m Länge frei aufzuhängen. Diese wurde durch ein Farbfaß geschleppt und langsam zwischen drei hintereinander geschalteten Rollenpaaren in die Höhe gezogen. Die Rollen des letzten Paares bestanden aus Gummi und wurden stark gegeneinander gedrückt. Hierdurch wurde die Farbe in jedes Eckchen gepreßt, beide Seiten gründlich gefärbt und die überschüssige Farbe so beseitigt, daß jede Masche offen war, — eine Gleichartigkeit, wie sie in dieser Vollkommenheit durch Handarbeit nicht zu erreichen ist. Dabei konnten 2 Jungens in 10 Minuten so viel färben, wie ein Anstreicher in einem ganzen Tag. Soviel ich weiß, stammte auch diese Erfindung von Mr. Waters.

Mit der Fertigstellung der Maschine für die Drahtgazefabrik in Clinton fand die Fabrikation schnellaufender Dampfmaschinen auf 3 Jahre ihren Abschluß, nämlich vom Frühjahr 1873 bis zum Frühjahr 1876.

Diese lange Pause erwies sich als äußerst wertvoll. Wenn ich darauf zurückblicke, sehe ich immer wieder, wie wichtig es für die Entwicklung des Schnellbetriebs war, daß sie gerade in diesem Stadium eintrat.

Die Konstruktion der Maschine mußte von neuem durchgearbeitet werden und diese Durcharbeitung erforderte eine Vertiefung, für die vor allem Zeit und Ruhe nötig war.

Ich erhielt auch von Elliott Brothers in London den Auftrag, eine neue und erweiterte Auflage der Druckschrift zu schaffen, die den Richards-Indikator beschrieb. Ich entschloß mich, sie zu einem Buch abzurunden, das neue Angaben enthielt, die nach meiner Erfahrung für den Dampfmaschineningenieur unentbehrlich waren. Es wurde im Sommer 1874 gleichzeitig in London und New York veröffentlicht.

Das gab mir auch Gelegenheit, den Bericht Regnaults über seine Versuche zu verwerten, den ich mir unter so großen Schwierigkeiten verschafft hatte, und mit Hilfe englischer amtlicher Stellen Tabellen über die Eigenschaften des gesättigten Dampfes zu entwerfen und in dieses Buch aufzunehmen, die der Verein Amerikanischer Maschineningenieure als Normaltabellen annahm, was eine große Ehre bedeutete.

Ich fühlte mich berechtigt, dieser Auflage einen erweiterten Titel zu geben, nämlich: „Abhandlung über den Dampfmaschinen-Indikator von Richards und das Zustandekommen und die Ausnutzung der motorischen Kraft in der Dampfmaschine."

Auch dies war eine Aufgabe, die viel Zeit und ungeteilte Hingabe erforderte. Es braucht kaum ausgesprochen zu werden, daß ohne diese lange und vollständige Zurückgezogenheit vom Geschäftsleben keins dieser beiden Werke hätte in Angriff genommen werden können.

Ich fand in der Astor-Bibliothek ein bemerkenswertes altes Buch, betitelt Canon triangulorum, 1612 in Frankfurt erschienen, das eine 15stellige Tafel der natürlichen trigonometrischen Funktionen für jede Bogenminute enthielt. Die Sinus-versus-Kolonne gab mir die Möglichkeit, Tabellen herzustellen, die die Beschleunigungs- und Verzögerungsverhältnisse eines Kurbelgetriebes für unendlich lange Schubstange unmittelbar abzulesen gestattete. Der Einfluß der Endlichkeit der Schubstange wurde dann getrennt behandelt. Wen meine Behandlung dieses Gegenstandes interessiert, den möchte ich auf das Buch selbst verweisen.

Ein kleiner Vorfall, der sich in Verbindung mit diesen Arbeiten zutrug, erscheint mir erwähnenswert. Er machte einen tiefen Eindruck auf mich, und ich habe seither oft darüber nachdenken müssen. Die Drucklegung geschah in London, und ich las nicht selber Korrektur, sodaß ich mein Manuskript besonders sorgfältig abfassen mußte, da ich keine Gelegenheit mehr hatte, Änderungen daran anzubringen. Ich wohnte in Harlem, und da ich eines Tages keinen passenden Briefumschlag für den Postversand mehr hatte und dort keiner zu haben war, stieg ich auf eine die Dritte Avenue entlang fahrende Pferdebahn, um die 13 km nach dem New Yorker Hauptpostamt zu fahren. Ich wollte in einem Papiergeschäft in der Beekman Str. die Briefumschläge kaufen und den Teil des Manuskripts, den ich zur Zeit fertig hatte, auf dem Hauptpostamt aufgeben. Ich saß kaum, da stieg Allen ein. Er wohnte in Mott Haven und ich hatte ihn lange nicht gesehen. Außer uns war beinahe oder überhaupt keiner im Wagen. Er setzte sich neben mich, und ich machte mein Manuskript auf und las ihm eine Stelle vor, von der ich wußte, daß sie ihn interessieren würde. Da sagte er in seiner liebenswürdigen Art und Weise: „Das kann man wohl nicht ganz so sagen, nicht wahr?“ Augenblicklich kam mir blitzartig die Erleuchtung, daß ich einen dummen Schuljungenfehler gemacht hatte. Ich erwiderte: „Da könnten Sie recht haben,“ dankte ihm, daß er mich darauf aufmerksam gemacht hatte, stieg aus, ging nach Hause und verbesserte den Fehler. Ich habe ganz vergessen, worum es sich handelte, und wüßte ich es noch, ich würde es nicht sagen. Aber ich habe mich oft gefragt, wer mir wohl Allen in den Weg geschickt hat, damit er mich vor Veröffentlichung eines solchen mörderlichen Fehlers bewahrte. Irgendein freundlicher Geist wird mir das wohl bald erzählen.

Sobald dieses Buch von meinem Schreibtisch herunter war, widmete ich mich ganz der Umkonstruktion und Normalisierung meiner Maschine.

In der bis dahin gebauten Form war sie nicht umkehrbar und konnten die Ventile nicht von Hand gesteuert werden. Sie war deshalb unverwendbar als Walzenzugsmaschine, ein Sondertyp, für den ich sie schon damals für besonders geeignet hielt. Zudem sollten die Ventile jeder Dampfmaschine beim Anfahren künstlich geöffnet werden können, da sonst das Schwungrad stets von Hand in eine Stellung herumgedreht werden muß, in der ein Admissionskanal geöffnet ist, wenn es so stehen geblieben war, daß der Kolben in einer Stellung steht, die hinter dem spätesten Expansionspunkt liegt, was beispielsweise bei 50% Höchstfüllung jedes zweite Mal eintreten müßte. Bei einer großen oder mit langen Transmissionswellen gekuppelten Maschine macht das so ernstliche Schwierigkeiten, daß bei einigen derartigen Dampfmaschinen kleine Anlaßzylinder vorgesehen werden müssen.

Ich hatte mich auch entschlossen, die entlasteten Einlaßschieber mit einstellbaren Druckplatten anzuwenden, für die mir Allen 1863 die Zeichnungen gesandt hatte, den getrennten Schieberkasten aufzugeben und die Auslaßschieber auf die gegenüberliegende Zylinderseite zu verlegen.

Die Maschine mußte ferner normalisiert werden, um das Anwendungsgebiet mit der geringstmöglichen Anzahl von gleichmäßig darüber verteilten Größennummern zu beherrschen. Bei allen Dampfmaschinenbauern war es damals ganz üblich, dem Käufer die Bestimmung der Größe und Tourenzahl für die von ihm gebrauchte Maschine zu überlassen, ein Brauch, oder besser Mißbrauch, der eine große Menge von Modellen und Zeichnungen zur Folge hatte, die für anderer Leute Bedürfnisse nicht paßten, und die nicht angemessen abgestuft waren. Eine organisierte Fabrikation muß mit derartigem Herkommen ganz brechen. Allen hatte in seiner Fabrik in Mott Haven ein unbenutztes zweites Stockwerk, in dem ich unsere Modelle, Zeichnungen und Zeichenutensilien untergebracht hatte. Hier schlug ich mein Quartier auf und verbrachte meine Arbeitszeit, bis diese zweite Aufgabe durchgeführt war.

Auf den folgenden Seiten veranschaulichen die beiden perspektivischen Ansichten der Maschine von beiden Seiten aus die äußere Wirkung dieser Abänderungen, und der Rest der Abbildungen zeigt ein paar konstruktive Einzelheiten.

Aus letzteren ist zu ersehen, daß die Auslaßschieber auf die Vorderseite der Maschine verlegt und so angeordnet sind, daß sie den Zylinder entwässern, sowie daß die Einlaßschieber in verschiedener Höhe angeordnet sind, um für den getrennten Antrieb Platz zu bieten. Sie zeigen ferner, daß der getrennte Schieberkasten verlassen ist und die Einlaß- ebenso wie die Auspuffkammern an den Zylinder angegossen und nur den Schiebern gegenüber Öffnungen freigelassen sind. Weiter zeigen sie die Hebel, mittels derer die Einlaßschieber angetrieben werden, und die Gelenkstange und Klinke, mit der die Hebel außer Eingriff gebracht werden, so daß in ersichtlicher Weise eine Steuerung der Einlaßschieber von Hand möglich wird.

Statt der Hebel auf der schwingenden Welle entwarf ich damals gußeiserne Scheiben, von denen ich mir ein hübsches Aussehen versprach, wenn sie schön poliert hin und her schwängen. Sie haben mir viele Schwierigkeiten verursacht, bis ich klug geworden war und sie wieder abschaffte. Das werde ich noch nach und nach erzählen. Die Ansicht von der Kurbelseite läßt erkennen, daß die Einlaßschieberstangen mittels Durchführung durch die Hinterwand entlastet waren, was der Regulatorwirkung bei hohem Dampfdruck sehr zugute kam, aber als unnötig fortgelassen wurde, nachdem ich die Scheiben auf der schwingenden Welle abgeschafft hatte.

Die beiden ersten Abbildungen zeigen die Schieber, die einstellbare Druckplatte, und die Einzelheiten der Einstellung im Schnitt. Es sei besonders darauf hingewiesen, wie dicht der

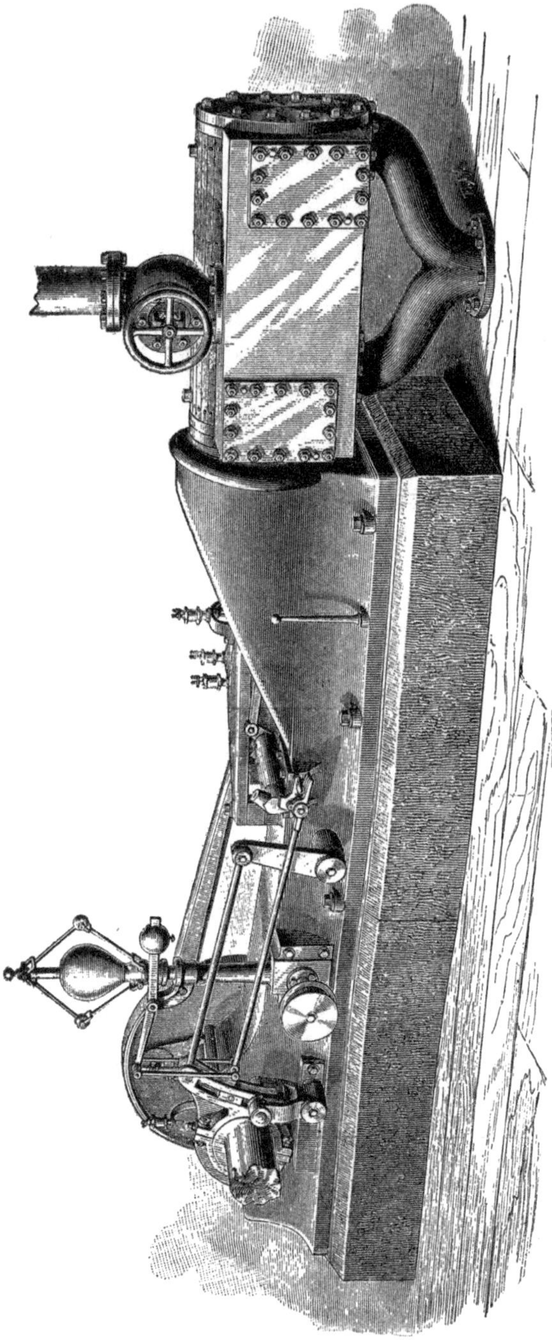

Das Urbild der heutigen Schnelläufer-Maschine. Schwungradseite.

Das Urbild der heutigen Schnelläufer-Maschine. Kurbelseite.

Kolben an den Zylinderkopf herantritt. Ich ließ nie mehr als 3 mm Spiel zu, und doch hat niemals einer meiner Kolben gegen den

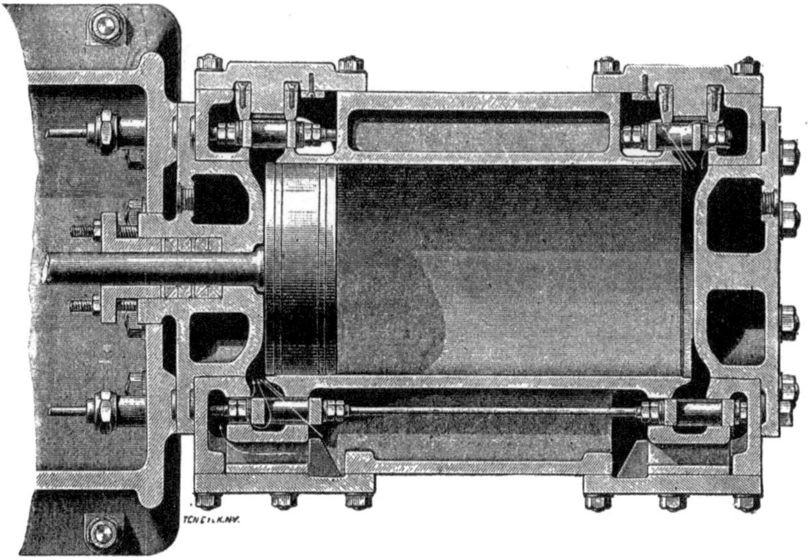

Längsschnitt durch Zylinder und Schieber.

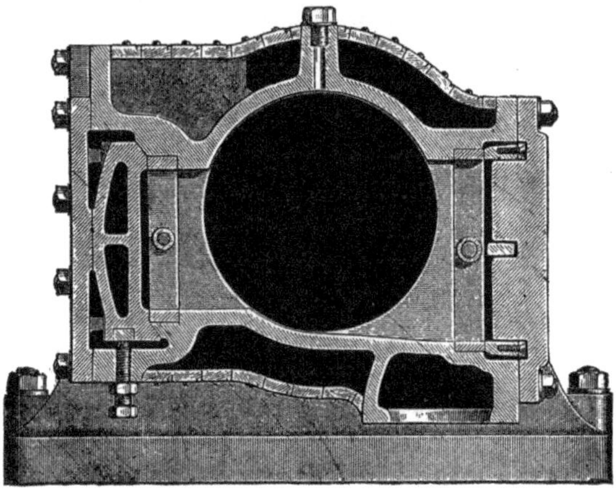

Querschnitt durch Zylinder und Schieber.

Deckel geschlagen. Der Grund war, daß die Schubstange ihre Länge genau beibehielt, da der Verschleiß beider Büchsen in derselben Richtung ausgeglichen wurde.

In den Abbildungen auf Seite 230 sind die Auspuffschieber so gezeigt, wie sie nach einer Abänderung aussahen, die einige Jahre später in Philadelphia vorgenommen wurde. Die auf dieser Seite wiedergegebenen Schnitte zeigen sie in ihrer ursprünglichen Form. Wie man sieht, kehrten die Auspuffschieber dem Zylinder den Rücken zu, arbeiteten unter dem Dampfdruck, der im Zylinder herrschte, ergaben vierfache Auslaßöffnung und führten den Dampf durch den Schieberkastendeckel ab.

Ich willigte in Philadelphia in die Abänderung, weil diese Anordnung einen zu großen schädlichen Raum bedingte, aber das Ergebnis war schließlich doch nicht befriedigend. Ich hatte mich

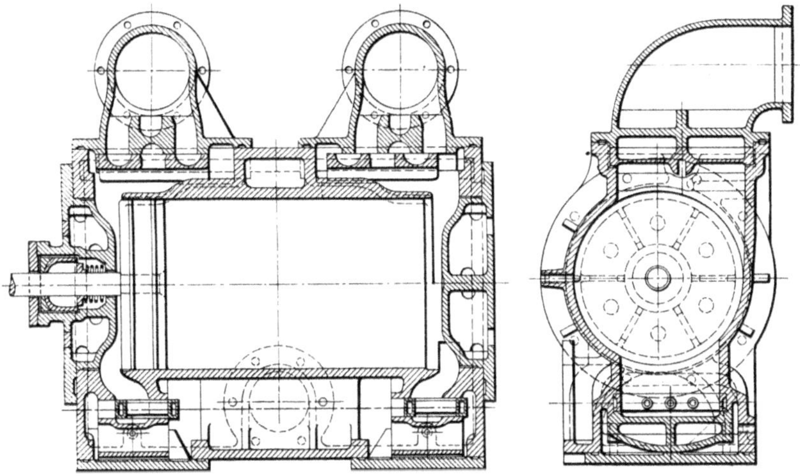

Ursprüngliche Anordnung der Auslaßschieber.

in die Anschauung verrannt, daß die Maschine bei hoher Tourenzahl 50 % mehr Raum zum Auspuff brauche als zur Admission. Das war gar nicht der Fall. Ich habe immer bedauert, daß ich die ursprüngliche Konstruktion nicht beibehalten und mich mit einer Verkleinerung des Auspuffquerschnitts begnügt habe.

Es dürfte an diesem Schnitt auffallen, wie leicht der Kolben ist. Er war eigens dazu konstruiert, die Maschine mit 200 Touren, entsprechend einer mittleren Kolbengeschwindigkeit von 6,1 m per Sekunde, zu betreiben. Die Stopfbüchse war einer vorübergehenden Laune entsprungen und wurde später wieder aufgegeben.

Die nächsten Figuren zeigen die Schieberstangen-Geradführungen, Schwinghebel, Kuppelstangen, und die Klinke, die, wenn herumgelegt, die Gelenkstange außer Eingriff bringt, wie z. B. bei Schiffsmaschinen üblich.

Die folgenden Figuren veranschaulichen die Konstruktion des Kurbellagers, das an beiden Seiten einen Nachstellkeil besitzt, wodurch die Welle genau in Lage erhalten wird. Weiter sieht man, wie solide die Welle bis unmittelbar an die Kurbelnabe heran gelagert ist. Diese Ansicht enthält einen Fehler. Der Lagerdeckel ist nicht als Bügel ausgebildet. Ich hielt die dicke kompakte Eisenmasse des Rahmens unterhalb der Lagerbüchsen, zu der noch die ganze Grundplattenhöhe hinzukam, für stark genug. Aber ge-

Kurbelwellenlager.

rade hier ist uns mal ein Rahmen unter der gewaltigen Beanspruchung zerbrochen, und seitdem haben wir den Deckel als Bügel ausgebildet. Man sieht, daß die Nachstellkeile aufwärts gezogen werden müssen, um die Schalen nachzuspannen. Warum, braucht wohl nicht erklärt zu werden.

Die weiter abgebildete Ansicht zeigt den selbsttätigen Öler des Exzenter- und des Kreuzkopfzapfens. Die Stiftschraube A auf dem Bügel des Exzenter- bzw. Schubstangenbügels trägt eine gekrümmte Lamelle a, die bei dem Beginn jedes Vorwärtshubes steigt und den Öltropfen von dem Röhrchen eines Ölers mit sichtbarer Tropfenbildung abnimmt. Dieser sitzt auf einem Arm, der am Deckel des Kurbellagers, bzw. auf einem Bügel zwischen den oberen Geradführungen befestigt ist. Der Tropfen wird gezwungen, sich genau an diesem mittleren Punkt zu bilden, indem man das Messingröhrchen durch ein Stück Draht *B* ausfüllt, das an zwei Seiten mit einer Nute versehen ist und in eine Spitze ausläuft.

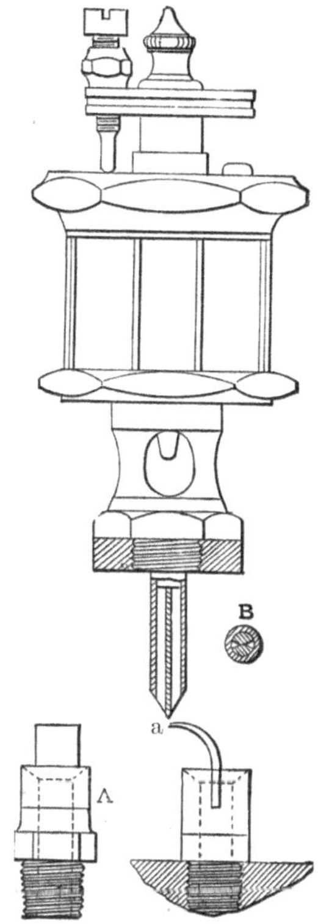

Exzenter- und Kreuzkopfzapfen-Schmierung.

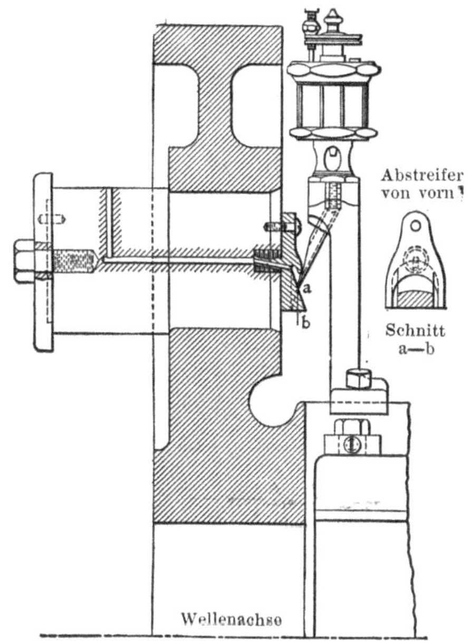

Kurbelzapfen-Schmierung.

Die selbsttätige Schmierung des Kurbelzapfens bildete eine noch schwierigere Aufgabe. Sie wurde durch die abgebildete Konstruktion gelöst, die ohne weitere Beschreibung verständlich sein dürfte. Man sieht, daß hier das Tropfröhrchen leicht geneigt ist, und der Tropfen in ihm zu der an seiner Unterseite befindlichen Spitze hinabrinnt. Beide Öler erwiesen sich als völlig betriebssicher. Der letztere ist übrigens ebenso bequem an Maschinen mit gekröpfter Kurbel anzubringen. —

Normaltypen-Tabelle der Porter-Allen-Maschinen.

Zylinderabmessungen mm		Kurbelumdrehungen pro Minute	Mittlere Kolbengeschwindigkeit m/sec	Indizierte Leistung PS		Schwungrad wird, wenn angängig, auch als Riemenscheibe ausgeführt		Riemen	
Bohrung	Hub			ohne Kondensation	mit Kondensation	Durchmesser mm	Kranzgewicht kg	Geschwindigkeit m/sec	Breite mm
									einfach
150	305	350	3,55	25	—	915	160	16,8	225
175	305	350	3,55	35	—	1065	182	19,5	250
									doppelt
200	405	280	3,78	45	60	1220	295	17,9	300
230	405	280	3,78	60	75	1370	320	20,1	300
255	505	230	3,89	75	100	1520	590	18,3	355
295	505	230	3,89	100	125	1675	660	20,2	355
330	610	200	4,06	130	160	1980	960	20,7	460
365	610	200	4,06	160	200	2130	1070	22,3	510
405	760	165	4,19	200	260	2435	1820	21,0	665
455	760	165	4,19	250	330	2745	1820	23,7	765
505	910	140	4,26	320	400	3050	2730	22,3	970
560	910	140	4,26	400	500	3350	2730	24,5	1070
610	1065	125	4,45	480	620	3650	—	—	—
660	1065	125	4,45	560	730	3960	—	—	—
710	1215	112,5	4,57	670	870	4865	—	—	—
810	1215	112,5	4,57	870	1140	—	—	—	—
910	1215	112,5	4,57	1100	1430	—	—	—	—
1015	1215	112,5	4,57	1360	1750	—	—	—	—
1115	1215	112,5	4,57	1600	2100	—	—	—	—

Die angegebenen Leistungen beziehen sich auf eine Admissionsspannung von 6 kg pro qcm und 25% Füllung. Für Erzielung bester Wirtschaftlichkeit sollte keine kleinere Füllung gewählt werden, es sei denn, die Admissionsspannung sei höher. Für die größtmögliche Füllung erreicht die Leistung etwa das doppelte des in der Tafel angegebenen Betrages. Die Maschinen können auch mit den für Lokomotiven üblichen Spannungen betrieben werden, wobei die Leistung entsprechend steigt.

Nach vielem Nachdenken legte ich schließlich die obige Tabelle von Normalgrößen und Tourenzahlen fest, die alle Leistungsabstufungen von 25 PS aufwärts mit 19 Typen deckten.

Da die Grundplatte nicht umklappbar war, brauchte ich für jede Type einen Rechts- und einen Linksrahmen. Ich sparte mir trotzdem eine Mehrausgabe für Modelle, indem ich immer zwei Zylinderdurchmesser dem gleichen Hub zuordnete und für beide die gleiche Platte verwandte.

Bis ich eine andere Beschäftigung fand, füllte ich meine Zeit mit der Anfertigung kompletter Werkzeichnungen für drei oder vier von den kleineren Typen aus, eine Arbeit, die sich später als äußerst nutzbringend erwies.

Einundzwanzigstes Kapitel.

Herstellung einer Ur-Richtplatte.

Ich will hier eine Beschreibung einfügen, wie man eine Ur-Richtplatte herstellt, d. h. wie man eine genau ebene Platte schafft, bevor man eine andere genau ebene Platte besitzt, gegen die man sie tuschieren kann.

Die Herstellung mechanisch genauer Ebenen durch Schaben wurde zum ersten Male von Whitworth vorgeschlagen und in seinen Werken zur höchsten Vollendung durchgeführt. Da ich dort die Gelegenheit fand und gut ausnutzte, dieses Verfahren zu studieren, und da ich es in ausgedehntem Maße für die Fabrikation schnelllaufender Dampfmaschinen angewandt habe, glaube ich seine Beschreibung in diesen Erinnerungen aufnehmen zu sollen, noch dazu, da die Wichtigkeit der Präzisionsarbeit heute mehr und mehr gewürdigt wird.

Die erste Aufgabe besteht natürlich in der Konstruktion der Platte. Die viereckige Form, etwa 750 mm im Quadrat, hat sich recht gut bewährt. Allerdings konnte ich sie nicht selber benutzen, da ich für die Geradführungen und Schieberkasten-Paßflächen meiner Maschine eine längliche Richtplatte brauchte. Die Platte muß starr genug sein, um sich nicht durchzubiegen. Zu diesem Zweck wird sie auf der Unterseite mit 175 mm hohen Rippen versehen und ruht auf drei Punkten, die voneinander und vom Plattenmittelpunkt gleichweit entfernt sind, so daß die Platte unabänderlich gleichmäßig unterstützt bleibt, wie auch immer die Fläche beschaffen sei, auf der sie ruht. An zwei gegenüberliegenden Kanten ist sie mit Handgriffen zum Heben und Herumdrehen versehen. Die Anordnung der Rippen und Füße ist hier gezeigt.

Sie muß aus hartem und dichtem Gußeisen größter Dauerhaftigkeit in einer gebrannten Herdform gegossen werden, so daß das Gas ganz ungehindert entweichen kann. Nach dem Guß soll die Platte 25 mm dick sein. Ungefähr 9 mm werden dann heruntergeschruppt, so daß alle Gußhaut entfernt und eine vollkommen gesunde Fläche hergestellt ist, die ungefähr 16 mm dick ist. Drei solcher Platten werden hergestellt. Nachdem sie abgehobelt, die Ränder auf Maß gebracht und Stahlgriffe angebracht sind, werden sie dem Schlosser übergeben.

Zunächst will ich hier das Schabwerkzeug beschreiben. Ursprünglich wurde ein hakenförmiges Werkzeug verwendet und das Schaben geschah „ziehend“, d. h. auf den Schabenden zu. Man verwandte zwei solche Stähle. Einen zum Aufrauhen und den andern zum Nachschaben. Bei dem ersten lud die hakenförmige

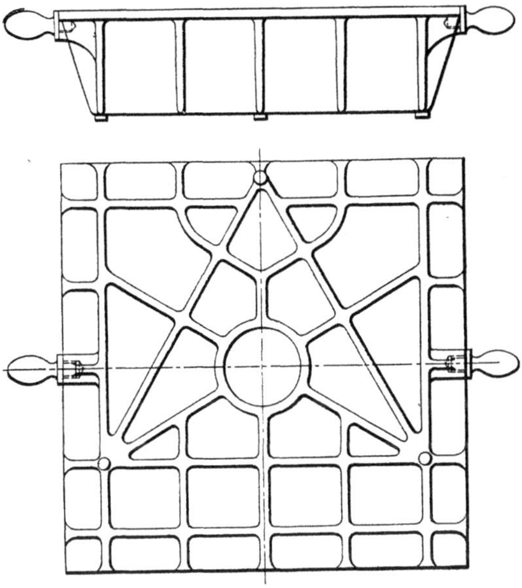

Richtplatte zur Erzeugung genau ebener Flächen.

Schneide ungefähr 20 mm aus, bei dem zweiten betrug die Ausladung nur ungefähr 6 mm, wodurch man völlige Erzitterungsfreiheit anstrebte. Diese Schaber wurden eine ganze Reihe von Jahren lang benutzt, dann aber ging man zu einer ganz anderen Form über. Bei dem heutigen Verfahren benutzt man einen einzigen geraden Stahl, etwa wie ein Stechbeitel beschaffen, ungefähr 30 mm breit und 3 mm dick mit einem vierkantigen Ende. Dieses Ende ist ganz leicht geschwungen und seine Ecken sind abgerundet, um Kratzen auf der Platte zu vermeiden. Das Schaben geschieht schiebend, d. h. vom Schabenden weg.

Dieser Schaber hat sich in jeder Hinsicht überlegen gezeigt. Die zu entfernenden Buckel liegen vor dem Werkzeug, statt von ihm verdeckt zu werden. Der Schaber ist vollkommen starr und kann unter beliebigem Winkel gegen die Fläche geneigt werden. Die schneidende Kante ist rechtwinklig und hält sich, da gut unterstützt, viel länger scharf als eine spitzwinklige, und wenn der Schaber geschliffen oder gewetzt wird, sind gleich zwei Schneiden scharf. Schließlich ist auch die schiebende Bewegung vorzuziehen.

Zunächst werden nur zwei Platten gegeneinander gerieben. Um die Erhöhungen herauszufinden, wird die eine mit einer Tuschierfarbe bedeckt, die aus fein gesiebter Mennige und Öl hergestellt wird. Sie wird ganz steif eingemengt und alles, was mit der Handfläche entfernt werden kann, wird heruntergerieben, so daß nur eine ganz dünne gleichmäßige Haut davon auf der Oberfläche verbleibt. Nachdem nun aller Staub von beiden Oberflächen sorgfältig mit einem weichen Pinsel entfernt ist, wird die eine Platte rücklings auf die andere draufgelegt und beide Platten werden an einer Ecke mit einem Körnerschlag gezeichnet. Darauf wird die obere Platte auf der unteren, sagen wir einmal eine halbe Minute lang, hin- und hergerieben. Nach dem Abheben zeigen sich die Erhöhungen auf der einen Platte durch die hinterlassenen Farbaufdrücke und auf der anderen durch die von Farbe befreiten Stellen. Nun unterwirft der Arbeiter diese Teile der Oberflächen einem Vorschaben, wobei er seinem Schaber etwa 100—150 mm weit ausladende Bewegung verleiht. Das wird zwei- oder dreimal wiederholt, wobei die Ausladung des Schabhubs jedesmal verringert und die obere Platte gegen ihre vorherige Stellung, die mittels der Körner wiedergefunden werden kann, um einen rechten Winkel gedreht wird. Dieser Lagenwechsel ist nötig, um windschiefe oder sattelförmige Oberflächen zu vermeiden. Nun muß allmählich das Schaben über die ganze Oberfläche ausgedehnt und die Arbeit so lange in derselben Weise fortgesetzt werden, bis beide Platten über die ganze Fläche hin gleichmäßig aufeinander aufliegen und die Berührungspunkte gleichförmig verteilt und gleich deutlich erscheinen.

Jetzt zeigt sich, wozu die dritte Platte gebraucht wird. Die so erhaltenen beiden Oberflächen sind nämlich sicher gleich stark gewölbt, die eine konvex und die andere konkav. Der Arbeiter numeriert jetzt die Platten durch auf die Ränder geschlagene Zahlen: die beiden ersten heißen Nr. 1 und 2, und die dritte Platte Nr. 3. — Nr. 2 wird jetzt beiseite gelegt und Nr. 3 nach Nr. 1 fertig geschabt. Somit ist Nr. 3 jetzt ein Duplikat von Nr. 2. Hierauf wird Nr. 1 beiseite gelegt und 2 und 3 aufeinander gelegt. Sind sie konvex, so werden sie sich nur in der Mitte berühren, auf der die obere Platte schaukeln wird, so daß der Grad ihrer Konvexität geschätzt werden kann. Der Arbeiter schabt darauf in derselben Weise die beiden Platten, beide nach bester Schätzung, gleich stark ab, bis wiederum ihre ganzen Flächen unter gleichförmiger Verteilung der Berührungspunkte aufeinander passen. Von diesen beiden Flächen wird nun abermals die eine konvex und die andere konkav sein, wenn auch in einem viel geringeren Grade als vorher. Der nächste Schritt besteht darin, die konkave Platte Nr. 1 entweder gegen Nr. 2 oder 3 passend zu schaben. Sie wird darauf mit der anderen tuschiert, deren Duplikat sie nun geworden ist, und derselbe Vorgang wird so lange wiederholt, bis die drei Platten, beliebig vertauscht, sich immer gleichförmig über die ganze Fläche berühren. Auf diese Weise haben wir zunächst roh drei nachweislich ebene Platten geschaffen, aber die Oberflächen zeigen noch lange nicht den Grad der Annäherung an geometrische Richtigkeit, den wir brauchen.

Nun kommt das feine Nachschaben, an das man nicht herangeht, bevor das Vorschaben die erste Annäherung ergeben hat. Das Ziel des Feinschabens ist, die Berührungspunkte zu vervielfachen und ihre gleichmäßige Verteilung und Deutlichkeit zu erreichen. Hierbei wird keine Tuschierfarbe mehr benutzt, sondern die Oberflächen werden trocken aufeinander gerieben. Wenn die Platten auseinander genommen werden, funkeln die Berührungspunkte wie Sterne. Hier kommt Geschick und Sorgfalt vor allem zur Geltung. Es darf nur ein Hauch abgeschabt werden. Schabt man zu stark, so können die Vertiefungen sich noch weiter vertiefen, und die ganze Oberfläche muß dann um so viel tiefer gelegt werden. Jetzt zeigt sich vor allen Dingen die Überlegenheit des neueren Werkzeuges. Bei Verringerung des Winkels, unter dem er mit ihm arbeitet, bringt der Arbeiter die schwach geschwungene Kante so angenähert parallel an die Oberfläche heran, wie er nur wünscht. Die Vertauschungen werden wie oben wiederholt, bis die blanken Punkte so nahe aneinander herangerückt sind wie erwünscht und gleichzeitig gleichen Abstand untereinander haben und sich gleich deutlich hervorheben. Jetzt ist die Geduldsprobe überstanden und die blanken Punkte legen Zeugnis davon ab.

Die drei Platten waren nötig, um eine zu erzeugen. Ihr Zweck ist aber auch ein dauernder. Sie sind unentbehrlich, will man die genaue Ebene auch aufrecht erhalten, die mit so viel ruhiger Geduld erzeugt werden mußte. Der Tag ihrer Fertigstellung wird in ihre Ränder eingekörnt. Dann gehen Nr. 1 und 2 in den Lagerraum, wo die Oberflächen sorgfältig gegen Rost und Beschädigung geschützt werden; letzteres geschieht am besten dadurch, daß man eine auf die andere klappt. Nr. 3 kommt in Gebrauch. Vor allem werden mit ihr kleinere Tuschierplatten oder Lineale für Sonderzwecke eintuschiert. Nach einiger Zeit, vielleicht sehr bald, geht diese Platte ihrer geometrischen Genauigkeit durch ungleichmäßige Abnutzung verlustig. Man könnte in der Tat, wollte man es absolut genau nehmen, sagen, die Platte sei ruiniert, wenn sie das erstemal gebraucht ist. Ist man jedoch sorgfältig bemüht, die verschiedenen Teile ihrer Oberfläche so gleichmäßig wie möglich zu benutzen, so kann sie eine ganze Zeitlang erträglich genau erhalten werden. Jederzeit aber kann sie wieder in den Anfangszustand zurückversetzt werden, wenn man sie auf Nr. 2 tuschiert und wieder sorgfältig acht gibt, daß man sie bei jedem Tuschieren um eine Vierteldrehung umlagert. Im Laufe der Zeit wird sich Nr. 2 selbst ungleichmäßig abgenutzt haben, aber dann kann sie ja wieder durch Tuschieren gegen Nr. 1 genau gemacht werden. Schließlich kann man alle drei Platten wieder in ihren anfänglichen Zustand versetzen, wenn man sie wieder unter Vertauschung gegeneinander reibt wie zuerst. Auf diese Weise kann die genaue Ebene dauernd vollkommen erhalten werden.

Wie wichtig dieses Stück Arbeit ist, wird einem erst klar, wenn man bedenkt, daß die genaue Ebene die einzige Möglichkeit bietet, auch genau zylindrische Flächen sowohl herzustellen, wie auch zu kontrollieren. So sieht man: sie ist die Grundlage aller Präzisionsarbeit.

Zweiundzwanzigstes Kapitel.

Bemühungen zur Wiederaufnahme der Fabrikation. Ich führe Mr. Holley die Maschine vor. Vertrag mit Mr. Phillips. Verkauf einer Maschine an Mr. Peters.

Während der Jahre 1874/75 brannte ich darauf, der Maschine wieder auf die Beine zu helfen, und versuchte es vergeblich auf verschiedenen Wegen. Eines Morgens las ich in der Zeitung, daß Alexander L. Holley gerade aus Europa zurückgekehrt wäre, wo er eine Rundreise in den Stahlwerken gemacht habe, um sowohl den Bessemer-, wie den Herd- oder Siemens-Martin-Prozeß mit der Absicht zu studieren, Fabrikationsverbesserungen zwischen den amerikanischen und heimischen Lizenznehmern beider Systeme auszutauschen.

Es kam mir in den Sinn, daß Mr. Holley vielleicht gerade der Mann wäre, den ich brauchte. Wenn er dafür zu gewinnen wäre, die Maschine den Stahlwerken zu empfehlen, würden diese sie eventuell für ihren eigenen Bedarf herstellen. Ich hatte zwar die Maschine noch nicht für Walzenzug verwandt, war aber sicher, daß sie sich gerade dafür besonders geeignet zeigen würde. Ich machte also Mr. Holley in Brooklyn einen privaten Besuch. Ich hatte ihn nie vorher gesehen, fand jedoch, daß er von der Pariser Ausstellung her etwas über meine Maschine wußte und von seinem Schwager Frederick G. Slade davon gehört hatte. Dieser war damals bei der New Jersey Steel Company und einer der warmen Bewunderer meiner Maschine. Ich habe Mr. Slade bereits erwähnt: er war es, der mir damals in Paris das Problem der Kolbenbeschleunigung lösen half.

Infolgedessen wurde es mir nicht schwer, Mr. Holley dafür zu gewinnen, eine Rundreise zum Besuch arbeitender Porter-Allen-Maschinen mit mir zu unternehmen, um sich ein Urteil zu bilden, ob die Maschine für seine Interessenten geeignet wäre. Er versprach mir, er wolle sie unternehmen, sobald er seinen Reisebericht fertig habe, mit dem er noch zu tun hätte. Unsere Inspektionsreise umfaßte die in New York, Brooklyn und Umgebung und in den Neu-Englandstaaten laufenden Maschinen und schloß mit dem Besuch der Maschine auf den Arlington-Werken in Lawrence. Die Maschinen zeigten sich uns alle im besten Licht, aber Mr. Holley meinte, die Maschine in Lawrence, die dort mit der beabsichtigten Tourenzahl von 150 Umdrehungen per Minute lief, hätte ihm einen tieferen Eindruck gemacht, als all die andern zusammen; nicht, daß sie besser liefe — denn sie liefen alle gleich vortrefflich —, sondern lediglich, weil sie größer war. An ihr wurden ihm zum erstenmal die großen Entwicklungsmöglichkeiten der Maschine klar.

Nach seiner Rückkehr schrieb Mr. Holley einen Bericht über den Betrieb mit solchen Maschinen und empfahl sie nachdrücklich als die Maschine der Zukunft. Trotzdem zeigte sich, daß die Kapitalisten in todesähnlicher Ruhe verharrten. Nicht einmal sein großer Einfluß konnte in ihnen einen Funken von Interesse erwecken. Der Zeitpunkt für den Gründer war noch nicht gekommen, und doch sollte sich zeigen, daß meine erfolgreichen Bemühungen um die Unterstützung Mr. Holleys ausschlaggebend für meine spätere Laufbahn wurden.

Als letzten Ausweg kam ich schließlich auf Mr. Phillips in Newark. Die Firma Hewes & Phillips war beim Tode von Mr. Hewes aufgelöst worden und Mr. Phillips war infolgedessen durch Kauf des Hewesschen Anteils von dessen Erben der alleinige Inhaber der größten Maschinenbauanstalt in New Jersey geworden. Die Firma hatte einige Zeit vor Mr. Hewes' Tod die Fabrikation von Dampfmaschinen aufgegeben, nachdem die von ihnen fabrizierte Type kein Erfolg gewesen war, und stellte jetzt nur noch Werkzeugmaschinen her. Das Geschäft darin ging aber infolge der gedrückten und unternehmungsscheuen Zeiten außerordentlich schlecht.

Ich fand bei Mr. Phillips bereitwilliges Gehör. Was er über die Maschine wüßte, wäre günstig, sagte er, wenn er auch seit zwei oder drei Jahren nichts wieder davon gehört hätte. Er wäre jedoch bereit, Vorschläge für die Aufnahme ihrer Fabrikation entgegenzunehmen. Ich sagte ihm rund heraus, einen solchen Vorschlag könnte ich ihm nicht machen. Ich wünschte zwar, die Fabrikation der Maschine wieder in Gang zu bringen, wolle aber das Geschäft selbst in der Hand behalten und es unter meinem Namen auf mein eigenes Risiko betreiben und erwartete, der Maschine einen Ruf zu verschaffen, der es mir ermöglichen würde, mir Kapital genug zu besorgen, um die Fabrikation in einer Fabrik aufzunehmen, die ich schon seit langer Zeit fertig entworfen hätte. Hier wollte ich mich dann der Entwicklung und dem Aufbau des Geschäfts ganz widmen. Ich hoffte, in ein bis zwei Jahren so weit zu sein, und bis dahin würde wahrscheinlich die allgemein erwartete wirtschaftliche Wiederbelebung seiner eigenen Fabrik Aufträge genug auf Werkzeugmaschinen bringen, um sie voll zu beschäftigen.

Hierauf erwiderte er, mein Vorschlag wäre völlig indiskutabel. Er könne es nicht zugeben, daß in seiner eigenen Fabrik irgend jemand anders unabhängig sein Geschäft betreibe, und bezeichnete ganz endgültig eine Vereinbarung der von mir vorgeschlagenen Art als etwas ganz Unmögliches und Unerhörtes. Ich beharrte fest auf meinem Standpunkt, mußte Mr. Phillips jedoch leider verlassen, ohne daß es den Anschein hatte, als wolle er nachgeben. Die Verhandlungen wurden aber — ich weiß nicht mehr recht, wie — wieder aufgenommen, und ich setzte schließlich meinen Willen durch. Wir einigten uns, daß ich Geschäftsinhaber bleiben sollte; dafür mußte ich ihm allerdings so ziemlich den gesamten Reingewinn überlassen. Das war mir aber gleichgültig, denn mein Zweck war, erst mal wieder in den Sattel zu kommen, und wie man sehen wird, gelang mir das auch durchaus, nur verstand ich dann nicht zu reiten. Ich war mir bewußt, daß ich nie und nimmer ein solches Abkommen hätte treffen können, wäre nicht die Konjunktur so völlig lustlos gewesen; nicht gewahr wurde ich jedoch eines weiteren Grundes, der Mr. Phillips veranlaßte, auf meine Bedingungen einzugehen, als er sah, daß er keine besseren von mir erlangen konnte. Welches dieser Grund war, wird sich bald zeigen.

Unser Abkommen sollte in Kraft treten, sobald ich den ersten Auftrag hätte. Das war also meine nächste Sorge. Ich hörte, daß Mr. Peters, Fabrikant von Strickwaren bester Qualität in Newark (die er übrigens sämtlich an „Import"-Firmen in New York verkaufte), auch die Fabrikation leichter wasserdichter Stoffe in provisorischen Fabrikräumen aufgenommen hatte und nun ein großes Fabrikgebäude für diesen Zweig in Ost-Newark baue, für das er eine Betriebsmaschine brauche. Das Gebäude ist übrigens dasselbe, in dem heute die Edison-Lampenfabrik seit vielen Jahren untergebracht ist. Ich machte Mr. Peters meinen Besuch und erhielt von ihm als besondere Vergünstigung die Erlaubnis, einen Kostenanschlag für diese Maschine auszuarbeiten. Zu diesem Zweck begab ich mich zunächst in seine damalige Hauptfabrik und maß die die dort verbrauchte Leistung. Ich fand, daß eine meiner 200 × 610-Maschinen ihm diese Leistung mit einem Zuschlag liefern würde, den er vorzusehen wünschte.

Als ich eines Morgens früh mit meinem Kostenanschlag bei ihm vorsprach, kam mir Mr. Peters durchaus ablehnend entgegen. Er bemerkte, man habe ihm berichtet, die Schnelläufermaschinen hätten sich nicht bewährt und ihre Fabrikation wäre deshalb vor drei oder vier Jahren aufgegeben worden. Ich sagte darauf nur: „Mr. Peters, ich möchte Ihnen einen Vorschlag machen.“ „Lassen Sie hören!“

„Ihr Betriebsingenieur, Mr. Green, hat, soviel ich weiß, in seinem ganzen Leben noch keine Schnelläufermaschine gesehen, aber ich habe den Eindruck von ihm, daß er eine anständige Gesinnung und ein ruhiges Urteil hat. Drei von mir gebaute Maschinen habe ich seit vier bis sechs Jahren in Harlem in Betrieb, zwei weitere in New York und eine in den J. L. Mottschen Eisenwerken in Mott-Haven. Diese sechs Maschinen können alle in einer Tour besucht werden. Ich schlage daher vor, daß Sie dieselben von Mr. Green im Betrieb besichtigen lassen. Er soll sich mit den Betriebsingenieuren und Eigentümern unterhalten und sich genau über sie unterrichten, und ich bitte Sie, Ihre Entscheidung noch aufzuschieben, bis sie seinen Bericht haben.“

„Das ist nur recht und billig,“ sagte er. „Er kann gleich heute gehn.“ Ich suchte ihn am nächsten Tag wieder auf, und Mr. Peters kam mir mit dem bereit gehaltenen Auftrag entgegen. Mr. Green hat mir später erzählt, was für Eindrücke er empfangen hätte. Er sagte ganz kühl, sachlich und ohne jede besondere Begeisterung: „Ich wundere mich bloß, daß nicht jeder diese Maschine kauft, und daß nicht alle Fabrikanten sie bauen. Überall hörte ich das gleiche: Ist das einzig Wahre! Ist billig, beansprucht weniger Raum, verbraucht weniger Kohlen, bedarf geringerer Wartung, hat noch nicht einen Pfennig Reparaturen gekostet, nie die geringste Schwierigkeit gegeben, und die Tourenzahl ist absolut konstant.“

Und so begann ich denn mein Werk in Mr. Phillips' Fabrik, wo ich vier Jahre, die vier schönsten Jahre in meiner ganzen Laufbahn, zubringen sollte. Goodfellow wurde wieder mein Meister, wie früher, und drei oder vier von meinen besten Leuten kehrten mir wieder zu ihrer alten, lieb gewordenen Arbeit zurück. Alles lief glatt und harmonisch, und das Geschäft nahm stetig an Umfang zu, bis mir so viel Aufträge aufgedrängt wurden, daß ich sie nicht mal mehr hätte erledigen können, hätte mir selbst die ganze Fabrik zur Verfügung gestanden.

Als ich die Maschine von neuem im Kundenkreise einführte, entschloß ich mich, ihr einen andern Namen zu geben. Gelegentlich war ich schon gefragt worden, was ich denn eigentlich an der Allen-Maschine gemacht hätte. Ich fand, ich habe doch schließlich recht viel daran gemacht. Ausgehend von Allens Ein-Exzenter Kulissensteuerung und vierfach eröffnendem entlasteten Schieber in Verbindung mit meinem Regulator hatte ich mit Hilfe des nur zu gern von mir anerkannten Beistands andrer die Schnelläuferdampfmaschine geschaffen, jede neue Aufgabe theoretischer oder praktischer Natur, die sich dabei zeigte, gelöst und jeden einzelnen Teil selbst konstruiert. Ich hielt es daher nur für angemessen, daß sie in Zukunft als die Porter-Allen-Dampfmaschine bezeichnet würde. —

Der folgende Vorfall veranschaulicht, wie leicht sich eine ganze Kette von Kleinigkeiten unbemerkt vereinen können, um eines schönen Tages ein Unglück herbeizuführen.

Mr. Peters' Maschinenstube war ein langer schmaler Raum an der einen Seite des Kesselhauses; nur von letzterem aus hatte man Zugang zu ihm, und zwar führte die Tür gerade auf die Geradführung der Maschine zu. Sie ging nach innen auf und die Klinke schnappte nicht ganz fest. Man brannte dort Weichkohle, die auf einer erhöhten Bretterbahn hereingekarrt und vor der Feuerung auf einen Haufen gekippt wurde.

Eines Tages — etwa ein Jahr nach der Aufstellung der Maschine — herrschte starker Sturm. Eine ungewöhnlich heftige Windsbraut drückte die Maschinenraumtür gerade in dem Augenblick auf, wo eine Karre voll Kohlen heruntergekippt wurde, und fegte eine Wolke Kohlenstaub auf die Geradführung. Die Maschine bremste sich fast augenblicklich fest. Alle Flächen des Kreuzkopfs und die Geradführungen waren ganz zerfleischt. Es zeigte sich jedoch, daß sie nach gründlicher Reinigung und nach Abschaben aller Unebenheiten wieder so gut wie je liefen, da die Nuten sich als vorzügliche Ölverteiler erwiesen — immerhin sahen sie nicht mehr so hübsch aus.

Zwei oder drei Wochen nachdem wir diese Maschine in Angriff genommen hatten, kam Mr. Philipps' Buchhalter zu mir und fragte: „Mr. Peters' Maschine soll doch vertraglich am 1. Mai in Betrieb sein, nicht wahr?" „Ja." „Glauben Sie, daß sie fertig sein wird?" Ich erklärte, die Arbeit schritte gut vorwärts und meiner Ansicht nach würde die Maschine schon vorher betriebsfertig sein. Ich fügte hinzu, es wäre das eine von den Typen, für die ich Zeichnungen schon im voraus fertig gestellt hätte, und das alte Zylindermodell wäre mit Leichtigkeit in die neue Form abgeändert worden. „Schön", sagte er, „wissen Sie, Mr. Phillips ist augenblicklich ein bißchen knapp und würde Ihnen sehr verbunden sein, wenn Sie ihm Ihre Tratte auf 4000 Mark, fällig, sagen wir mal: zum 15. Mai, schon heute geben könnten." Das tat ich denn auch, die Maschine war rechtzeitig fertig, wurde abgenommen und bezahlt, und der Wechsel wurde zum Termin honoriert.

Aus dieser ersten Gefälligkeit bildete sich eine ganz regelmäßige

Gepflogenheit während der ganzen vier Jahre heraus. Es ergab sich, daß Mr. Phillips' finanzielle Lage die gleiche war, wie meine: keiner von uns beiden hatte einen Pfennig. Wir halfen uns auf folgende Art durch: Ich machte später stets Ratenzahlung aus: ein Viertel mit der Bestellung, ein Viertel bei Versandbereitschaft der Maschine und den Rest nach erfolgreicher Inbetriebnahme. So klappte das mit den Wechseln ganz famos. Meine Aufträge kamen mir immer von den feinsten Firmen, die Maschinen waren stets rechtzeitig fertig, befriedigten stets und wurden pünktlich bezahlt. Die ganze Zeit hindurch liefen ständig Wechsel über viele Tausende auf meinen Namen und ich brauchte niemals prolongieren zu lassen. Mr. James Moore aus Philadelphia, der berühmte Walzwerks-Maschinenbauer, machte einmal, viel später, mir gegenüber die Bemerkung: „Mein Bankkonto läuft in der Werkstatt.“ Mir fiel dabei ein, daß meins das auch immer getan hatte.

Unmittelbar nachdem wir die Fabrikation aufgenommen hatten, erhielt ich einen Brief von William R. Jones, dem Oberingenieur der Edgar Thompson Steel Company, der ein kürzlich in Braddock von Carnegie Brothers in Betrieb gesetztes Schienenwalzwerk leitete und mir mitteilte, sie brauchten notwendig eine Maschine zum Antrieb einer sehr schnell laufenden Kreissäge zum Kaltschneiden von Stahlschienen. Mr. Holley hätte ihnen empfohlen, sich eine von meinen zu kaufen, und wenn ich eine passende Maschine sofort liefern könnte, würde er sie bestellen. Glücklicherweise konnte ich das. Als ich noch in Harlem Maschinen baute, führte die Stadt Washington die Holzpflasterung ein, und die Unternehmer bestellten bei mir eine Maschine zum Zersägen der Kloben. Fast genau zu der gleichen Zeit, wo ich Mr. Jones' Brief erhielt, hatte ich erfahren, daß die Holzpflasterung in Washington zugunsten des Asphalt verlassen würde und die Sägemühle außer Betrieb wäre. Ich schrieb sofort an die Unternehmer und machte ihnen ein Angebot auf die Maschine. Postwendend erhielt ich eine zustimmende Antwort, die außerdem sehr schmeichelhafte Worte über meine Maschine enthielt. Ich erinnere mich, daß der Schlußsatz besagte, ihre Bewunderung für die Maschine sei so groß, daß sie, wenn sie dazu in der Lage wären, sie am liebsten in einen Glaskasten stellen und dort Zeit ihres Lebens aufbewahren würden.

Die Maschine war gerade das richtige für Mr. Jones' Zweck. Ich fuhr selbst nach Braddocks hinüber, um bei der Inbetriebnahme dabei zu sein. Alle waren sehr neugierig, wie sich der Regulator benehmen würde, ich selbst nicht am wenigsten, denn ich hatte ihn noch nie unter diesen besonderen Betriebsbedingungen arbeiten sehen. Es hatte denn auch etwas immer wieder Fesselndes, mit anzusehen, wie beim Durchsägen des Kopfes, Steges und schließlich des unteren Flansches der Schiene das Gegengewicht entsprechend der fortgesetzten Veränderlichkeit der Schnittbreite elegant stieg und fiel, und die Leistung dem Widerstande angepaßt wurde, während die Maschine, soweit es das Auge beurteilen konnte, ganz gleichförmig weiterlief. Der Erfolg dieser Maschine brachte mir verschiedene Aufträge auf Regulatoren, deren wichtigster von Mr. Jones selbst erteilt wurde. Es handelte sich um Regulatoren und Drosselventile

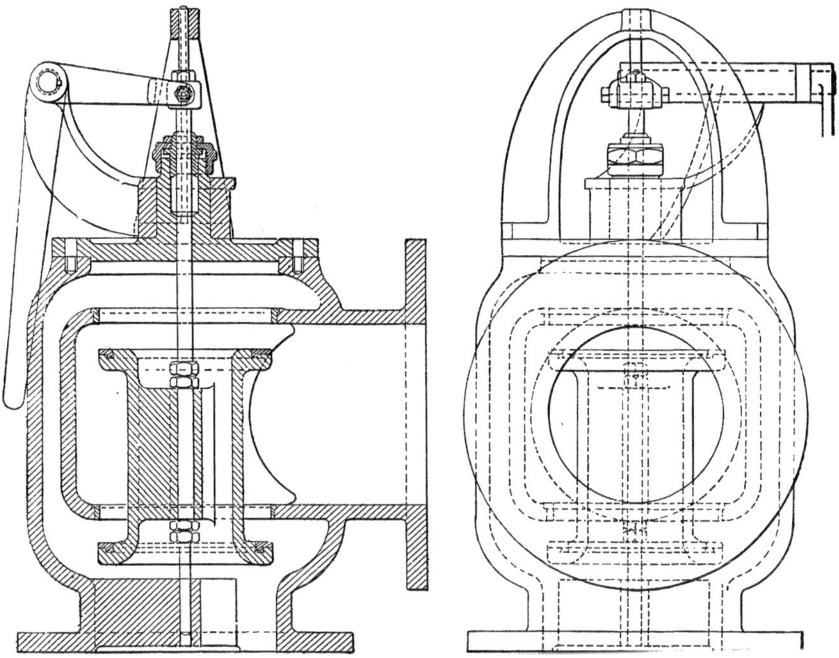

Porters Regulierventil.

für seine Block- und Schienen-Walzenzugsmaschinen. Ich konstruierte ihm entlastete Rohrventile, die vorzüglich arbeiteten. Es hatte sich ergeben, daß sich bei eisernen Ventilen und Sitzen dieser Art die Ränder durch das mitgerissene Wasser im Dampf rund schlissen, wodurch ihre regulierende Wirkung immer unbefriedigender wurde. Ich wußte, daß seine Kessel sehr nassen Dampf lieferten und vermied jenen Mangel durch Einsetzen von Bronzeringen an den Rändern.

Die vorstehenden Abbildungen zeigen dieses Regulierventil, das ich in zwei Größen konstruierte und ausführte.

Der bronzene Futterring für den unteren Sitz konnte durch den oberen Sitz gefädelt werden, weil er schwächer konstruiert war. Die auf dem Ventil zu befestigenden Bronzeringe wurden 3 mm zu hoch gemacht und in die tiefere Kreisnut eingelassen. Darauf wurden sie auf dem Ambos mit Setz- und Vorschlaghammer umgebördelt und durch mehrfaches Hämmern ringsherum die Federn unten in ihre Kreisnut eingespreizt, so daß sie diese fest ausfüllten, und gleichzeitig die Bördelflanschen auf ihre Unterlage festgepreßt. Die Bronzeringe für den unteren Ventilflansch wurden zweiteilig eingelegt.

Dreiundzwanzigstes Kapitel.

Erfahrungen als Mitglied der Jury auf der Hundertjahr-Ausstellung in Philadelphia.

Eines schönen Tages im April erhielt ich zu meiner Überraschung einen Brief, der mich zum Mitglied der Jury für Gruppe 20 der Weltausstellung in Philadelphia bestallte. Ich hatte keine Ahnung, wieso ich dazu kam, hörte jedoch später, daß ich auf Empfehlung von Mr. Holley ernannt worden war, der von den Kommissaren um passende Preisrichter für verschiedene Gruppen befragt worden war. Die Ausstellung wurde am 1. Mai eröffnet, die Preisrichter brauchten jedoch erst am 24. zusammenzutreten, und an diesem Tage fand dann ordentlich eine feierliche Handlung in der Juryhalle statt. Die amerikanischen Preisrichter hatten an einer Seite der Halle Platz genommen und erhoben sich zum Empfang der auswärtigen Preisrichter, die gruppenweise von irgend einem andern Raum her eintraten, wo sie zusammengepfercht worden waren, und dabei spielte eine feine Kapelle die Nationalhymnen aller Nationen, die überhaupt eine hatten. Eine gewisse Zeit verging mit Willkommens- und Antwort-Ansprachen, sodann wurden wir in ein großes Restaurant geführt und bekamen ein Gabelfrühstück, worauf die verschiedenen Gruppen organisiert wurden. Da hatte ich denn das Vergnügen meiner ersten Bekanntschaft mit Mr. James Moore, sowie Professor Reuleaux aus Berlin und Oberst Petroff aus St. Petersburg, und schließlich Emil Brugsch, dem interessanten Kommissar für Ägypten, der gleichfalls Preisrichter in unserer Gruppe war. Ich machte die Wahrnehmung, daß diese Ausländer ein sorgfältigeres Englisch sprachen als ich selbst. Durch Wahl ernannten wir Horatio Allen, den früheren Generaldirektor der Novelty-Eisenwerke (die damals eingegangen waren), zu unserem Vorsitzenden, da er der älteste und einflußreichste unter uns war. Unter Mr. Allens Geschäftsleitung konnten wir lernen, wie man's nicht machen muß — wie man vor lauter unendlicher Vorbereitung niemals zur Arbeit selbst kommt.

Er stellte eine endlose Reihe von Punkten zur Besprechung und pflegte zu sagen: „Diese Fragen müssen alle erst geklärt sein, bevor wir an unsere Pflichten herantreten können, meine Herren.“ Das hatte auf unsere ausländischen Preisrichter die Wirkung, daß sie sich von unseren Sitzungen drückten. Ich erinnere mich noch, wie Mr. Moore zu mir sagte: „Porter, wenn Sie und ich diese Arbeit zu tun hätten, wir wären jetzt schon halb damit fertig.“ Unmittelbar danach schied Mr. Moore unter dem Vorwand aus, es fehle ihm die Zeit dafür, in Wirklichkeit, weil er über diese Zeitvergeudung empört war. Unsere Arbeit war in einem chaotischen Zustand. Das Gebiet war sehr ausgedehnt, da es alle Ausstellungsgegenstände umfaßte, die mit Dampf und Wasser zu tun hatten, mit Ausnahme der Lokomotiven. Eines Morgens kam ich mit einem Exemplar des Katalogs in der Hand in die Sitzung, in dem ich die Ausstellungsgegenstände in drei Klassen A, B und C unterteilt hatte: Klasse A umfaßte Dampfmaschinen und Zubehör, Klasse B Kessel und Zubehör, und Klasse C Pumpen und Zubehör; diese Buchstaben hatte ich vor die Namen aller Ausstellungsgegenstände, je nach ihrer Zugehörigkeit, geschrieben. Diese Unterteilung wurde in der Sitzung, für die ich die Anwesenheit der auswärtigen Preisrichter gewonnen hatte, einstimmig angenommen, und die Preisrichter bildeten entsprechende Unterkomitees. Jetzt gingen wir ernsthaft an die Arbeit, die wirklich zu ausgedehnt gewesen wäre, um auf eine andere Weise durchgeführt zu werden.

Mr. Charles E. Emery wurde an Mr. Moores Stelle als Preisrichter zugewählt und erwies sich als äußerst schätzenswert. Bekanntlich wurden keine Medaillen erteilt, sondern kurze schriftliche Berichte über diejenigen Ausstellungsgegenstände erstattet, die es am meisten verdienten; diese Berichte wurden von allen Preisrichtern unterzeichnet.

Die Firma E. P. Allis & Co., Milwaukee, stellte eine Sägemühle aus. Sie bestand aus zwei großen, je von einer liegenden Dampfmaschine angetriebenen Kreissägen. Die beiden Maschinen waren durch eine gemeinsame Welle verbunden, auf deren Enden die Kurbeln um 90^0 versetzt aufgekeilt waren. Die Maschinenachsen hatten 6 m Abstand; auf der Welle saßen zwei Riemenscheiben von 2,5 oder 3 m Durchmesser, jede möglichst nahe dem Maschinenrahmen, und auf der Mitte der Welle ein Schwungrad von ungefähr 4900 mm Durchmesser, dessen Kranz acht- oder zehnteilig war. Jedes Segment bildete mit seiner Speiche ein T. Die Kranzsegmente waren miteinander und die Speichen mit der Nabe verschraubt. Die Sägen befanden sich hinter den Zylindern, und die Riemen liefen von den Scheiben auf der gemeinsamen Kurbelwelle auf kleine Scheiben auf den Sägenwellen. Beim Anlaufen wurden die beiden Kurbelwellenlager derartig heiß, daß die Maschine stillgesetzt werden mußte. Der Herr, der diese Maschinen unter sich hatte, wandte sich an mich um Rat. Ich erklärte ihm, die Welle sei zwar stark, aber auch sehr lang, und das Gewicht des Schwungrads bewirke solche Durchbiegung, daß die beiden Zapfen nur auf den inneren Rändern ihrer unteren Lagerschalen liefen; deshalb würden diese heiß. Ferner sagte ich ihm, er brauche das Schwungrad überhaupt gar nicht; da die Kurbeln gegeneinander versetzt seien, sei das Schwungmoment der Riemenscheiben reichlich groß genug, um gleichförmige Umdrehung zu erzielen, und ich könne ihm nur raten, das Schwungrad ganz abzunehmen. Er tat das sofort und ließ nur die Nabe auf der Welle sitzen, worauf die Maschinen für den Rest der Ausstellung mit kalten Lagern und schön gleichförmig liefen. Man hatte auch eine Ausklinksteuerung für diese Maschinen geschaffen, aber sie bewährte sich nicht und wurde entfernt. Darauf machte die Firma einen vorzüglichen geschäftlichen Griff: sie kamen zu dem verständigen Schluß, daß sie wirklich etwas besseres tun könnten, als allein zu versuchen, einen neuen Maschinentyp zu schaffen; sie machten daher Mr. Edwin Reynolds, dem Direktor der Corlissschen Fabrik, und seinem Oberkonstrukteur ein so verlockendes Anerbieten, daß diese von Corliss weggingen und die gleichen Stellungen bei der Fabrik von Allis in Milwaukee annahmen, um dort Corlissmaschinen zu bauen, — mit welch großartigem Erfolg, weiß heute jeder Ingenieur.

Wir machten alle möglichen schnurrigen Erfahrungen. Eines Tages forderte mich Mr. Jerome Wheelock auf, ihm doch einmal zu sagen, warum denn seine Ausstellungsmaschine nicht vollkommen sei. Ich blickte auf seinen langen, schlanken Maschinenrahmen, eine Kopie des Corlissschen, aber ohne dessen Steifigkeit, und lehnte eine Antwort ab. Mr. Emery war entgegenkommender. Auf die gleiche Aufforderung zeigte er Mr. Wheelock liebenswürdigerweise einen Punkt, in dem seine Maschine schwerlich „vollkommen“ genannt werden könnte. Der Dampf blies in eine große Kammer aus, die die untere Zylinderhälfte vom einen Ende bis zum andern umgab. Dieses relativ kalte Bad bewirkte die Kondensation eines großen Teils des eintretenden Frischdampfs. Von der Mitte der Auspuffkammer ging ein Rohr ab, das abwechselnd den Auspuffdampf von den beiden Zylinderenden abführte. Mr. Wheelock gab den Fehler zu und meinte, er würde ihn in Zukunft vermeiden. Infolgedessen gab er, wie ich hörte, jedem der nunmehrigen zwei Auspuffrohre den halben Querschnitt, wie vorher dem gemeinsamen!

Ich hatte das Vergnügen, meine Bekanntschaft mit Professor Sweet zu erneuern, der eine Ausstellung der von seinen Zöglingen

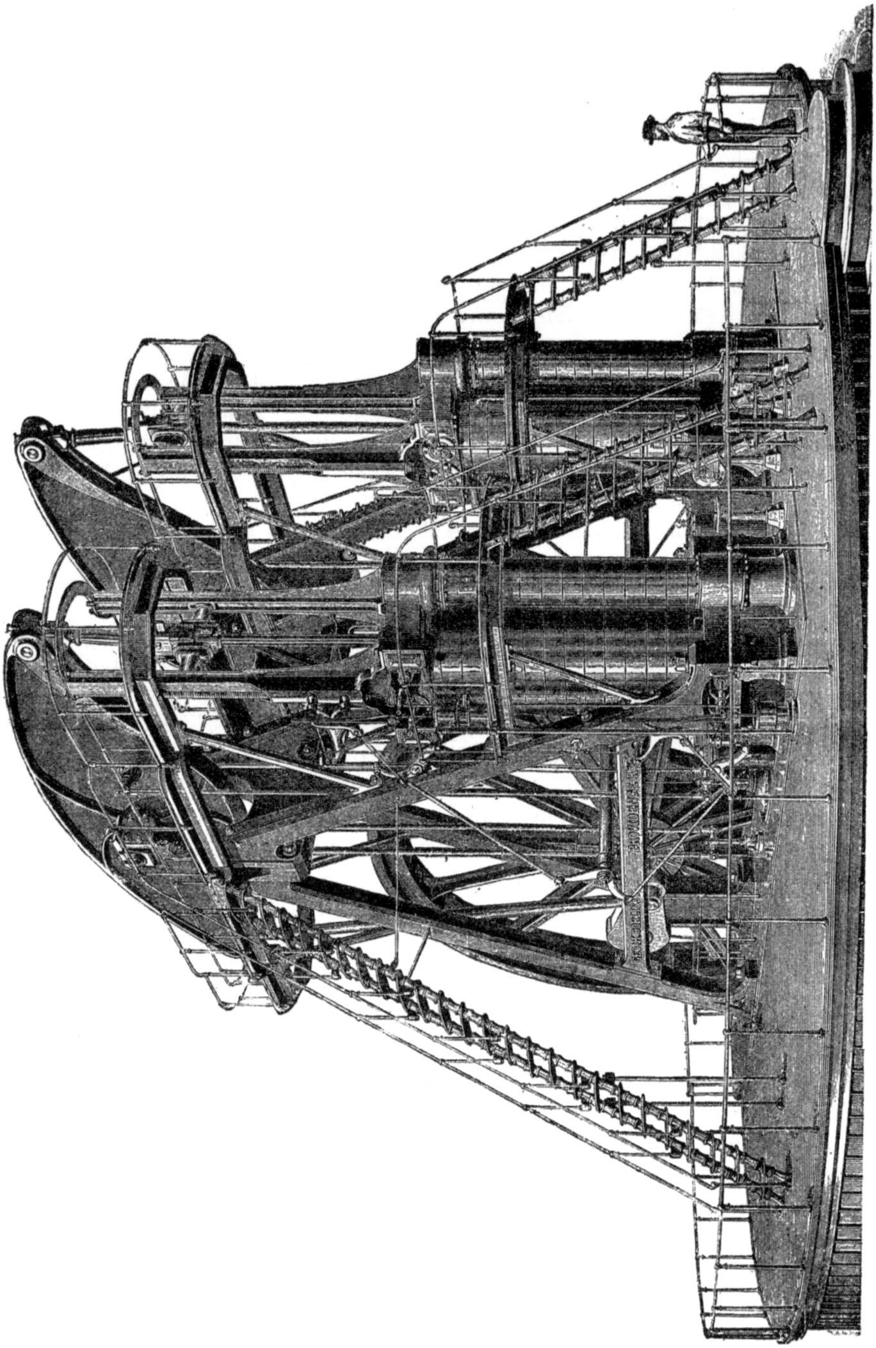

Die auf der Hundertjahr-Ausstellung ausgestellte Corliss-Maschine.

an der Cornell-Universität verfertigten Schlosser- usw. -Arbeiten überwachte; diese machten ihm alle Ehre und umfaßten auch eine ganze Sonderausstellung von Richtplatten.

Die Corliss-Maschine auf dieser Ausstellung war bei weitem die eindruckvollste und sicher der fesselndste Ausstellungsgegenstand für die große Menge, der je irgendwo ausgestellt worden ist. Sie bestand aus zwei getrennten Maschinen, die je einen Zylinder von 1015 mm Bohrung und 3050 mm Kolbenhub besaßen. Die Kolbenbewegung wurde durch gußeiserne Balanciers auf um 90^0 versetzte Kurbeln übertragen, die an den beiden freien Enden der gemeinsamen Welle saßen. Diese machte 36 Touren und trug ein Schwungrad von 9150 mm Durchmesser, das mit einem Ritzel von 3050 mm

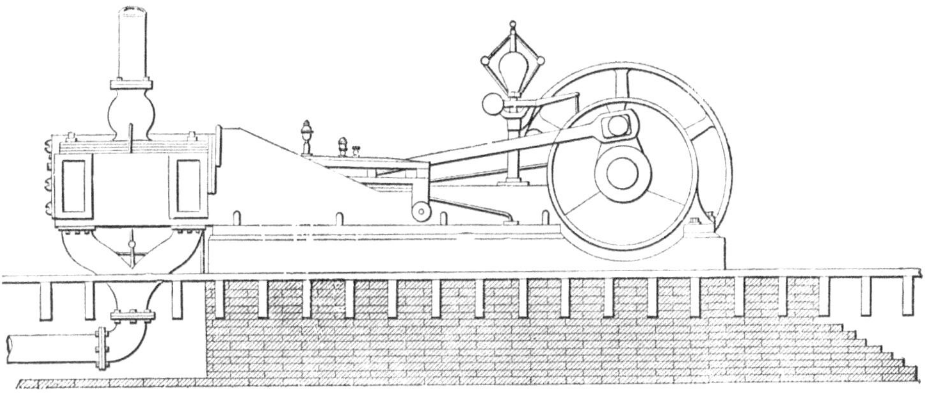

Porter-Allen-Maschine von gleicher Leistung wie die ausgestellte Corliss-Maschine.

auf der Transmission unter Flur im Eingriff war, das dieser eine Tourenzahl von 108 Umdrehungen pro Minute verlieh.

Eines Tages bemerkte ich zu Professor Sweet: „Wissen Sie auch, Herr Professor, daß eine Maschine mit nur einem Zylinder von gleicher Bohrung wie diese hier und 1525 mm Hub, einem Schwungrad von nur 3 bis $3^1/_2$ m Durchmesser, und direkt mit einer Transmissionswelle von 150 Touren gekuppelt, eine größere Leistung als dieses Ungetüm hergeben und dabei viel wirtschaftlicher arbeiten würde, weil die inneren durch die Kondensation des Frischdampfs zu heizenden Flächen aus einem Kolben, statt zweien, zwei Deckeln, statt vieren, und 1500 mm Zylinderlänge, statt 6100 mm bestünden?" — Er erwiderte: „Das ist alles schön und gut, aber wie wollen Sie bei einer mittleren Kolbengeschwindigkeit von 7,6 m/sek. den Dampf gehörig in den Zylinder hinein und aus ihm heraus bekommen?" — Auf diesen Einwurf war ich nicht gefaßt, aber ich fand später keine Schwierigkeit in der Lösung des Problems.

Die Abbildungen auf S. 252 u. 253 stellen diese Maschine und meine gleichstarke Schnelläufermaschine in gleichem Maßstab dar; man sieht, daß die kleine Maschine etwa ein Zehntel der für die große nötigen Grundfläche beansprucht. Sie würde weniger als 10 Prozent des Preises der großen kosten. Weiter muß sie einen besseren Ungleichförmigkeitsgrad besitzen, da die Kurbelwelle 300 Antriebe in der Minute erhält, gegen 144 von beiden Kurbeln der großen Maschine minutlich ausgeübte Impulse, ganz abgesehen davon, daß bei dieser die volle Kraft des Dampfes beim Beginn eines jeden Hubes ausgeübt wird und am Hubende auf Null sinkt, während bei der kleineren die Beharrung der hin und her gehenden Teile die am Anfang und Ende des Hubs auf die Kurbel wirkenden Kräfte praktisch gleich groß werden läßt. Zweifellos wird der Leser fragen, wie Mr. Green, warum bei diesen gewaltigen Vorteilen nicht jedermann Schnelläufermaschinen kauft und jeder Fabrikant sie baut?

Auf dieser Ausstellung wurde das Bellsche Telephon zum ersten Male vor einer geladenen Gesellschaft vorgeführt, unter der sich Präsident Grant und Dom Pedro, der letzte Kaiser von Brasilien, befanden. Diese Vorführung geschah an einem Sonntag, dem einzigen Tag, wo es still genug war. Die menschliche Stimme, sprechend sowohl wie singend, wurde über die ganze Länge des Hauptgebäudes, etwa 560 m, übertragen; seither ist sie ja denn auf etwas weitere Strecken übertragen worden.

Die Aussteller von Handpumpen verkündeten alle, mit wie wenig Kraft gerade ihre Pumpe betätigt werden könne; einer schlug aber doch dem Faß den Boden aus. Er hatte seine Pumpe so aufgestellt, daß ihr Ausfluß beinahe auf gleicher Höhe mit dem Wasserspiegel des Teichs war, aus dem sie saugte; er behauptete kühn, seine Pumpe brauche überhaupt keine Kraft. Auch ich wurde, wie wahrscheinlich ganze Scharen, eingeladen, mich selbst von der Wahrheit dieser Behauptung zu überzeugen. Ich habe nur einen Herrn im Verdacht, daß er sich mit dieser Vorführung zufrieden gegeben hätte: das ist der technische Redakteur der New Yorker „Tribune“. Der hatte nämlich kurz vorher einen Bericht über eine wundervolle, von einem Mr. George erfundene Pumpe veröffentlicht, in dessen Schlußsatz er feststellte, daß die Überlegenheit der Georgeschen Pumpe darin bestände, daß bei jedem Hub nicht die ganze Wassersäule gehoben werden müsse, sondern nur der Teil, den die Pumpe oben ausgösse.

Wir hatten auch einen durch eine Zentrifugalpumpe gespeisten Wasserfall. Die Pumpe saugte das Wasser nur einseitig an; offenbar wußte der Erbauer nichts davon, daß man den Axialschub dieser Pumpen dadurch ausgleicht, daß man das Wasser auf beiden Seiten des Rades zuführt.

Kessel gab's im Überfluß. Mein alter Freund, der Harrison-Kessel, war auch wieder da. Mr. Allen befürwortete dringend einen günstigen Bericht für Mr. Harrison, weil, wie er wisse, Mr. Harrison bei der Konstruktion dieses Kessels sich von so „humanen Motiven“ leiten ließe.

Ein Mr. Pierce lud alle Preisrichter zur Besichtigung seines Kessels und Anhörung seiner Erläuterungen ein. Er teilte uns mit, daß dieser Kessel schon dreimal von Professor Thurston wissenschaftlich untersucht worden sei, verriet aber die Ergebnisse der Untersuchungen nicht. Als wir weggingen, sagte Professor Reuleaux zu mir: „Das ist doch einfach kindisch, finden Sie nicht auch?“

Ein Erfinder namens Smith kam mehrmals auf unser Preisrichterzimmer und wollte uns durchaus die Vorzüge seiner Kessel klar machen. Er hatte zwei auf der Ausstellung, den einen im Betrieb im Kesselhause, den andern in der Maschinenhalle, beide ganz verschieden voneinander. Nicht lange nach dem Schluß der Ausstellung erhielt ich eines Tages einen Brief von einem fremden Herrn, der mich bat, ihn im Astor House aufzusuchen. Ich dachte mir: „Der Mann will mir zweifellos eine Maschine abkaufen, aber seine Zeit ist zu kostbar, um nach Newark herauszukommen,“ war also zur bestimmten Stunde zur Stelle. Als ich das Zimmer betrat, war das erste, was ich sah, ein Schnittmodell des Smith-Kessels, und es ergab sich, daß der Herr unsere Gründe zu erfahren wünschte, warum wir diesen Kessel übergangen hätten. Als Antwort bat ich ihn, mir auf die folgende Frage möglichst bald seinen Bescheid zukommen zu lassen: wir hätten wahrgenommen, daß die beiden von Mr. Smith ausgestellten Kessel ganz verschieden voneinander gewesen wären, und ich sähe, daß das Modell hier in wesentlichen Einzelheiten von beiden abwiche; ich möchte daher wissen, welchen von den dreien er denn von uns preisgekrönt sehen wolle, — und damit wünschte ich ihm guten Abend.

Einen Tag darauf war ich zufällig in Mr. Holleys Bureau in New York, als ein Mann mit der Zeichnung eines Kessels hereintrat, für den er Mr. Holleys Empfehlung wünschte. Mr. Holley wies ihn an mich, und da erklärte er mir dann, das Neue an seinem Kessel wäre, daß das Speisewasser in den Dampfraum eingespritzt würde, wodurch eine teilweise Abkühlung des Kessels infolge von Speisung an einer bestimmten Stelle vermieden würde. Es war also doch noch ein scherzhafter Kessel vorhanden, der nicht ausgestellt worden war.

Es waren sehr schöne Dampfspritzen ausgestellt. Jeder Fabrikant im ganzen Lande war wohlvertreten, und es fanden Prüfungen dieser Feuerspritzen statt, die drei oder vier Tage dauerten. Das Komitee wünschte ihre Arbeitsweise recht gründlich zu prüfen, aber der Herr (ein Flottenoffizier), der mit den Aufzeichnungen betraut war, notierte so wenig Daten, daß wir, wie sich ergab, überhaupt keinen Vergleich ziehen konnten. Wieso er dazu kam, konnten wir nur vermuten.

Ein Aussteller aus Kanada kam mit einer sehr gut aussehenden Spritze aufs Feld; sie stellte eine Zusammenstellung der seiner Meinung nach besten Einzelheiten von allen in den Vereinigten Staaten fabrizierten Dampfspritzen dar. Die Fachleute besahen sich seine Maschine genau und konnten leicht sehen, wo er jede Einzelheit her hatte. Aber die verschiedenen Teile, die er entlehnt hatte, griffen nicht organisch zusammen; seine Maschine kam jeden Tag außer Ordnung, und er mußte die ganze Nacht hindurch arbeiten, um sie für die Versuche des nächsten Tages wieder in Gang zu haben. Das bot einen hübschen Kommentar zu den kurzsichtigen kanadischen Gesetzen, die Bürgern der Vereinigten Staaten den dortigen Patentschutz versagten.

Die ausgestellten Dampfmaschinen waren nicht zahlreich und keine wurde indiziert, so daß ich keine Verwendung für die Indikatoren fand, die ich von England hatte kommen lassen. Wenn ich mich recht erinnere, waren nur zwei Dampfmaschinen vom Ausland hergesandt, davon die eine von der brasilianischen Regierung. Dies war eine sogenannte „Tisch“-Maschine, bei der der Zylinder senkrecht auf einem Tisch steht, während zwei Pleuelstangen sich vom Kreuzkopf abwärts erstrecken und die unter dem Tisch gelagerte Kurbelwelle antreiben. Sie war einem schottischen Lehrbuch für Maschinenzeichnen entlehnt, aus dem ich das Zeichnen gelernt hatte. Eine solche Maschine war von Mr. Hoe zum Antrieb der Druckerpresse der New Yorker „Daily Times“ konstruiert worden, als diese Zeitung gegründet wurde, d. h. also 1851 oder 1852. Die zweite ausländische Maschine war mit Unterstützung der belgischen Regierung von einer Brüsseler Firma erbaut worden. Sie zeigte die amerikanische Ausklinksteuerung nach Delamater, und ihr Exzenter war zwischen Kurbelwellenlager und Kurbel aufgekeilt, so daß deren Biegungshebelarm unnütz um 8 bis 10 cm zu lang war; sie war mit meinem Kondensator ausgerüstet, der, wie ich hörte, damals in Europa sehr in Aufnahme kam.

Die einzigen amerikanischen Dampfmaschinen außer denen von Corliss, deren ich mich heute noch erinnere, waren die Buckeye- und die Brown-Maschine, und unsere Preisberichte über diese verkleinerten jene nicht. Die Corliss-Maschinen waren „außer Wettbewerb“, und wir durften nichts über sie sagen; Corliss war kein Preisbewerber, sondern ein Gönner der Ausstellung.

Frederick E. Sickels veranstaltete eine umfangreiche Ausstellung seiner Erfindungen, deren Modelle ihm zu diesem Zweck vom Patentamt geliehen worden waren. Nur zwei von diesen Erfindungen fielen in unser Gebiet: die erste war seine bekannte und berühmte Ausklinksteuerung, die im Jahre 1842 patentiert worden war. Die zweite bestand in einer ihm 1848 patentierten Anordnung. Die erste Erfindung war eine Verbesserung der Stevensschen Steuerung, die damals schon allgemein auf den Dampfern der östlichen Gewässer der Vereinigten Staaten gebräuchlich war. Die Stevenssche Erfindung bezog sich auf entlastete Ventile, die sich vertikal von ihren Sitzen hoben und auf sie aufsetzten. Durch sie wuchs der Öffnungshub der Ventile nach dem gleichen Gesetz wie die Kolbengeschwindigkeit zunimmt, und zwar mittels der als Wälzhebel bekannten Vorrichtung. Aber die Schlußbewegung, die die Umkehrung der Öffnungsbewegung war, verlangsamte sich auch allmählich, bis das Ventil stoßlos auf seinen Sitz aufsetzte. Es ergab sich, daß während des Ventilschlusses noch viel Dampf durch die sich verengenden Kanäle in den Zylinder strömte, ohne jedoch von wesentlichem Nutzen zu sein. Sickels kam nun auf den Gedanken, das Ventil kurz vor Vollendung des Öffnungshubes auszuklinken und augenblicklich auf den Sitz fallen zu lassen, wodurch sich ein scharfer Abschluß und eine große Verbesserung des Dampfverbrauchs ergeben mußte. Dieser Vorgang brachte die Schwierigkeit mit sich, daß die Ventile mit einem harten Schlag auf ihren Sitz auftrafen, der bald zu beider Zerstörung führen mußte. Sickels überwand diese Schwierigkeit durch die Erfindung des Bufferkatarakts. Dieser Apparat erfüllte zwei Zwecke: wenn sein Kolben über den Wasserspiegel gehoben wurde, bildete sich ein Vakuum unter ihm, so daß der Druck der Atmosphäre auf den Kolben zu Ventilgewicht und Dampfdruck noch hinzutrat und seinen Fall beschleunigte. Der Fall wurde sodann dadurch aufgefangen, daß der Kolben die Wasseroberfläche gerade rechtzeitig berührte um das Ventil am Aufprallen auf seinen Sitz zu hindern, jedoch nicht so früh, um den völligen Abschluß der Kanäle zu verhindern. Diese feine Grenze wurde nach dem Gehör eingestellt. Der Maschinenwärter ließ erst allmählich soviel Wasser aus der Kataraktbüchse ab, bis er das Ventil leise auf seinen Sitz prallen hörte; dann ließ er tropfenweise wieder Wasser zu, bis der Ton erstarb. — Für diese Erfindungen und seine Dampf-Schiffssteuerung verlieh ihm die Jury einen Preis.

Unsere auswärtigen Mitrichter waren begeistert über sie; Horatio Allen hatte Sickels sein ganzes Geschäftsleben lang bekämpft und hätte nie zugegeben, daß eine Sickelssteuerung in den Novelty-Eisenwerken verwendet wurde. Zum Beispiel führten die Direktoren der Collins-Dampfschiffahrts-Gesellschaft die Sickels-

Steuerung bei sich ein, sie wurde jedoch nur auf zwei von ihren Schiffen, der „Arctic“ und der „Baltic“, eingebaut, deren Maschinen von den Allaire-Werken gebaut wurden. Die „Atlantic“ und „Pacific“, die ihre Maschinen von den Novelty-Werken erhielten, hatten sie nicht, da Mr. Allen seine Zustimmung rundweg verweigerte. Zu meinem Erstaunen unterzeichnete Mr. Allen den Preisbericht unter dem Ausdruck aufrichtiger Bewunderung für Sickels' Genie; sein hohes Alter hatte ihn milder gemacht.

Folgendes ist eine Übersetzung dieses Preisberichts:

WELTAUSSTELLUNG 1876.

Hundertjahr-Ausschuß der Vereinigten Staaten

Philadelphia, 3. August 1876.

PREISBERICHT.

Gruppe XX.
Katalog-Nr. 1027.
Gegenstand:

Modelle von Verbesserungen an Dampfmaschinen.

Name und Adresse des Ausstellers:

Frederick E. Sickels.

Nachdem die Unterzeichneten die in folgendem beschriebenen Erzeugnisse besichtigt haben, empfehlen sie diese ergebenst dem Hundertjahr-Ausschuß der Vereinigten Staaten zur Preiserteilung, und zwar aus folgenden Gründen:

Diese Ausstellungsgegenstände sind von großem geschichtlichen Interesse.

Im Jahre 1842 erhielt Mr. Sickels ein Patent auf die Fall- oder Ausklinksteuerung, eine Erfindung, die in verschiedenen Formen überall zur Anwendung gekommen ist, wo Dampfmaschinen gebaut werden. Bei Anwendung dieser Erfindung auf Rohrventile verhinderte Mr. Sickels ein Aufprallen dieser Ventile auf ihren Sitz durch den von ihm erfundenen Bufferkatarakt, indem er sich der drei Eigenschaften des Wassers bediente, daß es sich nicht zusammendrücken, nicht zertrümmern, aber fein zerteilen läßt. Auch dieser Apparat ist heute für diese Zwecke ganz allgemein in Anwendung.

Im Jahre 1848 nahm er ein Patent auf eine Verbesserung auf dem Gebiete der Beherrschung ortsbewegender Kräfte, vermöge derer heute Dampf für verschiedene Zwecke, in erster Linie zum Steuern von Dampfschiffen, in der Weise benutzt wird, daß der Steuermann das Rad genau so dreht, als steuere er von Hand, während die ganze Steuerkraft vom Dampf ausgeübt wird.

Charles J. Porter.
Berichterstattender Preisrichter.

Bestätigt von den Gruppen-Richtern:
Horatio Allen, Chas. E. Emery, Emil Brugsch, F. Reuleaux, N. Petroff.

Nachdem unsere Arbeit beendet und ich nach Hause zurückgekehrt war, wurden die Preise veröffentlicht; zu meinem Erstaunen war der Preis für Sickels nicht mit dabei; ich schrieb daher an General Walker, der unser Mittelsmann für den Verkehr mit dem Ausschuß war, und fragte nach dem Grund für diese Unterlassung. Er antwortete, der Preis wäre vom Revisions-Ausschuß verworfen worden. „Revisions-Ausschuß!" Das erstemal, daß ich von solch einer Einrichtung hörte! Ich bat um eine Erklärung und wurde belehrt, daß die Preisrichter nicht Preise erteilten, sondern nur vorschlügen; die Preise würden vom Ausschuß erst erteilt, nachdem die Empfehlungen vom Revisionsausschuß überprüft seien. Schön, und aus wem bestand dieser Revisions-Ausschuß? Ich erfuhr, daß der Ausstellungs-Ausschuß aus je zwei Kommissaren für jeden Staat bestand, die vom Gouverneur ernannt wurden; Corliss war einer der Kommissare für Rhode Island. Bei einer Sitzung der Kommissare schlug Corliss die neue Einrichtung eines Revisions-Ausschusses vor, dem die Maßnahmen der Jury unterbreitet werden sollten, bevor die Preise erteilt würden. Der Gedanke gefiel anscheinend den Mitgliedern des Ausschusses, da er zur Vergrößerung ihrer persönlichen Wichtigkeit beitrug, und der Vorschlag wurde deshalb angenommen; wie üblich, wurde Corliss aus Höflichkeit zum Vorsitzenden dieses Sonderausschusses gemacht, und dieser Revisionsausschuß verwarf den Preis für Sickels. Ich habe mich genau erkundigt und nicht gehört, daß der Revisionsausschuß je einen anderen Preis verworfen hätte, so daß es erwiesen zu sein schien, daß mit der Verwerfung des Preises für Sickels der Zweck seines Daseins erfüllt war.

Bei Corliss' Steuerung war das Ausklinken des Abschlußorgans der Grundgedanke; er wurde von ihm auf Drehschieber angewandt, die sich parallel zu ihren Abschlußkanten bewegen. Da es nicht notwendig ist, ihre Bewegung an einem bestimmten Punkt aufzuhalten, so wurden sie von Luftpuffern an irgendeinem Punkte nach vollendetem Kanalabschluß zur Ruhe gebracht. Corliss hatte das Prinzip des Ausklinkens nach dem ebenso einfachen, wie guten alten Grundsatz: „Nimm, was du kriegst, und behalte, was du kannst“ entlehnt, und diese ganzen Machenschaften waren von ihm ins Werk gesetzt worden, um zu verhindern, daß die geschichtliche Tatsache, daß das Ausklinkprinzip eine Erfindung Sickels' war, in den Berichten der Ausstellung zutage kam. Durch all diesen außerordentlichen Aufwand an Schlauheit und persönlichem Einfluß hat er nur den Erfolg erreicht, daß jene Tatsache eine Bedeutung und Wichtigkeit erhielt, die sie niemals angenommen hätte, wenn sie nicht so starke Anstrengung zu ihrer Unterdrückung von seiner Seite hervorgerufen hätte.

Mr. Horatio Allens lebenslängliche Abneigung gegen Sickels lag in beruflicher Eifersucht begründet. Mr. Allen befand sich in der Selbsttäuschung, er sei ein Erfinder, und hatte jahrelang eine eigene Steuerungserfindung unter dem Herzen getragen. Ursprünglich hieß die Firma Stillman, Allen & Co., und lange Jahre hatte Mr. Stillman verhindert, daß die Novelty-Eisenwerke Mr. Allens' erfinderischem Genie zum Opfer fielen; später hatte sich aber dann Mr. Allen durch eine Verbindung mit der Bankfirma von Gebrüder Brown, den Hauptaktionären, die beherrschende Stellung verschafft, und Mr. Stillman verkaufte seinen Anteil und zog sich von der Firma zurück. Kaum hatte nunmehr Mr. Allen freie Bahn, so beschloß er, die von ihm erfundene Steuerung auf dem neuen Dampfer der Collins-Linie, der „Adriatic“, einzubauen, und die Ingenieure Amerikas hatten einen Heidenspaß daran, daß dieser hervorragende Unsinn gleich im größten Maßstab in die Praxis übersetzt wurde. Seine Konstruktion erhielt 4 Abschlußorgane, deren jedes ein etwa 2 m langer konischer Hahn war, der 4 verschiedene Bewegungen ausführte: erstens wurde er etwa 75 mm hoch von seinem Sitz abgehoben, um frei drehbar zu sein, sodann wurde er zunächst um den Betrag der Überdeckung gedreht. Bis zu diesem Augenblick war der Dampfkanal theoretisch noch nicht offen, aber der Dampf war natürlich in Wirklichkeit durch diese gewaltigen Spielräume je nachdem in den Zylinder hinein- oder aus ihm herausgeströmt. Bei seiner Weiterdrehung gab dann der Hahn den Ein- oder Auslaßkanal frei; hierauf wurde er bis zur ersten Stellung zurückgedreht, worauf die vierte Bewegung den Hahn wieder auf den Sitz schob. Wahrscheinlich wäre das Schiff tatsächlich mit einer so lächerlichen Steuerung in See gegangen, hätte nicht das verwickelte Getriebe für die Erzeugung der vier Bewegungen beim Probelauf in den Docks so vollständig versagt, daß selbst Mr. Allens Genius es nicht in

Ordnung bringen konnte. So wurden denn die Hähne entfernt und durch Sickels' Steuerung ersetzt. Die Geschichte, daß ein vernünftiger Mensch jemals ein Dampfmaschinen-Steuerorgan mit vier verschiedenen Bewegungen konstruierte und noch dazu den ersten Versuch damit auf dem damals größten Schiff der Welt (außer der „Great Eastern") anstellte, ist eine solche Zumutung an die Leichtgläubigkeit, daß ich sehr froh bin, in einem Briefe an die Zeitschrift „Power", dessen wesentlichen Teil ich hier abdrucke, eine Bestätigung gefunden zu haben:

„— Mr. Porter gibt in einer seiner ‚Lebenserinnerungen', die ich momentan nicht finden kann, eine Schilderung der an dem letzten Dampfer der E. K. Collins-Linie, der ‚Adriatic', vorgenommenen Umbauten. Seine Beschreibung der Hahnventile von Horatio Allen und der Bewegungen, die sie ausführten, ist vollkommen korrekt. Schreiber dieses fertigte selbst den größten Teil der Werkzeichnungen an, nach denen die neuen Ventile und die Sickels-Steuerung auf der ‚Adriatic' eingebaut wurden.

Peter Van Brock.

Jefferson, Iowa."

Die ferneren Einzelheiten dieser von Mr. Allen konstruierten Maschinen wurden später im Londoner „Engineer" von Zerah Colburn in seinem üblichen sarkastischen Stil beschrieben. Seine Beschreibung begann mit den Worten: „Diese Maschinen sind fürchterlich und wundersam gebaut."

Ich hatte gehofft, mein alter Freund Daniel Kinnear Clark würde als Englands Preisrichter in unserer Jurygruppe der Hundertjahr-Ausstellung auftauchen, erlitt aber leider eine Enttäuschung. Der englische Preisrichter unserer Gruppe war Mr. Barlow, ein Sohn des berühmten Verfassers der „Abhandlung über die Beanspruchung von Baustoffen", die, wenn ich mich recht erinnere, die erste maßgebende Abhandlung über diesen Gegenstand war. Jedoch war Mr. Barlow keine große Hilfe für uns; er kam erst spät und besuchte nur eine Sitzung. Das war — ich entsinne mich dessen sehr genau — die Sitzung, auf der ich meinen Unterteilungsantrag stellte. Er reiste dann mit seinem Sohn von Philadelphia ab, um sich die Niagara-Fälle anzusehen, und ward nie mehr gesehen. Ich erinnere mich noch, daß er mich sehr herzlich einlud, ihn zu besuchen, wenn ich nach England käme.

Zwei meiner englischen technischen Bekannten erschienen auf dieser Ausstellung. Der eine war Preisrichter in der Gruppe für — u. a. — Nähmaschinen. Ich erinnere mich, daß ich ihn fragte, was denn die interessanteste Konstruktion gewesen wäre, die er auf der

Ausstellung gesehen hätte. Er meinte, das wäre die selbsttätige Spannvorrichtung in der Nähmaschine von Wilcox & Gibbs. Eines Tages lenkte ich bei einem Gang durch die Maschinenhalle seine Aufmerksamkeit auf eine von der Baldwinschen Lokomotivfabrik gebaute Lokomotive. Er sah sie sich obenhin an und bemerkte, er könne nichts besonderes daran finden. Ich konnte mir die Antwort nicht verkneifen: „Das liegt vielleicht nicht an der Lokomotive.“ Schon in England hatte ich ihn für einen Luftikus gehalten, und diese oberflächliche Bemerkung bestärkte mich in meiner Meinung.

Den andern Freund, wie ich ihn mit Stolz nennen darf, habe ich stets für den in technischer Beziehung interessantesten Mann gehalten, den ich je getroffen habe. Es war Mr. Smith, von Smith & Coventry, den Werkzeugmaschinenfabrikanten in Salford. Mr. Smith war das Gehirn der Gesellschaft. Er war herübergekommen, um zu lernen, was ihm Amerika lehren könne, und das einzige, was er, soviel ich weiß, mit zurücknahm, war der Spiralbohrer, dessen Fabrikation von seiner Firma nach seiner Rückkehr aufgenommen wurde. Ich werde später noch etwas zu dem hinzuzufügen haben, was ich schon bisher über seine wunderbaren Verbesserungen an Werkzeugmaschinen berichtet habe. Auf einem der anregenden Gänge, die wir zusammen durch die Ausstellung machten, wurde unsre Aufmerksamkeit von dem Stand von Gebr. Riehlé, den berühmten Wiegemaschinenbauern in Philadelphia, gefesselt. Unter anderen neuartigen und interessanten Einzelheiten zeigte diese Firma auf ihrem Stande eine $^3/_4$zöllige Schraube, die durch eine Zugbeanspruchung gebrochen war, die mittels einer Mutter von nur der Hälfte der normalen Höhe, also $^3/_8$ Zoll, auf sie ausgeübt worden war. Die Mutter konnte leicht mit der Hand auf dem Gewinde gedreht werden. Diese erstaunliche Enthüllung verführte Mr. Smith zu dem Ausruf: „Dann hat ja der alte Whitworth gelogen!“ Whitworth hatte nämlich festgelegt, er habe durch den Versuch nachgewiesen, daß eine Mutter, wenn sie ebenso stark sein sollte wie der Schaft, eine dem Schraubendurchmesser gleiche Höhe haben müsse, und das war von der gesamten technischen Welt als eine technische Wahrheit hingenommen worden, und nicht einer hatte je daran gedacht, die einfache Messung anzustellen, die bewiesen hätte, daß die Kraft, die notwendig ist, um die Gewindegänge in einer Mutter von dieser Normalhöhe abzuscheren, nahezu das Dreifache der Zerreißkraft des Schraubenbolzens beträgt. — Er interessierte sich natürlich sehr für die wundervollen Laufgewichtswagen dieser Firma, mit denen man alle Lasten, die ein Kran nur tragen mag, wiegen kann. Bezüglich Werkzeugmaschinen war seine einzige Entdeckung, daß ihre Fabrikation in den Vereinigten Staaten im allgemeinen durchaus minderwertig war.

Es war ein Glück, daß ich die Zeichnungen für mein verbessertes Modell für drei oder vier Maschinengrößen schon früher fertig gemacht hatte, denn sonst wäre es mir nicht möglich gewesen, das Ehrenamt zu versehen, das mir für die Ausstellung in Philadelphia angeboten worden war. Ich hatte vor dem 24. Mai zwei weitere Aufträge erhalten und erhielt noch zwei während des Sommers, aber dank meinen Vorarbeiten und Goodfellows Vertrautheit mit der Arbeit ging während meiner Abwesenheit alles glatt.

Vierundzwanzigstes Kapitel.

Fabrikation der Maschinen in Newark. Harris Tabor stellt sich vor.

Der erste Auftrag, den ich nach meiner Rückkehr von Philadelphia erhielt, war ein sehr wichtiger. Auf den Rat Mr. Holleys beschloß die Albany and Rensselaer Iron and Steel Co. in Troy im Staate New York, bei mir zwei Maschinen für die neuen Walzenstraßen zu bestellen, die sie errichteten; das war meine erste Gelegenheit, meine Maschine auf dem Gebiet einzuführen, das ihr wichtigster Anwendungszweig werden sollte. Der Auftrag lautete auf eine 560 × 910 mm-Maschine für den Antrieb einer 400-mm-Walzenstraße für leichte Stahlschienen, und auf eine 455 × 760-mm-Maschine für eine 200- oder 250-mm-Walzenstraße für Handelsstahl. Diese Maschinen liefen nicht schnell; die erste war für direkte Kupplung und machte nur 75 Touren; die zweite lief nur mit 112 Touren, aber verlieh der Straße mittels Riemen die doppelte Tourenzahl.

Mr. Corning, der Generaldirektor der Gesellschaft, war unzufrieden damit, daß die Schienen aus der alten Walzenstraße nur so langsam herausschlichen. Ich stand zufällig, während ich den Arbeitsvorgang beobachtete, gerade dabei, als er einen Jungen fragte, warum die Knüppel den Walzen nicht schneller zugeführt würden. Der Junge antwortete: „Weil die Herren an den Haken sie sonst nicht mehr fangen könnten, Herr Direktor.“ Wo bleiben die „Herren an den Haken“ heutzutage, wo 60 m lange Schienen zwischen den Walzen hervorschießen?

Meine beiden Maschinen standen nahe beieinander und die Straßen liefen nach entgegengesetzten Richtungen. Die Kesselbatterie war eine beträchtliche Strecke von ihnen entfernt. Ich baute einen senkrechten Dampfsammler dazwischen ein, der 1200 mm Durchmesser und 3600 mm Höhe besaß. Dieser Sammler erfüllte zwei Aufgaben: er erhielt die Spannung an den Zylindern gleichmäßig und befreite den Dampf von dem mitgerissenen Wasser.

Letzteres wurde dadurch erreicht, daß der Dampf von oben her durch ein Rohr in den Sammler eintrat, das sich bis zu $^1/_3$ der Höhe gegen den Boden hinunter erstreckte. Das Wasser wurde unten mittels eines Nasonschen Kondenstopfes abgezogen. Der trockene Dampf wurde dann vom höchsten Punkt des Sammlers nach der Maschine geleitet. Es war dies meine erste Anwendung eines Verfahrens, das sich später in noch wichtigeren Fällen als äußerst wertvoll erwies. Diese Maschinen wurden für mich von größter Bedeutung, da ihr erfolgreicher Betrieb mir die Tür zu jenem wichtigen Gebiet öffnete.

Während sie noch versandbereit in der Werkstatt auf der Erde lagen, hatte ich Gelegenheit, William R. Jones, den Direktor der Edgar Thompsonschen Stahlwerke, dem ich, wie schon erwähnt, eine kleine Maschine und Regulatoren für seine großen Maschinen verkauft hatte, um seine Meinung über sie zu fragen. Ich hatte diese Maschinen in einer Beziehung nicht richtig gebaut, denn er machte mich darauf aufmerksam, daß sie als Walzenzugsmaschinen von Hand aus jeder Stellung umsteuerbar sein müßten, was ich nicht gewußt hatte. Die nötigen weiteren Teile, die das möglich machten, waren bald zum Getriebe hinzugefügt. Ich habe nie erfahren, wie M. Jones dazu kam, diesen Besuch so zur richtigen Zeit zu machen; unzweifelhaft hat ihn Mr. Holley geschickt.

Bevor diese Maschinen versandt wurden, bekam ich noch einen anderen Besuch. Das war der Direktor des Laclede-Walzwerks in St. Louis mit seinem Betriebsingenieur. Sie hatten ein Projekt ausgearbeitet, wonach mehrere Walzenstraßen von einer Maschine angetrieben werden mußten, deren Leistung durch Zahnräder übertragen werden sollte. Sie waren ganz entzückt von dem Äußeren der Maschinen und gaben mir auf der Stelle einen Auftrag auf eine große Maschine.

Mit dieser Maschine machte ich eine merkwürdige Erfahrung. Als sie in Betrieb gesetzt wurde, brachen bei den ersten paar Umdrehungen Zähne aus den Rädern, und ich erhielt ein Telegramm, in dem sie mir dies Mißgeschick mitteilten und mich augenblicklich nach St. Louis riefen, um nachzusehen, was mit der Dampfmaschine los sei. Ich war selbst nicht abkömmlich, aber Mr. Phillips war so freundlich, seinem Betriebsingenieur, Mr. Collins, zu gestatten, an meiner Statt hinzureisen. Mr. Collins nahm alles mit, was man zum Nachweis des Fehlers, was für einer auch vorläge, brauchte; wir vermuteten, der Fehler läge im Zahngetriebe. Unter anderem ließ er sich vom Modellschreiner ein paar kurze Brettchen, etwa 50 mm breit und 3 mm dick, zurecht schneiden, und diese erwiesen sich dann als alles, was nötig war. Bei seiner Ankunft versicherten ihm die Besitzer, der Fehler könne nicht im Getriebe liegen, denn sie hätten es von der besten Maschinenfabrik in St. Louis bezogen. Die Herren von jener Firma zeigten ihm triumphierend die Bruchstücke und wiesen auf die völlige Gesundheit des Metalls in den Bruchflächen hin. Sein erster Versuch bestand darin, daß er das eine Ende eines seiner Brettchen so zurecht schnitzte, daß es an der einen Stirnfläche des Rads genau zwischen zwei bestimmte Zähne paßte. Zu seinem fassungslosen Erstaunen entdeckte er, daß diese Schablone in keine andre Zahnlücke auf dem ganzen Umfang paßte; jede war ein bißchen zu groß oder zu klein. Ebensowenig wollte die Schablone an der andern Stirnseite in die gleiche Zahnlücke passen. Dieser eine Versuch erledigte die Angelegenheit; die Maschine hatte allerdings das Getriebe zu Bruch gebracht, weil nämlich die größeren unter den Zähnen der treibenden Räder sich in die zu kleinen Lücken der getriebenen eingekeilt hatten. Mr. Collins war es ein Rätsel, wie man so schlecht liefern könne; ich selbst habe mich nach meinen Erfahrungen mit Whitworths Fabrikaten nie mehr über irgend eine Ungenauigkeit in Zahngetrieben gewundert. Die Besitzer des Walzwerks wandten sich an Samuel T. Wellman, den Direktor der Otis-Stahlwerke in Cleveland, um Rat. Er gab ihnen den verständigen Rat, den Zahnradantrieb ganz und gar zu vermeiden und jede Straße durch eine besondere direkt gekuppelte Maschine anzutreiben, was sie mit meiner Schnelläufermaschine ohne weiteres könnten. Das war das erste, was ich von Mr. Wellman hörte, zu dem ich später in so angenehme Beziehungen treten sollte.

Da ich gerade mal bei dem Thema „Zahngetriebe“ bin, will ich noch ein paar ähnliche Fälle erzählen. Eine meiner ersten kleinen Maschinen lieferte ich an Mr. Albright in Newark, einen Zaumzeugfabrikanten. Die Hälfte der Maschinenleistung sollte durch eine senkrechte Welle und Kegelräder nach einem Nachbargebäude abgegeben werden. Diese mußten geräuschlos laufen, was mir bei 350 Touren recht schwierig erschien. Ich ließ die Zähne bei dem besten Zahnradfabrikanten schneiden, den ich kannte und ließ sie auf einer Drehbank laufen, wobei die getriebene Welle in einem hierfür hergestellten Rahmen gelagert und mit Reibungsrad und Bremse versehen wurde. Um sicher zu sein, daß immer dieselben Zähne aufeinander arbeiteten, markierte ich einen Zahn und die entsprechende Lücke mit Körnerschlägen. Als sie mit 350 Touren gefahren wurden, machten sie einen hübschen Lärm. Der Widerstand der Reibungsbremse genügte, um in 15 Minuten die Berührungspunkte auf den Zähnen deutlich sichtbar werden zu lassen. Ich nahm darauf die Räder ab und entfernte die blanken Stellen sorgsam mit einem Schaber. Das zweitemal war das Geräusch auf weniger als die Hälfte zurückgegangen, und viermaliges Schaben durch einen geschickten Arbeiter behob es ganz und gar. Das gute beim Einschaben von Zahngetrieben ist, daß beim Arbeiten nachher die Oberflächen immer genauer werden, ihr Verschleiß ergibt immer mehr Berührungspunkte.

Eines Tages erhielt ich einen Brief von Mr. Barclay, dem Mühlenbesitzer, für den ich meine erste Maschine in Harlem gebaut hatte, die seine Mühlsteine mit Riemenübertragung antrieb. Er teilte mir mit, er habe seine Mühle von der Harrison Straße nach einem Gebäude in der nördlichen Moore Straße in New York verlegt, und die Maschine wäre nicht in Ordnung. (In solchen Fällen ist's immer die Maschine!) Sie hätte immer drei Reihen Steine angetrieben, und jetzt wollte sie nur noch zwei antreiben, und er verfeuere mehr Kohle als zuvor. Ich sollte doch mal kommen und nachsehen. Im selben Augenblick, wo ich die Tür seiner Mühle aufmachte, wußte ich, was los war. Ich hörte das Rattern ungenauen Getriebes und wurde ernstlich böse. Ich sagte, hoffentlich gefiele ihm diese Musik wenigstens gut, denn sie koste ihm mehr als die Hälfte seiner Kohlen. Ich sagte ihm recht deutlich, was ihm denn eigentlich einfiele, den Transmissionstrieb, den ich ihm geliefert hätte, abzuändern, ohne mich zu Rate zu ziehen? Wenn er diese Getriebe da rauswerfen und die Riemscheiben und Riemen genau so wieder anbringen würde, wie ich sie geliefert hätte, dann würde er finden, daß ihm die Maschine die gleiche Leistung gäbe, die sie ihm fünf oder sechs Jahre lang in seinem früheren Quartier erbracht hätte.

Bei den ersten Maschinen, die ich in Newark baute, arbeitete der Regulator bisweilen gar nicht schön. Das ärgerte mich sehr. Sein unruhiger Gang störte den Gang der Maschine zwar nicht merklich, beeinträchtigte aber die Erscheinung der arbeitenden Maschine. Ich konnte mir absolut nicht erklären, wieso das kam, und nahm mir daher schließlich vor, ich wollte das Rätsel durch den Vergleich zweier gleich großer Maschinen lösen. Die eine war die kleinere der beiden Maschinen für das Walzwerk in Troy; bei dieser arbeitete der Regulator durchaus befriedigend; die andere war eine Maschine, die ich für die Newarker Kalk- und Zementfabrik gebaut hatte, und bei der das Arbeiten des Regulators mir gar nicht gefiel. Nach wochenlangem Vergleichen gab ich's auf; ich konnte nicht dahinter kommen. Bald danach hatte ich Gelegenheit, nach Troy zu fahren, und sah, daß die kleinere von meinen beiden Maschinen mit der doppelten Tourenzahl lief als vorher, nämlich mit 224 Touren. Mr. Robert W. Hunt, der Chefingenieur, erklärte mir, sie wollten diese Geschwindigkeit immer anwenden, wenn sie Stahl auf sehr kleine Profile auswalzten; sie walzten gerade den ersten derartigen Satz. Der Regulator, der früher so vollendet gearbeitet hatte, arbeitete schlecht; das Gegengewicht hüpfte wie besessen zwischen den Hubbegrenzungen hin und her. Ich sprach Mr. Hunt die Vermutung aus, irgend etwas müsse den Regulator am freien Spiel hindern, und fragte ihn, ob er wohl so freundlich sein wollte, ihn untersuchen zu lassen und mir das Ergebnis mitzuteilen? Ein paar Tage danach erhielt ich einen Brief von ihm: er hätte nicht das geringste entdecken können; übrigens wäre jener Auftrag fertig gewalzt, die Maschine liefe wieder mit der ursprünglichen Geschwindigkeit und der Regulator arbeite so gut wie je. Da kam mir blitzartig die Erkenntnis: die Trägheit jener polierten Gußeisenscheiben auf der schwingenden Welle, von denen ich so viel hielt, verursachte all diese Schwierigkeiten. Da deren Trägheitsmoment mit dem Quadrat der Geschwindigkeit wuchs, so hatten sie bei doppelt so großer Tourenzahl der Beeinflussung ihrer Bewegung den vierfachen Widerstand entgegengesetzt, und der Druck der Kulisse, der zur Überwindung dieses Widerstands erforderlich war, hielt den Stein fest. Der Regulator konnte ihn nicht bewegen, bevor er durch Veränderung der Tourenzahl Kraft genug aufgespeichert hatte; dann verstellte er ihn wieder zu weit, und so wurde der Regulator ständig in heftiger Bewegung von einer Hubbegrenzung zur andern gehalten. Ich schämte mich gründlich, daß ich, der ich die Trägheitskräfte jahrelang studiert hatte, so lange den Fehler so recht greifbar vor meinen Augen gehabt hatte, ohne ihn zu sehen. Es wird sich zeigen, daß ich sofort reichlich Gelegenheit fand, meine neue Erkenntnis auszunützen.

Die Gautier-Stahlwerke, die sich in Jersey City befunden hatten, verlegten ihren Betrieb nach Johnstown in Pennsylvania, da sie sich mit den Cambria Eisen- und Stahlwerken fusioniert hatten. Mr. Stephen W. Baldwin, der damalige Direktor der Gautier-Company, hatte mir einen Auftrag auf eine Maschine gegeben, die imstande sein sollte, ihre 250er (oder war es eine 200er?) Walzenstraße mit 230 Touren anzutreiben. Ich fuhr nach Jersey City und maß sorgfältig die für den Antrieb dieser Straße nötige indizierte Leistung. Die dort verwendete Maschine war ziemlich groß und hatte ein schweres großes Schwungrad, das langsam umlief und die Straße mit jener hohen Geschwindigkeit durch Riemen antrieb. Ich fand, daß meine 255 × 505-mm-Maschine bei direkter Kupplung mit dem Walzwerk und 230 Touren zweimal soviel Leistung abgab, als sie damals verbrauchten. Ich baute eine Maschine dieser Größe, mit einem etwa 2,5 m großen Schwungrad, verfrachtete sie nach Johnstown und schickte meinen zuverlässigsten Monteur, George Garraty, zur Montage hin. Ich muß erwähnen, daß Mr. Baldwin inzwischen seine Verbindung mit den Gautier-Stahlwerken gelöst hatte, und diese unter Herren standen, die meine Maschine noch nicht kannten. Ich empfing einen Brief von Garraty, er habe bei seiner Ankunft die Leute gerade im Begriff gefunden, die Maschine zurückzusenden; alle in dem Stahlwerk wären sich darüber einig, daß ein Mann, der solch eine kleine Maschine für die große Stahl-Walzenstraße lieferte, ein Narr wäre. Auf seinen dringenden Rat hätten sie aber versprochen, nichts zu unternehmen, bis sie von mir gehört hätten. Ich schrieb darauf an den Generaldirektor, Mr. Douglas, ich hätte sorgfältig die Höchstleistung gemessen, die von der gleichen Walzenstraße in Jersey City verbraucht worden wäre, und eine Maschine geliefert, die mit Leichtigkeit das doppelte leistete; ich sei sicher, daß er nichts riskierte, wenn er sie einbaute. Hierauf willigte er ein. Während Garraty die Maschine montierte, traf man Vorbereitungen, sie wenn möglich festzufahren. Bei ihrer Inbetriebsetzung herrschte große Aufregung; die Leute an den Öfen arbeiteten wie die Biber, und bekamen es fertig, der Straße die Knüppel zweimal so rasch zuzuführen, wie je zuvor, aber sie konnten ihre Tourenzahl auch nicht im geringsten herunterdrücken. Schließlich ermäßigten sie die Dampfspannung, aber die Maschine blieb erst stehen, als diese auf 2,8 Atm. heruntergegangen war. Da ertönte ein gewaltiges Hurrageschrei, nicht weil sie, sondern weil die Maschine gesiegt hatte und die Leistung der Straße zu verdoppeln vermochte, und an die Großaktionäre in New York und Philadelphia wurden schleunigst Telegramme gesandt, um sie von ihren Sorgen zu befreien. Garraty reiste noch denselben Abend und meldete sich am nächsten Morgen bei mir zur Stelle. Nachdem er seinen Bericht von dem Erfolg der Maschine beendet hatte, fügte er hinzu: „Aber der Regulator arbeitet sehr unruhig; sie haben's noch nicht gemerkt, weil sie bloß an ihre Straße gedacht haben, aber sie werden's merken.“ Es war ein merkwürdiger Zufall, daß ich gerade an jenem Morgen Mr. Hunts Brief erhalten hatte, der mir die Augen über die Ursache dieses Tanzens öffnete; den Tag vorher noch hätte ich es nicht begreifen können.

24 Stunden nach meinem Gespräch mit Garraty war ich unterwegs nach Johnstown und hatte zwei leichte Stahlhebel zum Ersatz der alten Scheiben mit. In der Zwischenzeit hatte ich die Zeichnungen gemacht, die Hebel schmieden und bearbeiten, die Splinte einpassen und die Keilnuten einfräsen lassen, so daß sie vollkommen austauschbar gegen die Scheiben waren. Als ich Mr. Douglas erzählte, was ich beabsichtige, lächelte er und sagte, er könne im

Leben nicht einsehen, was Schwingscheiben auf der Steuerwelle mit dem Arbeiten des Regulators zu tun hätten. Immerhin, sie hätten noch nicht mit Nachtschichten begonnen, ich könnte also die Maschine nach 6 Uhr haben, aber sie müßte am nächsten Morgen um 6 Uhr wieder betriebsbereit sein. Ich glaubte, ihn über diesen Punkt völlig beruhigen zu können, da die Auswechslung wahrscheinlich weniger als eine Stunde in Anspruch nehmen würde. Ich verschaffte mir noch einen Maschinenschlosser, außer dem Maschinisten, der abends kommen sollte, mir zu helfen, und vertrieb mir den Rest des Tages meine Zeit auf dem Walzwerk. Das Getanze des Regulators war mir so unangenehm, daß ich nicht lange im Maschinenraum blieb. Am Abend nahmen wir die Scheiben ab, steckten die Hebel auf die Zapfen und machten die Verbindungen, ließen die Maschine ein paar Minuten lang leer laufen, um zu sehen, ob alles in Ordnung war, und noch vor Ablauf einer Stunde war ich wieder in meinem Hotel, woraus hervorgeht, wie vorteilhaft es ist, nach Lehren zu arbeiten. Ich hatte 13 kg — das war der Unterschied zwischen Scheiben- und Hebelgewicht — weggenommen. Nächsten Morgen ging ich hinüber um zu sehen, was das genützt hatte. Es erschien wie Zauberei. Der Regulator schien schlafen gegangen zu sein, er nahm gar keinen Anteil mehr an dem Treiben rund umher; das Gegengewicht stand ungefähr in der Mitte seines Hubs und bewegte sich nur dann und wann träge ein Stückchen auf oder ab. Nachdem ich Mr. Douglas hatte rufen lassen, damit er sehen könnte, was 460mal in der Minute hin- und herschwingende Schwingscheiben auf der Steuerwelle mit dem Arbeiten des Regulators zu tun hätten, und nachdem ich den Ausdruck seiner Bewunderung entgegengenommen hatte, nahm ich den nächsten Zug nach Hause. Man kann sich denken, daß ich nicht fackelte, alle Spuren meines Schnitzers von Zeichnungen und bereits gelieferten Maschinen zu entfernen.

Ich erhielt von John W. Hyatt in Newark den Auftrag auf eine 150 × 305 mm-Maschine für 450 Touren zum Antrieb einer Schleifmühle, die 900 Touren machte. Er brauchte diese zum Pulverisieren von Knochen für die Herstellung künstlichen Elfenbeins. Das war die höchste Tourenzahl, die ich je angewandt habe, und die Maschine hatte wohl den geräuschlosesten Gang von allen, die ich je gebaut habe. Nicht lange nach ihrer Fertigstellung erhielt ich den Besuch eines jungen Mannes, der sich mir als Harris Tabor vorstellte. Er erzählte mir, er habe einen Dampfmaschinen-Indikator erfunden, den er für dem Richardsschen überlegen halte, da der Schreibstift sich viel leichter bewege und eine genau gerade vertikale Linie zöge. Er mache mir diesen Besuch in der Hoffnung, daß ich ihm eine Erprobung seines Indikators an einer sehr schnell laufenden Maschine ermöglichen könne. Ich sagte, ich glaubte, ich hätte gerade, was er brauchte. Ich nahm ihn mit zu Mr. Hyatts Fabrik, wo die Maschine lief und die Vorrichtungen für das Indizieren aufwies, die ich selbst benutzt hatte; natürlich freute er sich sehr über diese hervorragend günstige Gelegenheit. Er nahm eine Anzahl Diagramme mit seinem Indikator, und es bestätigte sich, daß sie ganz frei von den Schwingungen waren, die der Richards-Indikator bei der gleichen Tourenzahl erzeugte. Ich gab ihm eine Bescheinigung, daß diese Diagramme mit seinem Indikator an einer mit 450 Touren laufenden Porter-Allen-Maschine aufgenommen seien, und er machte sich damit nach Boston auf, um Mr. Ashcroft aufzusuchen. Das Ergebnis dieses Besuches ist der technischen Welt bekannt. Zu meinem großen Bedauern ist nicht eins der damals aufgenommenen Diagramme weder von Mr. Tabor, noch von Mr. Ashcroft, noch von mir selbst aufbewahrt worden, wieso, weiß keiner von uns. Die Hyattsche Anlage ist später, wie ich hörte, nach Albany im Staate New York verlegt worden.

Eine ganz einzigartige Erfahrung machte ich an einer anderen 150 × 305 mm-Maschine, die ich an William A. Sweet, den älteren Bruder von Professor John E. Sweet, für seine Sprungfederfabrik in Syracuse, New York, geliefert hatte. Mr. Sweet hatte zwei Kesselbatterien, die ein Stück voneinander entfernt und auf verschiedener Höhe aufgestellt waren. Sie waren durch ein notgedrungen geneigtes Rohr miteinander verbunden. Ungefähr in der Mitte dieses Rohres war ein Absperrventil eingebaut, und wenn es zu war, füllte sich natürlich der obere Zweig teilweise mit Wasser. Meine Maschine bekam ihren Dampf von dem unteren Ende des Rohres, unterhalb des Absperrventils. Eines Tages waren die unteren Kessel überlastet, und M. Sweet öffnete persönlich, zufällig in meiner Gegenwart das Absperrventil, um von der oberen Batterie Dampf dazu zu bekommen, aber er bekam keinen. Was er bekam, war blankes Wasser, und das brachte meine Maschine aus einer Geschwindigkeit von 350 Touren augenblicklich zum Stillstand. Ich stand nahe bei der Maschine und sah, wie aus der Dichtungsfuge des hinteren Zylinderdeckels eine Wasserscheibe hervorschoß, die oben bis zum Dach spritzte. Die Untersuchung ergab, daß der Stahlkeil des Schwungrads beinahe 12 mm in die schmiedeeiserne Welle hineingetrieben und die Welle verbogen war. Die Maschine hatte weiter keinen Schaden erlitten; die Zylinder-Deckelschrauben waren nicht bis zur Elastizitätsgrenze beansprucht worden, und die Muttern brauchten nicht nachgezogen zu werden. Die Welle wurde wieder gerade gerichtet, neue Keilnuten für das Schwungrad eingefräst, und die Maschine arbeitete so gut wie je — ein recht guter Beweis für ihre Solidität.

Ich machte ein paar spaßige Erfahrungen mit der Wirkung meiner neuen Methode des Bohrens von Schwungrädern und Riemscheiben. Ich lieferte eine Maschine an Westinghouse für seine erste Fabrik in Pittsburg, noch bevor die Westinghouse-Maschine auftauchte. Sie montierten sie selbst. Ich erhielt von ihrem Oberingenieur ein Telegramm folgenden Wortlauts: „Bohrung in Ihrer Radnabe ist oval, was tun?“ Hierauf telegraphierte ich zurück: „Bringen Sie Rad auf Welle auf und treiben Sie den Keil fest“.

Ein anderer Oberingenieur entdeckte den gleichen unverantwortlichen Bearbeitungsfehler, wandte sich aber nicht an mich. Er tat sein Bestes, um die Welle in der Bohrung zu zentrieren und die Spielräume an beiden Seiten mit dünnen, an den Rändern ausgeschmiedeten Eisenstücken auszufüllen. Darauf ging der Keil nicht in die Nute hinein; er verschwächte ihn also so lange, bis er hineinging. Hierauf lief das Rad 3 mm exzentrisch, und nun öffneten sich die Schleusen seines Zorns und ergossen ihren Inhalt auf mein demütiges Haupt.

Ich erhielt von Mr. Mathieson, dem Betriebsdirektor der National-Röhrenwerke in Mc Keesport, Pennsylvania, einen Auftrag auf zwei Maschinen von 710 und 810 mm Bohrung und 1215 mm Hub. Es handelt sich in folgendem um die erstere, die mit 125 Touren lief. Eines Tages setzte sich die Regulatorspindel in der Säulenbohrung fest — ein Zufall, der mir weder vor- noch nachher je wieder vorgekommen ist — ob wegen zu strammen Einpassens oder wegen schlechter Schmierung, das weiß ich nicht. Natürlich ging die Maschine durch wie besessen. Mr. Mathieson und ich waren im Maschinenraum; das letzte, was ich von ihm sah, war sein nahezu horizontaler Rockschoß, als er aus der Tür rannte. Der Maschinist lief und wollte das Hauptventil schließen. Ich fürchtete, das würde zu lange dauern und rannte vor das Schwungrad, um die Steuerung auszuklinken. In dem gleichen Augenblick aber ging mir durch den Kopf, was im Zylinder geschehen würde, wenn die Bewegung der Einlaßschieber plötzlich an einem unbekannten Punkt des Hubs bei dieser Geschwindigkeit stehen blieb, und ich unterließ es. Ein paar Sekunden später hatte der Maschinist das Ventil geschlossen und die Maschine lief bald langsamer. Das 6 m große Schwungrad zersprang nicht, ich hatte auch nicht geglaubt, daß es das tun würde. Mir ist nie mit einem Schwungrad etwas passiert, aber dies war doch die schwerste Probe, der meine Schwungräder je ausgesetzt gewesen sind. Ich habe von vielen Unglücksfällen mit Schwungrädern gehört, aus denen ganz offenbar hervorging, daß sie so leichtsinnig konstruiert waren, als sollten sie absichtlich zerspringen, wenn ihre Geschwindigkeit nur mäßig zunahm.

Jenes Schwungrad war des Transports wegen notwendigerweise in zwei Hälften gegossen worden, und die Verbindungen waren ebenso stark konstruiert wie der Querschnitt des Kranzes. Wie die beigefügte Zeichnung zeigt, wurden beide Hälften durch zwei

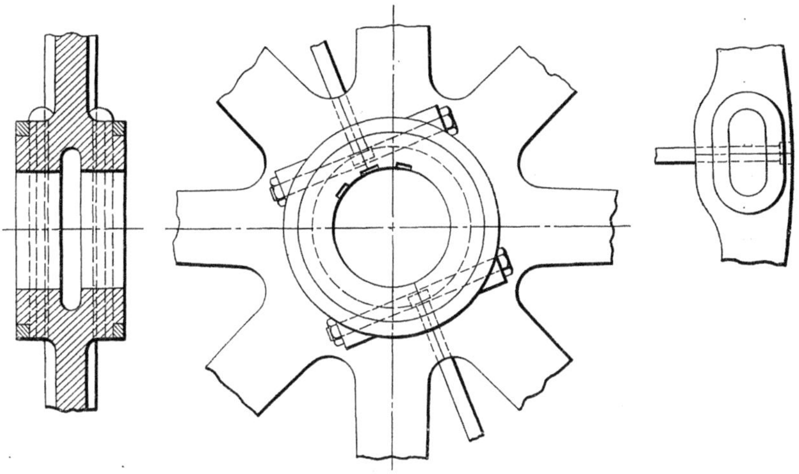

stählerne Schrumpfringe zusammengehalten, die durch Aufweiten einer gelochten Stahlscheibe enstanden. Man kann sich ausrechnen, daß jeder Gußeisenquerschnitt an diesem Punkt dem Kranzquerschnitt gleich ist, während die Stahlbänder sogar stärker sind. Die Nabenhälften wurden durch Schrauben und Stahlringe zusammengehalten.

Eine Maschine lieferte ich an eine Gummifabrik in Cleveland, Ohio. Ein paar Monate danach bekam ich einen Brief von dem Besitzer, er hätte neue Maschinen eingestellt, und nun wollte die Dampfmaschine nicht mehr durchziehen, gäbe auch nicht die garantierte Leistung; ich möchte doch sofort kommen und mal nachsehen. Als ich in den Kesselraum kam, sah ich, daß das Manometer nur 3,8 Atm. Spannung anzeigte. Ich fragte den Maschinenmeister, warum er so niedrigen Druck hielte, und er erzählte mir darauf, das Sicherheitsventil wäre auf $4^1/_4$ Atm. eingestellt und seiner Ansicht nach wäre das „allermeist genug Druck“ für einen Kessel; er wäre eine Reihe von Jahren Maschinist auf den Großen Seen gewesen und da wäre $4^1/_4$ Atm. die höchste zulässige Spannung gewesen. Ich fragte den Besitzer, ob er seine Kessel versichert habe; ja, sagte er, bei der Hartforder Kessel-Versicherungs-Gesellschaft. Ich äußerte die Vermutung, daß diese Gesellschaft einen Agenten in Cleveland habe. „Jawohl," sagte er, „sein Bureau ist gerade hier um die Ecke, und wenn Sie ihn sprechen wollen, glaube ich, wir können ihn in 10 Minuten hier haben." Er erschien denn auch bald, und ich fragte ihn: „Ich höre, Sie haben diesen Kessel versichert?"

„Ja."

„Haben Sie ihn selbst untersucht?"

„Jawohl."

„Wieviel Druck hält er Ihrer Meinung nach mit Sicherheit aus?"

„$8^1/_2$ Atm."

„Würden Sie ihn für diesen Druck weiter versichern?"

„Gewiß, das ist ein ganz ungefährlicher Druck."

„Nun", sagte ich zu dem Besitzer, „Sie wollen sich bitte überzeugen, daß meine Leistungsgarantie auf der Voraussetzung eines Dampfdruckes von 6 Atm. beruht und Sie haben keine Entschuldigung dafür, daß Sie diesen Druck nicht einhalten, und wenn Sie das tun, so werden Sie keine Schwierigkeiten weiter haben. Wenn wir anfangen wollten, uns nach dem zu richten, was auf den Großen Seen üblich ist, dann könnte ich Ihnen, wenn Sie nach New York kommen wollen, zeigen, daß auf unseren Fluß- und Sunddampfern nur $1^3/_4$ Atm. Spannung üblich ist." Er ließ sich gern dazu bestimmen, den höheren Druck einzuhalten, der sich als reichlich genügend erwies, ich war also rein für nichts nach Cleveland gereist, — aber später machte ich eine lohnendere Reise dorthin.

Fünfundzwanzigstes Kapitel.

Die Maschine für die Cambria Eisen- und Stahlwerke.

Der allgemeine Erfolg meiner Walzenzugsmaschinen ermutigte die Cambria Eisen- und Stahlwerke in Johnstown, Pennsylvania, mir auf Mr. Holleys Rat wiederum eine Maschine zum Antrieb ihres Schienenwalzwerks in Auftrag zu geben. Hierfür baute ich die größte Maschine, die ich bis dahin gebaut hatte: 1015 mm Bohrung und 1215 mm Hub. Sie war viel zu groß, um in dem Hewes & Phillips'schen Eisenwerk gebaut werden zu können; ich ließ daher die Teile, mit Ausnahme der Steuerung, in drei verschiedenen Fabriken in Philadelphia herstellen. Die Grundplatte, die 18 Tonnen wog, wurde in den Werken von I. P. Morris & Co. gegossen und bearbeitet, der Zylinder bei James Moore, der auch die Welle abdrehte, und die Kurbelscheibe wurde von William Sellers & Co. gedreht und gebohrt. Die verschiedenen Teile wurden erst in Johnstown zusammengepaßt. Die Cambria Company machte sich ihr Schwungrad selbst. Ich brachte während des Fortschreitens der Arbeiten einen beträchtlichen Teil meiner Zeit auf der Eisenbahn zwischen Newark und Philadelphia zu und schleppte Stichmaße, Schablonen und Kaliber mit mir mit. Ich montierte die Maschine selbst, und alles paßte ohne Stockung zusammen, was mich in dem Glauben bestärkte, daß der Zusammenbau und die Wiederdemontage der Maschinen in der Werkstatt eine große Zeit- und Raumvergeudung sei, und ich nahm mir vor, daß die Fabrikationsweise, von der ich träumte, ganz in Fabrikation von Einzelteilen bestehen solle, die auf Lager gelegt würden. Aufträge sollten dann einfach durch Versand der Einzelteile unmittelbar vom Lager erledigt werden.

Die Kessel in Johnstown lagen über den Regenerativöfen, deren Abhitze sie nutzbar machten. Sie waren daher über die ganzen Werke zerstreut. Die größten Dampfrohre hatten 200 mm Lichtweite. Ich bestellte bei den Cambria-Werken einen Dampfsammler von 1500 mm Durchmesser und 4500 mm Höhe, der dicht an den Zylinder

der Maschine gesetzt werden sollte. Sie machten ihn 5500 mm hoch, weil die Breite ihrer Bleche dafür gerade gut paßte. Ich ließ den Dampf durch ein 200er Rohr eintreten, das oben in den Sammler einmündete und sich 3600 mm nach abwärts erstreckte; von der höchsten Stelle des Sammlers führte ich den Dampf durch ein 300er Rohr zur Maschine. Das Niederschlagwasser zapfte ich vom Boden des Sammlers mittels des größten Nasonschen Kondenstopfes ab, der ständig einen zolldicken Wasserstrahl lieferte. An der Seite des Sammlers brachte ich vier Probierhähne in 900 mm Abstand übereinander an. Aus dem untersten, der 1800 mm über dem Boden war, blies der Dampf weiß wie Papier ab, bei jedem nächsthöheren wurde er farbloser und aus dem höchsten kam er ganz unsichtbar. Ich schraubte ein Manometer auf den Sammler, und dies zeigte, daß die Spannung bei der größten Belastung der Maschine um nicht mehr als zwei Zehntel Atmosphären abfiel. Diese Sicherheit, daß stets trockner Dampf in den Zylinder kam, war eine grundlegende Ursache für den Erfolg der Maschine.

Die Maschine wurde mit 80 Touren in Betrieb genommen. Das war die gleiche Tourenzahl, mit der ihre alte Maschine eigentlich laufen sollte, aber in Wirklichkeit war ihre Geschwindigkeit immer auf 60 Touren gesunken, sobald die Walzen zwei Knüppel gleichzeitig durchzogen. Ich muß hier erwähnen, daß die Maschine an die entgegengesetzte Seite des Walzenstuhls gesetzt war, wie die alte, und daß die einzige Umänderung darin bestand, daß die alte Maschine ab- und die neue angekuppelt wurde. Der Vorteil beruhte darin, daß bei der neuen Maschine die Walzen vier, ja fünf Durchzüge gleichzeitig machen konnten und doch die Tourenzahl der Maschine niemals merklich unter 80 fiel. Das Ergebnis war, daß die Straße in der ersten Woche 2400 Tonnen Schienen lieferte, statt 1200, was schon die frühere Höchstleistung darstellte. Auf jene Höchstleistung waren sie schon sehr stolz gewesen und hatten behauptet, sie überträfe die Leistung aller anderen Werke. Mr. Daniel N. Jones, ihr Chefingenieur, steigerte mittels Ersatz der Regulatorriemscheibe durch eine größere die Tourenzahl der Maschine vier Wochen lang hintereinander jede Woche um fünf Touren. Das machte er immer Sonntags, wenn das Werk still lag, und so stieg die Geschwindigkeit schließlich auf 100 Touren und die Produktion auf 3000 Tonnen die Woche. Er war stolz darauf, daß ihm dies gelang, ohne daß es die Hakenleute merkten; denn wenn sie es gemerkt hätten, hätte es vielleicht Schwierigkeiten gegeben. Heute, wo seit vielen Jahren die Produktion einer Schienenstraße 3000 Tonnen pro Tag beträgt, ohne daß Menschenhände mehr dabei zu tun haben, will jene Ziffer nicht mehr viel bedeuten; aber zu jener Zeit galt das für eine ungeheure Leistung. Außerdem bedeutete es für die Gesellschaft finanziell einen bemerkenswerten Vorteil, da unmittelbar darauf eine erhöhte Nachfrage nach Stahlschienen einsetzte, ihr Preis auf 250 Mark pro Tonne stieg und auf dieser Höhe eine ganze Zeitlang verharrte.

Das folgende ist ein Beispiel dafür, wie vorsorglich Mr. Jones bei meiner ganzen Arbeit mit mir zusammenwirkte. Er hatte darauf bestanden, daß der Zylinder an seinem hinteren Ende unterstützt wurde, da er bestimmt glaubte, daß sonst das Kolbengewicht von 1650 kg eine Durchbiegung bewirken würde. Es wurde also unter das schon mit einer entsprechenden angegossenen Arbeitsleiste versehene Zylinderende eine Stützplatte gebaut. Die berührenden Flächen wurden parallel zueinander gehobelt; aber ich sah absichtlich zwischen ihnen soviel Spiel vor, daß ein Stück Papier dazwischen ging, und als die Maschine lief, war ich imstande, ein Blatt Papier durch die Ritze zu ziehen, ohne daß es eingeklemmt wurde, wodurch bewiesen war, daß die Unterstützung des Zylinders durch die Grundplatte starr genug war, wie ich behauptet hatte. Mr. Jones lachte.

Das Schwungrad, das die Cambria Company für diese Maschine baute, interessierte mich sehr. Nabe und Arme waren als ein spinnenartiges Stück gegossen und natürlich gußspannungsfrei. Der Kranz wurde gleichfalls in einem Stück gegossen. Der beigefügte

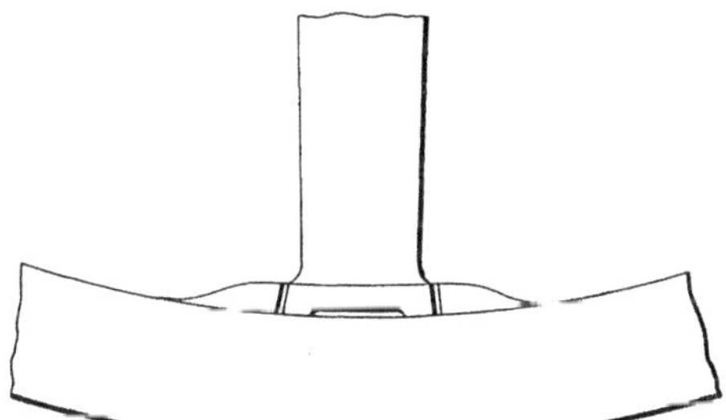

Holzschnitt zeigt, wie die Arme in den Kranz eingelassen wurden. Die Zwischenräume an den Seiten und Stirnflächen des Schwalbenschwanzes betrugen 15 mm; sie wurden mit Eichenholz ausgefüllt und in dieses von beiden Seiten so viel lange, schlanke Stahlkeile getrieben, wie Platz fanden. Dieses vorzügliche Schwungrad war, wie ich hörte, von Mr. John Fritz erfunden worden, als er noch Oberingenieur der Cambria-Werke war.

Die Maschine erhielt viel Besuch, u. a. erinnere ich mich besonders an Mr. Otis und Mr. Wellman, die ich zufällig dort traf.

Als Ergebnis ihres Besuchs bestellten sie bei mir eine Maschine gleicher Größe für den Antrieb des neuen Blechwalzwerks, das Mr. Otis gerade erbaute. Weiter erhielt ich drei Aufträge auf Schwestermaschinen, einen von der Pennsylvania Steel Company, einen von der Betlehem Steel Company und eine Nachbestellung von der Cambria Company selbst. Der Auftrag der Betlehem Steel Company wurde mir erteilt durch ihren damaligeu Chefingenieur, Mr. John Fritz, den Erfinder des Triplex-Walzwerks und Konstrukteur aller ihrer Maschinen für das Walzen sowohl von Schienen, wie von Panzerplatten.

Einen Vorfall gelegentlich der Erteilung des zweiten Auftrags durch die Cambria Company möchte ich als Erläuterung des Gegensatzes zwischen brutaler und taktvoller Geschäftsführung erwähnen. Ich erhielt von der Cambria Company ein Telegramm des Wortlauts: „Wünschen Ihre sofortige Anwesenheit wegen einer zweiten Maschine.“ Ich erfuhr später, daß dieses Telegramm in der Fassung, die ihm Mr. Powell Stackhouse, der Generaldirektor, gegeben hatte, die letzten vier Worte nicht enthielt, sondern lediglich lautete: „Wünschen ihre sofortige Anwesenheit.“ Mr. Stackhouse hatte das Telegramm niedergeschrieben und auf seinen Tisch gelegt, damit ein Junge es nach dem Telegraphenamt brächte. In diesem Augenblick betrat Mr. Jones das Bureau und las das Telegramm, worauf sich folgende Unterhaltung entspann:

Mr. Jones: „In der Form können wir das aber nicht absenden!“

Mr. Stackhouse: „Warum denn nicht?“

Mr. Jones: „Es würde Porter zu sehr ans Herz gehen.“

Mr. Stackhouse: „Wieso?“

Mr. Jones: „Der einzige Gedanke, auf den er kommen würde, wäre, daß etwas Entsetzliches mit seiner Maschine geschehen wäre.“

Keine Antwort. Darauf fügte Mr. Jones die Worte „wegen einer zweiten Maschine“ hinzu, die die Wirkung, die das Telegramm erzeugen sollte, etwas veränderte.

Diese Aufträge auf vier weitere Maschinen meiner größten Listennummer wurden später noch durch einen ähnlichen Auftrag von den Albany und Rensselaer Eisen- und Stahl-Werken ergänzt, so daß im ganzen fünf, oder mit der schon laufenden sechs Maschinen mit Benutzung der gleichen Modelle gebaut wurden.

Das schnellere Walzen ergab noch weitere Vorzüge neben der gesteigerten Produktionsmenge. Es sicherte eine gleichmäßige Hochwertigkeit der Erzeugnisse, die sonst selbst mit der größten Sorgfalt nicht erreichbar war, und bewirkte verschiedene wichtige Ersparnisse. Mr. Jones hatte kürzlich eine neue Blockstraße, damals die größte der Welt, fertiggestellt und in Betrieb gebracht, die Blöcke von 425 statt 300 mm quadratischem Querschnitt verwalzte, und auch das Fassungsvermögen der Bessemerbirnen wurde dementsprechend vergrößert. Die Produktion dieser Straße war viel größer, als das Schienenwalzwerk aufarbeiten konnte, und ein großer Vorrat kalter Knüppel hatte sich im Hof angesammelt. Eine Kolonne von etwa 30 Mann war damit beschäftigt, alle fehlerhaften Stellen von diesen Knüppeln abzuschroten, die Anlaß zur Erzeugung von Schienen „zweiter Güte" geben könnten.

Nach Beginn des Betriebs mit meiner Maschine nahm man bald wahr, daß infolge der kürzeren Abkühlungspausen und der größeren Schnelligkeit, mit der den Schienen durch das Walzen neue Wärme zugeführt wurde, die anfängliche Hitze beinahe bis zum Ende des Walzvorgangs erhalten blieb, jede fehlerhafte Stelle verschweißt und eine fehlerfreie Schiene geliefert wurde, so daß das Abschroten der Knüppel nicht mehr nötig war.

Es dauerte nicht lange, da war der Vorrat an Knüppeln im Hofe aufgezehrt, und die heißen Knüppel wurden nun unmittelbar von der Blockstraße geliefert. Diese erwärmten sich natürlich leichter wieder und obendrein brauchte man zum Erstaunen der Arbeiter weniger Kraft zum Walzen und die Walzen hielten viel länger aus, bis sie wieder frisch abgedreht werden mußten. Die Erklärung war die, daß die abgekühlten Knüppel niemals wirklich bis zur Mitte heiß gemacht werden konnten. Hiermit war der Anfang zu dem System der Aufrechterhaltung der ersten Hitze des Blocks durch den ganzen Walzvorgang hindurch gemacht, das seitdem zu so hoher Wirtschaftlichkeit entwickelt worden ist.

Sechsundzwanzigstes Kapitel.

Bergab.

Ich hatte jetzt den Höhepunkt meiner Ingenieurlaufbahn erreicht; 20 Jahre lang hatte ich mich der Entwicklung der Schnellläufermaschine und dem Studium der besten Mittel und Wege für ihre Fabrikation gewidmet und sie in Konstruktion und Werkstattstechnik auf eine Stufe der Vollendung gebracht, die bis dahin im Dampfmaschinenbau unbekannt war. Alle mit dem Betrieb von Schnelläufermaschinen verknüpften theoretischen Aufgaben hatte ich gelöst und, auf Allens Erfindungen der Ein-Exzenter-Kulissensteuerung und des vierfach eröffnenden entlasteten Schiebers mit einstellbarer Druckplatte und auf meinem Regulator fußend, alle konstruktiven Grundzüge und Einzelheiten dieser Maschine selbst ausgearbeitet.

Ich hatte vier Jahre lang die Fabrikation dieser Maschinen unter meinem Namen als alleiniger Eigentümer geschäftlich geleitet, aber, wie schon bemerkt, ohne einen Pfennig Kapital. In dieser Zeit hatte ich zwischen 40 und 50 Maschinen jeder Listennummer von der kleinsten bis zur größten, mit Ausnahme der beiden 1115er Maschinen gebaut, die erst nach meiner Zeit hinzukamen. Vom Standpunkt des Organisators aus gesehen war ich Vorsitzender des Aufsichtsrats, geschäftsführender Direktor, Schatzmeister, Generaldirektor, Ober-Ingenieur, Fabrik-Inspektor und Konstrukteur in einer Person. Wenigstens hatte ich die all diesen Stellen zukommenden Obliegenheiten mit befriedigendem Ergebnis versehen. Ich fertigte jede, sowohl Projekt- wie Werkzeichnung, eigenhändig an und hatte nur einen jungen Mann zur Herstellung der Pausen, der mir, wenn er Zeit hatte, beim Anlegen der Schnitte half. Damals war das Blaupausen noch nicht gebräuchlich; die Zeichnungen wurden auf weißem Zeichenpapier gemacht und mit Tusche ausgezogen, und für die Werkstatt wurden Handpausen gemacht; ich nahm das Blaupausverfahren auf, als ich nach Philadelphia zog.

Alle meine Beamten waren mir treu ergeben; ich konnte mich stets darauf verlassen, daß meine Anweisungen treulich ausgeführt wurden und mein Werk lief so glatt, wie meine Maschinen. Nur waren wir durch die armseligen Werkzeugmaschinen, die uns zu Gebote standen, recht gehemmt. Sie waren nicht besser und nicht schlechter als die damalige amerikanische DurchschnittsWerkzeugmaschine, aber Mr. Goodfellow und ich schätzten, daß mit ihnen verhältnismäßig nur ungefähr halb so viel herausgebracht werden konnte, als wir in dem erträumten eigenen Werk herauszubringen hofften. Außerdem konnte ich keine Akkordpreise ausarbeiten oder sonst irgendwelche planvolle Arbeitsweise einführen. Meine Aufträge wuchsen mir allmählich über den Kopf. Sie überschritten das Aufnahmevermögen der Hewes & Phillips-Werke, oder wenigstens des Teils, der mir zur Verfügung stand. Bevor ich diese verließ, hatte ich neben den vier bereits erwähnten Aufträgen im Gesamtbetrage von 200000 Mark brutto (ausschließlich Schwungräder, die ich in dieser Fabrik überhaupt nicht ausführen konnte), so viel Aufträge auf kleinere Maschinen hereingenommen, daß der Gesamt-Auftragsbestand 600000 Mark überstieg. Auch die letzteren konnte ich nicht mehr allein bewältigen, so daß ich einige von diesen gleichfalls ganz oder teilweise an andere Fabriken vergeben hatte.

Von diesem Punkt an ging mein Pfad steil bergab in das Grab alles meines Hoffens; innerhalb von zwei Jahren und acht Monaten schwand mein Umsatz auf so gut wie Null und ich, der für dieses Ergebnis die Verantwortung tragen mußte, wurde aus der Eisengießerei Southwark hinausgeworfen und stand auf der Straße. Im Grunde war das lediglich meine Schuld. Kein Mensch könnte sich einen besseren Kreis von Männern wünschen, als die, die gemeinsam ihr Geld in die Fabrikation der Porter-Allen-Maschinen steckten.

Mein Ziel war gewesen, soweit zu kommen, daß ich das nötige Geld zur Verfügung hätte, mein Geschäft nach dem seit meiner Rückkehr aus England liebevoll gehegten Entwurf zu organisieren, nur noch in einem viel größeren Maßstabe. Dieses Ziel hatte ich jetzt erreicht. Leute, die durch meine Dampfmaschine viel Geld verdient hatten, waren bereit, mir Geld wie Heu zur Verfügung zu stellen. Aber etwas anderes brauchte ich noch nötiger, als all ihr Geld, und ohne das war, wie die Zeit lehrte, ihr Geld überhaupt nichts nütze: — das war ihre Achtung und ihr Vertrauen in mich als einen guten Geschäftsmann. Meine Vergangenheit hätte solches Vertrauen genügend gerechtfertigt, aber die kannten sie nicht. Sie konnten sich aus nichts anderem ihr Urteil über mich bilden, als aus dem, was ich eben gerade damals tat. Ich kam gar nicht darauf, daß sie darauf in erster Linie sahen, und machte ihnen auf ihr Ersuchen ein Angebot, das von ihrem Standpunkt aus so wenig geschäftsmännisch erschien, daß sie nur einen Schluß daraus ziehen konnten, nämlich, daß ich zwar zweifellos tadellose Maschinen bauen konnte, aber in Geschäftssachen das reine Kind war, dessen Anschauungen über „Geschäft" einfach nicht ernst zu nehmen waren.

Wie kam ich dazu, mir selbst, und auch ihnen, insofern sie ihrem falschen Urteil zum Opfer fielen, Unrecht zu tun? Mein ganzes Leben ging in der Maschine auf; ich begehrte nach Geld nur, um ihre Fabrikation zu entwickeln; jeden Pfennig, der an mich persönlich abgeführt wurde, empfand ich als diesem Zweck entzogen. Ich forderte nichts für meinen persönlichen Anteil am Geschäft, denn den verkaufte ich nicht; sie steckten ihr Geld in mein Geschäft, das ich natürlich weiter führen würde wie bisher. Da steckte mein Fehler. Ich beriet mich eingehend mit Mr. Hope, dessen Interesse mit meinem zusammenfiel, und er betrachtete die Frage von genau dem gleichen Gesichtspunkt wie ich. Obwohl er als Feuerversicherungsfachmann seinesgleichen suchte, hatte er doch nicht die speziell kaufmännische Ausbildung oder Erfahrung, die ihn befähigt hätte, mir den Rat zu geben, den ich brauchte. Ich gab ihnen also den Bescheid, daß ich bei Gründung einer Gesellschaft mit $3^1/_2$ Millionen Mark Kapital meine Patente für 400000 Mark in Anteilen einbringen würde, deren Wert ich in wenigen Jahren auf ein Mehrfaches zu steigern hoffte. Darüber hinaus machte ich nur Annahmen, aber verschaffte mir keine Garantien, und auf diese Weise verstanden wir uns niemals. Ich verschaffte mir keine Garantien, weil ich gar nicht auf den Gedanken kam, daß ich das müßte.

Sie konnten sich nicht in meine Lage hineindenken. Sie verstanden meine Empfindungen nicht. Sie waren Kaufleute und machten Geschäfte nach rein kaufmännischen Grundsätzen. Erst später lernte ich ihren Standpunkt verstehen. Aus der Tatsache, daß ich mir den Vorsitz nicht vorbehielt, schlossen sie, daß ich ihn nicht wünschte, sondern ihn ihnen abgetreten habe, und nahmen ihn mit der Selbstverständlichkeit für sich in Anspruch, mit der nach allgemeinem Brauch das Kapital die Leitung von Geschäften übernimmt, von denen es nichts versteht, und sich auf tüchtige Fachleute in den verschiedenen Abteilungen verläßt.

So war dadurch, daß es mir nicht gelang, mich in ihre Lage zu versetzen und ihnen durchaus kaufmännische Vorschläge zu machen, d. h. für mich selbst die tatsächliche Geschäftsleitung und eine angemessene Summe für die Patente und die Imponderabilien des Unternehmens zu verlangen und ihnen ihr Geld sicher zu stellen und greifbar zu erhalten — das Unternehmen von Anfang an verurteilt.

Es schien sich eine ausgezeichnete Gelegenheit zu bieten, ohne die mit der Errichtung einer neuen Fabrik verbundene Verzögerung sofort mit der neuen Fabrikation zu beginnen. Die Eisengießerei Southwark war zu verkaufen. Es war das die ehemalige Maschinenfabrik der Firma S. V. Merrick & Sons, einem vor dem Kriege wohlbekannten Hause, von dem damals hauptsächlich Gas- und Wasserwerke ausgeführt wurden, auf die sie, glaube ich, ein Monopol hatten und speziell eingerichtet waren. Während des Krieges hatten sie Dampfmaschinen für Regierungsschiffe gebaut. Einige Jahre nach dem Kriege starb Mr. Merrick senior, und seine beiden Söhne, J. Vaughan und William H. Merrick zogen sich vom Geschäft zurück. Die Fabrik wurde stillgesetzt. Ich wurde in Begleitung von mehreren meiner Interessenten von William H. Merrick durch die Fabrik geführt und bekam einen sehr günstigen Eindruck. Sie bedeckte ein großes Gelände, und ihre Front ging von der vierten bis zur fünften Straße an der Südseite der Washington Avenue in Philadelphia entlang; sie lag günstig für den Verkehr, da ein Zweiggleis der Philadelphia- und Baltimore-Eisenbahn durch die Avenue zum Delawarefluß hinunterführte und die Fabrik zwei Anschlußgleise besaß, eins für die Gießerei und eins für die Montagehalle. Diese wurde von drei Kränen mit Maschinenbetrieb, — den größten die ich je gesehen hatte — beherrscht, während ein vierter gleich großer den Anbau der Gießerei versah, und die Haupt-Montagehalle einen Laufkran besaß, damals den einzigen in Amerika. Die mechanische Werkstatt war ein großes, drei Stock hohes Gebäude, dessen erstes und zweites Stockwerk, ebenso wie die Montagehalle, voller Werkzeugmaschinen stand, darunter einige von erheblicher Größe. Besonderen Eindruck machte mir die große Hobelmaschine, die größte im ganzen Land, die einen freien Durchlaß von 3600 mm im Quadrat hatte. Das Bureaugebäude besaß ein großes feuersicheres Gewölbe, das für die Zwecke des Konstruktionsbureaus bis zum zweiten Stockwerk durchlief.

Ich sprach mich sehr entschieden für den Ankauf dieser Fabrik aus. Zwar konnte ich mir kein Urteil über die Werkzeugmaschinen bilden, da alle arbeitenden Teile mit einer Schmiere von Bleiweiß und Talg bedeckt waren, aber ich machte mir wenig Sorgen darum, denn ich würde ja die Fabrik baldigst mit den neuesten Werkzeugmaschinen füllen, von denen ich die meisten aus England zu importieren gedachte. Der Kaufvertrag wurde sofort abgeschlossen und die Gebrüder Merrick nahmen Anteile der zu gründenden Gesellschaft als Teilzahlung an. So kam es, daß auch sie zu unseren Teilhabern zählten.

Hierauf wurde ich aufgefordert, an einer Sitzung von ein paar Herren in dem Verwaltungsgebäude der Cambria Company teilzunehmen, um die Tagesordnung für eine einberufene konstituierende Gesellschaftersitzung vorzubereiten. Diese erste Sitzung war voller Überraschungen für mich. Ich fuhr hin in der Erwartung, daß die Herren mich fragen würden: „Sie nehmen doch selbstverständlich das Amt des Vorsitzenden an, Mr. Porter?“, ohne zu ahnen, daß ich es ihnen unmöglich gemacht habe, an so etwas zu denken, andererseits aber in der Überzeugung, daß es ganz ausgeschlossen sei, daß das Geschäft von irgendeinem Amateur-Vorsitzenden zum Erfolg geführt werden könnte, es sei denn, er legte die Leitung völlig in meine Hand und begnüge sich damit, als ein bloßer Strohmann zu figurieren.

Mr. Townsend, der Vorsitzende der Cambria Company und führende Finanzmann unseres Unternehmens, eröffnete die Sitzung und kündigte an, der erste Punkt der Tagesordnung würde die Frage des Namens der Gesellschaft sein. Ich bemerkte hierzu: „Es kann nur ein Name in Frage kommen: Die Porter-Allen-Dampfmaschinenbau-Gesellschaft.“ Darauf sagte Mr. William H. Merrick ziemlich brüsk: „Das weiß ich denn doch noch lange nicht. Es kann doch selbstverständlich niemand annehmen, daß die Fabrikation dieser Dampfmaschinen allen Zweigen unsres großen Werks Beschäftigung zu bieten vermag. Es sind noch eine große Menge Aufträge von der Art im Markt, wie sie früher in der Fabrik ausgeführt wurden, die ihr nun naturgemäß wieder zufließen werden, und ich meine, wir sollten uns die Tür für sie offen halten.“ Ich äußerte mein höchstes Erstaunen über solch eine Ansicht; ich hätte nicht die Absicht, irgendein altes Geschäft neu zu beleben, sondern die Porter-Allen-Maschine zu bauen und nichts weiter, es müsse doch jedem, der beobachten könne, klar sein, daß mein Geschäft lediglich der geeigneten Kapitalien bedürfe, um es zu großem Maßstabe zu entwickeln, und die „Zweige des Werks“, worin sie auch bestünden, würden sogar dafür beträchtlich erweitert werden müssen; außerdem müsse der Name eine Bezeichnung und Reklame für den Gegenstand der Gesellschaft bilden. Bei der Abstimmung stimmten alle für den in Philadelphia historischen Namen „Eisengießerei Southwark“, dem noch „Maschinenbau-Gesellschaft“ vorgeflickt wurde, und ich machte die Entdeckung, daß meine Ansichten belanglos waren. Später hatte ich dann das Vergnügen, daß meine Bekannten mich gelegentlich fragten, was ich mir eigentlich von dem Namen für einen Nutzen für mein Geschäft versprochen hätte.

Der nächste Punkt war die Wahl eines Vorsitzenden, und meine nächste Entdeckung war, daß man nicht einmal an mich dachte. Wäre irgendeiner gefragt worden, warum nicht, so würde er, und von seinem Standpunkt aus ganz mit Recht, geantwortet haben, „daß es ihm nicht wünschenswert erschiene, die Interessen dieser Gesellschaft einem Manne zu überantworten, der sich so wenig fähig gezeigt habe, seine eigenen Interessen wahrzunehmen."

Alle Stimmen wurden für William H. Merrick abgegeben, und ich wurde zum „stellvertretenden Vorsitzenden für die Leitung der Fabrikation" gewählt.

Ein paar Tage darnach wurde die Sitzung abgehalten, die zur Anhörung des Berichtes des Patent-Sachverständigen und zur Organisation der Gesellschaft einberufen war. Bei dieser Sitzung erklärte sich der Patentanwalt nicht in der Lage, sein Gutachten zu liefern, da noch eine Eingabe auf Abänderung eines wichtigen Patents schwebte. Mr. Merrick beantragte, unter diesen Umständen eine provisorische Organisation zu schaffen, damit wir sofort eilige Aufträge in Angriff nehmen könnten. Auf meine Versicherung hin, daß die Abänderung zweifellos bewilligt würde, wurde der Antrag angenommen und ein provisorisches Direktorium gewählt. Mr. Merrick und ich wurden zu seinem Vorsitzenden, bzw. stellvertretenden Vorsitzenden ernannt. Später erklärte mir Mr. Merrick, er habe den Antrag gestellt, weil er wußte, daß die 21 Herren, die da versammelt waren, nie wieder zusammen zu bekommen gewesen wären, wenn diese Sitzung ergebnislos verlaufen wäre.

Unmittelbar darnach hielten die Direktoren eine Sitzung ab, und hier legte ich einen Brief vor, den ich an den Vorsitzenden der Organisations-Sitzung geschrieben hatte, und in dem ich auseinandersetzte, daß die Herstellung der Maschine die Anschaffung der neusten und vervollkommnetsten Werkzeugmaschinen bedinge, und um eine sofortige Zuwendung von 400000 M. für deren Ankauf ersuchte, da schnelles Vorgehen unbedingt geboten sei. Hierauf erwiderte Mr. Merrick, daß ein solches Vorgehen völlig unnötig sei und sagte: „Ich versichere Ihnen, meine Herren, und ich versichere Mr. Porter, daß er auf lange Zeit hinaus in dieser Fabrik alles finden wird, was er sich nur wünschen kann." Auf diese Feststellung konnte ich natürlich nichts erwidern, und es wurde zur Tagesordnung übergegangen. Wir ergriffen sofort Besitz von der Fabrik, und eine Menge Leute wurden angestellt, um die Werkzeugmaschinen zu säubern und gebrauchsfertig zu machen; ich ließ ferner meine Zeichnungen, Modelle und die in Arbeit befindlichen Maschinen aus Newark und allen den Werkstätten, wo sie begonnen waren, hinschaffen. Unter ihnen waren vor allem Grundplatte,

Zylinder und Welle der ersten 1015 × 1215 mm-Maschine, die gerade zur Bearbeitung fertig waren.

Etwa zwei Wochen nach jener Sitzung kam Mr. Goodfellow bleich und vor Erregung zitternd ins Bureau, wo Mr. Merrick mir gegenüber saß, und wandte sich mit den Worten an mich: „Mr. Porter, ich gebe es auf; man könnte genau so gut von uns verlangen, in einer Baumwollspinnerei Dampfmaschinen zu bauen; keine Werkzeugmaschine ist in der ganzen Fabrik, die nicht vom ersten Tage an, wo wir herkamen, jede Arbeit verdorben hätte, die auf ihr gemacht wurde. Ich glaube, solch eine Sammlung von veraltetem und verschlissenem Kram gibt's nicht nochmal auf Erden.“ Das war mir nichts Neues, da ich viel Zeit in der Werkstatt zugebracht hatte. Unsere schlimmste Enttäuschung war der Zustand, in dem sich die große Hobelmaschine befand; wir hatten die oben erwähnte Grundplatte sofort nach ihrem Eintreffen schleunigst eingespannt, und als sie fertig gehobelt war, wurde die Richtplatte auf die 2285 mm langen Geradführungen gelegt, worauf sich ergab, daß sie über die Diagonale mehr als 3 mm schaukelte, woraus sich auf eine Windschiefheit von über 12 mm auf die ganze Länge der Hobelmaschinen-Grundplatte schließen ließ; hiermit war natürlich die ganze Werkzeugmaschine in ihrer gegenwärtigen Verfassung unbrauchbar. Ich hatte entdeckt, daß die uns für Herstellung der 1015er Zylinderbohrung und das Abdrehen der Welle sowohl, wie für alle weitere Bearbeitung der Maschine zur Verfügung stehenden Hilfsmittel genau so unbrauchbar waren, und schlug M. Merrick vor, diese Teile sämtlich in die Werkstätten zurückzusenden, von wo sie hergebracht waren, sie dort bearbeiten, und überhaupt die ganze Maschine auswärts bauen zu lassen, gerade wie ich es mit der ersten gemacht hätte. Das lehnte er glatt ab; er würde sich hüten, uns eine solche Blöße zu geben. Wie verfahren unsre Lage war, wird man sich vorstellen können, wenn man hört, daß es länger als ein Jahr dauerte, bis wir diese erste große Maschine liefern konnten, obgleich keine Anstrengung gescheut wurde, sie fertig zu stellen. Die Guß- und Schmiedestücke mußten monatelang auf ihre Bearbeitung warten.

„Aber“, wird man ausrufen, „wurden denn nicht sofort Schritte getan, diesen Stand der Dinge zu beseitigen, als die erste Entdeckung gemacht wurde?“ Die Antwort auf diese Frage hängt mit einem ganz anderen Gegenstand zusammen. Als ich in Newark einen Brief von Mr. Merrick erhalten hatte, in dem er mich ersuchte, meine Patente zur Untersuchung durch eine Autorität einzusenden, fiel mir plötzlich wieder ein, daß ich es unterlassen hatte, das letzte Allensche Patent, seine nachstellbare Druckplatte betreffend, abändern zu lassen. Es war nämlich von dem Washingtoner Agenten des Patentanwalts derartig zugerichtet worden, daß wir, als wir es erhielten, die Patentbeschreibung selber nicht mehr verstanden, und die Patentansprüche vollkommen sinnlos waren. Einerlei, sagte ich mir, sollte es notwendig werden, ist es immer noch Zeit, es abändern zu lassen, da ja Anträge auf Abänderungen stets umgehend erledigt werden. Aber vor Einsendung der Patente machte ich mir eine neue und klare Beschreibung für dieses Patent zurecht und steckte sie mir in die Tasche.

Ein paar Tage später fuhr ich selbst nach Philadelphia und suchte den Patentanwalt auf; er meinte, all die Patente schienen ihm in Ordnung zu sein, ausgenommen dieses, aus dem er nicht klug werden könne. Ich erklärte ihm, wieso das so verworren geworden wäre; ich hätte schon immer vorgehabt, es abändern zu lassen und möchte ihn jetzt damit betrauen. Ich holte die verbesserte Beschreibung heraus, die ich für diese Neuausgabe des Patents zurechtgemacht hatte; er las sie durch und gab sie mir zurück mit den Worten, die könne ihm nichts nützen. Ich mußte an den Protest Mr. Perkers aus Dickens' „Pickwickiern“ denken: „Wirklich, Mr. Pickwick, wirklich, mein Verehrtester, wenn man etwas einem Fachmann übergibt, muß man ihm nicht dreinreden; das muß man tatsächlich nicht, mein Verehrtester, wirklich!“ — Ich entschuldigte mich demütig für meine Anmaßung, und bat ihn dagegen, ob er wohl spätestens am nächsten Tag die Eingabe für mich einsenden wolle, damit er die Bewilligung zeitig genug in die Hände bekäme, um auf der konstituierenden Sitzung der Gesellschaft darüber berichten zu können, die in einigen Tagen stattfinden sollte. Er gab mir keine Antwort. Ich entdeckte bald, daß ich in die Hände eines hinterlistigen Kerls gefallen war, der seine berufliche Macht dazu benutzen wollte, mein Unternehmen in der Wiege zu erdrosseln, und seine Beute nicht eher freigab, als bis sie ihm aus den Fängen gerissen wurde.

Da ich einige Tage lang nichts von ihm hörte, ging ich mit heran, um zu sehen, was los wäre, und war wie vom Blitz getroffen, als er mir mitteilte, er habe sich entschlossen, nicht um Abänderung einzukommen, sondern auf Grund des Patents in seiner gegenwärtigen Form ein mir ungünstiges Gutachten zu erstatten, das besagte, eine Abänderung würde nicht durchzusetzen sein, und selbst wenn es der Fall wäre, würde es wertlos sein. Ich versuchte, ihm mit Gründen beizukommen, aber er blieb dabei. Ich ging darauf sofort zum Bureau von Morgan & Lewis, den Rechtsanwälten der Gesellschaft, und erzählte, was geschehen war. Mr. Morgan meinte: „Ich will doch gleich mal mit ihm sprechen“; wir gingen also zusammen hin. Der Gutachter wiederholte seinen Entschluß auch Mr. Morgan gegenüber, und da mir sehr daran lag, daß Mr. Morgan auch den sachlichen Kern des Falles verstand, setzte ich diesen dem Gutachter nochmals so klar auseinander, als ich nur konnte, und Mr. Morgan hörte aufmerksam zu. Erst viele Monate später sollte mir klar werden, wie ungeheuer wichtig die Vorlesung gewesen war, die ich Mr. Morgan damals hielt. Der Gutachter blieb hartnäckig bei seinem Entschluß, aber willigte wenigstens darein, Mr. Morgan am nächsten Tage nochmals zu empfangen. Auf dem Rückweg bemerkte ich zu Mr. Morgan: „Ich glaube, der Mann erfaßt deshalb nicht, worum es sich bei der Eingabe handelt, weil er es nicht erfassen will; er erfaßt es absichtlich nicht." Mr. Morgan antwortete ziemlich vieldeutig: „Es scheint mir ganz klar."

Am nächsten Tag drehte Mr. Morgan dem Gutachter gegenüber die Sache so, daß er ihm vorhielt, es dürfte gefährlich für ihn sein, an seinem Standpunkt festzuhalten, — denn er würde ihn nicht durchhalten können. Darauf willigte er denn ein, die Eingabe zu machen, fügte aber hinzu, was er auch mir schon ausgesprochen hatte, daß er keine Ahnung habe, ob sie bewilligt würde, und selbst wenn, so würde das Patent wertlos sein. Über zwei Monate — kaum glaublich, aber wahr — brauchte er für die Abfassung der Eingabe, die er in eine solche Form brachte, daß er sicher sein konnte, sie würde nicht bewilligt werden. Als sie mir schließlich vorgelegt wurde, war sie mir unverständlich. Es wurden zwei Vorentscheidungen angezogen, deren Hergehörigkeit ich nicht einsehen konnte; er versicherte mir jedoch, das wäre das Beste, was zu machen sei, wenn er auch sehr wenig Hoffnung auf Bewilligung hätte. Es stimmte denn auch: nach ein paar Tagen war die Ablehnung aus Washington da, und eine Gesellschafterversammlung zur Anhörung seines Gutachtens wurde einberufen. Er brauchte ziemlich starke Worte in seinem Gutachten; er kam zu meinem Platz herüber und fuchtelte mit einem Aktenstück vor meinem Gesicht umher, als wäre ich ein entlarvter Spitzbube und er hielte den Beweis meiner Schurkerei in seiner Hand; dabei rief er aus: „Dieses Aktenstück habe ich heute früh aus Washington erhalten, und das erledigt sie, mein werter Herr!" Er schloß mit den Worten: „Diese Ablehnung ist endgültig und der Fall aussichtslos." Als er sich hinsetzte, hätte man eine Stecknadel fallen hören können. Jeder scheute vor dem anscheinend unvermeidlichen und unwiderruflichen Schritt zurück, nämlich eine Resolution anzunehmen: „Da Mr. Porter den Verpflichtungen aus seinem Vertrag mit uns nicht nachzukommen vermochte, ist der Vertrag für uns gegenstandslos."

Ich ließ ihnen nicht viel Zeit zum Nachdenken, sondern stand auf und hielt folgende kleine Ansprache: „Herr Vorsitzender, ich habe hierzu nur eins zu bemerken. Ich habe dem begutachtenden Patentanwalt den Fall aus der Hand genommen; ich gedenke morgen früh nach Washington zu fahren und nachmittags zurückzukehren, und bei meiner Rückkunft werde ich das abgeänderte Patent gleich mitbringen." Keiner sagte ein Wort, aber ich wußte, was sie alle dachten: „So ein Narr, sich einzubilden, daß, wenn unsere große Autorität aus Philadelphia gesprochen hat, er an dem Ergebnis noch etwas ändern könne!" Immerhin war man nicht geneigt, mir in übereilter Weise den Boden unter den Füßen zu entziehen und die Sitzung vertagte sich auf Antrag des Vorsitzes, wenn auch jeder das Gefühl hatte, es sei die reine Zeitverschwendung.

Am nächsten Morgen wurde ich von Mr. Fowler, dem tüchtigen Abteilungsdirektor der Gruppe „Dampfmaschinen", mit seiner gewohnten Liebenswürdigkeit empfangen. Er bemerkte, es hätte ihm sehr leid getan, sich genötigt zu sehen, meine Eingabe zu verwerfen, aber eben die in der Eingabe angezogenen Vorentscheide selbst hätten ihm keine andere Möglichkeit gelassen. „Immerhin," fügte er hinzu, „wenn Sie irgendwelche neuen Tatsachen anführen können, werde ich sie mit dem größten Vergnügen entgegennehmen." Als Antwort übergab ich ihm die Patentbeschreibung, die bereits bei dem Gutachter so schlechte Dienste geleistet und an der ich nicht eine Silbe geändert hatte. Er las sie mit angestrengter Aufmerksamkeit durch und rief nach Beendigung augenblicklich aus: „Ja, Mr. Porter, es ist ja vollkommen klar, daß Sie den berechtigten Anspruch auf Abänderung haben, und die in der Eingabe angezogenen Fälle haben nichts damit zu tun; aber warum ist mir denn das hier nicht gleich vorgelegt worden?" Ich erzählte ihm, wie ich das Schriftstück zu diesem Zweck geschaffen und dem Gutachter übergeben habe, der es gelesen und mir mit den Worten zurückgegeben habe, daß es keinen Wert für ihn besäße. Mr. Fowler fragte mich sofort, ob ich die Patentansprüche vorbereitet hätte. Ich sagte, das hätte ich, — weil nämlich niemand dagewesen wäre, der das statt meiner besorgt hätte; aber da ich darin ein Neuling wäre, hätte ich den Gutachter zu Rate gezogen, der sie durchgelesen und mir unverändert lediglich mit der Bemerkung zurückgereicht hätte: „Wenn Sie die bewilligt bekommen, können Sie sich beglückwünschen." Als Mr. Fowler sie überflogen hatte, rief er aus: „Nein, Mr. Porter, solche Ansprüche können wir Ihnen nicht schützen; das sind ja funktionelle Ansprüche, die das Patentamt nie zuläßt." Da er offenbar sah, daß ich hilflos einem Nichtswürdigen in die Hände gefallen war, fügte er unmittelbar darauf hinzu: „Heute vormittag bin ich in Anspruch genommen, aber wenn Sie um 3 Uhr vorsprechen wollen, werde ich inzwischen zwei Ansprüche ausarbeiten, die Ihnen geschützt werden können.“ Der Gutachter hatte mich also nach Washington fahren lassen mit Patentansprüchen, von denen er wußte, daß sie nicht zugelassen werden würden, und in der vollen Überzeugung, daß meine Reise vergeblich sein würde. Doch er ahnte nicht, daß der Abteilungsdirektor seine Hinterlist durchschauen und durchqueren würde. Unsere Zusammenkunft um 3 Uhr war kurz; als ich Mr. Fowlers Zimmer betrat, übergab er mir ein Stück Papier mit den Worten: „Die sind zugelassen worden; die amtliche Neuausgabe Ihres Patents wird Ihnen in einigen Tagen zugehen und in der nächsten Woche in der Gazette veröffentlicht werden. Adieu.“

Ich habe wohl niemals ein verblüffteres Gesicht gesehen, als Mr. Merricks, als ich ihm am nächsten Morgen die Abschrift meiner Patentansprüche übergab und meine kurze Geschichte erzählte. Er nahm das Stück Papier, lief zu Mr. Townsend ins Bureau, und eine Stunde später waren alle, die es anging, von meinem leicht gewonnenen Sieg unterrichtet. Die amtliche Neuausfertigung traf, wie versprochen, ein, wurde dem Gutachter übergeben und eine Sitzung zur Entgegennahme seines Gutachtens einberufen. Ich dachte, ich wäre aus allen Schwierigkeiten heraus. Der Fall lag ja höchst einfach. Ein Einspruch gegen die Neuheit der Erfindung lag nicht vor, und ob ers gern tat oder nicht, er m u ß t e einfach einen günstigen Bericht erstatten. Wer beschreibt mein fassungsloses Erstaunen und meinen Zorn, als er kalt lächelnd angab, er könne kein abschließendes Gutachten abgeben; der Fall läge sehr schwierig und erfordere lange Zeit zur Klärung; die Gewährung des Patents habe nichts zu bedeuten, das Patentamt sei ja dazu da, Patente zu erteilen, und nicht, sie zu verwerfen, aber ob sie von den Gerichten anerkannt würden, sei eine ganz andere Frage, über deren Beantwortung er in diesem Falle sehr ernste Zweifel hege.

Da tat ich etwas, was ich weder vorher noch nachher je getan habe, und was kein guter Geschäftsmann, der gewohnt ist, sein Ziel zu erreichen, je tun darf: ich, der ich mich immer gerühmt hatte, daß ich das gar nicht könne, verlor meine Selbstbeherrschung. Und nicht nur meine Selbstbeherrschung, sondern, wie Tam O'Shanter, auch meinen Verstand. Zum Äußersten getrieben durch die entsetzliche Lage in der Fabrik, die sich durch die Winkelzüge dieses Mannes schon über drei Monate hinzog, und die er nun ins Unabsehbare zu verlängern drohte, um derweilen Zeit und Mittel zu finden, seinen Plan auszuführen und mein Geschäft zugrunde zu richten, schrie ich, ohne mich einen Augenblick zu besinnen und ohne daran zu denken, was sich schickt: „Sie Schurke! Was tat das Patentamt vorige Woche, als Sie diesen Herren hier berichtet hatten, daß die Abänderung abgelehnt, der Beschluß endgültig und der Fall aussichtslos sei? Was tat es, bitte? ‚Erteilte oder versagte es Patente?‘ Die Sache liegt so: Sie sind entweder ein Verräter oder Sie verstehen nichts von Ihrem Geschäft. Suchen Sie sich aus, welche Alternative Ihnen am besten paßt!“ Damit setzte ich mich hin und hatte in diesen wenigen Sekunden mir und meiner Sache mehr Schaden getan, als irgend jemand anderes mir im ganzen Leben hätte tun können. Ich überlegte nicht, daß meine Zuhörer kein Verständnis für mich haben konnten; sie wußten weder, wie es in der Fabrik aussah — darüber waren sie im Dunkeln gehalten worden —, noch wie dieser Mensch eine verräterische Handlung nach der andern begangen hatte. Alles, was sie sehen konnten, war: ich hatte, ohne daß sie sich vorstellen konnten, mit welchem Recht, beleidigende Sprache gegen einen bedeutenden Patentanwalt geführt, der ihr Vertrauen genoß, und sie glaubten naturgemäß, daß das meine übliche Geschäftspraktik sei. Der Vorsitzende machte mich kühl darauf aufmerksam, daß der Patentanwalt ihr Ratgeber in Patentsachen sei, und nicht das geringste geschehen könne, bevor sein Gutachten über die Patentabänderung vorläge. Ich hatte den Raum in der Erwartung betreten, von allen zu der entschlossenen Handlungsweise beglückwünscht zu werden, durch die ich meine Geschäftsinteressen gerettet hatte. Ich verließ ihn unbemerkt. Man wird nicht sehr erstaunt sein zu vernehmen, daß es Monate dauerte, bis wir wieder von ihm hörten, — weitere Monate wahnsinniger Hilflosigkeit.

Etwa Anfang August sprach ich auf dem Bureau des Gutachters vor und bekam den Bescheid, er wäre in Urlaub gegangen und würde etwa sechs Wochen fort bleiben, und der Fall könne nicht vor seiner Rückkehr wieder aufgenommen werden. In meiner Verzweiflung suchte ich Mr. Townsend auf und schüttete ihm mein Herz über unsere hilflose Lage aus. Ich bot unsern gesamten Geschäftsanteil als Sicherheit für ein Darlehn des für den Ankauf einiger der allerunentbehrlichsten Werkzeugmaschinen nötigen Geldes. Er erwiderte nur: „Nehmen wir mal an, der Bericht des Gutachters fiele ungünstig aus und das Unternehmen würde aufgegeben: welchen Wert, glauben Sie wohl, hätte dann Ihre Sicherheit?“

Es gelang mir, einen Auftrag auf eine ganz eigenartige Weise aus dem Schiffbruch zu retten. Es war das ein Auftrag von Mr. Lewis aus Cincinnati, dem Begründer der Baumwollsamenöl-Industrie, auf eine 455 × 760 mm-Maschine zum Betrieb der ersten Ölfabrik in Houston in Texas. Ich hatte in Newark eine Maschine gleicher Größe für Senator Jones in Nevada zum Antrieb einer Gefrieranlage geliefert, die er in New Orleans einrichtete. In jenem Frühling hörte ich, daß sein Unternehmen nicht gegangen, der Betrieb eingestellt und die Maschine, der einzige Wertgegenstand, zu verkaufen sei. Ich kaufte sie sofort und sandte einen Mann hinunter, um sie nach Houston zu befördern und dort zu montieren. Mr. Lewis schrieb mir aus Cincinnati einen empörten Brief, daß ich ihm eine alte Maschine sandte. Ich erklärte ihm in meiner Antwort zunächst, daß dies der einzige Weg war, der mir offen stand, wollte ich seinen Auftrag überhaupt ausführen, denn ich wüßte nicht, wann wir in der Lage sein würden, eine Maschine in unserer neuen Fabrik zu bauen. Zweitens wies ich darauf hin, daß es in der Tat eine neue Maschine sei, die erst ein paar Wochen in Betrieb gewesen war, gerade lange genug, um zu beweisen, wie ausgezeichnet sie arbeite und nicht so lange, wie häufig Maschinen in öffentlichen Ausstellungen liefen, die nachher stets als neu verkauft würden. Mr. Lewis gab sich liebenswürdigerweise mit meiner Erklärung zufrieden, und die Maschine war rechtzeitig bereit, die nächste Baumwollsamenernte zu verarbeiten. Den Sommer darauf erhielten wir den Besuch des Geschäftsführers der Fabrik, der in ihrer stillen Zeit, während sie auf die nächste Ernte warteten, nach dem Norden heraufgekommen war, um in Cincinnati seinen Bericht zu erstatten, und einen Abstecher gemacht hatte, um uns zu erzählen, in wie vollendeter Form die Maschine sie durch ihre erste Kampagne gebracht habe. Er schloß: „Das ist ‚die' Maschine für die Baumwollsamenöl-Industrie." Als er fort war, sagte ich zu Mr. Merrick: „Das ist nichts neues für mich; jeder sagt, es sei ‚die' Maschine für seine Industrie, welcher Industrie er auch angehören möge."

Was fing ich während jener sechs Monate mit mir selber an? Nun, müßig ging ich nicht gerade. Zunächst fand ich sämtliche Schubkästen im Konstruktionsbureau voller Stöße alter Zeichnungen, die Mr. Merrick aufzubewahren befahl, und die wir in dem unbenutzten dritten Stockwerk auf dem Fußboden aufschichteten. Aus der Betrachtung dieses verworrenen Haufens empfing ich die Anregung zur Entwicklung eines neuen Systems, Maschinenzeichnungen zu machen und aufzubewahren, das ich in dem folgenden Aufsatz beschrieb und das Jahr darauf im Amerikanischen Maschinen-Ingenieur-Verein vortrug:

„Das System der Anfertigung und Aufbewahrung von Maschinenzeichnungen, das gegenwärtig auf den Werken der Maschinenbau-Gesellschaft und Eisengießerei Southwark in Anwendung ist, hat sich so gut bewährt, daß es wert erscheint, zur Kenntnis der Berufsgenossen gebracht zu werden.

„Die allgemein übliche Methode besteht darin, für die Zeichnungen zu jeder Maschine oder Gruppe oder Klasse von Maschinen ein besonderes Schubfach vorzusehen. Hiermit wird der Zweck verfolgt, alle zu dem gleichen Gegenstand gehörigen Zeichnungen zusammen zu behalten. Jeder Konstrukteur kennt die Praxis dieser Theorie. Es ist unvermeidlich, daß die Zeichnungen der Maschine und ihrer Einzelteile verschiedene Formate haben. Das Schubfach für ihre gemeinsame Aufbewahrung muß groß genug sein, um die größten Blätter darin unterzubringen. Die kleineren können in dem Schubfach nicht festgelegt werden, und da sie sich nach einer Seite oder nach hinten verschieben und von den kleinsten mehrere in einer Lage nebeneinander liegen, so ist es ganz außer Frage, in dem Schubfach Ordnung zu halten.

„Das Aufsuchen einer Zeichnung besteht im Umblättern des Inhalts des Schubfachs, bis sie gefunden ist. Hierbei verstecken sich die kleinen Bogen oder werden umgefaltet, und die großen werden zerrissen. Selbst bei der größten Sorgfalt kann man ein Durcheinanderkommen nicht vermeiden.

„Bei der neuen Methode ist die Absicht, die zur selben Maschine gehörigen Zeichnungen zusammenzubehalten oder sie überhaupt irgendwie nach Gegenständen zusammenzulegen, ganz fallen gelassen. An ihre Stelle tritt der Grundgedanke, alle Zeichnungen gleichen Formats ohne Rücksicht auf ihren Gegenstand zusammen aufzubewahren. Wir haben gefunden, daß neun Formate für alle unsere Bedürfnisse genügen; jede Zeichnung muß auf einem Bogen von einer dieser neun Größen gemacht werden. Sie sind nach den neun ersten Buchstaben des Alphabets benannt. Größe A ist das volle Antiqua-Format, und die kleineren Formate lassen sich ohne Abfall aus ihm herausschneiden, wie folgt:

„A	1300 × 760	mm,
B	940 × 760	„
C	635 × 760	„
D	432 × 760	„
E	318 × 760	„
F	216 × 760	„
G	432 × 380	„
H	216 × 380	„
I	355 × 635	„

„Die Schubladen für die verschiedenen Formate werden 25 mm länger und breiter gemacht, als die Blätter, die hinein sollen, und mit obigen Buchstaben gezeichnet. Die Laden gleicher Größe werden durch Ziffern vor dem Buchstaben unterschieden. Der hintere Teil jeder Lade ist auf 150 bis 250 mm überdeckt, um zu verhindern, daß Zeichnungen, und vor allem Pausen, hinten herüber klettern.

„Die Einführung des Blaupausverfahrens hat dem Konstruktionsbureau ganz neue Wege gewiesen. Unsere Zeichnungen sind Bleistiftstudien. Wenn wir nichts mehr daran zu ändern finden, werden Leinwandpausen angefertigt. Diese werden unsre Originale und werden in einem feuersicheren Gewölbe aufbewahrt. Es zeigt sich, daß dieses Verfahren hervorragend gut für die Methode geeignet ist, für jeden Einzelteil eine besondere Zeichnung anzufertigen. Es wird im allgemeinen nicht die ganze Zusammenstellungszeichnung als ganzes gepaust, sondern die einzelnen Teile werden herausgepaust. Unsere Werkzeichnungen sind sämtlich Blaupausen von Einzelteilen.

„Jede Lade enthält 50 Pausen. Die Laden sind $6^1/_2$ cm tief, so daß sie ein Mehrfaches dieser Zahl fassen könnten, aber es ist nicht empfehlenswert, mehr hineinzutun. Jede Zeichnung wird mit Schablone in der unteren rechten und mit umgekehrter Schablone in der oberen linken Ecke mit dem Buchstaben des Schubfaches und der Zeichnungsnummer gezeichnet, z. B. 3 F — 31; wie herum also auch die Zeichnung in die Lade gelegt wird, die Marke erscheint stets auf der vorderen rechten Ecke. Die Zeichnungen in jeder Lade werden für sich numeriert, so daß also 50 die höchste verwendete Nummer ist.

„Für's Aufsuchen sind wir auf unsre Indices angewiesen. Jede Pause wird nach Fertigstellung unter ihrem Buchstaben im Zahlenindex eingetragen und erhält die nächstfolgende Nummer. Aus diesem Index werden Titel und Nummer in andere Indices unter so viele Betreffs wie möglich übertragen. Auf diese Weise sammeln sich alle Zeichnungen irgendwelcher Dampf-, Werkzeug- oder sonstigen Maschine durch ihre Betreffs im Index unter dem Titel der jeweiligen Dampf-, Werkzeug- oder sonstigen Maschine. Gleichfalls sammeln sich so die Zeichnungen für bestimmte Maschinenteile aller Größen und Ausführungsformen durch ihre Titel unter dem betr. Maschinenteilnamen. Wie zahlreich auch die Zeichnungen und wie groß auch die Vielheit der Einzelbetreffs: durch dieses Mittel ist es genau so einfach, jede Zeichnung aufzufinden, wie ein Wort im Wörterbuch. Die Schablonenmarken kopieren sich natürlich auf den Blaupausen, und diese werden, wenn nicht in Gebrauch, in der gleichen Weise aufbewahrt wie die Originalpausen, doch werden nur 25 davon in einer Lade untergebracht.

„Wir verwenden gepauste Normal-Stücklisten der zu jeder Dampfmaschine (dem alleinigen Fabrikationsgegenstand unserer Fabrik) gehörigen Einzelteile, und auf diesen ist unter jedem Stichwort Schubfach und Nummer der Zeichnung dafür eingetragen. Die Bureau-Exemplare dieser Listen bieten ein weiteres Mittel zur Auffindung, das so bequem ist, daß es in praxi fast ausschließlich benutzt wird. Der Meister läßt sich die Blaupausen nach den Schablonen-Nummern holen und sie können deshalb unmittelbar ohne Hilfe eines Index herausgegeben werden. Sie werden in der gleichen Weise notiert, wobei durch Zurückgreifen auf den Nummerindex der Titel einer jeden fehlenden Pause sofort zu finden ist.

„Es zeigt sich, daß die verschiedenen Formate ungleich häufig verwendet werden. Die Methode, für jedes Stück eine besondere Zeichnung anzufertigen, die wir sehr weit treiben, verursacht rasche Zunahme der Zeichnungen kleineren Formats.

„Auch unsere Modelle, Stichmaße, Schablonen und Spannvorrichtungen markieren wir mit den Schablonenmarken der Zeichnungen.

„Wir haben gefunden, daß es am besten ist, wenn nur ein Mann die Blätter weglegen darf, der dann auch zugleich die Indices führt, die im feuersicheren Gewölbe aufbewahrt werden.

„Wir waren selbst erstaunt über die Raumersparnis, die dieses System mit sich bringt. Wohl weniger als ein Viertel des Raumes wird gebraucht, den die gleichen Zeichnungen nach Gegenständen geordnet in Anspruch nehmen würden. Das System ist völlig elastisch. Jeden Tag kann eine neue, ganz andersartige Fabrikation aufgenommen werden, und doch würden die Zeichnungen jedes Artikels ihren Platz in der Ordnung finden."

Man wird wahrgenommen haben, daß ich in der Festlegung der Formate auf Antiqua-Papier beschränkt war. Heute ist diese Einschränkung unnötig. Ich würde heute die Anzahl der Formate vergrößern. —

Der ganze Sommer ging hin, viele waren nach Europa und wieder zurück gereist, da benachrichtigte etwa Mitte September Mr. Morgan den Vorsitzenden, daß er den Bericht des Gutachters erhalten habe und ihn bäte, eine Gesellschafter-Versammlung zu seiner Anhörung einzuberufen. Mit einem Gemisch aus Hoffnung und Befürchtung ging ich zu dieser Sitzung. Mr. Morgan verlas einen langen Brief des Patentanwalts, der weitschweifige Ausführungen gegen das Patent enthielt und damit schloß, er könne seine Annahme nicht befürworten. Als Mr. Morgan mit der Verlesung des Briefes fertig war, fuhr er fort: „Herr Vorsitzender, ich habe die Aufschübe und Spitzfindigkeiten dieses Herrn nun satt, und mein Gutachten geht jetzt dahin, daß Mr. Porter seine Vertragsverpflichtungen erfüllt hat. Es ist nur noch nötig, daß Sie die Ihren erfüllen.“ — Das war die Ernte aus der Saat, die ich vor sechs Monaten gesät hatte.

Folgendes ist das abgeänderte Patent, auf das hin der Patentanwalt unser Geschäft sechs Monate lang auf den toten Punkt brachte Die Patentbeschreibung stammt von mir, die negativen und positiven Patentansprüche sind vom Abteilungsdirektor abgefaßt.

PATENTAMT DER VEREINIGTEN STAATEN.

John F. Allen in Brooklyn tritt dieses Patent ab an George T. Hope in Bay Ridge im Staate New York und Charles T. Porter in Philadelphia in Pennsylvania.

Entlasteter Schieber.

Patentbeschreibung als Bestandteil des abgeänderten Patents Nr. 9303 vom 20. Juli 1880. Urpatent Nr. 167865 vom 21. September 1875. Eingabe um abgeänderte Neuausgabe zu den Akten am 2. Juni 1880.

„Allen, die es angeht —

werde hiermit kund, daß ich, John F. Allen, früher in Stadt, Kreis und Staat New York, jetzt jedoch in Brooklyn im Staate New York wohnhaft, gewisse neue und nützliche Verbesserungen an entlasteten Schiebern erfunden habe, die in folgendem beschrieben sind.

„Meine Erfindung bezieht sich auf solche entlasteten Schieber, bei denen der Schieber vom Dampfdruck dadurch praktisch entlastet ist, daß der Druck von einer über dem Rücken des Schiebers frei angeordneten Platte aufgenommen wird, die jedoch in so enger Berührung mit ihm steht, daß in den Raum zwischen ihnen nicht Dampf genug dringen kann, um auf den Schieber zu wirken. Solche Platten, die man „Druckplatten“ nennt, sind bisweilen nachstellbar angeordnet worden, um den Schieber in dem Maße nachrücken zu können, wie die Stirnflächen von Schieber und Sitz verschleißen. Bisher wurden solche Nachstellungen durch verschiedene Hilfsmittel bewirkt. In einem Falle war z. B. eine Feder angeordnet, die die Platte seitwärts oder quer zum Schieber verschob, während der Dampfdruck die Platte nach unten drückte; in anderen Ausführungen wurden Schrauben benutzt, um die Platte in zwei mit der Bewegungsachse des Schiebers zusammenfallenden Richtungen zu verschieben und die Platte in ihrer nachgestellten Lage zu halten. Gegen alle diese Anordnungen können jedoch jedem Fachmann einleuchtende Einwände gemacht werden.

„Es ist der Zweck meiner Erfindung, diesen Einwänden gegen entlastete Schieber zu begegnen. Meine hierauf abzielenden Verbesserungen beruhen erstens auf der Ausnutzung des Dampfdrucks selbst, um die Druckplatte an geneigten Flächen geführt dem Schieber nachrücken zu lassen; zweitens auf der Anwendung derartig steil geneigter Führungsflächen, daß sie nicht selbstsperrend wirken und man sicher sein kann, daß der Druck des Dampfes auf die obere Fläche der Druckplatte dieser auch wirklich die obenerwähnte Bewegung erteilt; und drittens auf der Verwendung eines einstellbaren Anschlags, der verhindert, daß der Druck des Dampfes die Druckplatte zu nahe an den Schieber heranzwängt.

„Von den beigefügten Zeichnungen, die einen Teil dieser Beschreibung bilden, stellt Fig. 1 den Querschnitt $x—x$ (siehe Fig. 2)

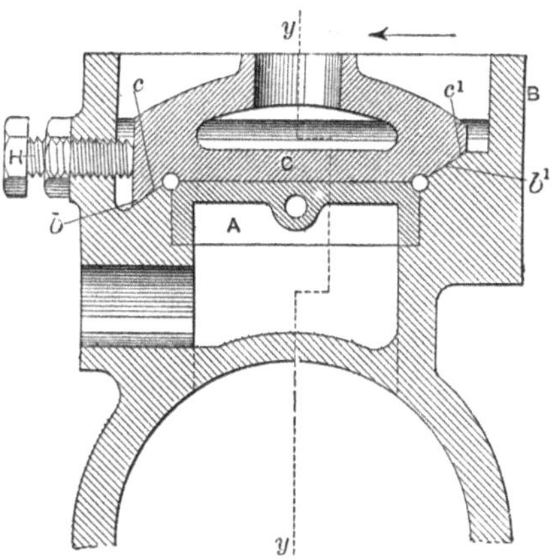

Fig. 1.

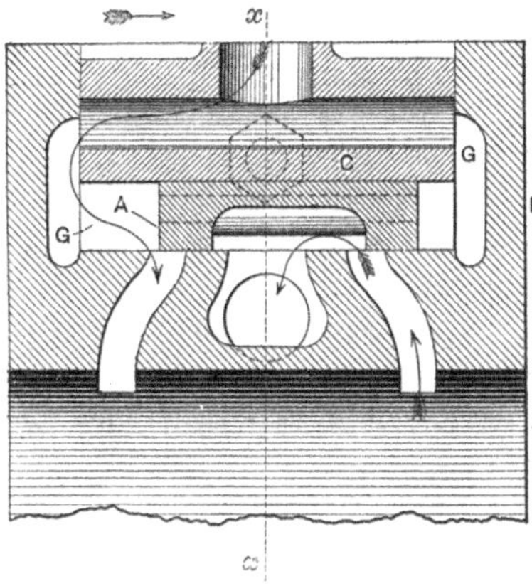

Fig. 2.

durch einen Schieberkasten mit meinem vervollkommneten entlasteten Schieber dar, während Fig. 2 der zugehörige Längsschnitt nach $y—y$ in Fig. 1 ist.

„Der Schieber *A* ist in bekannter Weise auf seinen Sitz im Schieberkasten *B* gepaßt und bewegt sich über den Kanälen hin und her. Der Rücken des Schiebers ist eine mit dem Sitz parallele Ebene. An den Langseiten des Schieberkastens entlang sehe ich zwei parallele Führungsflächen vor, — die eine, *b*, fällt von einem mit dem Schieberrücken in einer Ebene liegenden Punkte aus nach außen hin ab, die andere, *b'*, steigt ebenso nach außen hin an, wie Fig. 1 zeigt. Der Steigungswinkel ist erheblich größer als der Winkel der ruhenden Reibung für das betr. Metall. Theoretisch müßte die Platte auf den geneigten Flächen abwärtsgleiten, wenn deren Neigungswinkel den Reibungswinkel überhaupt übertrifft; da aber die in Schieberkästen praktisch vorliegenden Bedingungen häufig so ungünstige sind, daß die angestrebte Wirkung ungewiß wird, muß der Winkel erheblich größer sein, wie auch im Modell und den Zeichnungen gezeigt. Bei der abgebildeten Ausführungsform habe ich Kammern *G* an beiden Stirnseiten des Schieberkastens vorgesehen, durch die der Dampf um die Stirnflächen der Druckplatten herum zu den Kanälen gelangen kann; die Dampfführung kann jedoch in jeder andren bekannten Form ausgeführt werden.

„Die Druckplatte *C* ist in der Längsrichtung genau in den Schieberkasten eingepaßt, während sie in der Querrichtung frei beweglich ist. Diese Platte hat oben eine Öffnung und ist hohl gegossen, so daß der oben eintretende Dampf durch die Höhlung in der Mitte streicht und an den Stirnflächen des Schieberkastens in die Kammern *G* gelangt. Die Unterseite dieser Platte ist eben und parallel zum Rücken des Schiebers *A*; außer dieser ebenen besitzt sie zwei geneigte Flächen *cc'* parallel zu den Führungsleisten *bb'* an den Längsseiten des Schieberkastens; wenn also die Platte in ihrer richtigen Lage ist, ruhen ihre schrägen Seitenflächen fest und dicht auf den Leisten des Schieberkastens und halten so die ebene Unterfläche der Platte dicht über dem Schieberrücken in der Schwebe.

„Da die Breite der Platte geringer ist, als die Weite des Schieberkastens *B*, so ist es klar, daß die Platte in dieser Lage eine gewisse Verschieblichkeit auf den Leisten quer zur Längsachse des Schieberkastens besitzt.

„Eine Anschlagschraube *H* durchsetzt die Schieberkastenwandung und trifft auf die benachbarte Längsseite der Druckplatte, die aber immer noch ihre freie Querbeweglichkeit behalten möge.

„Die Handhabung geschieht folgendermaßen: Wenn der Anschlag *H* auf den Punkt eingestellt ist, auf dem man die Druckplatten halten will, wird der Dampfdruck auf die Platte wirken und bestrebt sein, sie die schiefe Ebene *bb'* herunter quer zum Schieber gegen den Anschlag zu pressen, der somit die Grenze der Verschieblichkeit der Platte und die relative Lage ihrer ebenen Unterfläche zum Schieberrücken festlegen wird. Da jedoch der Anschlag völlig unabhängig und außer Zusammenhang mit der Platte ist, so kann er gleichzeitig dem Betrage des Verschleißes von Schieberspiegel oder -unterfläche entsprechend nachgestellt werden, wobei stets der Dampf die Platte in der durch den Anschlag bestimmten Lage halten wird. Diese Nachstellung geschieht natürlich, ohne daß der Schieberkasten geöffnet zu werden braucht.“ —

„Ich beanspruche keinen Patentschutz für die Verwendung schräger Führungsleisten, an denen entlang gleitend die Druckplatte sich dem Schieber nähert oder sich von ihr entfernt, da diese Anordnung bereits Gegenstand eines Patents ist; sondern:

„Ich beanspruche, daß als meine Erfindung anerkannt und durch Patent geschützt werde:

„1. Ein entlasteter Schieber, der wie abgebildet und zu dem geschilderten Zwecke mit einer auf steil geneigten Leisten seitwärts abwärts geführten Druckplatte versehen ist, dadurch gekennzeichnet, daß die Druckplatte durch den Dampfdruck angepreßt wird.

„2. Ein entlasteter Schieber, der wie abgebildet und zu dem geschilderten Zwecke mit einer auf steil geneigten Leisten ruhenden vom Dampfdruck angepreßten Druckplatte versehen ist, dadurch gekennzeichnet, daß durch geeignete Vorrichtungen deren Verschieblichkeit auf den schiefen Ebenen begrenzt wird.“

John F. Allen.

Zeugen: De Witt Bogardus, J. W. Durbrow.

Nach Mr. Morgans Gutachten atmete die Versammlung ordentlich auf; es wurde sofort einstimmig angenommen und die provisorische Organisation endgültig bestätigt. Die Direktoren traten sofort zu einer Konferenz zusammen. Vor Eintritt in die Geschäftsordnung fragte mich einer der Direktoren: „Sie sind jetzt 6 Monate in der Eisengießerei Southwark, Mr. Porter, und soviel ich weiß, ist in dieser ganzen Zeit nicht eine einzige Maschine zur Ablieferung gekommen; wollen Sie uns bitte über die Gründe aufklären?“ In diesem Augenblick konnte ich nun einmal den Beweis einer wahren innerlichen Vornehmheit erleben, wie nur wenige ihm in ihrem ganzen Leben begegnen. Mr. Merrick erhob sich und sagte: „Ich möchte Mr. Porter die Antwort auf diese Frage ersparen. Er hat nicht eine einzige Maschine in dieser Fabrik zur Ablieferung gebracht, weil ihm nicht eine einzige Werkzeugmaschine zur Verfügung stand, mit der er eine hätte herstellen können. Ich glaubte über die Werkzeugmaschinen dort gut Bescheid zu wissen, als ich Ihnen und Mr. Porter im März die Versicherung gab, daß er alles in der Fabrik vorfinden würde, was er sich nur wünschen könnte; in Wirklichkeit wußte ich aber nicht, wie sie beschaffen waren. Ich habe die Werkzeugmaschinen sorgfältig mit Mr. Goodfellow zusammen durchgesehen und mich persönlich davon überzeugt, daß keine einzige davon geeignet ist, Arbeit zu liefern, wie diese Dampfmaschinen sie brauchen. Da ich gerade einmal dabei bin, will ich nur gleich noch ein andres Geständnis ablegen: Damals sagte ich auch — und Sie alle stimmten mir zu, — daß man nicht erwarten könne, daß die Fabrikation dieser Maschine allen Zweigen dieser großen

Werke Beschäftigung gewähren könnte, und daher ließen wir uns noch die Tür für die Wiederaufnahme derartiger Aufträge offen, wie sie früher dort ausgeführt wurden. Nach dem, was ich selbst in den sechs Monaten gesehen habe, die ich dabei bin, kann ich Ihnen jedoch mitteilen, daß selbst, wenn die Werke so reichhaltig wären, wie ich damals ehrlich annahm, ihre Hilfsmittel nicht ausreichen würden, um die Nachfrage nach diesen Dampfmaschinen zu befriedigen, die aus allen Landesteilen und für alle möglichen Anwendungsgebiete an uns herangetreten ist. Mr. Porter wußte, was er brauchte, und auf was für eine Nachfrage man mit Sicherheit rechnen durfte; ich unterschätzte beides. Es ist höchst bedauerlich, daß wir ihm damals nicht die Mittel bewilligten, die er erbat, und ich hoffe, das wird nunmehr geschehen."

Da sprang Mr. Henry Lewis auf und fragte: „Was hat Mr. Porter erbeten? Ich erinnere mich nicht, daß er uns überhaupt um irgend etwas ersucht hätte." Keiner von den Direktoren konnte sich mehr darauf besinnen; sogar der Brief, den ich an den Vorsitzenden gerichtet hatte, war verschwunden. Glücklicherweise hatte ich jedoch eine Kopie gemacht, ließ also das Kopierbuch holen, in dem er als erster Brief kopiert war, und las ihnen die Kopie vor. Ich möchte bemerken, daß ich neuerdings in der Fabrik nach diesem Kopierbuch geforscht habe, worauf ich von Herrn Generaldirektor Brooks erfuhr, daß alle mehr als 20 Jahre alte Korrespondenz als rechtlich wertlos zerstört worden wäre. — Als ich ihn zu Ende gelesen hatte, rief Mr. Lewis aus: „Haben Sie diesen Brief wirklich geschrieben?" — „Wirklich, Herr Vorsitzender!" — „Ja, dann muß ich ihn ja wohl haben verlesen hören, aber ich habe auch nicht den blassesten Schimmer mehr davon." Alle sagten das gleiche, außer Mr. Merrick, der ja persönlich jene Antwort darauf gegeben hatte.

Das zeigt, wie gleichgültig damals die Direktoren gegen alles gewesen waren, was von mir ausging. Jetzt war man aber mit Ernst bestrebt, gut zu machen, was gut zu machen war. Die 400000 M., die ich erbeten hatte, wurden sofort angewiesen. Ja, ich wurde sogar im Hinblick auf die große Dürftigkeit der Fabrik gefragt, ob's nicht lieber 800000 sein sollten, doch lehnte ich das ab. Ich erklärte, ich wollte lieber bedächtig vorgehen, zumal vielleicht viele der alten Werkzeugmaschinen zurechtgemacht werden könnten, sobald wir einwandsfreie Werkzeugmaschinen hätten, um sie zu reparieren.

So triumphierte ich denn schließlich auf der ganzen Linie, — aber um welchen Preis, — ach, um welchen Preis! —

Ich wohnte auf besondre Einladung mit einigen andren Ingenieuren einer Zusammenkunft bei, die am 16. Februar 1880 in den Räumen des „American Machinist" stattfand und in der Gründung des Amerikanischen Maschinen-Ingenieur-Vereins resultierte, und bald darauf hatte ich die Ehre aufgefordert zu werden, vor der ersten, im Hörsal des Stevens-Instituts in Hoboken am 7. April tagenden ordentlichen Versammlung einen Vortrag zu halten. Wie man sieht, fiel das Datum dieser Versammlung in die Zeit, wo der Gutachter in Philadelphia sich den Kopf darüber zerbrach, wie er mir eine Eingabe um Neuausgabe meines Patents zusammenbrauen könnte, die mir sicher nicht bewilligt werden würde.

Mein Vortrag lautete folgendermaßen:

„Dieser Verein ist nur dann existenzberechtigt, wenn er ständig auf die Ingenieurtätigkeit in allen ihren Zweigen einen wohltätigen Einfluß ausübt. Von Anfang an sollte er fortschrittlich wirken und, selbst auf gesunden konstruktiven Grundsätzen fußend, darauf abzielen, die Ingenieure des Landes mit der Erkenntnis von dem hohen Wert der Präzisionsarbeit zu erfüllen und das richtige Verständnis für die Mittel und Wege zu ihrer Erzielung zu verbreiten.

„Als eine der in erster Linie in Betracht kommenden Forderungen möchte ich die der Festigkeit der Werkzeugmaschinen aufstellen. Richtige Konstruktion, Handlichkeit und vielseitige Verwendbarkeit, das sind alles Forderungen, die in gewissem Sinne der grundlegenden Forderung der Festigkeit unterzuordnen sind; denn sie sind alle mehr oder weniger beeinträchtigt, wenn nicht für angemessene Festigkeit der Teile gesorgt ist.

„Aber was ist denn ‚angemessene' Festigkeit? Über diesen Punkt gehen die Meinungen unter Werkzeugmaschinenfabrikanten und -Käufern stark auseinander. Beim Nachdenken hierüber wird man finden, daß diese Meinungsverschiedenheit mit der Verschiedenheit der Begriffe von ‚Genauigkeit' Hand in Hand geht. In demselben Maße, wie sich der Genauigkeitssinn entwickelt, wächst auch die Nachfrage nach festeren Werkzeugmaschinen.

„Für einen Maschinenbauer, der sich niemals zu einer genaueren Bezeichnung kleinster Maße als der eines „knappen Millimeters" aufgeschwungen hat, ist die eine Werkzeugmaschine, solange sie nicht geradezu klappert, genau so gut wie die andere und je billiger, desto besser.

„Diejenigen andrerseits, die von jedem die Maschine verlassenden Werkstück die denkbar größte Annäherung an das Ideal in Genauigkeit und Glätte verlangen, stellen — mit vollem Recht — Anforderungen an den Festigkeitsgrad der Werkzeugmaschinen, die den andern gerade so übertrieben, wie die dadurch erreichten Ergebnisse unglaublich erscheinen.

„Hierzulande, wie auch auf der ganzen Welt, war die übliche Genauigkeit sehr gering. Hier, wie überall jedoch, ist schnelle Besserung zu verzeichnen. Die Massen werden auf den Maßstab der paar Führenden erzogen. Bei diesem Werdegang haben Mitglieder unseres Vereins eine ehrenvolle Rolle gespielt und spielen sie noch. In genau dem gleichen Maße wie sich die Anschauungen über Genauigkeit heben, muß man in immer breiterem Durchschnitt starrer konstruierte Werkzeugmaschinen als unerläßliche Voraussetzung für größere Präzision verlangen.

„Was aber ist der richtige Maßstab für „Starrheit"? — Der Amboß veranschaulicht ihn vielleicht am besten. Starrheit ist eine Widerstandsfähigkeit, die in einer viel höheren Größenordnung liegt, als die das ‚Klapprig-Werden' bewirkenden Kräfte, eine Festigkeit, die selbst unter den schwersten Schnittkräften auch nicht die geringste Erzitterung irgendeines Teils der Werkzeugmaschine zuläßt und den Eindruck erweckt, als wäre das bearbeitete Stück aus Butter.

„Es zeigt sich, daß diese Starrheit nicht nur conditio sine qua non für Präzisionsarbeit ist, sondern es auch ermöglicht, daß die Bearbeitung sich viel glatter vollzieht und die Paßarbeit stets verringert, oft ganz entbehrlich macht.

Wir können in den meisten Fällen die gewünschte Form in einem Sitz erzielen, wieviel Material auch herunterzuarbeiten ist, und stets so genaue und glatt polierte Oberflächen hervorzubringen, wie sonst unerreichbar, während wir fast ganz des Gebrauchs der Feile, dieses Greuels, entraten.

„Und jetzt blicken wir von diesem Standpunkt aus über unser Land dahin und finden es übersät mit unbrauchbarem Krempel.

„Es ist beinahe komisch, mit anzusehen, mit welchem Raffinement die Werkzeugmaschinenfabrikanten es im allgemeinen verstanden haben, diese wertvolle Starrheit zu vermeiden, und wie trügerisch der äußere Eindruck vieler Werkzeugmaschinen in dieser Beziehung ist.

„Interessant ist es andrerseits, wenn man sich darüber klar wird, wie wenig die Erzielung der wertvollen Starrheit die Gußstücke verteuert. Der Unterschied ist lediglich der Preis des Mehraufwands an Gußeisen — nein, nicht einmal so viel, denn in dem trügerischen „Ofenplatten"-Stil sind die Formen viel verschmitzter, die Modelle teurer und zerbrechlicher und die Formerlöhne größer. Was bedeutet aber selbst ein beträchtlich höherer Anschaffungspreis einer Werkzeugmaschine, die dann in der täglichen Arbeit mehrere ersetzt und ihren Besitzer zum Präzisions-Maschinenbauer macht?

„Es ist nicht Zweck dieses Vortrags, in Einzelheiten einzugehen, so interessant und wichtig sie auch sind, sondern ich möchte nur ganz allgemein die Aufmerksamkeit auf diese Frage lenken. Der neuerdings in dieser Hinsicht, wie auch in andern Fragen des Werkzeugmaschinen-Baus erzielte Fortschritt ist sehr erfreulich und berechtigt zu der Hoffnung auf weiteres und allgemeineres Fortschreiten."

Während des folgenden Sommers verwandte ich einen Teil meiner Mußestunden auf die Anfertigung der Entwürfe für ein paar Werkzeugmaschinen. Die eine war eine Doppelbohrmaschine zum Ausbohren von Schubstangen-Büchsen; soviel ich wußte, gab es damals noch keine solche Maschine. Ich beabsichtigte ihren Entwurf schon im Jahre 1864, als ich noch in der Fabrik von Ormerod, Grierson & Co. in Manchester war. Diese Maschine sollte die beiden Büchsen erstens gleichzeitig und daher schnell, und zweitens in immer ganz genau gleichem Abstand so bohren, daß die Bohrungsachsen in derselben Ebene lagen, die auch die Stangenachse enthielt, und auf dieser senkrecht standen — das alles ohne Messen oder Anreißen oder die Möglichkeit eines Irrtums. Der andere Entwurf diente einem vergleichsweise untergeordneten Zweck. Ich baute eine alte Fräsmaschine für gleichzeitiges Abflächen je zweier gegenüberliegender Seiten von Muttern um, wobei Schruppen und Abschlichten gleichzeitig ausgeführt werden sollte. Die Stirnseiten der Muttern wurden zunächst auf einem Dorn abgedreht, sodaß sie auf der Gewindeachse senkrecht standen. Darauf wurde eine Anzahl dieser Muttern auf einen etwa 400 bis 450 mm langen, in den Gewindekern passenden Dorn gefädelt, auf dem sie gegen einen gehärteten Bund anlagen, dessen Durchmesser gleich dem Abstand zwischen ihren bearbeiteten Seitenflächen war. Je zwei Kränze von Schneidstählen wurden in zwei Messerköpfen von etwa 300 mm Durchmesser in etwa 25 mm Abstand voneinander mit Sicherungsschräubchen befestigt; der eine Kranz war etwa 3 mm im Radius kleiner als der andere. Die Stähle des äußeren Kranzes schruppten vor, die des inneren standen etwa $^1/_{40}$ mm weiter vor und schlichteten nach. Der Dorn wurde zwischen Spitzen gespannt und vom Tisch aus in der Mitte gestützt. Die Muttern wurden durch eine Teilplatte an der vorderen Spitze in richtiger Lage gehalten. Was mit den Zeichnungen geschah, will ich gleich berichten.

Mein Erfolg kam, wie schon berichtet, nach sechs Monaten des Langens und Bangens so geschwind und war so durchschlagend, daß er mich beinah überwältigte. Je mehr ich darüber nachdachte, desto überschwänglicher wurde meine Freude; all mein Ungemach würde ja die Zeit bald wieder gut machen! Ich war voll hoher Erwartungen und sah kein Wölkchen am Himmel; ich gewann meinen alten Eifer und meine Energie wieder und machte mich mit Macht daran, die Neuausstattung zu beschaffen, ohne noch die wahre hilflose Verfahrenheit meiner Lage zu erkennen. Ich ließ es mir nicht träumen, daß ich schon verurteilt war, den bittern Trank: Verantwortlichkeit ohne Selbstbestimmungsrecht, bis zur Neige auszutrinken. Das werde ich bald genug zu erzählen haben; vorerst verharren wir noch einen Augenblick dabei, wie ich die Werkstatt mit neuen Werkzeugmaschinen anfüllte.

Meine hauptsächlichsten Bestellungen gingen an meine alten Freunde Smith & Coventry in England. Unter anderm sandte ich eine auf meine Doppelbohrmaschine mit den Zeichnungen. Ich erhielt darauf die Antwort, sie hätten gerade eine ähnliche Maschine an die Firma Hick, Hargreaves & Co., die berühmten Dampfmaschinenbauer in Bolton, geliefert und glaubten, ich würde ihre Konstruktion, von der sie eine Blaupause beifügten, der meinen vorziehen. — Das sollte ich meinen, daß ich die vorzog! Sie war einfach wunderbar. Eins war daran besonders interessant, nämlich, daß die beiden Bohrer unabhängig voneinander angetrieben wurden, so daß sie, wenn nicht mit Schubstangen besetzt, für irgendwelche andre Bohrarbeit verwendet werden konnten. Ich bestellte also die Maschine, und ihr Arbeiten entsprach meinen Erwartungen durchaus. — Ich bestellte einige Hobelmaschinen bei ihnen, deren größte einen Durchlaß von 1500 mm im Quadrat besaß. Die Hobelmaschinen, die sie mir sandten, wiesen zwei Neuerungen auf, die ich sehr bewunderte. Die Tische besaßen breite, flache Gleitschuhe, die auf entsprechenden flachen Führungen liefen, während die seitliche Führung von einer nachstellbaren Schiene an der einen Seite besorgt wurde. Diese Konstruktion ermöglicht es, die Führungsschienen von einem Ende bis zum andern genau als eine Ebene herzustellen und dadurch Windschiefe absolut zu vermeiden. Die zweite Neuerung, die diese Hobelmaschinen auszeichnete, war die Art und Weise der Schmierung dieser Flächen. Jede Führungsschiene besaß in der Mitte als Ölbehälter einen mit eingegossenen großen viereckigen Kasten. Eine kleine Welle durchsetzte ihn, auf die zwei gleich lange Hebelarme aufgekeilt waren. Der eine trug am Ende eine Walze, der andre ein beträchtlich schwereres Gewicht, so daß die Walze gegen die Unterseite des Gleitschuhs angepreßt blieb, wobei ihre untere Hälfte im Öl watete; die Schmierung wurde also von dieser Walze besorgt, die nur halb so breit zu sein brauchte, wie die geschmierte Fläche; das erwies sich als eine geradezu ideale Schmierung. Die Tische waren sehr starr und nur mit T-Nuten zum Aufspannen der Werkstücke ausgestattet, die von einem Ende zum andern durchliefen.

Ich baute auf einer bis dahin meist als Stall dienenden Fläche einen einstöckigen Erweiterungsbau von etwa 12 × 30 m für die Montagehalle und teilte ihn durch Säulen in zwei Schiffe, über die hin ich je einen Laufkran von 5000 kg Tragfähigkeit führte, der durch herunterhängende Seile bedient wurde. Diese Kräne bauten mir ebenfalls Smith & Coventry.

Bei Mr. Moore in Philadelphia bestellte ich ein paar seiner schweren, leistungsfähigen Drehbänke, wie er sie für das Abdrehen von Hartguß-Walzen baute. Dann bestellte ich ferner eine Hobelmaschine von 2 m Durchlaß im Quadrat bei den Eisenwerken von Hewes & Phillips in Newark, die sie ganz besonders schwer bauten, da meine Anschauungen sie angesteckt hatten. Bei Pratt & Whitney bestellte ich eine große Drehbank und ein paar kleine Hobelmaschinen, und noch andre Werkzeugmaschinen bei verschiedenen anderen amerikanischen Fabrikanten.

Nur in einem Fall erlebte ich eine Enttäuschung. Das war bei einem 3600 mm Karussell-Dreh- und Bohrwerk. Bei Durchsicht der Blaupausen, die mir auf Verlangen eingesandt wurden, fiel es mir auf, daß der Tisch recht leicht konstruiert war, und ich erteilte daher den Auftrag nur unter der Bedingung, daß er doppelt so schwer gemacht würde, was auch geschah. Hätte ich meine Forderung auf alle Teile der Maschine ausgedehnt, hätte ich den Erbauern und mir einen Gefallen getan. Der Tisch lief auf einer Kreisführung, die vorzüglich konstruiert war. Sie bestand aus einem kreisförmigen Trog von etwa 200 oder 250 mm Breite, in dessen Mitte die Gleitfläche für den Tisch herumlief. Sie war 150 mm breit und etwa 12 mm höher als der Boden und 12 mm niedriger als der Rand des Troges, und wurde in Abständen von je 300 mm von schrägen Nuten durchsetzt. In diesen Trog sollte das Öl bis oberhalb der tragenden Flächen eingefüllt und erhalten werden. Ich verbesserte die Ölzuführung noch ein wenig. Ursprünglich mußte das Öl mit einer Kanne durch ein Loch im Tisch nachgefüllt werden, das dann wieder mit einem Verschlußpfropfen zugeschraubt wurde. Ich verschloß dieses Loch ein für allemal durch einen Pflock und ließ unten in den Trog ein Loch bohren, in das ich ein $^3/_8''$ Röhrchen schraubte, das ich unten unter der Maschine weg und an einem der Ständer nach oben führte und dort an einen Tropföler anschloß. Ich sah ein Überlaufrohr vor, damit das Öl, das nach Bedarf ständig tropfenweise dem Trog zugeführt wurde, dort nicht zu hoch stieg. — Der Tisch dieser Karussellbank war nicht vollkommen genug bearbeitet, als er eintraf. Ich beschäftigte mehrere Mann damit, die Tragflächen gehörig aufeinander zu passen und lieferte ein kleines Meisterstück im Einschaben. Als das fertig war, konnte ich den Tisch mit einer Hand drehen; er glitt trocken auf dem zwischen beiden Tragflächen eingeschlossenen Luftkissen. Als wir die Maschine in Gebrauch nahmen, klapperte sie, wie leichten Spahn wir auch nahmen; alle Teile waren zu leicht und erzitterten, mit Ausnahme des Tisches. Immerhin, es war die beste Werkzeugmaschine von solcher Größe und Art, die ich hierzulande bekommen konnte. Wäre sie ordentlich stark gebaut gewesen, so hätte ich vier Stähle zugleich arbeiten lassen können und jeder hätte eine vollkommen glatte Fläche erzeugt; aber das war ein Grad von Starrheit und Ausnutzung, den die Fabrikanten damals noch nicht einmal erträumten. —

Eine der ersten kleineren Dampfmaschinen von 255 $\times$ 505 mm baute ich für uns selbst und stellte sie so auf, daß sie sowohl für die mechanische Werkstatt, wie für die Montagehalle die Transmission antrieb.

Die Aufgabe, die Windschiefe bei der großen Hobelmaschine zu beseitigen, fesselte mich vielleicht am allermeisten, da sie so schwierig war. Es dauerte überhaupt schon eine ganze Zeit, bis ich mir darüber klar wurde, wie die Sache überhaupt angefaßt werden müßte. Von der Windschiefe abgesehen waren nämlich die Gleitbahnen nicht parallel: an dem einen Ende trugen die außen, am andern die innen liegenden V-Schenkel. Schließlich ließ ich eine Vorrichtung verfertigen, die aus zwei V-Schienen von etwa 900 mm Länge bestand, die durch eine Querleiste verbunden waren, die eine Spiritus-Dosenlibelle trug. Eine zweite ähnliche Libelle wurde auf die Oberkanten der Gleitbahnen aufgesetzt. Mit Hilfe dieser sehr starren und so vollkommen als möglich bearbeiteten Vorrichtung und eines Messingdrahtes konnte ich nun im voraus bestimmen, was an jedem Punkt der Gleitbahnen gemacht werden mußte. Die Ausführung des Ausrichtens, erst beim Tisch, und dann bei den Gleitbahnen unter dem Tisch, erforderte mit der Zeit zur Anfertigung der Vorrichtungen volle 3 Monate, und ich konnte nicht daran gehen, bevor ich unsere neuen Hobelmaschinen hatte. Darnach aber konnte ich die schon erwähnten großen Maschinenrahmen und all die andre schon darauf wartende Arbeit auch in vollendeter Weise ausführen.

Unter den alten Werkzeugmaschinen war auch eine große Bohrmaschine, deren Größe und solider Aufbau auf mich einen sehr günstigen Eindruck gemacht hatten; als wir sie aber in Gebrauch nahmen, ergab sich, daß man mit ihr kein rundes Loch bohren konnte. Dieser Mangel hätte zweifellos durch Neu-Schleifen der Spindel und Einziehen neuer Buchsen behoben werden können, sobald wir eine Werkzeugmaschine hatten, um diese Arbeiten damit auszuführen. Mr. Goodfellow und ich beschlossen jedoch, es wäre nicht der Mühe wert, daß wir uns noch damit abquälten, denn sie war so schlecht konstruiert, daß die beiden Zugspindeln für den Universaltisch, mit dem sie ausgerüstet war, zentrisch angeordnet waren und sich infolgedessen genau unter der Bohrspindel kreuzten, so daß es ausgeschlossen war, eine Bohrstange in der Maschine zu verwenden. Der Widerspruch zwischen der anspruchsvollen Größe und der traurigen Unbrauchbarkeit der Maschine war lächerlich, und der Gegensatz der Smith & Coventry-Bohrmaschine dagegen, die an ihre Stelle kam, geradezu wundervoll. Es machte uns keine Schwierigkeiten, diese, wie all die andern ausrangierten Werkzeugmaschinen an Firmen loszuwerden, die hocherfreut waren, sie so billig zu bekommen. Es dauerte ungefähr sechs Monate, bis wir den ganzen Krempel los waren und die Fabrik mit den besten Werkzeugmaschinen gefüllt hatten, die damals erhältlich waren, obgleich selbst diese in vieler Hinsicht zu wünschen übrig ließen, wie z. B die große Hobelmaschine, die nur einen Stahl im Quersupport führte, während eine Hobelmaschine von dieser Größe mit vier Stählen — zweien im Quersupport und einem an jeden Ständer — arbeiten können und doppelt so schwer sein müßte. —

Eine der ersten Maschinen, die wir lieferten, war für D. M. Osborne & Co., der berühmten Mäh- und Garbenbindmaschinen-Firma in Auburn, und sollte zum Antrieb ihres Walzwerks dienen. Es war eine 455 $\times$ 760 mm Maschine, die 150 Touren machte, und die letzte von fünfen, die ich für verschiedene Industrien in meine Heimatsstadt geliefert hatte.

Fünfundzwanzig Jahre später sah ich diese Dampfmaschine arbeiten. Man hatte ihre Tourenzahl erhöht. Mit Hilfe einer großen Kugel, die an Pflöcke in der Regulatorgabel angehängt wurde, konnten sie je nach den Profilen, die sie walzten, die Geschwindigkeit zwischen 200 und 250 Touren verändern. —

Ich nahm wahr, daß in dem Maße, wie unsere Leistungsfähigkeit sich hob, der Glaube, daß ich keine Aufträge auszuführen vermochte, sich im ganzen Lande verbreitete, und die zuerst zahlreichen Anfragen schmolzen fast auf Null zusammen. Vereinte Kräfte und zielbewußtes Arbeiten hätten der Sache bald wieder ein anderes Ansehen verliehen, — aber jetzt sollte ich auf Hindernisse treffen, die nicht mit der Zeit zu überwinden waren.

Mr. Merrick war ein liebenswürdiger Mann von vornehmen Grundsätzen, der stets die beste Absicht hatte, seine Pflicht zu erfüllen; aber er war genau der verkehrte Mann für die Stelle. Er war kein Ingenieur oder Techniker. In der Firma S. V. Merrick & Sons war er Bureauvorsteher gewesen. Er war lediglich ein Geschäftspraktiker, der für ein technisches Für oder Wider einfach kein Verständnis zu besitzen schien. Ihm stak die Idee der Generaldirektor-Allmacht im Kopf, die ja auch in seinem Falle vorhanden war, denn die Direktoren stimmten einstimmig zu, was er auch tat. Er entzog mir von vornherein die Befugnis, in meiner eigenen Abteilung Leute anzustellen oder zu entlassen, und maßte sich alle Entscheidung hierüber an. Obendrein war er von Natur sehr verschlossen, man könnte fast sagen ein Geheimniskrämer. Er fragte mich nie um Rat. Ich erfuhr nie, was er vorhatte oder tat, bis ich's später herausbekam. Er hatte großmütig seine beiden ersten Schnitzer eingestanden, aber leider machte er weiterhin gleich bedenkliche Fehler bis zum Ende.

Einen der ersten Aufträge, die hereinkamen, erhielten wir von einer Gesellschaft für die Beleuchtung der Straßen von Philadelphia mit Bogenlampen, deren Vorsitzender ein bekannter Philadelphischer Fabrikant namens Dolan war. Die Bestellung lautete auf acht 200×405 mm Maschinen für den Antrieb von acht Brush-Dynamos für je 40 Lampen. Mr. Merrick erhielt den Auftrag. Ich selbst hatte Mr. Dolan nie gesehen; seine Fabrik lag am Nordende der Stadt, und er verabredete sich immer mit Mr. Merrick zum Gabelfrühstück in der City; zu diesen Zusammenkünften wurde ich nie eingeladen. Als die Anlage im Betrieb war, hörte ich zufällig, daß in der elektrischen Lichtzentrale ein neuer Ingenieur angestellt wäre, und ich dachte, ich könnte doch mal mit herangehen und seine Bekanntschaft machen. Das tat ich noch den gleichen Abend. An der Tür empfing mich ein fremder Herr, der mir höflich die Anlage zeigte. Ich stellte mich nicht vor. Er fragte mich, ob ich mich für elektrische Beleuchtung interessierte. Ich antwortete: „Bisher noch nicht praktisch, aber vielleicht demnächst.“ Darauf meinte er, er hielte es für seine Pflicht, mich vor der Verwendung von Schnelläufern zu warnen. Er hätte nie dazu geraten, hätte sie aber schon vorgefunden, als er die Stellung angetreten hätte, und täte sein Bestes, um zunächst mit ihnen durchzukommen, aber die Zentrale würde bald stark vergrößert werden, und dann würden sie diese Maschinen los werden und die richtigen Maschinen an ihre Stelle setzen. Er rief seinen Assistenten herbei, um zu bestätigen, wie viel Schwierigkeiten ihnen diese Maschinen machten. Ich hörte mir diese empörenden Entstellungen ruhig mit an, blickte um mich und sah die acht Maschinen sanft und geräuschlos mit 280 Touren laufen, wobei jede die Leistung von vier alten für höchstens

70 Touren geeigneten Maschinen abgab. Sie liefen völlig gleichförmig ohne ein Schwungrad. Ich sagte nichts.

Am nächsten Morgen ganz früh machte ich Mr. Dolan meinen Besuch in seinem Bureau und erzählte ihm von der Lage der Dinge in der Lichtzentrale. Als Antwort enthüllte er mir die folgenden erstaunlichen Tatsachen: „Mr. Porter, als sich diese Gesellschaft hier bildete, wählte ich die Eisengießerei Southwark zu unserer Maschinenlieferantin. Ich war schon von früher her mit dem Betrieb Ihrer Dampfmaschinen vertraut und zu dem Schluß gelangt, daß sie genau das seien, was wir brauchten. Ich bestellte also unsere ersten Maschinen bei Ihnen. Ich glaubte, die technische Abteilung des Unternehmens stände unter Ihrer Leitung und Sie würden hier durch einen Ingenieur vertreten werden, den Sie selbst ausgesucht hätten, und der Ihnen ergeben wäre. Als also Ihr Monteur mit seiner Arbeit fertig war, bat ich Ihren Generaldirektor, mir jemanden zu schicken, der mit den Maschinen Bescheid wüßte. Er sandte mir einen Arbeiter. Das war nicht der Mann, den ich brauchte; die Maschinen wurden ja bereits von Leuten geführt, die aus Ihren Werken stammten. Ich brauchte einen gebildeten Menschen, der uns vor Gericht und im Stadtrat vertreten konnte, — kurz: einen Oberingenieur für dieses jetzt noch in den Kinderschuhen steckende Unternehmen, das jedoch nach unserer Ansicht große Ausdehnung annehmen mußte. Er hätte wissen müssen, was ich brauchte, oder wenn er es nicht wußte, hätte er mich fragen sollen; seine ganze Art und Weise war jedoch so gleichgültig, als interessiere er sich nicht im geringsten für das Unternehmen.

„Da ich sah, daß ich von Mr. Merrick keine Hilfe erwarten durfte, wandte ich mich an William Sellers. Der sandte mir einen jungen Menschen aus seinem Konstruktionsbureau, und ich fand bald heraus, daß das auch nicht der Mann war, den ich brauchte; er verstand nichts von Dampfmaschinen, — war lediglich Werkzeugmaschinen-Konstrukteur, — so daß ich schon sah, ich verließe mich am besten auf mich selber. Der einzige Mann, auf den ich mich besinnen konnte, war der, den ich jetzt da habe. Er hatte mir vor zwei oder drei Jahren eine von meinen Dampfmaschinen repariert und das sehr gut gemacht; ich bot ihm die Stellung an und er nahm sie an. Ich wußte nichts von seiner Vorliebe für die oder jene Maschine; er scheint soweit sehr tüchtig zu sein, und ich bedauere, ihn nicht entlassen zu können.“ Und er blieb.

Die Folgen waren geradezu auffallend. In allen Landesteilen entstand Nachfrage nach elektrischen Lichtzentralen. Die hiesige wurde als eine der ersten ihrer Art weithin bekannt und erhielt täglich den Besuch von Leuten, die sich mit solchen Projekten befaßten. Die Besucher wurden an der Tür von dem Ingenieur und seinem Assistenten empfangen und genau wie ich gewarnt, nur ja keine Schnelläufermaschinen anzuschaffen. Das waren stets Geschäftsleute, die von Maschinen keine Ahnung hatten, und denen daher die Aussage zweier Praktiker, die mit den Maschinen Erfahrung hatten und sich zu ihrem guten Rat sozusagen verpflichtet fühlten, durchaus einleuchtete. Das Ergebnis war, daß wir nie auch nur eine einzige Anfrage nach Lichtmaschinen erhielten. Doch! — Eine hatten wir: Ein Herr kam ins Bureau, als ich gerade allein drin war, und gab mir einen solchen Auftrag für seine Fabrik, wobei er sich bei mir dafür entschuldigte: er wäre so beengt in dem Raum, wo er seine Beleuchtungsanlage montieren müsse, daß er die Maschine, die er eigentlich brauchte, nicht unterbringen könnte.

Dieses Ergebnis empfand ich besonders bitter, als mir ein Jahr später der Geschäftsführer der Beleuchtungsgesellschaft, der in der Zentrale sein Bureau hatte, erzählte, er hätte etwas getan, wovon er wüßte, daß sein Direktorium nicht mit einverstanden sein würde: er hätte jede Kerzenstärke vergeben, die sie liefern könnten. Aber er hätte das mit großer Ruhe getan, denn nicht eine von den Maschinen hätte sie je auch nur einen Augenblick im Stich gelassen. Er für seinen Teil verstünde überhaupt nicht, wozu die beiden Leute da wären, — sie hätten absolut nichts andres zu tun, als die Maschinen nach Bedarf anzulassen oder stillzusetzen und nach der Schmierung zu sehen. Ihre Hauptbeschäftigung schien im Herumführen von Besuchern zu bestehen.

Diese große Schlappe wäre vermieden worden, wenn Mr. Merrick mit mir über die äußerst wichtige Bitte Mr. Dolans beraten hätte. Wir hätten dann einen Mann dort gehabt, der die Wahrheit gesprochen und jedem Besucher eindrucksvoll die gewaltigen Vorzüge auseinandergesetzt hätte, die der Schnelläufer nicht nur für diese, sondern überhaupt für alle Zwecke hat, denen Dampfkraft dienstbar gemacht werden kann. Es ist klar, daß diese Schlappe von großer Tragweite war. Sie verursachte nicht nur einen großen unmittelbaren Verlust, sondern der schließliche Schaden war garnicht abzuschätzen. Ihre Wirkung war, daß die Porter-Allen-Maschine von dem unbegrenzten Feld der Erzeugung von Elektrizität für Licht und Kraft von vornherein ausgeschlossen wurde, — einem Felde, das ihrem ganzen Wesen nach wie für sie geschaffen war. —

Die folgende Geschichte kann ich nicht bei mir behalten, obschon ich nicht wüßte, daß sie zur Beschleunigung meines Sturzes beigetragen hätte. Noch in Newark hatte ich an Edison eine Maschine für sein Versuchsfeld in Menlo Park geliefert. Wie sehr diese

Maschine befriedigte, mag aus folgendem entnommen werden: Eines Tages erhielt ich den Besuch von Edison in Begleitung seines Ingenieurs, Mr. Charles L. Clarke. Sie waren sehr schnell gegangen, und Edison, ein ziemlich beleibter Mann, war ganz außer Atem. Sobald sie Platz genommen hatten, fing Edison, ohne sich erst zu verschnaufen, an zu sprechen, wobei er die Sätze zwischen dem Atemholen herausstieß: „Brauche tausend Dampfmaschinen.“ .... „Tausend Dampfmaschinen.“ .... „Sie sollen sie konstruieren.“ .... „Alle Fabriken in den Neu-England-Staaten die Teile herstellen.“ .... „Hier dann alle montieren.“ .... „Tausend Dampfmaschinen.“ In dem Gespräch, das sich nun entspann, führte ich Edison sanft — zwar nicht ganz bis zur Erde, aber doch wenigstens in Sehweite von der Erde zurück. Das Ergebnis war, daß ich ein paar Wochen darauf unbesonnen genug war, einen Auftrag auf 24 glücklicherweise gleich große Dampfmaschinen von ihm anzunehmen. Der Auftrag sollte mit höchster Beschleunigung ausgeführt werden, bedingte jedoch die Anfertigung neuer Zeichnungen und Modelle, da er ein besonderes Verhältnis zwischen Durchmesser und Hub vorschrieb, aus dem ein größerer Durchmesser und ein kleinerer Hub folgte, als meine Normalausführung hatte. Noch ehe die Zeichnungen und Modelle fertiggestellt waren, entdeckte Edison oder seine Gesellschaft, daß sie nicht Platz genug hatten, mehr als sechs solcher Maschinen aufzustellen; der Auftrag wurde also auf sechs Maschinen reduziert. Sie waren für eine Zentrale bestimmt, die an der Westseite der Pearl-Straße, ein paar Häuser weit von Fulton in New York City im Bau begriffen war. Drei davon wurden vorab fertiggestellt. Nachdem sie ein paar Tage lang gelaufen hatten, stellte sich ein Mangel — was für einer, das habe ich nie erfahren können — heraus und wurde Edison gemeldet. Er legte ihn der Maschine zur Last und rief impulsiv aus: „Raus damit, raus mit den Maschinen!“ Man stellte ihm jedoch vor, das könne man doch kaum machen, denn sie hätten vertraglich eine beträchtliche Menge Licht und Kraft zu liefern und die Stromlieferung erfolge doch sehr befriedigend. „Na schön“, sagte er, „aber wir wollen wenigstens keine mehr von der Sorte einbauen.“ Der Auftrag auf die restlichen drei Maschinen wurde also annulliert und drei Armington & Sims-Maschinen an ihrer Stelle bestellt. Als diese in Betrieb kamen, trat die gleiche Schwierigkeit auch bei ihnen auf. Erneute Untersuchung ergab, daß die Schwierigkeit lediglich auf dem elektrischen Gebiet lag und die Dampfmaschinen garnichts damit zu tun hatten. Mr. Clarke behauptete, das habe er von Anfang an geglaubt. Die tausend Maschinen schrumpften also auf drei gelieferte und drei uns auf dem Halse liegende zusammen. Die beiden Dreifach-Sätze liefen harmonisch zusammen, bis die Zentrale im Lauf der Entwickelung der elektrischen Energieversorgung einging.

Unmittelbar nachdem wir die Arbeit aufgenommen hatten, kamen wir durch Mr. E. D. Leavitt in Geschäftsverbindung mit der Calumet & Hecla-Grube. Das war damals die größte Kupfergrube im Lande und gehörte einer Bostoner Gesellschaft, an deren Spitze Mr. Agassiz, ein Sohn des großen Naturforschers, stand. Leavitt brachte mir den Auftrag persönlich, und zwar auf Grund der Bewunderung, die er für die Maschine, wie auch für die ganze Art des Maschinenbaus, die ich eingeführt hatte, hegte. Seinen ersten Auftrag erteilte er für eine Maschine mäßiger Größe. Während diese im Bau war, gab er uns einen kleinen Auftrag für eine Reparatur, der vielleicht auf ein- bis zweitausend Mark hinauslief. Die Arbeit war in der Werkstatt infolge einer Dummheit verpfuscht worden und mußte nochmal gemacht werden. Zufällig bekam ich die Rechnung dafür zu sehn; ein neuer Junge hatte sie vom Schreibtisch des Kassierers für Mr. Merrick zur Unterzeichnung herübergebracht. Wir waren zufällig beide aus, und der Junge legte sie aus Versehen auf meine Seite des Tischs. Ich kam zuerst zurück, nahm sie und las sie und sah, daß ihr Betrag den ganzen Aufwand an Material und Arbeit, der drangewendet war, deckte. Ich hielt ihn für doppelt so hoch, als er von Rechts wegen hätte sein dürfen. Ich legte sie auf Mr. Merricks Seite und erzählte ihm, als er wiederkam, wie ich dazu gekommen wäre, die Rechnung zu sehen, und daß ich meinte, sie solle nicht so herausgehen, da sie ja nur durch unser Verschulden so hoch geworden wäre. „Ach was“, sagte er, „die sind reich; denen kommts nicht darauf an.“ Ich erwiderte: „Das kommt für mich nicht in Frage; ich halte es nicht für richtig, unsere Kundschaft für unsere Dummheiten bezahlen zu lassen.“ Er belächelte meine Unschuld und sagte: „Wenn eine Maschinenfabrik ihre Kunden nicht für ihre Dummheiten bezahlen ließe, würde sie bald bankerott sein.“ „Nun gut“, sagte ich, „ich protestiere gegen die Absendung dieser Rechnung.“ Sie wurde jedoch abgesandt und nach ein paar Tagen kam ein Scheck für den vollen Betrag, und Mr. Merrick lachte mich aus. Wochen und Monate vergingen und wir hatten nichts wieder von Mr. Leavitt gehört, als ich ihn in New York auf einer Versammlung des Maschinen-Ingenieur-Vereins traf. Nach der Sitzung forderte er mich auf, ihn zu begleiten, und fing denn auch an: „Es ist Ihnen wahrscheinlich aufgefallen, daß ich mich neuerdings nicht mehr in der Eisengießerei Southwark habe blicken lassen.“ Das gab ich zu. Darauf er: „Können Sie sich noch auf die Rechnung für die Reparatur besinnen?“ Ich erzählte ihm darauf, das könnte ich sehr wohl, und wie ich vergeblich gegen ihre Absendung protestiert hätte. Er sagte: „Als mir diese Rechnung zur Zahlungsanweisung vorgelegt wurde, zögerte ich, meine Anerkennungsnote darunter zu setzen und wollte sie doch erst Mr. Agassiz vorlegen. Ich berichtete ihm, worum es sich handle, und gab an, die Rechnung wäre etwa doppelt so hoch, wie ich erwartet hätte. Er erwiderte: „„Wir wollen sie bezahlen, aber wir gehn nicht wieder zu den Leuten““, — und ich habe dann unsere Aufträge an die Dickson Manufacturing Company in Scranton vergeben.“ Ich sah, daß ich die einflußreichste industrielle Verbindung verloren hatte, die ich seit Mr. Holleys Tode besessen hatte. Ein paar Jahre später hörte ich, — und ich glaube es, obwohl ich nicht für die Richtigkeit einstehen kann, — daß die durch Mr. Leavitt an die Dickson Manufacturing Company vergebenen Aufträge in einem einzigen Jahre beinahe eine halbe Million Mark betragen haben.

Einige Zeit vor diesen Ereignissen hatte Mr. Merrick eine große Willkür begangen. In seiner Allmacht als Generaldirektor hatte er in meine Machtsphäre eingegriffen und ohne mir ein Wort davon zu sagen Mr. Goodfellow einen Oberingenieur nach seinem Sinne vor die Nase gesetzt, und ihn zum Obermeister in den Maschinenwerkstätten degradiert, der seine Weisungen von dem neuen Oberingenieur und nicht von mir entgegenzunehmen habe, — woraufhin Mr. Goodfellow kündigte und eine Stelle als Betriebsleiter der mechanischen Werkstätten der Pennsylvania Stahlwerke annahm. Auf seinen Rat wurde die von ihnen bei mir bestellte Dampfmaschine von der Eisengießerei Southwark unfertig, wie sie war, abgerufen und von ihnen selbst unter Mr. Goodfellows Anleitung fertig gemacht. Darauf besetzte Mr. Merrrick Mr. Goodfellows Stelle durch einen anderen persönlichen Bekannten von ihm, einen Mann, der so viel wert gewesen wäre wie ein Holzklotz, hätte er nicht unausgesetzt den schlimmsten Unsinn gemacht. Ich empfand die Willkür dieser Eingriffe bitter genug, war aber völlig machtlos dagegen, da ich nur zu genau wußte, daß der Aufsichtsrat den Generaldirektor in allen seinen Taten unterstützen würde.

Das Eintreffen des neuen Oberingenieurs war der Anfang vom Ende. Vor allem trat er im Vollgefühl der Überlegenheit der Philadelphischen Techniker auf, und zweitens war es ihm ganz klar, daß ich nach der Natur der Sache nicht die leiseste Ahnung vom Maschinenbau haben könnte. Ich war lediglich ein New Yorker Rechtsanwalt, hatte in meinem ganzen Leben nicht einen einzigen Tag lang praktisch gearbeitet, und war in einen Beruf eingetreten, für den ich nicht ausgebildet war, und von dem ich nichts verstand. Daß ich mich unterstand, Technikern Befehle zu erteilen, und noch dazu Philadelphischen Technikern, erfüllte ihn mit Entrüstung. Er würde sich nichts von mir sagen lassen, — dächte nicht dran, — und meine Zeichnungen — na, von denen würde er abweichen, wo es ihm paßte.

Das kam alles erst nach und nach zu Tage. Ich sah in der Montagehalle zu, wie ein paar Zylinder montiert wurden, bei denen die Brillen für die Kolbenstangen Stopfbüchsen im Schiebesitz auf die Stange gepaßt waren. Ich fragte ihn, warum er das so machte, während sie sowohl auf der Zeichnung, wie im Maß 0,8 mm weiter angegeben seien, als die Kolbenstange. Er gab mir zur Antwort: „Weil sie so gemacht werden müssen.“ Ich klärte ihn darüber auf, daß jede einzelne festsitzen würde, bevor die Maschine eine Stunde lang liefe; ich wünschte, daß er diese Brillen nach der Zeichnung bohrte, und ebenso auch die Grundbüchsen im Deckel. „Soll geschehen, Mr. Porter“, sagte er. Als ich sie mir nachher ansah, fand ich, daß er ebensoviel außen von den Brillen hatte abdrehen lassen, wie sie innen weiter gebohrt waren. Ich fragte ihn, warum er das getan hätte. Er sagte, er hätte gedacht, wenn ich sie innen schlotterig haben wollte, wollte ich sie auch außen schlotterig haben. Ich sagte, das wolle ich nicht. Darauf fragte er mich, wieso nicht? Nun bemerkte ich ihm, er sei nicht dazu da, um mit mir zu rechten; ich wünsche, daß er diese Brillen wegwerfen und neue genau nach der Zeichnung anfertigen ließe, und sah selbst darnach, daß das auch geschah. Ich wandte mich darauf in der Sache an Mr. Merrick, — und was war seine Antwort? „Ich kann Ihnen nur raten, Mr. Porter, alle solche Angelegenheiten ganz dem Oberingenieur zu überlassen.“ Man denke! Ein Amateur-Direktor maßt sich zunächst die Leitung meiner Geschäfte an und gibt mir dann diesen Rat, — er, der niemals einem andern eine Entscheidung überließ! Offenbar überlegte er sich nicht einmal, daß die Wirksamkeit seines Oberingenieurs das Geschäft zugrunde richten würde, wenn ich nicht ein Auge drauf hielte. Es wurde mir klar, daß ich völlig allein dastand, aber ich hatte Lust, gegen die ganze Welt zu kämpfen. Der oben geschilderte Vorfall gibt ein ganz gutes Bild von dem, was ich ständig durchmachte. Tagaus, tagein war ich auf der Wacht. Oft mußte ich die Arbeit noch einmal machen lassen, wenn mein Oberingenieur von meinen Zeichnungen abgewichen war, und beim zweitenmal brachte er es meist fertig, die Sache ganz und gar zu verpfuschen und dann zu sagen: „Genau wie Sie es befohlen haben, Herr Direktor.“

Ich beantragte, einen Inspektor anzustellen, der mich in der Werkstatt vertrat. Darauf erklärte der Werkmeister, wenn ein Inspektor angestellt würde, ginge er, so daß Mr. Merrick es verbot. War je ein Mensch in einer hilfloseren und lächerlicheren Lage?

Die zweite große Maschine, die ich fertig bekam, war für die Otis-Stahlwerke. Ich reiste selbst nach Cleveland, um die Maschine in Betrieb zu setzen, fand aber, daß der Generaldirektor, Mr. Wellman, das schon selbst besorgt hatte. Mr. Otis war sehr zufrieden mit ihr und hatte auch allen Grund dazu. Dies war das erste Walzwerk, mit dem Stahlplatten aus dem Block in einer Hitze fertig gewalzt wurden.

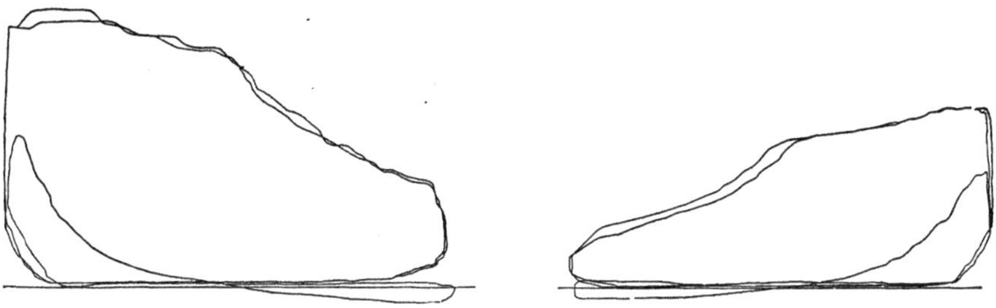

1015 $\times$ 1215 mm Porter-Allen-Maschine.
2. Februar. Otis-Stahlwerke. 14. April.
93 Touren, 5,9 kg/qm². Cleveland, 1882.

Solche Diagramme lieferte sie. Man beachte bitte, daß sie zu verschiedenen Zeiten und bei verschiedenen Dampfdrücken aufgenommen sind. Leider ist das rechte das einzige Diagramm, das ich von der Kurbelseite des Zylinders besitze. Beim Walzen dieser schweren Platten ging die Belastung unvermittelt von Vollast auf Leerlauf und umgekehrt. Die Maschine machte 93 Touren, wonach man sich ausrechnen kann, daß der Regulator diesen Leistungswechsel in $^1/_3$ Sekunde oder weniger bewirkte, wobei die Geschwindigkeit nicht merklich schwankte.

Mr. Otis sprach mich mit den Worten an: „Ja, Mr. Porter, was soll ich nun eigentlich mit Ihnen machen? Sie haben ja keinen Begriff von dem Schaden, der mir aus der verspäteten Lieferung der Maschine erwachsen ist!" Ich sagte nur: „Mr. Otis, Sie wissen, was für eine entsetzliche Zeit ich durchgemacht habe, und daß ich mein Bestes getan habe." „Ja", sagte er, „das weiß ich alles nur zu wohl." Er war nämlich selbst in Philadelphia gewesen und hatte sich vom Augenschein überzeugt. Er fuhr fort: „Sie bauen eine kleine Lichtmaschine; was kostet so eine Maschine für 25 Bogenlampen?" Ich nannte ihm den Preis: 4200 M. „Na", meinte er, „die überschüssigen 200 streichen sie mal ab und lassen Sie sie mir für runde 4000 M., dann sind wir einig." So fiel mal wieder ein Sonnenstrahl auf meinen Weg! Die Maschine läuft heute, nach 25 Jahren, noch wie neu, und fünf oder sechs Jahre später baute die Gesellschaft eine weitere 1215 × 1665 mm Maschine für den Antrieb einer noch größeren Straße ein.

Ein merkwürdiges Erlebnis, das mir immer gleichsam prophetisch erschienen ist, hatte ich in den Cambria-Werken. Im August 1881 fand eine Haupt-Versammlung des Maschinen-Ingenieur-Vereins in Altoona statt, und die Pennsylvania-Eisenbahngesellschaft stellte uns einen Sonderzug nach Johnstown zum Besuch der Werke der Cambria-Company zur Verfügung. Die Erwartung der Teilnehmer äußerte sich in den Worten Mr. Jackson Baileys, des damaligen Herausgebers des American Machinist: als ich durch den Wagen ging, in dem er saß, rief er mir zu: „Na, Porter, heute ist Ihr großer Tag.“ Die Gesellschaft wurde von Mr. Morrell, dem Generaldirektor, geführt. Unser Weg führte uns zuerst zu ihren neuen Hochöfen, wo auf Besichtigung der interessanten Neuerungen geraume Zeit verwendet wurde. Darauf kamen wir an meine zweite Maschine, die vor zwei Monaten in Betrieb gekommen war. Sie wurde gerade stillgesetzt; man erklärte uns, sie hätten noch nicht genug Hochöfen, um ihre Walzenstraße ständig zu speisen; sie setzten sie daher eine halbe bis eine Stunde zwischen den Hitzen still, und eine Hitze wäre gerade fertig verwalzt. Als nächstes gingen wir hinüber zur Besichtigung meiner Schienen-Walzenzugmaschine, die die Leistungsfähigkeit des Walzwerks um 150 Prozent gesteigert hatte. Auch diese stand. Es war gerade eine Walze gebrochen, ein sehr seltener Zufall, den ich dort niemals vorher gesehen, noch hatte erwähnen hören. „Na, meine Herren“, sagte ich, „wenigstens kann ich Ihnen meine kleine Maschine für den Antrieb einer Kaltsäge zeigen.“ Als wir dort hinkamen, war alles öde, und wir hörten, daß das Kaltsägen nicht ununterbrochen vor sich zu gehen brauche; wir hätten gerade die Mittagsstunde abgepaßt, die Leute wären fort zum Essen. Damit war die Exkursion, soweit sie mich anging, zu Ende. Die Gautier-Werke waren beinah eine halbe Stunde weit entfernt und wurden nicht mit besichtigt; es wurde uns also nur noch das große Blockwalzwerk im Betrieb vorgeführt, und wir sahen den Guß der gewaltigen Blöcke dafür mit an, dann folgte das übliche Gabelfrühstück mit Ansprachen, und wir kehrten nach Altoona zurück. —

Eines Tages kam der Oberingenieur in mein Bureau und berichtete mir, er hätte einen Versuch mit meiner Muttern-Fräsmaschine gemacht, und sie funktioniere nicht. Ich war enttäuscht, denn ich war meiner Sache sicher gewesen. Ich ging mit hinunter, um selbst mal nachzusehen, und sah auf den ersten Blick, daß sie in geradezu verschmitzter Weise so hergerichtet war, daß sie nicht funktionieren konnte. Der Vorschub war rasch und die Schnittgeschwindigkeit langsam eingestellt, so daß die Stähle nicht anfaßten und der langsam laufende Riemen immer von den Scheiben glitt. Ich verringerte den Vorschub nicht, aber steigerte die Schnitt- und Riemengeschwindigkeit auf etwa das acht- oder zehnfache, worauf die Schwierigkeit verschwand. Ich habe niemals etwas besser funktionieren sehn, als diese Werkzeugmaschine.

Mein Oberingenieur brannte darauf, der Welt meine Unwissenheit zu beweisen. Eine hervorragende Gelegenheit schien sich ihm bald darauf zu bieten. Das Gegengewicht des Regulators der Otis-Maschine fiel unvermittelt auf die untere Hubbegrenzung, wenn eine Platte von den Walzen gefaßt wurde und flog ebenso unvermittelt gegen die obere, wenn sie sie verließ. Das verursachte einen lauten Schlag und hätte mit der Zeit auch mal ein Unglück herbeiführen können. Mr. Wellman übersandte mir die Skizze einer Vorrichtung zur Abdämpfung dieser Bewegungen durch Luftpuffer, die er sich ausgedacht hatte. Ich beauftragte den Oberingenieur, den Apparat herstellen zu lassen und den Pufferkammern 100 mm Durchmesser zu geben. Er meinte, 100 wären nicht genug, sie müßten 200 mm Durchmesser bekommen. „Nein," sagte ich, „100 mm sind reichlich; lassen Sie sie 100 mm weit machen." Ein paar Tage darauf rief er mich in die Werkstatt, ich sollte mal meine 100-mm-Luftpuffer probieren. Ich fand den Apparat senkrecht in einem Schraubstock eingespannt. — Ich faßte den Hebel und hob den Kolben; er bot keinen Widerstand, bis er scharf gegen den Deckel der Kammer anschlug. Einen Augenblick war ich starr über die Frechheit des Kerls und schnellte den Kolben nochmals auf und ab, um auch sicher zu sein, daß ich nicht träumte. Dann drehte ich dem Oberingenieur den Rücken, rief einen Jungen und sagte ihm, er solle doch Meister Fulmer, den Meister im zweiten Stock, suchen und ihm sagen, er möchte mal hierher kommen. Einen Augenblick drauf war er schon da, und ich sagte zu ihm: „Meister Fulmer, lassen Sie bitte einen neuen Kolben für diesen Apparat machen, und zwar genau passend; Sie wissen schon." Meister Fulmer verbeugte sich zustimmend. Ich fuhr

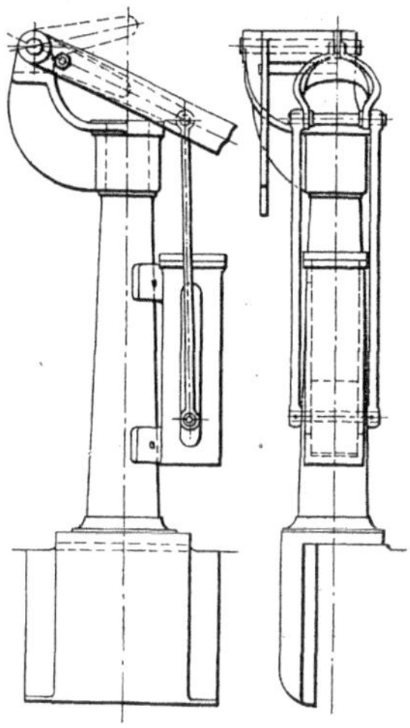

1015×1215 mm Porter-Allen-Maschine, Luftpuffer für den Regulator.

fort: „Wir können ihn heute noch gießen und morgen früh gleich abdrehen lassen. Wenn er fertig ist, so daß ich ihn prüfen kann, kommen Sie selbst auf mein Bureau und sagen Sie's mir.“ Nächsten Morgen holte mich Meister Fulmer etwa um 10 Uhr ab. Ich ging mit hinunter und stellte fest, daß der Kolben an beiden Hubenden durch einen vorzüglichen Luftpuffer abgepuffert war. „Sehr schön,“ sagte ich, „sehen Sie zu, daß er noch heute versandt wird.“

Meister Fulmer war ein vorzüglicher Maschinenbauer und ein Mann von gutem allgemeinen Auffassungsvermögen; er hätte sicher den Kolben genau eingepaßt, wäre es ihm nicht ausdrücklich aufgetragen worden, ihn schlotterig und unbrauchbar zu machen. Der Oberingenieur hatte in seiner hartnäckigen Annahme, daß ich ein Dummkopf wäre, tatsächlich erwartet, ich sollte, wenn ich den Apparat prüfte, sagen: „Ach, ich sehe wirklich, 100 mm reichen nicht hin. Wir werden sie doch wohl 200 mm weit machen müssen.“

Im Jahre 1881 oder 1882 machte ich eine merkwürdige Erfahrung an einer Maschine für das Postamt in New York. Sie sollte eine schon laufende Maschine ersetzen. Der Maschinenmeister des Postamts gab mir an, der Zylinder jener Maschine habe 300 mm Durchmesser. Ich bemerkte, mir machte es nach den äußeren Abmessungen den Eindruck, als wären es 350, und bat ihn, den hinteren Deckel abzuschrauben und das Maß für mich abzunehmen. Einige Tage darauf schrieb er mir, er könnte den hinteren Deckel nicht abbekommen, aber ich könnte mich drauf verlassen, es wären 300 mm. Ich verließ mich also drauf, daß es 350 mm waren, lieferte dementsprechend meine Maschine und fand, daß sie die richtige Größe hatte.

Einige Zeit nach Inbetriebsetzung der Maschine erhielt ich einen Brief vom Postmeister, sie wären sehr enttäuscht von ihr. Sie hätten eine bessere Wirtschaftlichkeit erwartet, aber sie verbrauchten jetzt mehr Kohle als vorher, auch schlüge die Maschine so stark. Ich fuhr nach New York, um nach dem Rechten zu sehen. Die Maschine schien bis auf den Schlag ganz gut zu gehen, ich stieg also in den Keller unter der Maschine. Da standen nur der Kessel und der Schreibtisch des Maschinenmeisters. Als ich die Tür hinter mir zugemacht hatte, hörte ich auf der Kellertreppe ein lautes Geräusch, wie von abblasendem Dampf. Die Kessel lagen unter der Mitte des Gebäudes; von ihnen aus lief ein 100-mm-Dampfrohr ungefähr 25 m weit unter der Decke her bis zu einem Punkt genau unter der Maschine, von wo es nach aufwärts den Maschinenflur durchsetzte und nach der Unterseite des Schieberkastens führte. Das ebenso weite Auspuffrohr kam von der Maschine her durch den Fußboden, lief dann neben dem Frischdampfrohr bis zur Mitte des Gebäudes und führte nach aufwärts zum Dach. Die beiden Rohre lagen etwa 450 mm auseinander und waren auf der senkrechten Strecke gerade unter der Kellerdecke durch ein halbzölliges Rohr verbunden, das in der Mitte mit einem kleinen Absperrventil versehen war. Die Ventilspindel zeigte nach abwärts, und das Ventil stand weit offen. Das Geräusch, was ich hörte, rührte von dem Dampf her, der durch dieses Rohr blies. Ich schätzte, daß ungefähr ebensoviel Dampf auf diese Art abblies, wie von der Maschine verbraucht wurde. Mein erster Impuls war, den Postmeister aufzusuchen und ihm zu berichten, was ich gefunden hätte, aber ich beschloß dann, ihn lieber nicht zu belästigen. Ich konnte nicht an das Ventil heranreichen, entdeckte aber eine Kiste, die als Tritt nach einer Öffnung in der Mauer zu diente. Die schleppte ich hin, trat darauf und konnte nun das Ventil schließen. Darauf hörte das Geräusch auf, und ich stellte die Kiste wieder weg.

Es war niemand im Keller, außer einem jungen Menschen, der die Kessel heizte. Ich fragte ihn, ob er wüßte, wer das Rohr dort angebracht hätte. Er wußte nichts davon und vermutete nur, unsere Leute hätten es dort angebracht, als sie die Maschine aufstellten. Ich suchte herum, bis ich den Maschinenmeister fand, legte ihm dieselbe Frage vor und erhielt dieselbe Antwort. Ich suchte die Leute auf, die die Schlosserarbeiten für das Postamt ausführten und die Rohre verlegt hatten; sie wußten nichts davon. Ich konnte nichts herauskriegen, sondern mußte mich damit begnügen, dem Maschinisten mitzuteilen, daß ich das Ventil geschlossen hätte und mich darauf verließe, daß er es auch geschlossen hielte. Ich fragte ihn, was nach seiner Ansicht den Schlag in der Maschine verursachte; er gab an, nicht die leiseste Ahnung zu haben; er wollte aber versuchen, ob er ihn wegbringen könnte. Ich begnügte mich damit, an den Postmeister zu schreiben, ich hätte die Ursache der Dampfvergeudung beseitigt und hoffte, er würde nun mit der Maschine zufrieden sein. Bald darauf war Mr. Merrick auf ein paar Tage in New York. Als er nach Hause kam, sagte er: „Ich habe den Schlag in der Maschine auf dem Postamt beseitigt.“ — „Wie haben Sie denn das angefangen?“ — „Ich habe dem Maschinenmeister ein goldenes 20-Dollar-Stück gegeben, und als ich am nächsten Morgen wieder hinkam, war der Schlag weg.“ — Ich muß noch hinzufügen, daß ich bei Demontage der alten Maschine den hinteren Zylinderdeckel hatte abnehmen lassen (es ging ganz leicht) und ermittelte, daß die Bohrung 350 mm war. —

Ich hatte noch von Newark her eine Bestellung der Willimantic

Linen Company, einer großen Baumwollspinnerei, auf zwei Maschinen mit herübergenommen, deren Verwendung viel Interessantes bot. Sie bauten eine neue Spinnerei nach einem ganz originellen Prinzip, das aber nie kopiert worden ist, weil es eine „Kateridee" war. Sie bestand aus einem einzigen Stockwerk von 240 m Länge und 75 oder 90 m Breite und sollte fünf Transmissionsstränge erhalten. Jeder wurde unabhängig angetrieben und trieb die Maschinerie für die ganze Reihe der Verrichtungen vom Öffnen der Baumwollballen bis zum Verpacken der Garnspulen. Diese 240 m langen Transmissionswellen waren im Keller verlegt und trieben die Maschinerie durch den Fußboden hindurch mit Riemen an; die Dampfmaschine war jedesmal in der Mitte angeordnet. Hierfür lieferte ich ein Paar 280×405 mm Kondensationsmaschinen von 350 Touren, deren unmittelbar an die Transmissionswelle angreifende Kurbeln um 90^0 gegeneinander versetzt waren. Sie hatten kein Schwungrad und liefen aus jeder Stellung an. Ich hatte viel Verdruß mit diesem Auftrag, weil seine Ausführung sich so verzögerte, — es kam sogar soweit, daß vor Fertigstellung der ersten Maschine die zweite abbestellt und der Hartford Engineering Company in Auftrag gegeben wurde. Das war eine neue Gesellschaft, die so töricht war, dieselbe Tourenzahl zu garantieren. Einige Zeit nach Inbetriebsetzung meiner ersten Maschine kamen jene jedoch an eine unüberwindliche Schwierigkeit und mußten ihren Liefervertrag lösen, worauf der Direktor der Spinnerei sehr liebenswürdig wurde und mich bat, ob ich nicht so freundlich sein wolle, ihnen die zweite Maschine doch noch zu liefern. Ich war nur zu gern dazu bereit, denn ich hatte noch den abnormalen Rahmen für diese Maschine auf dem Halse, den ich nach Annullierung des Auftrags seiner Zeit nicht zu Bruch machen, sondern an die Wand unsrer Werkstatt hatte lehnen lassen, — für alle Fälle. Die Maschinen waren beide in erfolgreichem Betrieb, als ich aus dem Amte schied; die restlichen drei Maschinen mußten mit der Zunahme ihres Absatzes nachgeliefert werden.

Der Betriebsingenieur der Gesellschaft stellte auf seine eigene Manier Untersuchungen an. Er hatte eine Batterie Rücklauf-Rohr-Kessel in der Spinnerei, die alle nach der üblichen Gepflogenheit der Kesselfabrikanten mit Rohren vollgepfropft waren. Nun verschaffte er sich eine Anzahl Holzbrettchen, etwa $25 \times 3 \times 100$ mm, und legte bei einem Kessel in jedes vordere Rohrende eins. So ließ er sie 24 Stunden lang liegen. Vorher hatte er sich ein Schema des Kessels aufskizziert und darin jedes Rohr numeriert; die Brettchen trugen entsprechende Nummern. Als er sie herausholte, brachten sie eine erstaunliche Enthüllung. Er zeigte sie mir: einige waren fast ganz verkohlt, und einige waren kaum verfärbt, und die große Mehrzahl zeigte alle verschiedenen Abstufungen zwischen diesen beiden Extremen. Hieraus gingen deutlich die gewaltigen Unterschiede der in den verschiedenen Rohren herrschenden Gastemperaturen hervor und es war erwiesen, daß volle 50 % der Rohre wenig oder gar nicht an der Verdampfung des Wassers teilnahmen. Die Kesselfabrikanten, die jedes Rohr mehr, das sie in den Kessel zwängen können, für vollen Zuwachs an Heizfläche ausgeben und die Kesselarten entsprechend garantieren, dürften diese Lehre nicht allzu gern hören; ich ließ sie mir später gut dienen, wie man sehen wird.

Eine der letzten und interessantesten Maschinen, die ich in Philadelphia baute, war für die Seidenfabrik von Gebr. Cheney in South Manchester in Connecticut. Es war eine Verbundmaschine, — die erste und letzte Verbundmaschine, die ich je gebaut habe, und gleichzeitig die einzige amerikanische Maschine, an die ich meinen eigenen Kondensator anbaute. Die Zylinder hatten 305 und 530 mm Durchmesser, der gemeinsame Hub betrug 610 mm und die Tourenzahl 180. Der Kondensator war in einer Beziehung neuartig: die Luftpumpe arbeitete doppeltwirkend und wurde von der Maschinenwelle aus mit Riemenübersetzung 1 : 4 angetrieben, so daß sie nur 45 Hub in der Minute machte. Die Maschine lief vom ersten Augenblick an vollendet schön, und ich war sicher, daß eine Nachfrage nach vielen weiteren gleichartigen Maschinen entstehen würde. Ihre Diagramme sind hier wiedergegeben.

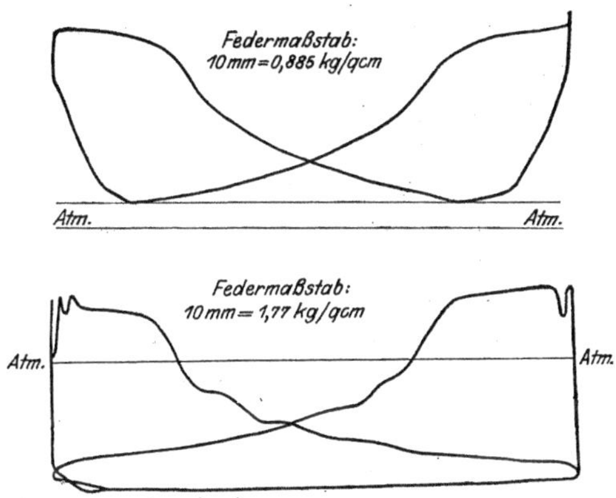

Diagramme meiner ersten und einzigen Verbundmaschine.

Mit dieser Maschine verbindet sich für mich eine angenehme Erinnerung. Die Seidenfabrik liegt in einem riesigen Park, über den hin die Villen der verschiedenen Familienmitglieder verstreut liegen. Etwa zwölf Jahre nach Lieferung der Maschine besuchte ich zusammen mit meiner Frau Verwandte in Hartford, das etwa 20 km von South Manchester entfernt liegt. Eines Tages fuhren wir mit Freunden von uns im Wagen hinüber, um einen Besuch zu machen. Als wir hinkamen, trennte ich mich von den Übrigen, um meiner alten Maschine einen Besuch abzustatten. Die Fabrik kam mir sehr verändert vor, und ich fand mich gar nicht mehr zurecht.

Schließlich glaubte ich die alte Maschinenstube zu erkennen und ging hinein. Meine Maschine war nicht da, aber an ihrer Stelle stand eine andere, ein Tandem-Verbund-Zwilling von viel größeren Abmessungen. Sie war augenscheinlich gerade montiert und war noch nicht im Betrieb. „Ach Gott“, dachte ich bei mir, „meine Maschinen sind aus irgendeinem Grunde pensioniert worden.“ Während ich mir noch Gedanken darüber machte, trat der Betriebsingenieur hinein. Ich stellte mich vor und sagte: „Meine alten Maschinen sind durch andre ersetzt worden, sehe ich.“ — „Ach nicht doch,“ sagte er, „Ihre Maschinen sind im besten Stande und sie laufen, wo sie von jeher gelaufen haben. Wir haben eine neue doppelt so große Fabrik gebaut, und Ihre Maschinen haben so sehr befriedigt, daß wir ein zweites Paar Verbundmaschinen bei der Eisengießerei Southwark bestellt haben; das sind diese hier; sie sind noch nicht in Betrieb gekommen, weil die Fabrik noch nicht so weit ist; es wird auch noch einen Monat dauern.“

Er zeigte mir den Weg zu dem alten Maschinenraum, wo ich meine Maschinen wiedersah, — dahinhuschend, als wären sie gestern montiert worden. Damals betrachtete ich diese Maschinen nur als eine Stufe zu weit Höherem. Ich beschäftigte mich mit Plänen zu einer durchgreifenden Weiterentwicklung des Schnellbetriebs-Systems, die aber bis heute noch nicht verwirklicht sind. Ich betrachte den idealen Schnelläufer auch jetzt noch als im wesentlichen der Turbine überlegen; wer weiß, allerdings, ob diese Überlegenheit sich je erweisen wird! —

Im Frühling 1881 begingen wir in unserer Nervosität, die Fabrikation der Maschine wieder zu beleben, die Dummheit, eine auf die Ausstellung in Atlanta zu senden. Wir glaubten nur zu gern den Verheißungen des Agenten, daß wir Maschinerie in Hülle und Fülle anzutreiben bekommen würden, und sandten eine sehr sorgfältig bearbeitete Maschine und einen geschickten Monteur und Maschinisten hin. Auch ließen wir Diagrammpapier mit besonderer Aufschrift bedrucken, um den Besuchern Diagramme in solcher Form überreichen zu können. In Wahrheit aber gab's überhaupt nichts andres für uns anzutreiben, als eine leerlaufende Transmission und eine Clarksche Spulmaschine, während andrerseits die Auspuffleitung so eng und mit dem Auspuffdampf andrer Maschinen überlastet war, daß wir im Auspuff 0,7 Atm. Überdruck hatten. Wir konnten also keine Diagramme aufnehmen, und die Tatsache, daß wir keine aufnahmen, wurde gegen die Schnelläufer-Maschine ausgenutzt; die Ausstellung schadete uns also, statt uns zu nützen.

Ich übergehe das Elend in der Fabrik und komme gleich zu der endgültigen Katastrophe in den letzten Tagen des Jahres 1882.

Ende 1882 wurde wieder eine Ausstellung eröffnet, für die ich große Vorbereitungen traf, und von der ich wichtige Ergebnisse erhoffte. Es war dies die Ausstellung des „Instituts der Fabrikanten und Maschinen-Ingenieure der Neu-England-Staaten", die in Boston veranstaltet wurde. Ich sicherte mir einen gut gelegenen Komplex von Ausstellungsständen, der viel Gelegenheit bot, andere Maschinen anzutreiben, stellte neben einer schönen Dampfmaschine auch noch eine große Menge fertig bearbeiteter Einzelteile für verschiedene Größennummern meiner Maschine zur Schau, und rechnete darauf, die Aufmerksamkeit aller Fabrikanten in den Neu-England-Staaten zu erregen. Ich bereitete mich auf einen richtigen Feldzug vor, mietete ein Bureau und stellte einen jungen Herrn an, der uns in Boston als unser Agent vertreten sollte, und einen andern, einen Mr. Edwin F. Williams, der reisen, Aufträge hereinholen und die Montage von Maschinen überwachen sollte. Unsere Maschine kam ohne Kolben an. Mr. Merrick hatte geglaubt, einen Fehler in dem Kolben entdeckt zu haben und ließ einen neuen machen. Als wir endlich soweit waren, die Maschine in der Ausstellung zu montieren, ging der Kolben nicht in den Zylinder hinein. Die Untersuchung ergab, daß er von beiden Seiten aus nach der Mitte zu konisch gedreht war, so daß die Mitte einen um 3 mm größeren Durchmesser hatte, als die beiden Ränder. Wir mußten eine Armfeile nehmen und den Kolben rings herum in der Mitte abfeilen, bis er hineinging. Und nun hatte ich eine furchtbare Enttäuschung, — die größte, die ich je durchgemacht habe, — die Maschine schlug abscheulich, in beiden Totpunkten. Die einzige Art, auf die wir den Schlag beseitigen konnten, war, den Dampf zu drosseln, bis die Admissionsspannung auf die Kompressions-Endspannung heruntergebracht war. In dieser Verfassung mußten wir sie während der ganzen Ausstellung laufen lassen. Wir konnten kein Diagramm aufnehmen und mußten die Maschine unablässig bewachen, denn sobald der Druck im Zylinder nur eine ganze Kleinigkeit zu hoch stieg, fing sie sofort an zu schlagen. Ich schob das auf den unglaublichen Zustand der Kolbenfläche. Ich konnte zwar nicht begreifen, wieso das Schlagen dadurch hervorgerufen sein sollte, aber das mußte es wohl sein, denn ich konnte auf nichts anderes kommen, das Schuld sein könnte. Durch dieses Schlagen wurde meine Ausstellung zu einem vollkommenen Mißerfolg und alle meine Pläne stürzten zusammen.

Nach Schluß der Ausstellung kam ich vollständig entmutigt nach Haus. Als ich in die Werkstatt kam, war der erste, der mir begegnete, der Werkmeister des unteren Stockwerks, wo die Maschine gebaut worden war. Ich erzählte ihm von der Patsche, in die ich gebracht worden wäre, und auf die ich meinen Mißerfolg zurückführte. Der Kerl strafte mich einfach Lügen, und sagte mit einem eingebildeten Lächeln: „Es ist ausgeschlossen, Mr. Porter, daß ein Stück Arbeit diese Fabrik so verlassen konnte, wie Sie das beschreiben.“ Ich drehte ihm den Rücken und ging weg und sah weniger als eine halbe Minute darauf, wie etwa 15 m entfernt von mir ein 560er Kolben bearbeitet wurde, der zu einer Maschine für die Tremont & Suffolk-Werke gehörte. Der Dreher war mit dem eigentlichen Kolben fertig und drehte gerade die Nuten für die Ringe ein. Ich sah an dem Lichtreflex, daß sich wieder die zwei konischen Flächen in der Mitte trafen. Ich ging nach der Drehbank hinüber, die mit der Rückseite nach mir zu stand, und rief dem Dreher zu, er sollte seine Drehbank still setzen und mir ein Lineal holen. Das schaukelte auf der in der Kolbenmitte gebildeten Kante und zeigte beinahe 3 mm Luft an beiden Stirnseiten. Ich schickte einen Jungen nach dem Meister und fragte den, wie er denn das erkläre, und ließ ihn stehn. Ich hatte wenigstens noch soviel Einfluß, daß der Meister und der Dreher noch am selben Abend entlassen wurden. Man stelle sich nur vor —: Oberingenieur, Obermeister, Stockwerksmeister und Dreher, — sie alle zusammen hatten nie gesehen, was ich vom andern Ende der Werkstatt her auf den ersten Blick gewahr wurde! —

Ich muß hier einen Augenblick verweilen, um mir mal über die amerikanische Konstruktion der verstellbaren Reitstöcke Luft zu machen. Sie befähigt einen entweder unwissenden, oder leichtfertigen oder niederträchtigen Dreher, seine Arbeit auf die geschilderte Art zu verpfuschen. Zu ihrer Ehre sei's gesagt, daß englische Werkzeugmaschinen solche Konstruktionen nicht aufweisen. —

Genau einen Tag darauf besuchte uns ein Mr. Bishop, der Ingenieur der Fabrik von Russell & Irwin in New-Britain in Connecticut, um uns mitzuteilen, daß ihre gerade von uns bei ihnen eingebaute Maschine sehr häßlich schlage. Er glaube leider kaum, daß sich der Schlag beseitigen ließe, da er offenbar daher rührte, daß der Kolben am Hubende die Einlaßkanäle überdecke. „Ausgeschlossen“, rief ich aus, „ich habe nie im Leben eine Maschine so konstruiert!“ — Ich muß hier einfügen, daß ich bei meinen Versuchen mit der ersten kleinen Maschine, die ich gebaut hatte, bevor ich nach England ging, zuerst den Kolben hatte die Einlaßkanäle um 6 mm überschleifen lassen, worauf die Maschine schlug. Ich überzeugte mich davon, daß dies von dem Stoß herrührte, den der einströmende Dampf gegen die hineinragende Kante des Kolbens ausübte; er drückte ihn gegen die gegenüberliegende Seite des Zylinders; bei Schnelläufern zeigte sich die Erscheinung noch verstärkt. Im damaligen Falle machte die Maschine 160 Touren, und der Dampf begann durch vier Öffnungen zugleich einzuströmen, so daß er mit großer Geschwindigkeit in den Zylinder stürzte. Ich drehte von beiden Stirnseiten des Kolbens 6 mm herunter und der Schlag verschwand. Da machte ich es mir denn zu einer Regel, von der ich nie abwich, daß der Kolben mit den Einlaßkanälen abschneiden, sie aber nicht überschleifen dürfe, und so war es auch auf jeder Zeichnung gezeigt.

Mr. Bishop erwiderte mir: „Aber er überdeckt wirklich den Kanal um 22 mm an beiden Hubenden, denn ich habe es selbst nachgemessen." Ich rannte in das Konstruktionsbureau hinauf und ließ mir den horizontalen Längsriß jenes Zylinders bringen, — und da sah ich denn, daß der Kolben nicht nur so gezeichnet, sondern auch so bemaßt war, daß er den Kanal 22 mm weit überdeckte! Ich hatte ein Gefühl, als versinke ich in die Erde. Das also hatte meine Ausstellung in Boston zugrunde gerichtet, so daß ich verspottet und mit gebrochenem Herzen heimgekehrt war, und die schlechte Bearbeitung des Kolbens hatte, so schlimm sie auch an sich war, nichts damit zu tun. Die erste Frage, die mir durch's Gehirn schoß, war: „Wie konnte diese Zeichnung entstehen, ohne daß ich etwas davon wußte?" Die Antwort darauf war sehr einfach.

Als das erste Paar der Willimantic-Maschinen in Betrieb gekommen war, enttäuschte mich ihr Dampfverbrauch, und ich kam darauf, daß der übermäßig große schädliche Raum daran schuld war. Das Verhältnis von Kolbenfläche zum Hub, das bei diesen Maschinen 50 % größer war, als bei meinen normalen Modellen, ergab eine proportionale Vergrößerung des Verhältnisses von schädlichem Raum zur Kolbenverdrängung. Ich fühlte, daß hier eine Verbesserung nottat. Bei weitem der größte Teil des schädlichen Raums bestand in den Auspuffkanälen. Ich entschloß mich zu einer Abänderung der Auspuffschieber, durch die dieser Teil des schädlichen Raums um volle 50 % verringert wurde, und baute zwei neue Zylinder für diese Maschine. Die Verbesserung war so erheblich, daß ich beschloß, die Auspuffschieber an allen meinen Maschinen umzubauen. Nur die Schieber selbst und die Kanäle brauchten abgeändert zu werden. Sie wurden mit Bleistift neu entworfen und von mir sorgfältig durchgesehen und gutgeheißen. Es war nötig, die ganze Zusammenstellungszeichnung des Zylinders neu aufzuzeichnen, aber das konnte durch bloßes Durchpausen von den bestehenden Originalen, natürlich mit Ausnahme eben der Schieber und Kanäle, geschehen. Hierfür war meine Aufsicht nicht nötig und ich bekümmerte mich nicht weiter drum. Hier mochte ja der Oberingenieur mal zeigen, was er konnte. Beim Kopieren dieser Originale hatte er nur die Geraden, die im Zylinderlängsschnitt die Kolbenstirnflächen darstellen, um 22 mm zu verschieben, so daß also der Kolben beiderseits um diesen Betrag breiter wurde, und die Zylinderdeckel entsprechend zurückweichen zu lassen, das war das ganze Kunststück. Und unter all den vielen Leuten im Konstruktionsbureau und in der Werkstatt, die diese Abänderung bemerkt haben mußten, war auch nicht einer so anständig, mich irgendwie darüber zu informieren!

Wir hatten gleichfalls vor kurzem zwei Dampfmaschinen für die Cocheco-Werke in Dover (New Hampshire) geliefert und erhielten um dieselbe Zeit einen Brief von dem Oberingenieur der Werke, in dem er zwar seine Bewunderung für die Maschinen in jeder andern Hinsicht aussprach, aber gleichzeitig über ein schlimmes Schlagen in den Zylindern Klage führte. Er würde die Oberingenieure der anderen Werke dort mit Vergnügen zu ihrer Besichtigung einladen, aber so könnte er die Maschine niemandem zeigen: erst müßte der Schlag beseitigt werden.

Ich ging sofort zum Generaldirektor und bat um seine Einwilligung zum Umbau der Kolben und Deckel dieser Maschine. Zu meinem Erstaunen verweigerte er sie mir glattweg; er hätte genug Geld für diese Umbauten ausgegeben und bewilligte nicht einen Pfennig mehr dafür. Ich antwortete ihm darauf, dann gäbe es nur noch eine Alternative: — das Geschäft ganz und gar aufzugeben. Hierauf erwiderte er nichts. Aber warum mußte ich denn überhaupt zum Generaldirektor dafür gehen? Warum nicht diesen Umbau einfach selber anordnen? Die Antwort auf diese Frage ist sehr demütigend für mich. Es war eine Zusammenstellung der für die hier beschriebenen Änderungen aufgewandten Summen zusammengestellt und dem Direktorium vorgelegt worden, aus der hervorging, daß sie 80000 M. verschlungen hatten. Ich war ganz entsetzt über diese Aufstellung; ich hatte nie eine Zahl aus unserem kaufmännischen Bureau zu Gesicht bekommen, mit alleiniger Ausnahme jener schon erwähnten Rechnung. Ich konnte den Direktoren nur beteuern, daß jeder Modelltischler, der seine Sache verstünde, die Ausführung der kompletten Modelländerungen für die Auslaßschieber und -kanäle an unseren sämtlichen 20 Zylindergrößen für durchschnittlich 200 M. pro Modell übernommen und dabei noch 50% verdient haben würde. Die Kosten der Neuanfertigung der Zeichnungen und der Selbstkostenpreis der neuen Zylinder für die Willimantic-Maschinen könnten diesen Betrag unmöglich mehr als verdoppeln, und nur durch irgendeinen Hokuspokus könnten sich diese 8000 in 80000 M. verwandelt haben, — vermutlich durch Mit-Hineinverrechnen anderer Verlustkonten. Der Vorsitzende erwiderte, das seien die Kosten der Umbauten, wie sie in den Büchern erschienen und die Direktoren nahmen ohne eine weitere Untersuchung eine Resolution an, daß förderhin Umänderungen nur noch auf ausdrückliche Anordnung des Generaldirektors vorgenommen werden dürften.

Ich glaubte nicht, daß der Oberingenieur, als er den Kolben um soviel zu breit machte, irgendwie die Absicht hatte, das Geschäft zugrunde zu richten. Er besaß schwerlich die Einsicht, wie verhängnisvoll sein Fehler war; sein einziges Bestreben war, den schädlichen Raum noch erheblich weiter zu verringern und seine Sucht, meine Zeichnungen zu korrigieren, zu befriedigen. Aber nichtsdestoweniger war es ein schweres Vergehen, daß er es ohne mein Vorwissen getan hatte, und hätte seine augenblickliche Entlassung zur Folge haben sollen; aber er hatte sich von Anfang an schon solche Freiheiten herausgenommen, und der Generaldirektor hatte ihm stets die Stange gehalten. Ich fand auch keine Gelegenheit, der Sache weiter nachzugehen.

Als der Generaldirektor mein Ersuchen ablehnte, beschloß ich, an den Aufsichtsrat zu appellieren, zunächst aber wollte ich Mr. Henry Lewis die Sache vorlegen, den ich für den vorurteilsfreiesten hielt. Er hörte meine Auseinandersetzungen ruhig mit an, — doch wie erstaunte ich, als er mir antwortete: „Wir werden dem Generaldirektor Recht geben, Mr. Porter.“ Da wußte ich, daß das Ende da war. Es war müßig, daß ich mir gegen die Phalanx von Philadelphia den Schädel einrennen wollte. Ein paar Tage später sprach ein Ausschuß des Aufsichtsrats unter Führung von Mr. Shortridge auf unserem Bureau vor und verlangte unser Auftragsbuch zu sehn. Es erwies sich, daß wir seit mehr als einem Monat nicht einen einzigen Auftrag hereinbekommen hatten. Bei solchem Stand der Dinge mußte ein Wechsel der leitenden Persönlichkeiten stattfinden, das war den Herren klar. Ich war mir schon längst darüber klar geworden, daß die große Kluft, die ich selbst, wie geschildert, zwischen mich und die Aktionäre gebracht hatte, nie wieder ausgefüllt worden war. Weder hatte der Aufsichtsrat als solcher, — mit Ausnahme jener einen Gelegenheit, — noch irgendein Aufsichtsratsmitglied persönlich mit mir über irgendwelchen Gegenstand Rücksprache genommen. Was sie nicht etwa vom Generaldirektor erfahren haben mochten, erfuhren sie überhaupt nicht; der verfügte weder über die technischen Kenntnisse noch über die Fähigkeit, sich ein technisches Urteil zu bilden, und der Oberingenieur beeinflußte ihn in einem Maße, wie es mir ganz unbegreiflich war. Seinen Mangel an geschäftsmännischem Blick hatte er mit seiner Antwort auf die Lebensfrage bewiesen, die ich ihm vorgelegt hatte. — Am Tag darauf erhielt ich eine Mitteilung vom Aufsichtsrat, in der man mich aufforderte, meinen Abschied einzureichen, was ich umgehend tat. Mr. Merrick wurde gleichfalls ersucht, auszuscheiden. Das geschah offenbar auf Verabredung, um mich leichter loszuwerden: „Mr. Merrick hätte seit einiger Zeit dem Wunsche Ausdruck gegeben, von seiner Stellung befreit zu werden, die ihm durchaus nicht mehr behage."

Der Aufsichtsrat wählte einen aus seiner Mitte zum Generaldirektor, der nichts weiter zu tun hatte, als in seinem Stuhl zu sitzen und sein Gehalt einzustreichen, und übergaben die Leitung der Geschäfte einem Mann mit glatter Zunge, der niemals eine Schnelläuferdampfmaschine gesehen hatte, und dessen Befähigungsnachweis für seine Stellung darin bestand, daß er mit einem der Direktoren befreundet und aus Philadelphia war. Ich erfuhr, daß er eine reichliche Entschädigung dafür erhielt, daß er sein Geschäft aufgab und die durch mich freigewordene Stellung annahm.

Siebenundzwanzigstes Kapitel.

Meine letzten Verbindungen mit der Eisengießerei Southwark.

Ich will dieses Konto meiner Ingenieur-Erfahrungen mit dem Bericht zweier Vorfälle abschließen.

Unter den Aufträgen, die ich von Newark mit herüber brachte, war einer für die Firma B. F. Avery & Sons, die in Louisville in Kentucky eine Pflugfabrik hatten. Ihr Chef war der erste gewesen, der die Fabrikation von Pflügen in den Südstaaten eingeführt hatte. Mr. George Avery, einer der Söhne, hatte mich aufgesucht, um eine Referenzliste von im Betrieb befindlichen Maschinen gebeten und sich dann die Mühe gemacht, eine Anzahl davon zu besichtigen. Ebenso besichtigte er die von andren hervorragenden Fabriken erbauten Maschinen, und als Ergebnis seiner ausgedehnten Vergleiche gab er mir mit dem Zeugnis, daß der Schnelläufer seine Überlegenheit mehr als erwiesen habe, seinen Auftrag auf eine 455 $\times$ 760 mm Maschine. Sie war wohl die erste, die ich in der Eisengießerei Southwark fertigstellte. Infolge großen Leichtsinns konnte die Maschine herausgehen, ohne daß der Kurbelzapfen gehärtet und geschliffen worden war, was meiner ständigen Gepflogenheit widersprach. Der Monteur hatte dann die Kurbelzapfen-Buchsen zu lose angezogen und mein junger Mr. Avery, der ein richtiger Amateur-Techniker war, wird sie fester anziehen; richtig wird der Zapfen heiß und frißt. Er versuchte es mit der Feile wieder gut zu machen, und die Maschine lief als Krüppel.

Bald nachdem ich aus Philadelphia fort war, meinten sie, sie müßten doch wohl lieber einen gehärteten Kurbelzapfen einsetzen und schrieben an die Eisengießerei Southwark. Sie erhielten die Antwort, sie müßten die Welle demontieren und nach Philadelphia schicken, was bedeutete, daß ihre Fabrik etwa 3 Wochen stilliegen mußte. Darauf schrieben sie an mich nach New York und baten mich, nach Louisville zu kommen und mir die Maschine mal anzusehen, damit ich ihnen einen Rat geben könnte, — und das tat ich. Den Brief an die Eisengießerei Southwark hatte ihr Direktor geschrieben. Er berichtete darin, die Maschine schlüge so fürchterlich, daß man es zwei Straßen weit hören könnte, — sie brauchte so viel Dampf, daß es fast unmöglich wäre, Dampf zu halten, und sie lebten ständig in solcher Angst, daß sie zusammenbräche, daß sie graue Haare bekämen. Ich dachte, nach Abzug aller offenbaren Übertreibungen werfe der Brief immer noch ein recht übles Licht, nicht nur auf die Maschine, sondern auch auf die Kessel. Es waren das zwei Rauchrohr-Kessel, die ich selbst konstruiert hatte. Ich hatte viel über das Versuchsergebnis nachgedacht, das mir der Ingenieur in Willimantic gezeigt hatte, und war zu dem Schluß gekommen, daß Rauchrohrkessel eine bessere senkrechte Zirkulation brauchten. Sie war durch den geringen Raum für die Abwärtsströmung gehemmt, da die Kessel auch an den Seiten mit Rohren erfüllt waren, die die Außenhaut fast berührten. Ich hatte daher seitlich und unten einen 125 mm weiten Abstand zwischen der Kesselhaut und den nächsten Röhren gelassen, da es mir klar war, daß das mit Dampfblasen erfüllte Wasser zwischen den Rohren schon schnell genug aufwärts strömen würde, wenn nur das vergleichsweise dichte Wasser an den Seiten nach unten abströmen könnte. Ferner ließ ich die oberste Rohrreihe ganz fort, um dem Dampf oben mehr Platz zu bieten und erwartete von dieser Anordnung wirklich überlegene Ergebnisse.

Bei meiner Ankunft in Louisville dachte ich, ich wollte doch, bevor ich im Bureau vorsprach, erst mal in die Fabrik gehen, die jedem offenstand, und nachsehen, wie die Sachen in Wirklichkeit lagen. Ich wurde zum Kesselhaus gewiesen und sah, als ich eintrat, daß der eine Kessel außer Betrieb war. Mein erster Gedanke war, daß er durch irgendeinen Unfall außer Gefecht gesetzt war und der Umstand, daß sie nun auf nur einen Kessel beschränkt waren, erklärte, wieso sie solche Schwierigkeiten mit der Versorgung der Maschine mit Dampf hatten. Ich fragte den Heizer, den ich in einem bequemen Stuhl dasitzen sah, was denn passiert wäre, daß der Kessel nicht arbeite. „Garnichts ist passiert“, antwortete er, „wir haben erst beide Kessel benutzt, aber nach einiger Zeit fiel es uns ein, wir brauchten sie vielleicht nicht alle beide; da haben wir einen gelöscht und seitdem ist er auch kalt geblieben.“ — „Na“, sagte ich, „da müssen Sie wohl tüchtig heizen, damit der eine Kessel ausreicht?“ — „Bewahre! Ich bin nun schon länger als zwölf Jahre Heizer, aber das ist hier die leichteste Stellung, die ich je hatte.“ Darauf zeigte er mir, daß nur ein ganz dünnes Feuer brannte und der Essenschieber zwei Drittel geschlossen war. So war ich in zwei Minuten eine schwere Last von Angst um Kessel sowohl, wie Maschine los, denn hier hatte ich ja den Beweis für ihren unerhört geringen Dampfverbrauch, und ich mußte dem Direktor zugeben, daß er sehr schön lügen konnte. Darauf fragte ich den Heizer, wie ich nach der Maschinenstube käme. „Gehn Sie nur durch die Tür da,“ beschied er mich. Ich horchte auf den Schlag, den man zwei Straßen weit hören könnte, und hörte einen schwachen Ton. Als ich die Tür öffnete, die der Kurbel gegenüber lag, hörte ich ihn deutlicher. Es war keiner im Maschinenraum, aber während ich die Maschine musterte, kam der Maschinist herein. Ich sagte ihm, wer ich wäre, und fragte, wie die Maschine liefe. „Bis auf das bischen Pochen am Kurbelzapfen ausgezeichnet.“ Ich fragte ihn, ob er irgendwelche Schwierigkeiten damit gehabt hätte. „Ganz und gar keine.“ — „Keine Sorgen oder Angst?“ — „Ist mir niemals eingefallen.“

Einige Jahre später traf ich in New York einen Herren, Mr. Benjamin Capwell, von der Firma Kenyon, Hoag & Capwell, New York, Broadway 817, der zu jener Zeit im Bureau von B. F. Avery & Sons gewesen war. Ich erzählte ihm diese Geschichte. Er meinte, darüber wunderte er sich gar nicht; die jungen Leute im Bureau hätten täglich mit angehört, wie dieser Direktor Briefe diktierte, die genau so von Unwahrheiten wimmelten, wie jener. Später erfuhr ich, daß er nur infolge einer Intrigue in der Stellung war, und daß es dem Generaldirektor bald, nachdem ich dagewesen war, gelungen sei, ihn loszuwerden.

Ich war nun für meinen Besuch bei Mr. Samuel Avery vorbereitet. Er sagte, sie würden gerne einen gehärteten Kurbelzapfen in die Maschine einsetzen lassen, aber sie könnten es sich natürlich nicht leisten, ihre Fabrik zu diesem Zweck auf längere Zeit stillzulegen. Ich erwiderte ihm, das würde gar keine Schwierigkeiten machen. Den jetzigen Zapfen herauszupressen und einen neuen einzuziehen, würde nur ein paar Stunden dauern; da alles bei uns nach Kaliber gearbeitet worden wäre, wäre es sicher, daß der neue Zapfen passen würde. Er könnte der Eisengießerei Southwark ruhig den Auftrag auf einen neuen Zapfen senden, wofern diese sich nur verpflichte, die Arbeit Mr. Williams zu übergeben, der damals dort angestellt war. Er solle die Herstellung des Zapfens leiten, ohne daß ihm jemand dreinredete, und selbst nach Louisville reisen und die Auswechselung besorgen. Die Eisengießerei Southwark ließ sich auf diese Bedingungen ein, und die Arbeit war bald gemacht.

Während ich die Korrektur dieser Kapitel hier las, schrieb ich an Mr. Williams, ob er mir nicht einen Bericht darüber schicken könnte, wie er diesen Zapfen eingesetzt hat, und erhielt von ihm den beifolgenden interessanten Brief.

Man ersieht daraus, daß er den sicheren, aber viel mühsameren Weg einschlug, da niemand von denen, die damals in der Fabrik waren, ihm bestimmt bezeugen konnte, daß die Kurbel nach Kaliber gebohrt worden war.

Ich erhalte nach dem Brief den Eindruck, als hätte er die Bohrung gerade um die acht Zehntel erweitern müssen.

Das Verfahren, die Parallelität des Zapfens mit der Welle durch eine Dosenlibelle zu ermitteln, wurde von mir in Newark erdacht, und dort hatte ich auch herausgefunden, daß der Zapfen durchs Vernieten noch etwas zurecht geschoben werden kann.

New York, Broadway 42, 21. Oktober 1907.

Herrn Charles T. Porter

Montclair, New Jersey.

Sehr verehrter Mr. Porter: —

Auf Ihr Ersuchen vom 14., das nach Cold Springs gerichtet war, gebe ich Ihnen mit Vergnügen einen Bericht über das Einsetzen des Kurbelzapfens bei B. F. Avery & Sons in Louisville, so weit mir das mein Gedächtnis noch gestattet.

Als ich die Weisung erhalten hatte, diese Arbeit zu übernehmen, erhielt ich einen Brief von Ihnen, in dem Sie auseinandersetzten, daß der neue Kurbelzapfen, der eingezogen werden sollte, Einsatzhärtung bekommen müßte. Er sollte zehn Stunden lang bei gelinder Hitze in einem Tiegel mit Härtekohle bleiben.

Das wurde gemacht und ergab eine ganz famose Härte. Darauf wurde der Zapfen auf genaues Maß und schön glatt geschliffen. Glaube kaum, daß ich je ein feineres Stück Arbeit zu sehen bekommen habe.

Nun sollte der alte Zapfen herausgenommen und der neue eingesetzt werden. Der genaue Durchmesser des alten Zapfenschafts war nicht zu ermitteln. Es erschien daher angebracht, den neuen Schaft etwa 0,8 mm dicker zu machen, als in der Zeichnung angegeben, dann würde er sicher dick genug sein, um Aufreiben der Bohrung zu gestatten, das ich von Hand zu machen gedachte. Vor meiner Abreise von der Fabrik ließ ich einen hohlen Gußeisen-Zylinder oder Versuchszapfen machen, der ungefähr doppelt so lang wie die Kurbelzapfenbohrung, etwa $2^1/_2$ Zehntel dünner als der Schaft des neuen Zapfens und an einem Ende schwach konisch war.

Wir meißelten den Nietrand rings um den alten Zapfen weg und versuchten's dann mit einem hydraulischen Preßbock, aber er gab nicht nach. Darauf bohrten wir 5 oder 6 zöllige Löcher in den Schaft, worauf der Zapfen leicht herausging. Wir prüften das Loch mit dem Lochtaster und fanden, daß es ganz neu zurecht gemacht werden mußte. Wir untersuchten dann, ob die Kurbelwelle wagerecht lag und fanden durch Drehen derselben in verschiedene Stellungen und Anwendung einer sehr empfindlichen Wasserwage, daß sie etwa vier Hundertstel auf den Meter Länge von der Wagerechten abwich.

Hierauf weiteten wir die Bohrung mit Feile und Schaber auf und probierten mit Fortschreiten der Arbeit immer wieder durch die Dosenlibelle, die wir bei verschiedenen Kurbel-Winkelstellungen in die Bohrung legten, daß sie genau stimmte. Schließlich wurde der Versuchszapfen in das Loch gepreßt und als „Richtplatte" benutzt, indem die blanken Stellen weggeschabt wurden. Durch Taster stellten wir fest, daß der Versuchszapfen mit der Welle parallel und etwa $7^1/_2$ Hunderstel dünner als der Schaft des Zapfens war. Jetzt wurde der Zapfen hineingepreßt und stand fast genau richtig. Die kleine Ungenauigkeit wurde mit Leichtigkeit beim Vernieten der Rückseite beseitigt und dabei der Zapfen etwa $^1/_2$ Zehntel gegen die Wellen-Achse nach außen gestellt, um die Durchbiegung zu parieren, die nachher im Betrieb der Dampfdruck in den Totpunkten hervorrief.

Ich halte es für durchaus wahrscheinlich, daß der Zapfen im Betrieb die ganzen 24 Jahre bis auf den heutigen Tag kaum meßbar verschlissen ist.

Ihr ergebner
E. F. Williams.

P. S. Ich habe die Maschine vor 15 Jahren mal wiedergesehen, wo sie sehr schön lief.

Einige Zeit nach meinem Ausscheiden sah die Gesellschaft, daß sie einen beschreibenden und illustrierten Katalog für die Maschine brauchten; sie hatten aber niemanden, der ihn hätte schreiben können. Da kamen sie denn zu mir, und ich machte ihnen in meinem Bureau in New York einen zurecht, für den sie mir auch die Lorbeeren nicht entzogen, indem sie auf Titelseite und Deckel drucken ließen: „Von Charles T. Porter." Ich habe mir genau soviel Mühe damit gegeben, als besäße ich die Fabrik ganz alleine.

Der folgende Brief über eine von mir in Newark gebaute Maschine wurde von dem Empfänger an die Eisengießerei Southwark zusammen mit dem Auftrag auf eine Maschine eingesandt, während ich mit der Herausgabe ihres Katalogs beschäftigt war. Sie machten eine Blaupause davon und sandten sie mir zur Einfügung in den Katalog.

Youngstown, Ohio, 21. Dezember 1882.

Mr. F. L. Waters

Mankato, Minnesota.

Geehrter Herr: —

Las Ihr Gefl. enthaltend Anfrage, wie wir mit der Porter-Allen-Maschine zufrieden seien; muß sagen: wir haben sie nun vier Jahre im Betrieb, und sie hat weder je eine Minute versagt, noch einen Pfennig Reparaturen gekostet, noch ist sie um eine einzige Umdrehung von ihrer Tourenzahl abgewichen; betreiben sie jetzt als Auspuffmaschine, gedenken aber bald einen Kondensator anzubauen. Da wir sie in Verbindung mit unsrer Wasserkraft verwenden, die veränderlich ist, manchmal zu hoch, manchmal zu niedrig, und was fehlt, ob alles oder wenig, mit der Maschine zusetzen, wissen wir nicht, wie viel Kohle wir anstatt eines Kubikmeters brauchten, wenn wir kein Wasser hätten, so viel weiß ich aber, glaube ich. Daß es die beste Maschine ist, die gebaut ist, einfach, dauerhaft und sparsam, und immer bereit, tüchtig ihre Pflicht zu tun.

Wir haben eine Buckeye in der Diamantmühle und eine gute Dampfmaschine auf unserem Bergwerk, aber die Porter-Allen-Maschine ist durch Dick und Dünn mein Liebling, unsre ist 330×610, 160 Touren (nie mehr oder weniger). Sie bauen sie jetzt für 200 Touren dieselbe Größe.

Wenn Ihnen an sauberer Arbeit, gutem Wirkungsgrad, Dauerhaftigkeit und Sparsamkeit und Stetigkeit liegt, werden Sie sich stets freuen, eine Porter-Allen gekauft zu haben, oder ich müßte mich sehr irren.

Das ist wenigstens meine Erfahrung. Wir fahren sie jetzt ununterbrochen, Tag und Nacht das ganze Jahr durch (außer Sonntags).

Achtungsvoll Ihr

Homer Baldwin.

Mit der Abfassung jenes Kataloges scheint meine Rolle in der Entwicklung und Einführung der Schnelläufer-Dampfmaschine ihr Ende gefunden zu haben.

Achtundzwanzigstes Kapitel.

Niedergang und Wiederaufblühen der Maschinenfabrik und Eisengießerei Southwark. Volkstümlichkeit der Schnelläufer-Dampfmaschine.

Es ist vielleicht erheiternd, wenn ich zum Schluß noch von einigen Großtaten der neuen Fabrikleitung erzähle, die mir zu Ohren kamen. Der kostspielige neue Generaldirektor war natürlich ein bloßer Strohmann, denn er verstand nichts von der Maschine oder dem Geschäft oder meiner Arbeitsorganisation, so daß Mr. Merricks Oberingenieur freie Hand hatte.

Er blieb bei seinen langen Kolben und erzielte ruhigen Gang durch eine enorme Kompression des Auspuffdampfs, die schon bald nach der Mitte des rückwärtigen Hubes einsetzte und bis auf die Admissionsspannung stieg. Hieraus folgte eine entsprechend frühe Vorausströmung. Für diese beiden Errungenschaften ging etwa ein Drittel der Leistung der Maschine drauf, und sie waren ständig in Schwierigkeiten, weil die Maschinen ihre garantierte Leistung nicht hergaben.

Ich hatte immer befürwortet, unser Hauptaugenmerk auf den Bau möglichst großer Maschinen zu richten, wobei am meisten zu verdienen war. Meine Ansichten hatten so viel Gewicht, daß Mr. Merrick und sein Oberingenieur ohne mein Vorwissen schon vor meinem Ausscheiden eine Kleinmaschine entwarfen, die unter dem Namen „Southwark-Maschine" segeln und abgeschieden gelegene Beleuchtungsanlagen treiben sollte. Sobald man mich los war, ging man an die Fabrikation dieser Maschine. Sie wurde überall ausgestellt und inseriert und alles andere darüber vernachlässigt. Das wurde hartnäckig fortgesetzt, bis beinahe 100000 M. hineingesteckt waren, worauf die Sache aufgegeben wurde.

Sie bekamen u. a. von den Pennsylvania-Stahlwerken einen Auftrag auf eine Maschine zum Antrieb eines Walzwerks, das diese unterhalb von Baltimore in Sparrows Point an der Chesapeake-Bucht für die Fabrikation von Stahlschienen aus kubanischen Erzen errichteten, die sich als besonders geeignet für den Bessemer-

Prozeß erwiesen hatten. Dort wendeten sie das damals neue, heute ja ganz allgemein gebräuchliche Verfahren an, die Schienen ohne Zwischenhitze unmittelbar aus dem Block fertig zu walzen. Diese Dampfmaschine sollte alle bisher gebauten an Größe übertreffen und machte neue Zeichnungen erforderlich. Beim Konstruieren der Zylinder ließ der Konstrukteur die inneren Rippen weg, die nötig sind, um die Wandungen des viereckigen Schieberkastens zu verbinden und versteifen. Die Folgen dieses fast unglaublichen Versehens zeigten sich bald. Die Maschine hatte nur ein paar Tage gelaufen, da explodierte der Schieberkasten.

Die Porter-Allen-Steuerung erforderte für ihre Gelenke elf gehärtete Stahlbuchsen, die innen und außen bearbeitet werden mußten. Wir hatten sie stets aus Stangenstahl hergestellt. Dies Verfahren bedeutete eine große Geld- und Zeitverschwendung. Kurz vor meinem Abgang hatte ich durch Versuche festgestellt, daß ich aus England nahtlos gezogene Stahlrohre beziehen konnte, die genügend hohen Kohlenstoffgehalt besaßen, um vorzüglich härtbar zu sein. Die neue Oberleitung machte sich an die Ausführung meiner Absichten. Zu diesem Zweck wurde eine Liste aller der Größen zusammengestellt, die gebraucht wurden. Sie enthielt die endgültigen Außen- und Innenmaße. Nach dieser wurde eine zweite Liste angefertigt, die die Bearbeitungs-Materialzugaben enthielt. Ein großer Posten Rohre wurde bestellt. Als er eintraf, entdeckten sie, daß sie die falsche Liste hingeschickt hatten: die Rohre waren zu dünn zur Bearbeitung und für andere Zwecke nicht zu gebrauchen.

Sie hatten bei einer Gelegenheit Angebot auf ein Paar sehr großer Gebläsemaschinen zu machen. Sie rechneten ihren Kostenanschlag für eine Maschine aus, vergaßen, mit zwei zu multiplizieren und waren erstaunt, als sie am Morgen nach Einreichung der Offerte den telegraphischen Auftrag erhielten.

Solche Scherze waren kostspielig. Als ihr Kapital futsch war, borgten sie sich 2 Millionen auf ihre Obligationen gegen hypothekarische Sicherheit. Die hielten auch nicht lange vor. Schon fünf oder sechs Jahre nach meinem Ausscheiden kam es mit der Gesellschaft zu einer Krisis. Sie hatten kein Kapital mehr zum Betrieb des Geschäfts in der Hand, auch keine Geschäfte, die zu betreiben gewesen wären, und 700000 Mark Bankschulden.

In dieser Not forderte der Aufsichtsrat Mr. James C. Brooks auf, die Stelle des Generaldirektors zu übernehmen. Mr. Brooks war damals Mitglied der Firma William Sellers & Company. Er wußte schon von früher her, um eine wie hochwertige Maschine es sich hier handelte. Er sah, daß die Werkstätten mit guten Werkzeugmaschinen reichlich ausgestattet waren, und daß eben nur die

Intelligenzen fehlten. So glaubte er, es verantworten zu können, wenn er dem Aufsichtsrat vorschlug, 1 Million durch Ausgabe von Vorzugsaktien aufzubringen, davon die Bankschulden abzubezahlen und ihm 300000 Mark als erstes Betriebskapital in die Hand zu geben. Unter diesen Voraussetzungen wollte er einwilligen und sehen, was sich tun ließe. Dieser Vorschlag wurde angenommen, und Mr. Brooks wurde Generaldirektor. Und da er niemanden hatte, der sich in seine Sache einmischte, brachte er es durch eine seltene Vereinigung von technischem Können, Geschäftstüchtigkeit und Willensstärke bald dahin, daß das Geschäft wieder auf eigenen Füßen stand, und führte es zu einer hohen Blüte, die unter seiner Leitung beinahe zwanzig Jahre lang bis zum heutigen Tage angehalten hat.

Das alles blieb mir indessen unbekannt. Ich hatte ganz die Fühlung mit der Gesellschaft verloren. Ich nahm lediglich wahr, daß ihre Inserate seit langer Zeit aus den technischen Zeitschriften verschwunden waren. Ende 1905 war ich zu einem Privatbesuch in Philadelphia und fragte im Laufe des Gesprächs meinen Gastgeber: „Besteht eigentlich die Eisengießerei Southwark noch?“ — Er sah mich erst ganz erstaunt an, dann rief er: „Ob sie besteht? Das will ich meinen! Sie macht glänzende Geschäfte.“ — „Steht Mr. Brooks noch immer an der Spitze?“ — „Jawohl, Sie finden ihn auf seinem alten Posten, wenn Sie ihn mal aufsuchen wollen; er würde sich zweifellos sehr freuen.“

Am nächsten Tag schon sprach ich dort vor und wurde von Mr. Brooks äußerst herzlich empfangen. Er erzählte mir, er habe schon seit Jahren mit Inserieren aufgehört, „weil das Geschäft durch Inserate nicht viel gewinnen könnte; es beruhte lediglich auf dem Ruf des Fabrikats.“ „Unsere Korrespondenz,“ fügte er hinzu, „hat einen gewaltigen Umfang; wir haben sechs Maschinenschreiber.“ Er führte mich in die Montagehalle der Fabrik. Mein Herz füllte sich mit Staunen und Freude bei dem Anblick, der sich meinen Augen bot. Die erheblich erweiterte Halle war überfüllt mit großen im Bau befindlichen Dampfmaschinen, die meisten von ihnen größer, und einige sehr erheblich größer, als die größten, die ich gebaut hatte. Ich gestehe, daß meine Gefühle an Überschwänglichkeit grenzten, — natürlich um so mehr, da die Enthüllung so plötzlich kam, — als ich gewahr wurde, zu welcher beherrschenden Stellung die Porter-Allen-Maschine durch diesen hervorragenden Mann emporgebracht worden war. Mr. Brooks bot mir an, mich noch durch die Werkstätten zu führen, aber ich lehnte das ab, da ich ihm nicht noch mehr Zeit stehlen wollte. Er zeigte mir noch die alte Betriebsdampfmaschine, die ich seit 23 Jahren nicht wiedergesehen hatte.

Alles war mir noch vertraut, wie damals, ausgenommen die Tourenzahl. Er erzählte mir: „Wir haben an dieser Maschine nie etwas gemacht, außer daß wir ihre Tourenzahl von 230 auf 300 Touren erhöht haben, um die durch das Wachstum der Fabrik bedingte größere Leistung zu erzielen.“ In Bezug auf ihre Organisation erwähnte er nur eine Einzelheit, die er offenbar für besonders wichtig hielt und von der er zu glauben schien, daß sie mir neu sei: „Wir machen von jedem Einzelteile eine besondre Zeichnung.“

Unterm 31. Oktober 1907 schreibt mir Mr. Brooks: „Unser Geschäft beschäftigt jetzt zehn Maschinenschreiber, und die Betriebsmaschine, die im Jahre 1881 in Betrieb gesetzt wurde, und die die letzten sieben Jahre hindurch mit 300 Touren gelaufen hat, mußte nun doch wegen unsrer gesteigerten Bedürfnisse einer Verbund-Kondensationsmaschine von mehr als doppelter Leistung den Platz räumen.“ —

Vor drei oder vier Jahren verbrachte ich ein paar Tage im „Mohonk-See Berghaus“, der berühmten Luftkuranstalt von Mr. Albert K. Smiley, und machte eines Tages einen kleinen Gang in die Kraftzentrale, wo drei von Ball & Wood-Dampfmaschinen getriebene Dynamos standen; die Antriebsmaschinen machten, glaube ich, etwas über 200 Touren.

Ich kam ins Gespräch mit dem Maschinisten, einem ziemlich alten und sehr mitteilsamen Mann. Er erzählte mir, er sei schon 17 Jahre bei Mr. Smiley, und war seines Lobes voll; er sei ein hervorragender Mann, — „hervorragend“ mit Nachdruck wiederholt —, „aber von Maschinen versteht er nichts, gar nichts, nicht mehr, als Sie“. Ich interessierte mich für die Dynamos, die mir neu waren, und deren Gehäuse ich für eine gut durchgearbeitete Konstruktion hielt. Ich wies im Gespräch mit dem alten Mann darauf hin, der jedoch unwirsch antwortete: „Ach, das ist gar nichts. Die Dampfmaschine, die ist ein Wunder, ein wahres Wunder; ich entsinne mich noch, als ich ein junger Mensch war, da glaubten wir nicht, daß eine Dampfmaschine überhaupt mehr als fünfzig oder sechzig Touren machen könnte; niemand wäre je auf so'ne Idee gekommen; heute können wir sie so schnell laufen lassen, wie wir wollen; kein Schlag, kein Zittern, kein Heißlaufen; es ist wirklich wunderbar.“ Ich antwortete nicht und zeigte kein besonderes Interesse und der Alte verschwendete weiter keine Begeisterung auf mich. Sagte keinen Ton, als ich gleich darauf wegging, aber ich hörte ihn im Geiste zu sich selber sprechen: „Wieder mal so'n Hochnäsiger, der von nichts was versteht.“

GPSR Compliance

The European Union's (EU) General Product Safety Regulation (GPSR) is a set of rules that requires consumer products to be safe and our obligations to ensure this.

If you have any concerns about our products, you can contact us on ProductSafety@springernature.com

In case Publisher is established outside the EU, the EU authorized representative is:

Springer Nature Customer Service Center GmbH
Europaplatz 3
69115 Heidelberg, Germany

Batch number: 10682323

Printed by Printforce, the Netherlands